Biofuel

본서에는 미세조류로부터 생산되는 바이오연료 즉 제3세대 바이오연료를 수록하고 있다.
생산, 분석, 환경에 미치는 영향과 환경평가, 품질향상 등을 포괄적으로 골고루 다루고 있다.

이학박사 최주환 저

바이오연료

제3세대 바이오연료를 중심으로

내하출판사

PREFACE

경제발전과 더불어 에너지원으로서 화석연료에 대한 수요가 증가하고 있다. 전세계적인 화석연료의 매장량과 그 사용량의 추이로 볼 때 가까운 장래에 고갈될 것이다. 그리고 그것의 사용으로 인한 대기환경 오염은 심각한 실정이다. 특히 우리나라와 같이 화석연료 사용 전량을 수입에 의존하는 국가들은 이들에 대해 미리 대비하고 준비해야 할 것이다. 이의 일환으로 세계 각국에서는 자동차 대체연료의 개발을 착수한 지 꽤 오래 되었다. 특히 유럽을 중심으로 대체연료로서 산유국들과 같이 특정 국가들에서의 수입에 의존치 않으면서 자국 내에서의 지속 가능한 원료의 공급이 가능한 바이오연료의 개발을 서두르고 있는 실정이다. 바이오연료의 사용으로 대기환경 또한 크게 향상될 것이다.

본서는 앞서 출간된 단행본인 『바이오디젤』의 연장 및 확대된 것으로서 수록이 미진하였던 미세조류로부터 생산되는 바이오연료, 즉 제3세대 바이오연료를 보다 조금 더 보충하여 수록하였으며 생산, 분석, 환경에 미치는 영향과 환경평가, 품질향상 등 포괄적으로 골고루 다루도록 노력하였다. 한 가지 아쉬운 점은 생물공학적 접근이 미진한 점으로 남는다. 자료는 충분하나 전공이 아닌 관계로 기술치 못한 점이 옥에 티라고 생각된다.

본서에서는 바이오연료 정책에 관해서는 다루지 않았다. 기술적인 측면에서 접근하였다. 본서의 내용이 이 분야를 공부하거나 연구하거나, 혹은 종사하는 여러분들에게 조금이나마 도움이 되었으면 한다. 본서와 더불어 앞서의 『바이오디젤』의 내용을 참조하기 바란다. 앞으로 기회가 되면 미진한 부분들을 보충한 것을 다시 출간할 계획이다. 조만간 자세한 바이오연료 종류별 내용을 포함한 『미생물 공학에 의한 생산을 중심으로 지속적인 재생가능 자원으로부터의 바이오연료』라는 제명으로 출간코자 하오니 많이 참고하시기 바란다. 앞으로 독자들의 많은 조언을 부탁드리는 바이다.

본서의 출간을 흔쾌히 결정해 주신 내하출판사의 모흥숙 대표님께 감사드리며 입력과 편집에 노고를 아끼지 않은 여러분들께도 이 글을 빌려 감사드린다.

2014년
분당에서 저자

CONTENTS

04장

미세조류로부터의 제3세대 바이오연료

_바이오엔지니어링 측면에서의 접근

05장

바이오연료의 공급원료로서의 미세조류 (Microalgae)

_수율과 연료 품질의 평가

06장

미세조류로부터 오일의 추출

CONTENTS

07장

바이오디젤 분석을 위한 인공신경망(ANN)기법

_근 적외선 분광학(NIR)에 의한 바이오디젤의 밀도, 동점도,
메탄올과 수분 함유량의 분석

08장

바이오디젤 분석을 위한 NIR 분광학

_하나의 진동 스펙트럼으로부터의 분류성상, 요오드가 그리고 CFPP

09장

NIR 분광학적 데이터를 사용한 공급원료 타입 (채종유)에 의한 바이오디젤 분류

10장

Process NMR

_바이오연료 산업에 대한 완전한 방안
(바이오연료 산업에서의 공정 NMR의 이용)

11장

바이오연료의 사용과 관련된 윤활공학적 쟁점

CONTENTS

15장
신 재생 대체 디젤연료로서의 DEE

01장_

내연엔진을 위한 연료로서의 바이오연료
_알코올과 바이오디젤

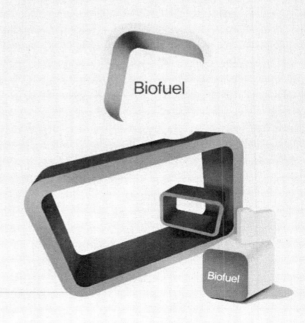

Biofuel

Biofuel

개요

전 세계적으로 증가하는 산업화와 동력화는 석유계 연료들의 수요에 대한 가파른 상승을 초래하였다. 석유계 연료들은 한정된 매장량으로부터 얻어지고 세계의 어떤 일정한 지역들에 매장이 집중되어 있다. 따라서 이러한 자원을 갖지 못한 국가들은 주로 원활하지 못한 원유의 수입으로 인해 에너지 위기에 직면하고 있다. 그래서 그들 국가 내에서는 국부적으로 입수 가능한 자원들로부터 생산될 수 있는 알코올, 바이오디젤 그리고 채종유 등과 같은 대체연료를 찾는 것이 절실하게 필요하다. 이 장에서는 채종유, 바이오디젤의 생산, 특성부여와 최근의 동향과 여러 국가들에서 수행된 실험적 연구에 관해서 고찰하기로 하겠다. 또한 온실가스 배출, 경제성, 엔진성능과 배기가스 배출 그리고 마모에 미치는 영향에 관해서도 다루었다.

에탄올은 그것이 재생 가능한 바이오계 자원이며 함산소화합물이어서 CI엔진들에서 미세입자 배출들을 감소시킬 수 있는 가능성을 제공할 수 있기 때문에 아주 매력적인 대체연료이다. 이 장에서는 디젤연료 그리고 가솔린과 블렌드 된 에탄올의 성질과 규격항목에 대해서도 살펴보고, 엔진 성능과 배기가스 배출들(SI엔진들과 CI엔진)에 미치는 연료의 영향 그리고 재료와의 혼화성에 대해서도 고찰하기로 하겠다.

바이오디젤은 버진 혹은 사용된 채종유(식용과 비식용) 그리고 동물지방으로부터 만들어진 지방산의 메틸 혹은 에틸 에스터이다. 바이오디젤 생산을 위한 주된 자원들은 Jatropha curcas(Ratanjyot), Pongamia pinnata(Karanj), Calophyllum inophyllum (Nagchampa), Hevca brasiliensis(Rubber) 등과 같은 식물종들로부터 얻어진 비식용유들 일 수 있다. 바이오디젤은 바이오디젤 블렌드를 창출하기 위해 석유계 디젤연료에 어떤 비율로 블렌드 될 수 있거나 그것의 순수한 형태로 사용될 수 있다. 석유계 디젤연료처럼 바이오디젤은 CI(디젤) 엔진에서 가동 운용되며 바이오디젤은 석유계 디젤연료와 비슷한 성질들을 갖고 있기 때문에 엔진 변형을 요구하지 않거나 매우 적은 엔진변형만을 필요로 한다. 바이오디젤은 석유계 디젤연료처럼 저장될 수 있다. 전통적인 디젤엔진에서의 바이오디젤의 사용은 불완전 연소 탄화수소, CO 그리고 PM의 배출에 있어서의 상당한 감소를 초래한다.

이 장에서는 CI엔진에서의 바이오디젤의 성능과 배기가스 배출, 연소분석, 장기간의 엔진사용에서의 마모성능 그리고 경제적 실행가능성에 초점을 맞추었다.

01 서론

세계는 현재 화석연료 고갈과 환경훼손의 두 가지의 위기에 직면하고 있다. 원유의 무차별적 채유와 화석연료들의 무절제한 소비는 지하의 탄소자원의 감소를 초래하였다. 지속 가능한 개발, 에너지 보존 그리고 환경보존과 조화된 상호관계를 이루기에 유망한 대체연료의 개발에 대한 필요성은 현재의 상황에서 아주 절실하다.

바이오계 연료들은 이러한 전 세계적 석유위기에 대한 가능한 알맞은 해답을 제공할 수 있다. 가솔린과 디젤연료로 운행되는 자동차들의 온실가스(GHG) 배출의 주된 배출처들이다[1-3]. 전 세계의 과학자들은 오늘날 인류가 필요로 하는 에너지 갈증을 해소시킬 수 있는 가능성을 지닌 여러 대체에너지 자원을 탐구하였다. 탐구된 여러 바이오연료 에너지자원은 바이오매스, 바이오가스[4], 일차 알코올, 유채유 그리고 바이오디젤 등을 포함한다. 이들 대체에너지 자원은 주로 환경 친화적이지만 이러한 대체에너지 자원의 유리한 점과 불리한 점 그리고 특정한 사용분야에 대해 각 경우에 기초하여 평가될 필요가 있다. 이들 연료 중에는 어떤 것은 직접적으로 사용될 수 있는 반면 다른 것은 전통적인 연료에 더 가까운 관련된 성질을 주기 위해 혼련(배합)시킬 필요가 있다. 최근에는 여러 부문에서의 석유계 연료가 폭넓게 사용되기 때문에 이 장에서는 존재하는 내연엔진에서의 대체연료 사용에 관한 실행가능성을 평가하는 데 집중하기로 한다.

현재의 에너지 시나리오는 비 석유계이며, 신 재생적이며, 오염을 유발하지 않는 연료에 관심을 둔 연구가 활발하게 진행되고 있다. 일차 에너지와 원재료의 세계적 보존량은 명백하게 제한되어 있다. 추정 값에 따른 보존량을 살펴보면 석탄은 218년, 오일은 41년, 그리고 천연가스는 63년 동안 존속할 것이라고 한다[1,5,6]. 최근에는 원유가격이 계속 상승하고 있으며 매일매일 가격변동이 발생한다. 1980~2005년까지의 에너지 가격에 대한 변화를 그림 1에 나타내었다. 이 그래프를 살펴보면 바이오계로부터의 화석연료에 대한 대체연료의 개발과 상업화가 왜 필요한지를 알 수 있다. 이것은 오일독점을 상쇄시키기 위해 열심히 노력하고 있는 여러 개발 국가에서 비전통적인 바이오 에너지와 바이오연료에 대한 관심이 증대되고 인식되는 주요한 이유이기도 하다.

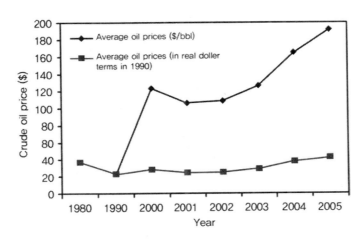

[Fig 1] **Crude oil prices[7]**

1.1 오염물질들의 환경적인 영향과 건강상의 내포하는 의미

여러 화석연료의 연소는 여러 가지 오염물질의 배출을 초래하는데, 이러한 오염물질은 규제되는 물질과 규제되지 않는 비규제 오염물질로서 분류된다. 규제되는 오염물질은 그것의 제한 값이 환경법에 의해서(USEPA, EURO, Bharat norms) 규정되는 오염물질이다. 반면에 법적으로 제한 값이 규정되어 있지 않은 다수의 오염물질도 존재한다. 이것은 비규제 오염물질로 분류된다. 규제되는 오염물질로는 NO_x, CO, HC, PM(particulate matter)이 포함되며 비규제 오염물질로는 HCHO, 벤젠, 톨루엔, 자일렌(BTX), 알데하이드, SO_2, CO_2, 메탄 등이 포함된다[11-13].

이러한 물질 - 규제되거나 비규제 오염물질- 은 인간의 건강에 여러 유해한 영향을 미치는 원인이 되며, 이러한 유해한 영향은 단기간 혹은 장기간에 걸쳐 건강에 영향을 주는 것으로 분류된다. 단기간에 걸쳐 건강에 영향을 미치는 것은 CO, NO_x, PM, HCHO 등과 같은 주로 규제되는 오염물질이며 장기간 동안 건강에 영향을 미치는 것으로는 주로 PAHs(poly-aromatic hydrocarbons), BTX, HCHO 등과 같은 규제되지 않은 오염물질에 의해서 초래된다. CO는 많은 양이 투여되면 치명적이며, 심장병을 더욱 악화시키며, 중추신경계에 영향을 미치며, 카복시-헤모글로빈을 형성함으로써 혈액의 산소운반능력을 손상시킨다. 질소산화물은 호흡기 염증을 초래한다. HC는 졸음, 안질, 그리고 기침을 초래한다[14-16].

이러한 오염물질은 좁게는 지역적이지만 크게는 전세계적으로 환경에 영향을 미치는 주요한 원인이 된다. 하절기 스모그와 같은 지역적인 환경적 영향은 알데하이드 들, CO 그리고 NO_X 때문이다. 동절기 스모그는 PM 때문이다. 산성화는 NO_X와 SO_X 에 의해 발생된다. 오존층 파괴와 고갈 그리고 지구 온난화와 같은 여러 가지 세계적 인 영향은 CO_2, CO, 메탄, 비 메탄 탄화수소 그리고 NO_X 등에 의해서 발생한 다.[17,18].

1.2 수송부문을 위한 바이오연료

수송과 농업 부문은 화석연료의 주된 주요한 소비처들 중 하나이며 환경오염을 발 생시키는 부문이기도 하다. 이러한 부문의 환경오염은 석유계 연료를 바이오계 신 재 생 연료로 대체함으로써 감소시킬 수 있다. 잠재적으로 입수 가능한 다양한 바이오연 료가 있지만 세계적으로 고려되고 있는 주된 바이오연료는 바이오디젤과 바이오에탄 올이다. 바이오에탄올은 사탕수수, 옥수수(maze), 밀 그리고 사탕무를 포함하는 수많 은 농작물로부터 생산될 수 있다. 마지막 두 가지는 최근에 유럽에서 에탄올의 주된 공급원이다[19]. 바이오디젤은 식용, 비식용의 신선한 채종유, 리사이클된 폐채종유, 그리고 동물 지방으로부터 생산될 수 있다[20-23]. 유럽은 수송부문에서 가솔린이나 디젤연료에 대한 대체연료로서 바이오연료나 다른 신 재생 연료를 사용하는 것을 활 성화 하기로 하였다.[24]. EU 회원 국가들은 바이오연료 판매에 대한 타깃으로서 2005년까지 2%, 2010년까지 5.75%로 그 값을 상승하도록 설정하였다. 어떤 대체연료 를 생성하는 기술이 가능하다 해도 대규모로 사용하기 전에 주의가 필요한 여러 인자 들이 있다. 이들 인자들에 관해서는 아래에 언급해 놓았다.

- 현존하는 하드웨어에서 요구되는 변형들의 정도, 즉 다시 말해서 만약 어떤 대체 연료가 막대한 자본을 들여서 현존하는 하드웨어에서의 대규모의 변형을 필요로 한다면 그것은 실행하기 어렵다.
- 이들 대체연료를 처리, 진행시키기 위한 인프라스트럭처를 개발하기 위한 투자 비. 과도한 막대한 인프라스트럭처 비용은 에너지 자원의 개발에 대한 걸림돌로 작용한다.
- 전통적인 연료들과 비교되는 환경적 적합성. 만약 새로운 연료가 더 많은 오염을 유발시킨다면 그것은 연료로서 수용할 수 없다.
- 일상적인 유지보수, 장치마모, 그리고 윤활유 수명에 대해서 사용자에 대한 추가 비용. 과도한 추가비용은 이 연료의 폭넓은 수용에 역효과를 나타낸다.

바이오계 원천물질로부터 폭넓고 다양한 연료들이 생산될 수 있으며 전환루트와 생산되는 연료에 관한 개요는 그림 2에 나타내었다.

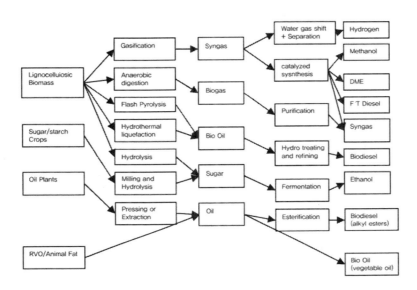

[Fig 2] Overview of conversion routes to biofuels[21]

에탄올은 옥수수나 목질계 섬유소 바이오매스로부터 유도된 슈가의 발효를 통해서 생산될 수 있다[24]. 2003년에 미국은 수송용 연료로서 거의 30억 갤런의 에탄올을 소비하였다. 이 에탄올의 약 90%는 옥수수로부터 생산되었다. 비록 최근에 에탄올을 셀룰로스로부터 생산하지 않는다 할지라도 섬유소계 바이오매스로부터 에탄올을 생산하기 위해 요구되는 기술을 개발하고 향상시키기 위한 연구개발이 진행 중이다. 옥수수의 제한된 공급 때문에 옥수수로부터 생산되는 에탄올은 수송용 연료의 수요가 많다고 하더라도 충분한 분율을 만족시킬 수 없다. 예를 들면, 미국에서의 이들 30억 갤런의 에탄올 생산은 미국의 전체 옥수수 생산의 약 11%를 소비하게 된다.

과거 20년간의 오일 위기는 이후의 환경적 관심과 최근의 중동에서의 정치적 사건에 의해서 강화되었기 때문에 바이오매스와 폐기물로부터의 생산에 상당히 많은 관심이 있었다. 목재, 짚 그리고 폐기물의 열적-화학적 전환에는 가스화를 통한 간접액화와 가압된 용매에서의 열분해와 액화를 통한 직접액화가 포함된다. 생화학적 전환은 목재뿐만 아니라 밀과 사탕무를 포함하는 공급 원료의 다른 세트에 기초한다. 산과 효소 가수분해는 옵션으로서 포함되며 발효를 수반한다. 생산되는 액체 생성물에는 어떤 경우에서는 그들을 시판 가능한 제품으로 전환시키기 위해 최소한의 정제를 요구하는 가솔린과 디젤연료 그리고 사용기회를 확립한 메탄올과 에탄올의 전통적인 알코올 연료가 포함된다. 순수 연료가격에 의해서 열-화학적 전환은 일반적으로 유리한 점을 갖는 가장 덜 복잡한 공정으로서 가장 낮은 가격의 제품을 제공하였다. 생화학적 루트는 가장 덜 매력적이었다. 생산비용과 제품가격을 비교할 때 가장 매력적인 공정은 더 높은 시장가치를 누리는 알코올 연료이다[21].

1.3 바이오연료에 대한 WTW(Well to Wheel) 분석

종종 '요람에서 무덤까지'라고 주어지는 제품의 수명에 따른 제품의 전체적인 환경적 실행을 평가하기 위해 "라이프 사이클 평가"라는 용어를 사용한다. 라이프 사이클 분석 그리고 에코-밸런스와 같은 다른 용어로도 사용된다. 연료에 대해서 얘기할 때 쓰이고 있는 적절한 용어는 "WTW(Well to Wheel) 분석"이다. 수송용 연료의 완전한 연료-사이클을 시험할 수 있기 위하여 분석은 다음과 같은 5개의 단계로 나뉜다.

- 공급원료 생산
- 공급원료 수송
- 연료생산
- 연료유통
- 차량에서의 사용

이러한 단계는 WTW 분석의 WTT(Well to Tank)와 TTW(Tank to Wheel) 부분으로 세분하여 나눠질 수 있다. WTT 분석은 자원회수로부터 자동차 탱크로까지의 공급에 이르기까지의 연료, 즉 다시 말해서 공급원료 생산, 수송, 연료생산 그리고 연료유통에 이르기까지의 연료를 고찰한다. TTW 분석은 연료 경제성, 다시 말해서 연료의 차량에서의 사용에 관한 것을 중시한다. WTW 분석은 WTT와 TTW를 통합하여 완전한 연료의 역사를 구성한다(그림 3).

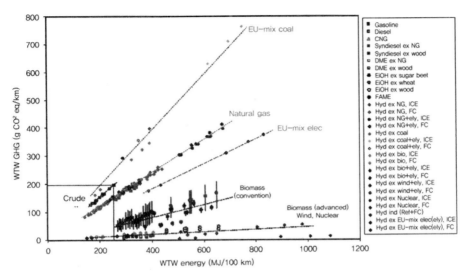

[Fig 3] WTW energy GHG emissions for all pathways and power-train combinations[19]

　데이터 포인트는 일정한 GHG 배출인자(g CO_2 eq/MJ로 나타낸)를 반영하는 다른 일차 연료원을 나타내는 경향선 위에 무리를 지어 모인다. 화석계 연료에 대해서 이 것은 석탄, 원유, 천연가스는 각각의 연료를 생산하기 위한 일차 에너지원이라는 사 실을 설명해 준다. 그래서 석탄으로부터 유도된 연료는 더 낮은 탄소 함유량을 갖는 원유나 천연가스로부터 유도된 동등한 연료보다도 같은 에너지 소비에 대해서 더 많 은 GHG 배출을 나타낸다. 그래프의 왼쪽 하단에 있는 박스는 최근의 가솔린 자동차 기술의 실행을 강조하여 나타낸 것이다. 천연가스, 오일, 석탄으로부터 유도된 많은 가능한 경로는 오늘날의 전통적인 연료의 경로보다도 더 많은 GHG 배출을 생성시키 며 더 많은 에너지를 소비한다. 바이오 매스계 연료에 대해서는 더 많은 퍼짐이 있게 된다. "전통적인" 바이오연료(에탄올, FAME)는 이들의 생산이 상당량의 화석에너지 를 수반한다는 사실을 설명해 주는 중간라인에 대체로 떨어진다. 더 발전된 전환기술 (예를 들면, 바이오매스 가스화에 기초한 합성연료 혹은 풍력에 의한 전기)은 전환공 정을 위해 실질적으로 단지 신 재생 에너지만을 사용한다. 초래되는 GHG 배출은 낮 으며 대응하는 점은 거의 수평선 위에 놓이며 에너지 축에 매우 가깝게 된다.

02 엔진에 대한 연료로서 일차 알코올

에탄올은 수십 년 동안 연료로서 알려져 오고 있다. 헨리 포드가 Model T를 디자인 하였을 때 그의 기대는 재생 가능한 생물학적 소재로부터 제조된 에탄올이 주요한 자동차 연료라는 사실이었다. 그러나 20세기 초반에 가솔린 엔진의 가동용 이성과 유전이 발견되면서부터 더 값싼 석유의 공급 때문에 가솔린이 유력한 수송용 연료로서 등장하였다. 그러나 가솔린은 자동차 연료로서 많은 불리한 점들을 가졌다. "새로운" 연료는 에탄올보다도 더 낮은 옥탄가를 가졌으며, 훨씬 더 유독하였고(특히 옥탄가를 향상시키기 위해 TEL과 다른 화합물을 블렌딩하였을 때), 일반적으로 더 위험하였으며, 유해한 대기 오염물질을 배출하였다. 가솔린은 우연히 뜻하지 않게 폭발하고 연소하며, 저장표면에 검(gum)이 형성되며, 그리고 연소실 내에 탄소 퇴적물이 형성된다. 석유는 에탄올보다도 훨씬 더 물리적, 화학적으로 여러 가지의 다른 다양한 물질로서 구성되어 있으며, 일관된 "가솔린" 제품의 제조를 보장하기 위하여 복잡한 정제과정이 필요하다. 에탄올에 상대적인 그것의 더 낮은 옥탄가 때문에 가솔린의 사용은 더 낮은 압축엔진과 더 큰 냉각시스템의 사용을 필요로 하였다. 우세한 수송용 연료로서 가솔린의 등장한 후 곧이어 개발된 디젤엔진기술은 많은 양의 오염물질을 발생시켰다. 그러나 이러한 환경적인 결점에도 불구하고 석유로부터 만들어진 연료는 과거 20세기의 3/4의 기간 동안 전세계적으로 자동차의 주된 연료로 사용되었다. 여기에는 두 가지의 핵심적인 이유가 있다. 첫째로 주행 1킬로미터당 비용이 사실상 다른 것들보다 효율성이 높았고 이것은 중요한 선택 기준이 되었으며, 둘째로, 물질적 자본, 기술 분야에서 오일 산업과 자동차 산업에 의해서 이루어진 많은 투자는 새로운 비용-경쟁적인 산업의 진입을 어렵게 하였다. 매우 최근까지 환경오염에 관한 관심은 대부분 무시되었다.

에탄올은 또한 CI엔진에서 디젤연료 대체를 위한 가능한 연료 중 하나이다. 대체 CI엔진 연료로서 에탄올의 응용은 환경오염을 감소시키고 농업경쟁력을 강화시키고 일자리를 창출하고 디젤연료 수요를 감소시키며, 주요한 상업적인 에너지원을 유지시키는 데 기여한다. 에탄올은 1930년대에 미국에서 자동차연료로서 처음 제안되었지만 단지 1970년 후에야 폭넓게 사용되었다. 오늘날 에탄올은 주로 브라질에서 연료로서 사용되며 미국, 캐나다 그리고 인도에서 옥탄가 향상을 위한 가솔린 첨가제로서 사용된다. 가솔린 가격이 상승하고 배기가스 배출 규제가 더 엄격하게 되었기 때문에 에탄올은 신 재생 연료로서 혹은 가솔린 첨가제로서 더 많은 관심을 끌 수 있었다 [25,26].

알코올은 지역적으로 재배되는 농작물로부터 바이오매스와 같은 신 재생 자원 그리고 심지어는 폐기물에서도 제조된다. 알코올은 대체 수송용 연료이며 존재하는 엔진에서 최소한의 하드웨어 변형으로써 사용이 가능하다. 알코올은 가솔린보다도 더 높은 옥탄가를 갖는다. 더 높은 옥탄가를 갖는 연료는 엔진이 노킹을 시작하기 전에 더 높은 압축 비율을 견딜 수 있어서 더 많은 파워를 효과적으로 그리고 경제적으로 공급할 수 있는 능력을 엔진에 부여할 수 있다. 알코올은 보통 가솔린보다도 더 깨끗하게 연소하며 더 적은 양의 CO, HC 그리고 질소산화물(NO_X)을 생성시킨다 [25,27,28]. 알코올은 더 높은 기화열을 갖는다. 그러므로 그것은 연소실 내에서 피이크 온도를 감소시켜서 더 낮은 NO_X 배출과 증가된 엔진파워를 초래한다. 그러나 알데하이드 배출은 현저히 상승한다. 알데하이드는 광화학적 스모그의 형성에 중요한 역할을 한다.

Stump 등[29]은 에탄올(9% v/v) 그리고 비함산소계 연료에서 가동되는 3대의 승용차로부터의 배기관 배출과 기화배출에 관해서 조사시험을 하였다. HC, CO, 벤젠 그리고 1, 3-부타디엔에서의 일반적인 감소가 에탄올 연료를 사용하였을 때 관찰하였다. 에탄올 블렌드의 사용은 포름알데하이드와 아세트알데하이드의 배출은 거의 두 배로 증가시켰다.

메탄올(CH_3OH)은 간단한 화합물이다. 이것은 황이나 복잡한 유기화합물을 포함하지 않는다. 메탄올 연소로부터의 유기 배출물질(오존 전구체)은 가솔린연료보다도 더 낮은 반응성을 가지므로 오존형성의 가능성을 낮추어 준다. 만약 순수한 메탄올을 사용하면 벤젠과 PAHs의 배출은 매우 낮다[27]. 메탄올은 더 높은 엔진효율을 제공해 주며 가솔린보다도 덜 가연성이지만 메탄올을 연료로 한 차량의 항속거리는 더 낮은 밀도와 열량 때문에 절반 정도여서 더 큰 연료탱크가 필요하다. M100은 눈에 보이지 않는 불꽃을 나타내며 밀폐된 탱크 속에서 폭발성이 존재한다. 메탄올은 유독하며, 부식성이 있으며, 그리고 오존을 창출하는 포름알데하이드를 배출한다. 메탄올은 물과 혼합될 수 있기 때문에 유출 시에 환경적인 위험을 초래한다. 에탄올은 메탄올과 비슷하지만 상당히 더 깨끗하며, 독성이 적고, 부식이 덜하다. 이것은 더 큰 엔진효율을 제공해 준다. 에탄올은 곡류알코올이며 예를 들면 사탕수수, 옥수수 등과 같은 농작물로부터 생산할 수 있다. 에탄올은 생산하는데 비용이 더 많이 들며, 주행거리가 낮으며, 저온시동성의 문제점을 초래하며, 이러한 농작물은 대량으로 수확해야만 가능하다. 또한 다른 에너지 작물과 비교해서 에탄올생산에 더 높은 에너지 투입이 요구되며 토양분해와 같은 환경적인 분해의 문제점을 초래한다.

2.1 성질

에탄올은 DME(dimethyl ether)와 이성질체이며 에탄올과 DME는 화학식 C_2H_6O 로서 표현할 수 있다. 비록 이들이 같은 물리적인 식을 갖는다 할지라도 에탄올의 열역학적 행동은 에탄올에서의 수소결합을 통한 더 강한 분자회합 때문에 DME의 그것과 현저하게 다르다.

CNG, DME 그리고 석유계 연료와 비교하여 알코올의 물리적 성질을 표 1에 나타내었다.

[Table 1] Comparison of various properties of primary alcohols with gasoline and diesel

	Methane	Methanol	Dimethyl ether	Ethanol	Gasoline	Diesel
Formula	CH_4	CH_3OH	CH_3OCH_3	CH_3CH_2OH	C_7H_{16}	$C_{14}H_{3}0$
Molecular weight (g/mol)	16.04	32.04	46.07	46.07	100.2	198.4
Density (g/cm^3)	0.00072[a]	0.792	0.661[b]	0.785	0.737	0.856
Normal boiling point (°C) [30]	−162	64	−24.9	78	38−204	125−400
LHV (KJ/cm^3) [31]	0.346[a]	15.82	18.92	21.09	32.05	35.66
LHV (KJ/g)	47.79	19.99	28.62	26.87	43.47	41.66
Exergy (MJ/I) [30]	0.037	17.8	20.63	23.1	32.84	33.32
Exergy (MJ/kg) [30]	51.76	22.36	30.75	29.4	47.46	46.94
Carbon Content (w%) [30]	74	37.5	52.2	52.2	85.5	87
Sulfer content (ppm)	~7−25	0	0	0	~200	~250t

[a]Values per cm^3 of vapor at standard temperature and pressure.
[b]Density at P = 1atm and T = −25°C.

메탄올 그리고 에탄올과 같은 알코올연료는 석유계 연료와 비슷한 물리적 성질과 배출특성을 갖는다(표 1). 알코올의 생산은 더 값싸며, 간단하고, 그리고 환경 친화적이다. 알코올은 가솔린 연료보다 더 값싸다. 알코올은 지역적으로 국부적으로 생산될 수 있어서 연료 수송비용이 절감된다. 알코올은 엔진에서 직접적으로 사용될 수 있거나 가솔린, 디젤연료와 블렌딩 할 수 있다. 알코올연료는 직접 하거나 바이오디젤을 제조함으로써 CI엔진 연료로서 성공적으로 사용될 수 있다[33]. 트랜스에스터화 공정에서는 공정 투입원료로서 메탄올 혹은 에탄올 그리고 채종유을 사용한다. 디젤엔진 연료로서 알코올을 사용하는 이 루트는 독성 배출물질(알데하이드)이 과감하게 감소되기 때문에 분명히 우수한 루트이다. 연료로서 알코올을 사용할 때의 여러 엔진 부품의 부식 문제점은 트랜스에스터화에 의해서(바이오디젤의 사용으로써) 또한 해결된다.

알코올은 전 세계적으로 관심을 끌었다. 소비자는 환경과 건강에 위험을 낮출 수 있는 더 청정한 연료를 원한다. 각국의 정부는 수입에너지에 대한 의존성을 감소시키려고 애를 쓰고 있으며 국내 자원을 사용할 수 있고 새로운 경제활동을 창출할 수 있는 국내의 신 재생 에너지 프로그램을 장려하고 촉진시킨다. 비록 바이오연료가 더 전통적인 에너지 형태와 비교하였을 때 상대적으로 사용량이 적다 할지라도 시나리오는 빠르게 변하고 있다. 막대한 농업자원, 비용을 감소시키는 새로운 기술, 환경을 강조하고 오염저감을 원하는 대중의 요구, 그리고 정부와 기업체로부터의 강한 의지 등이 결합될 때 바이오연료 산업은 빠르게 변화할 것이다. 현재 바이오연료에 대한 시장은 느리지만 확실히 모멘텀을 얻고 있다. 그림 4는 2001년과 2006년의 세계의 에탄올 생산량을 나타낸다.

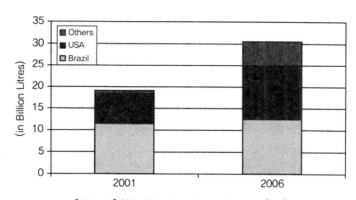

[Fig 4] World ethanol production[34]

2.2 요구되는 엔진의 변형과 소재와의 혼화성

가솔린에서의 에탄올의 블렌드는 일반적으로 가솔린에서 가동되도록 디자인된 차량에서 사용된다. 그러나 알코올의 성질은 가솔린의 그것과 다르기 때문에 알코올을 연료로 사용하기 위해서는 차량의 엔진의 변형(개조)이 요구된다(표 1). 에탄올은 만족스러운 주행성능을 제공하기 위하여 공기-연료 혼합물의 증가된 가열을 요구하는 낮은 화학양론적 공연비와 높은 기화열을 갖는다[35]. 브라질은 알코올을 연료로 하는 Otto cycle(4 stroke) 내연엔진에 관하여 가장 잘 개발된 기술을 보유하고 있다. 1980년대 초에 브라질에는 350만 대 이상의 알코올을 연료로 하는 자동차가 있었다. 알코올 엔진은 보다 더 실제적이고 기능적이며 내구성이 강하고 그리고 경제적이도록 만들기 위하여 엔지니어들은 가솔린 엔진에서 여러 가지 변화를 시도하였다. 이들에는 다음과 같은 것이 포함되었다.

- 알코올은 가솔린처럼 쉽게 기화하지 않기 때문에 기화를 위한 더 많은 가열을 제공하기 위하여 흡기관(intake manifold)을 재디자인 해야 한다.
- 공기/연료 비율을 변화시키기 위하여 캬뷰레터를 조절하였다.
- 연료탱크의 주석과 납으로 된 코팅을 순수한 주석으로 바꾸었다.
- 연료라인(아연-스틸 합금)을 카드뮴-황동(놋쇠)로 바꾸었다.
- 연료 여과시스템을 바꾸었으며 더 큰 연료의 유속을 가능하게 하기 위하여 크기를 다시 설계하였다.
- 알코올의 높은 옥탄가를 이용하기 위하여 압축비를 약 12:1로 증가시켰다.
- 철주물로서 만들어진 밸브 하우징을 철-코발트 합금으로 바꾸었다. 이것은 또한 연료속의 납성분의 부재로부터 초래되는 윤활성의 부족을 상쇄시켰다.
- 촉매 변환기의 촉매를 팔라듐과 로듐으로부터 팔라듐과 몰리브덴으로 바꾸었는데 이것은 알코올엔진 배출물질을 한층 더 감소시키는 것을 도와준다.

1980년대 초에 가솔린엔진에서 에탄올을 사용함으로써 무수한 소재 혼화성(소재와의 적합성 여부)에 관한 연구가 이루어졌는데, 그들 중에서 많은 것은 디젤엔진이나 연료 인젝션 시스템에서 에탄올-디젤연료 블렌드의 영향에도 적용될 수 있다. 에탄올의 품질은 그것의 부식효과에 강한 영향을 미친다[36]. 가솔린 블렌드와 관련된 에탄올에 의한 부식의 문제점을 다루었는데 Brink 등[37]은 에탄올 카뷰레터 부식을 3가지 범주로 나누었다: 일반적인 부식, 건식부식, 그리고 습식부식. 일반부식은 이온성 불순물, 주로 염소이온과 초산에 의해서 발생되었다. 건식부식은 에탄올분자와 그것의 극성(도)에 의해서 기인되었다. 습식부식은 함께 끓는(azeotropic) 물에 의해서 발생되었으며 이 물은 대부분의 금속을 산화시킨다. pH값이 중성인 건조한 에탄올을 포함하는 새롭게 혼련된 블렌드는 상대적으로 적은 부식영향을 미치는 것으로 기대된다. 그러나 만약 블렌드가 에탄올이 대기로부터 수분을 흡수하기에 충분한 시간동안 탱크에 멈춰 서있게 되었다면 그것이 연료 인젝션 시스템을 거쳐서 통과할 대 더 부식이 되는 경향이 있다[37]. 부식방지제는 에탄올-디젤 블렌드와 함께 사용되는 약간의 첨가제 패키지에 혼합되었다. 연료 인젝션시스템에서 seals와 O-rings와 같은 탄성이 있는 부품과 같은 비 금속성 소재도 에탄올에 의해서 영향을 받았다. 이들 seals는 팽창하고 딱딱해지는 경향이 있다. 레진이 결합되었거나 레진으로써 씰링된 부품도 팽창하기 쉬우며 seals는 손상된다.

2.3 Diesohol과 gasohol 블렌드의 엔진성능

에탄올은 CI 엔진에서 석유계 디젤연료의 부분적인 대체를 위한 가능한 대체연료 중 하나이다. 대체연료로서 에탄올의 응용은 환경오염을 감소시키고, 농업경쟁력을 강화시키고 일자리를 창출하고 디젤수요를 감소시켜 주요한 상업적 에너지원을 유지하는 데 기여한다[28,38]. Ajav 등은 엔진파워, bsfc(brake-specific fuel consumption), 브레이크 열효율, 배기가스 온도 그리고 윤활유 온도에 미치는 에탄올-디젤(diesohol)의 다른 블렌드의 사용에 따른 영향에 관해서 분석하였다. 결과는 5% 간격으로 에탄올-디젤 블렌드(20%까지)에서의 엔진가동에서 현저한 파워감소를 나타내지 않았다. Bsfc는 석유계 디젤연료와 비교하였을 때 블렌드에서 9%(20%까지의 에탄올로서)까지 증가하였다. 배기가스 온도, 윤활유 온도 그리고 배기가스 배출물(CO와 NO_x)은 디젤연료에서의 가동과 비교하였을 때 에탄올-디젤 블렌드에서의 가동으로서 낮추어졌다[38-40].

에탄올-디젤 블렌드(20%까지의)은 어떠한 변형 없이 현재의 일정 속도의 CI엔진에서 매우 잘 사용될 수 있다[41-43]. Bsfc는 에탄올의 더 높은 블렌드를 사용할 때 그림 5에 나타낸 바와 같이 약간 증가된다. 그림 6에 나타낸 바와 같이 엔진에서 생성되는 파워와 열효율에서의 현저한 차이는 없다. 그림 7과 8에 나타낸 바와 같이 배기가스 온도와 윤활유 온도는 석유계 디젤보다도 에탄올-디젤 블렌드에 대해서 더 낮았다. 엔진은 뜨겁고 차가운 상태에서 정상적으로 출발될 수 있었다. 디젤연료와 비교하였을 때 에탄올-디젤 블렌드를 사용함으로써 CO 배출에서의 62%까지의 감소가 가능하다. 에탄올-디젤 블렌드를 사용할 때 NO_x 배출 또한 감소한다(24%까지)[38].

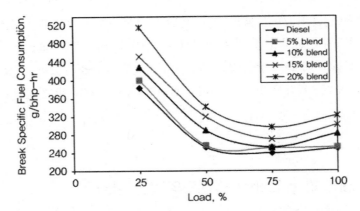

[Fig. 5] Brake specific fuel consumption for different diesohol blends[38]

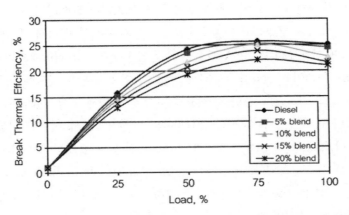

[Fig 6] Brake thermal efficiency for different diesohol blends[38]

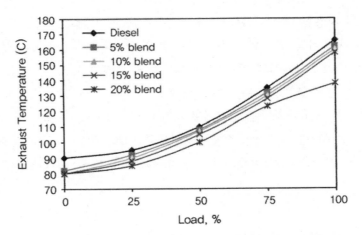

[Fig 7] Exhaust gas temperature for different diesohol blends

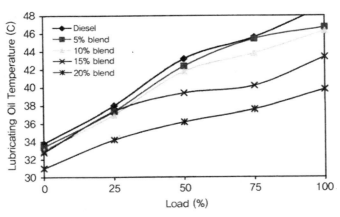

[Fig 8] Lubricating oil temperature for different diesohol blends[38]

AI-Farayedhi 등[44]는 gasohol 블렌드(20%까지)를 사용하였을 때의 엔진성능을 조사하였다. 함산소계 화합물의 블렌드의 결과, 기준연료의 결과, 기준연료에 TEL을 첨가하여 제조된 가연된 연료의 결과와 비교하였다. 다양한 가동 조건에서 엔진의 최대 출력과 열효율을 평가하였다.

모든 테스트된 연료에 대한 최대 brake torque와 BMEP를 엔진 스피드에 대하여 도시하여 그림 9와 10에 나타내었다. 최대 토크 측정에서의 일관되고 지속적인 변동을 관찰하였다. 이러한 변동은 정밀하게 시험되었으며 결국 테스트 셋업에서 비정상적인 진동과 연결되었다. 토크측정의 신뢰도는 95%인 것으로 밝혀졌다. 기준연료는 모든 테스트된 연료 중에서 가장 낮은 브레이크 토크를 생성시켰다. 가연된 연료는 기준 연료에 대하여 브레이크 토크에서의 상당한 증가를 나타내었다. 이 상당한 증가는 TEL의 첨가에 기인한 향상된 안티노크 행동의 결과(기준연료의 84.7로부터 가연된 연료에 대한 92로까지의 옥탄가의 증가)이다. 향상된 안티노크 행동은 더 높은 연소압력과 더 높은 exerted torque와 bmep를 초래하는 더 진보한 MBT 타이밍을 허용한다. 메탄올 블렌드에 대한 결과인 그림 9는 블렌드에서 증가하는 메탄올 비율에 따른 점점 향상되는 브레이크 토크를 나타낸다. 브레이크 토크에 있어서의 향상은 테스트된 엔진 스피드 전체 범위에 걸쳐서 지속된다. 메탄올 블렌드에 의해서 얻어진 브레이크 토크에 있어서의 이러한 향상은 이들 블렌드의 더 좋은 안티노크 행동에 기인될 수 있다.

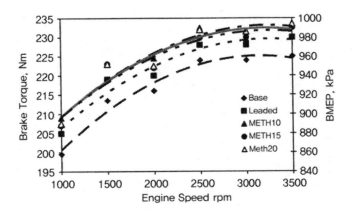

[Fig 9] Brake torque and mean effective pressure at wide-open throttle for the
methanol blends[44]

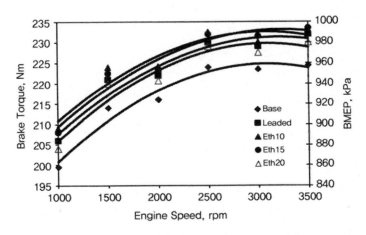

[Fig 10] Brake torque and mean effective pressure at wide-open throttle for the
ethanol blends[44]

　　에탄올 블렌드에 대한 결과는(그림10) 기준연료와 비교하였을 때 10% v/v 에탄올 블렌드(ETH10)에 의한 브레이크 토크에 있어서의 현저한 향상을 나타낸다. 낮은 엔진 스피드에서 에탄올 비율의 더 이상의 증가는 브레이크 토크에 영향을 미치지 않았다. 고속에서 15% v/v 에탄올 블렌드(ETH15)는 약간 더 좋게 실행되었지만 에탄올의 더 이상의 첨가는 브레이크 토크에서의 감소를 초래하였다. 메탄올 블렌드와 비슷하게 브레이크 토크에 있어서의 향상은 안티노크 행동에 있어서의 향상에 기인될 수 있다[43].

　그림 11과 12는 모든 테스트된 연료에 따른 배기가스 온도의 변화를 나타낸다. 일반적으로 가장 높은 배기가스 온도는 기준연료에 의해 관찰되며 가장 낮은 온도는 가연된 연료에 의해 관찰된다. 게다가 배기가스 온도는 블렌드에서의 함 산소화합물의 비율이 증가할 때 감소한다. 배기가스 온도에서의 이러한 변화는 열효율의 증가, 연소온도의 감소에 기인될 수 있다. 열효율의 증가는 연소열의 더 많은 부분이 일로 전화되었으며 이것은 더 낮은 배기가스 온도를 기대할 수 있다는 것을 의미한다. 함산소계 블렌드를 특징짓는 더 낮은 연소온도는 더 낮은 배기가스 온도를 초래하는 것으로 기대된다[44].

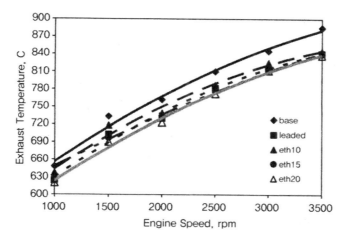

[Fig 11] Exhaust temperature at wide-open throttle for the ethanol blends[44]

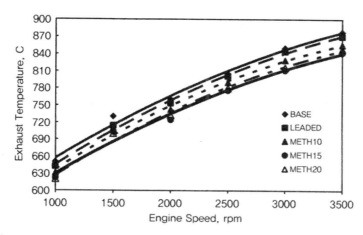

[Fig 12] Exhaust temperature at wide-open throttle for the methanol blends[44]

2.4 에탄올에 의해 가동되는 엔진으로부터의 규제되는 그리고 규제되지 않는 배출물질

연소엔진 배출물질은 도시지역에서의 대기오염에 대한 주된 요인인 것으로 나타났다. 자동차 배출물질은 두 개의 그룹으로 나뉜다. 규제되거나 규제되지 않은 오염물질, 규제되는 오염물질은 CO, NO_x, 그리고 불완전연소 연료나 부분적으로 산화된 HC이다. 이들 오염물질의 배출수준은 법에 의해서 규정된다. 비규제 오염물질에는 PAHs, 메탄, 알데하이드, CO_2, 다른 흔적양의 유기 배출 물질 그리고 탄소 퇴적물이 포함된다. 탄소 퇴적물은 엔진마모를 증가시키며 약간의 PAH 이성질체는 발암성이고 돌연변이 유발성인 것으로 알려져 있다. 오염물질 형성에 미치는 가솔린에 10% 에탄올 첨가의 주된 영향은 PM과 CO의 배출이 현저하게 감소되었다는 사실이다. 테스트된 약간의 차량에 대해서 CO_2 배출 또한 현저하게 감소되었으며, NO_x 배출은 현저히 증가하였다.

특히 연비(fuel economy)의 가장 큰 향상을 나타내었던 차량은 옥탄가 증가에 응하여 타이밍을 최적화시키기 위한 능력을 제공하는 노크센서를 편입시키는 현대적인 엔진관리시스템을 갖춘 차량이었다[27,45-48].

2.4.1 이산화탄소(CO_2)

에탄올(다른 연료처럼)이 엔진에서 연소될 때 CO_2가 대기 속으로 방출된다. 그러나 이 CO_2는 식물성장과정 동안 유기조직 속으로 리사이클 된다. 유기물의 약 40%, 그 이하만이 에탄올 생산을 위해 농경지로부터 실제적으로 제거된다. 나머지는 비옥함(산출력)을 증가시키고 토양부식을 감소시키는 유기물질로서 토양으로 되돌아간다.

토양 유기물질 수준에서의 단지 1%의 증가는 농지 1헥타르당 CO_2 40ton 이상의 대기적 감소를 의미한다. 가솔린에서의 에탄올의 사용은 대기 중의 CO_2 수준에 있어서의 순감소에 대한 대단한 잠재력을 갖는다.

바이오디젤과 에탄올은 기후 친화적이다[49-53]. 그들은 가장 낮은 라이프사이클 GHG 배출(in grams GHG/kilometer traveled)을 나타낸다.

표 2는 연료-사이클 화석연료 GHG 배출(in CO_2 equivalent)을 나타낸다.

[Table 2] Fuel-cycle fossil fuel greenhouse gas emissions(g/MJ) for heaby-duty vehicles in CO_2-equivalents[49]

	Diesel	LSD	ULS	LPG	CNG	LNG	E9S(wood)	BD20	BD100
Pre-combustion	11	12	13	11	6	9	−29	2	−41
Combustion	69	69	69	59	54	55	65	84	89
Total	80	81	82	70	60	64	36	87	48

2.4.2 일산화탄소(CO)

연료의 불완전연소에 의해서 형성되는 CO는 분자구조에 산소를 포함하지 않는 석유연료로부터 가장 손쉽게 생성된다. 에탄올과 다른 "함 산소" 화합물은 산소를 포함하기 때문에 자동차 엔진에서 이들의 연소는 더 완전하다. 결과는 CO를 배출할 때 상당한 감소를 보인다. 감소는 엔진/차량의 타입과 연수, 사용되는 배출제어시스템 그리고 차량이 가동되는 대기상태조건에 의존하여 30%까지의 범위를 나타내었다. CO에 대한 건강상의 관심 때문에 US Clean Air Act의 1990년 개정에서는 이 오염을 감소시키기 위하여 대기 중의 CO 수준이 가장 높은 때인 겨울동안 주요 도심에서 함 산소화합물을 포함한 가솔린의 사용을 명령하였다[47,54].

2.4.3 탄화수소

그것의 높은 옥탄가 때문에 에탄올을 가솔린에 첨가함은 벤젠과 같은 방향족 탄화수소 그리고 가솔린에서의 TEL 납을 대체하기 위해 일반적으로 사용되는 다른 위험한 높은 옥탄가의 첨가제의 저감 혹은 제거를 초래한다[28].

2.4.4 오존

배기가스에서 HC와 CO를 감소시킴에 대한 그것의 영향 때문에 가솔린에 에탄올을 첨가시킴은 오존형성 가능성에 있어서의 전반적인 감소를 초래한다[18]. 에탄올은 대기 중 오존에 대한 또 다른 일반적인 기여 인자인 질소산화물(NO_X)의 배출에 현저한 영향을 미치지는 않는다. 가솔린에 에탄올을 첨가시키는 것은 가솔린의 휘발성을 잠재적으로 증가시킬 수 있다. 만약 판매되는 모든 에탄올-블렌드된 가솔린이 다른 타입의 가솔린에 대해서 요구되는 휘발성 표준을 만족시킨다면 이러한 가능성은 조절된다. US Clean Air Act는 가소홀(가솔린+10% 에탄올)이 가솔린의 그것보다도 더 높은 휘발성을 갖도록(갖는 것을) 허용한다. 이것은 더 많은 "휘발성 유기화합물(VOCs)"의 배출을 초래한다.

가솔린에 에탄올을 첨가시킴은 연소과정 동안 약간 더 많은 양의 알데하이드를 배출한다. 초래되는 농도는 극히 작으며 모든 현대적인 최신 차량의 배기시스템에서 상환촉매변환기에 의해서 효과적으로 감소된다.

연료에 10% w/w까지의 에탄올의 첨가는 Reid 증기압에 있어서의 증가를 초래하는데, 이 사실은 에탄올 블렌드에 대한 증가된 기화배출을 나타낸다. 일반적으로 가솔린에 대한 에탄올의 첨가에 의해서 벤젠과 톨루엔의 배출은 감소한다. 촉매의 가동 후에는 이러한 에탄올 첨가에 따른 유익한 효과는 제거되었다. 기준연료와 3% 에탄올 블렌드 연료에 대한 약간의 경우에서 배기가스에서 초산이 검출되었다[46,55-57].

2.4.5 질소산화물(NOx)

연료에서 에탄올 농도가 0%로부터 20%까지로 증가하였을 때 감소된 HC와 CO 배출과 증가된 NOx 배출의 뚜렷한 경향성이 관찰되었다(그림 13). 표준차량은 FTP cycle 상에 가솔린에서 주행하는 대략 12.2:1의 평균 공기/연료 비율로서 양론적인 것보다도 현저하게 더 rich한 공기/연료 비율에서 가동하였다. 이것은 가솔린만의 연료에서 가동하였을 때 대략적으로 1.2의 equivalence ratio와 동등하다. 더 lean한 기준 조건에 대해서 경향은 반대일 수 있었다. 즉, 연료의 에탄올 함유량이 증가될 때 HC 배출은 증가하고 NOx 배출은 감소한다[58].

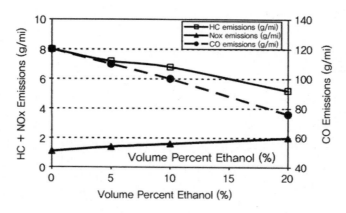

[Fig 13] Alcohol fueled vehicle emission on FTP driving cycle[58]

2.4.6 비규제 배출물질

연료블렌드에서의 에탄올 함유량의 증가에 따라서 아세트알데하이드 배출은 증가한다. 아세트알데하이드는 부분적으로 산화된 연료로부터의 중간 생성물이기 때문에 어떤 약간의 가동조건 하에서 연료로 사용되는 에탄올로부터 더 많은 아세트알데하이드 배출이 형성되는 것이 가능하다. 아세트알데하이드 배출은 엔진부하와 블렌드에서의 에탄올 함유량과 거의 관계가 있다는 사실이 또한 관찰된다. 공회전 시킴으로부터 부하를 증가시킴에 따라서 아세트알데하이드 배출은 중간부하에서 그들의 최소값으로 점차적으로 감소한 후 높은 엔진부하에서 다시 증가한다. 높은 아세트알데하이드 배출은 높은 부하에서 연료의 많은 양의 에탄올에 의해서 형성되는 두꺼운 퀜칭층에 기인되며 그리고 늦은 연소온도와 배기가스 온도 때문에 낮은 엔진부하에서의 아세트알데하이드의 낮은 산화속도에 기인된다. 에탄올 블렌드된 연료의 영향을 확인하기 위해 고려되어져야 하는 아세트알데하이드, 폼알데하이드, 프로피온알데하이드와 아크롤레인, 벤젠, 에틸벤젠, 1, 3-부타디엔, 헥산, 톨루엔, 자일렌 그리고 미세입자와 같은 다른 유독한 배출물질(비유제)이 있다. 벤젠배출은 에탄올-블렌드된 연료에 의해서 50%까지 감소되었다. 1, 3-부타디엔의 배출은 또한 상당히 감소되었다(24%로부터 82%까지의 감소). 모든 경우에서 에탄올의 사용으로써 1-니트로벤젠에 있어서의 감소가 있었다. 또한 에탄올의 사용으로써 입자상에서의 중질 PAHs의 비율에 있어서의 일반적인 증가와 경질 PAHs에서의 일반적인 감소가 있었다[59].

03 엔진연료로서의 채종유

루돌프 디젤 박사(그림 14)는 디젤엔진을 발명하여 1900년에 파리 세계 박람회에서 그의 엔진을 발표하였다. 그의 엔진은 100% 땅콩유에서 가동되었다. 디젤 박사는 1913년에 죽었으며 그의 엔진은 현재 "디젤"로서 알려진 석유계 연료에서 가동되도록 개조되어졌다. 그럼에도 불구하고 그의 발명과 농업에 대한 그의 사상은 깨끗하고 재생 가능한 연료를 사용하는 사회에 대한 초석을 제공하였다[60].

[Fig 14] Dr. Rudolf Diesel

1930년대와 1940년대에 채종유는 때때로 비상상황에서 디젤 대체연료로서 사용되었다. 최근에 원유가격의 상승, 제한된 화석연료자원 그리고 환경에 대한 관심 때문에 바이오디젤을 제조하기 위해 채종유와 동물성 지방에 다시 새롭게 초점이 맞추어지고 있다. 석유의 지속적으로 사용되고 증가되면서 대기오염을 악화시키고 이산화탄소를 발생시켜 지구 온난화를 가중시켜 문제점을 확대시킨다. 바이오디젤은 오염물질의 수준과 있음직한 발암물질에 대한 가능성을 감소시킬 수 있는 잠재력을 갖는다[61].

연료로서 채종유를 사용함에 따른 유리한 점은 다음과 같다:

● 채종유는 신 재생 가능 자원으로부터의 액체연료이다.
● 이들은 배출물질로서 주변 환경에 부담을 주지 않는다.
● 채종유는 토양에서 이들의 질소고정 성질에 의해서 불모지를 비옥하게 만들 수 있는 잠재력을 갖는다.
● 채종유의 생산은 생산에서 더 적은 에너지 투입량을 필요로 한다.
● 채종유는 알코올과 같은 다른 에너지 작물보다도 더 높은 에너지 함유량을 갖는다. 채종유는 디젤연료의 열량의 90%를 갖는다.
● 세계에서 채종유의 최근의 가격은 석유계 연료가격과 거의 경쟁적이다.
● 채종유의 연소는 더 깨끗한 배출 스펙트라를 갖는다.
● 그러나 더 간단한 제조기술이다.
● 이들은 아직까지 경제성 면에서 실현 불가능하다.
● 그리고 현지 농장 생산기술의 개발을 위한 더 이상의 R&D 작업이 필요하다.

원유 매장량의 빠른 감소 때문에 디젤 연료로서 채종유의 사용은 많은 국가에서 다시 장려되고 촉진된다. 기후와 토양조건에 의존하여 다른 국가에서는 디젤연료에 대한 대체연료로서 다른 채종유을 연구하고 있다. 예를 들면, 미국에서는 대두유, 유럽에서는 유채유와 해바라기유, 동남아시아에서는(주로 말레이시아와 인도네시아)

팜유 그리고 필리핀에서는 코코넛유가 석유계 디젤연료에 대한 대체연료로서 고려되고 있다.

엔진에 대한 수용 가능한 대체연료는 가동성능을 희생시킴 없이 환경적인 요구사항과 에너지 수요를 충족시켜야 한다. 채종유는 엔진변형과 연료변형을 통해서 CI엔진에서 성공적으로 사용될 수 있다. 엔진변형에는 dual fueling, injection system modification, heated fuel lines 등이 포함된다. 연료변형에는 중합과 점도를 감소시키기 위한 채종유와 디젤연료의 블렌딩, 트랜스에스타화, 크래킹/열분해, 마이크로 에멀젼 그리고 수소화가 포함된다[63].

채종유는 그것의 원래의 형태로 엔진에서 사용될 수 없다. 그것은 바이오디젤이라 불리는 엔진 친화적인 연료로 전환되어져야 한다. 이들 변형된 연료는 상당한 하드웨어 상의 변형 없이 존재하는 디젤엔진에 사용될 수 있다. 어떤 나라의 시골의 농업부문에서 가동 운용되고 있는 많은 존재하는 엔진의 시스템 하드웨어에서 최소의 디자인 개조를 구체화한다는 것은 비용이 많이 들고 시간을 많이 소비하게 될 것이다.

채종유의 탄소 사이클은 광합성과정을 하는 식물에 의해 탄소의 고정과 산소의 방출 그리고 이후 연소과정을 통한 CO_2를 형성하기 위한 산소와 탄소의 결합으로써 구성된다. 석유계 디젤에 의해서 방출되는 CO_2는 지구의 형성기 동안 대기로부터 고정되었던 반면 바이오디젤에 방출되는 CO_2는 식물에 의해서 계속적으로 고정되며 다음 세대의 농작물에 의해서 리사이클 된다는 사실을 여기서 언급하는 것이 적절한 것 같다. 바이오디젤의 연소 후 CO_2의 방출과 그것의 고정에 대한 탄소 사이클 타임은 석유계 연료의 사이클 타임(수백만 년)과 비교하였을 때 매우 작다(단지 몇 년)(그림 15). 바이오디젤은 신 재생 생물자원의 오일로부터 유도된 에스터로써 만들어진 연료이기 때문에 석유계 디젤연료와 비교하였을 때 상당히 더 낮은 양의 대부분의 규제되는 오염물질을 배출하는 것으로 보고되었다[63]. 바이오디젤은 석유계 디젤에 필적하는 에너지 밀도, 세탄가, 기화열, 그리고 양론적 공기/연료 비율을 갖는다. 트리글리세라이드의 큰 분자 크기는 석유계 디젤의 점도와 비교하였을 때 더 높은 점도를 갖는 오일을 초래한다. 점도는 펌프와 인젝터 시스템에 의한 연료의 취급과 연료스프레이의 모양에 영향을 미친다. 좋지 못한 미립자화는 더 큰 방울을 초래한다. 더 큰 방울은 엔진파워와 연비의 손실을 초래하는 좋지 못한 연소를 나타낸다. 소형엔진에서는 연료스프레이는 실린더 벽에 한층 더 부딪혀서 윤활유 필름을 씻어내며 이동부위의 과잉마모를 초래하는 크랭크케이스 오일의 희석을 초래한다.

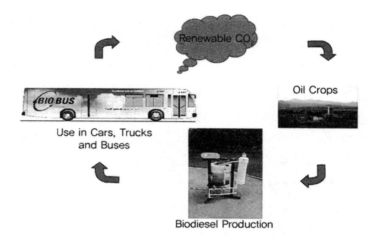

[Fig 15] Biodiesel CO_2 cycle

3.1 채종유의 화학

석유계 디젤연료의 분자는 12~18 범위의 탄소원자를 갖는 포화된 비가지화된 분자인 반면 채종유는 간단한 직쇄 화합물로부터 단백질과 지용성 비타민의 복잡한 구조에 이르기까지의 범위의 유기화합물의 혼합물이다. 지방과 오일은 식물계와 동물계에서 일반적으로 트리글리세라이로서 불리는 1몰의 글리세롤과 3몰의 지방산으로서 구성되는 주로 물에 불용성이며 소수성인 물질이다. 채종유는 보편적으로 다른 길이의 수많은 가지화된 사슬을 갖는 트리글리세라이드이며 다음과 같은 구조를 갖는다.

$$
\begin{array}{c}
\qquad\qquad\overset{\displaystyle O}{\underset{\displaystyle \|}{}} \\
CH_2-O-C-R^1 \\[4pt]
\qquad\qquad\overset{\displaystyle O}{\underset{\displaystyle \|}{}} \\
CH-O-C-R^2 \\[4pt]
\qquad\qquad\overset{\displaystyle O}{\underset{\displaystyle \|}{}} \\
CH_2-O-C-R^3
\end{array}
$$

여기서 R^1, R^2, R^3는 지방산의 탄화수소 사슬을 나타낸다.

지방산은 탄소사슬 길이와 불포화된 결합들이중결합)의 수가 변한다. 일반적인 지방산의 구조는 표 3에 나타내었으며 몇몇 채종유의 지방산 조성은 표 4에 나타내었다.

[Table 3] Chemical structure of common fatty acids[64]

Fatty acid	Systematic name	Structure[a]	Formula
Lauric	Dodecanoic	12:0	$C_{12}H_{24}O_2$
Myristic	Tetradecanoic	14:0	$C_{14}H_{28}O_2$
Palmitic	Hexadecanoic	16:0	$C_{16}H_{32}O_2$
Stearic	Octadecanoic	18:0	$C_{18}H_{36}O_2$
Arachidic	Eicosanoic	20:0	$C_{20}H_{40}O_2$
Behenic	Docosanoic	22:0	$C_{22}H_{44}O_2$
Lignoceric	Tetracosanoic	24:0	$C_{24}H_{48}O_2$
Oleic	cis-9-Octadecenoic	18:1	$C_{18}H_{34}O_2$
Linoleic	cis-9, cis-12-Octadecadienoic	18:2	$C_{18}H_{32}O_2$
Linolenic	cis-9, cis-12, cis15-Octadecatrienoic	18:3	$C_{18}H_{30}O_2$
Erucic	cis-13-Docosenoic	22:1	$C_{22}H_{42}O_2$

[a]xx:y indicates xx carbons in the fatty acid chain with y double bonds.

[Table 4] Chemical composition of vegetable oils[64]

Vegetable oil	Fatty acid composition (wt%)									
	14:0	16:0	18:0	20:0	22:0	24:0	18:1	22:1	18:2	18:3
Corn	0	12	2	Tr	0	0	25	0	6	Tr
Cottonseed	0	28	1	0	0	0	13	0	58	0
Crambe	0	2	1	2	1	1	19	59	9	7
Linseed	0	5	2	0	0	0	20	0	18	55
Peanut	0	11	2	1	2	1	48	0	32	1
Rapeseed	0	3	1	0	0	0	64	0	22	8
Safflower	0	9	2	0	0	0	12	0	78	0
H.O.Safflower	Tr	5	2	Tr	0	0	79	0	13	0
Sesame	0	13	4	0	0	0	53	0	30	0
Soya bean	0	12	3	0	0	0	23	0	55	6
Sunflower	0	6	3	0	0	0	17	0	74	0
Rice-bran	0.4–0.6	11.7–16.5	1.7–2.5	0.4–0.6	—	0.4–0.9	39.2–43.7	—	26.4–35.1	—
Sal	—	4.5–8.6	34.2–44.8	6.3–12.2	—	—	34.2–44.8	—	2.7	
Mahua	—	16.0–28.2	20.0–25.1	0.0–3.3	—	—	41.0–51.0	—	8.9–13.7	—
Neem	0.2–0.26	13.6–16.2	14.4–24.1	0.8–3.4	—	—	49.1–61.9	—	2.3–15.8	—
Karanja	—	3.7–7.9	2.4–8.9	—		1.1–3.5	44.5–71.3	—	10.8–18.3	—

Tr: Traces.

채종유는 분자에서의 산소 함유량 때문에 디젤연료보다도 약 10% 더 작은 열량값을 가지며 채종유의 점도는 큰 분자량과 복잡한 화학구조 때문에 석유계 디젤연료의 그것보다도 여러 배 더 높다. 몇몇 채종유의 연료관련 성질(물리적인 그리고 열적인)은 표 5에 나타내었다.

[Table 5] Physical and thermal properties of vegetable oils[64]

Vegetable oil	Kinematic viscosity[a]	Cetane no.	Heating value (MJ/kg)	Cloud point (℃)	Pour point(℃)	Flash point (℃)	Density (Kg/l)	Carbon residue (wt%)	Ash (wt%)	Sulfur (wt%)
Corn	34.9	37.60	39.50	-1.1	-40.0	277	0.9095	0.24	0.010	0.01
Cottonseed	33.5	41.8	39.5	1.7	-15.0	234	0.9148	0.24	0.010	0.01
Crambe	53.6	44.6	40.5	10.0	-12.2	274	0.9044	0.23	0.050	0.01
Linseed	22.2	34.6	39.3	1.7	-15.0	241	0.9236	0.22	<0.01	0.01
Peanut	39.6	41.8	49.8	12.8	-6.7	271	0.9026	0.24	0.005	0.01
Rapeseed	37.0	37.6	39.7	-3.9	-31.7	246	0.9115	0.30	0.054	0.01
Safflower	31.3	41.3	39.5	18.3	-6.7	260	0.9144	0.25	0.006	0.01
H.O.Safflower	41.2	49.1	39.5	-12.2	-20.6	293	0.9021	0.24	<0.001	0.02
Sesame	35.5	40.2	39.3	-3.9	-9.4	260	0.9133	0.25	<0.01	0.01
Soya bean	32.6	37.9	39.6	-3.9	-12.2	254	0.9138	0.27	<0.01	0.01
Sunflower	33.9	37.1	39.6	7.2	-15.0	274	0.9161	0.23	<0.01	0.01
Palm	39.6	42.0	—	31.0	—	267	0.9180	—	—	—
Babassu	30.3	38.0	—	20.0	—	150	0.9460	—	—	—
Tallow	—	—	40.0	—	—	201	—	6.21	—	—

[a]At 40oC.

40℃에서 디젤연료에 대한 4 cSt와 비교되는 35-60 cSt인 채종유의 높은 점도는 펌핑과 스프레이 특성(미립자화)에서 문제점을 초래한다. 오일과 공기의 비효율적인 혼합은 불완전연소에 기여한다. 높은 인화점은 그것의 더 낮은 휘발성에 기인된다. 이것은 높은 탄소퇴적물의 형성, 인젝터 코킹, 피스톤링의 스티킹과 윤활유의 희석, 그리고 오일의 분해를 초래한다. 채종유의 높은 점도와 낮은 휘발성은 좋지 못한 저온시동성과 점화지연을 초래한다. 엔진에서 연료로서 채종유를 사용함에 따른 장·단기간의 문제점에 관해서는 표 6에 나타내었다. 이 표에서는 또한 이들 문제점에 대한 이유와 해결방안에 관해서도 고찰해 놓았다. 채종유의 다중 불포화된(여러 개의 불포화된 결합의 존재) 성질은 검(gum)의 형성, 피스톤링 스티킹과 같은 장기간의 문제점을 초래한다. 이들 문제점 때문에 채종유는 존재하는 엔진에 대해서 더 적합한 연료로 화학적으로 변형되어져야 한다.

[Table 6] Problems and potential solutions for using vegetable oils as engine fuels[65,66]

Problem	Probabe cause	Potential solution
Short-term		
1. Cold weather starting	High viscosity, low cetane, and low flash point of vegetable oils	Preheat fuel prior to injection. Chemically alter fuel to an ester
2. Plugging and gumming of filters, lines and injectors	Natural gums (phosphatides) in vegetable oil. Ash.	Partially refine the oil to remove gums. Filter to 4 microns
3. Engine knocking	Very low cetane of some oils. Improper injection timing.	Adjust injection timing. Preheat fuel prior to injection. Chemically alter fuel to an ester
Long-term		
4. Coking of injectors and carbon deposits on piston and head of engine	High viscosity of vegetable oil, incomplete combustion of fuel. Poor combustion at part load.	Heat fuel prior to injection. Switch engine to diesel when operating at part load. Chemically alter the vegetable oil to an ester.
5. Excessive engine wear	High viscosity, incomplete combustion of fuel. Poor combustion at part load. Possibly free fatty acids in vegetable oil. Dilution of engine lubricating oil due to blow-by of vegetable oil.	Heat fuel prior to injection. Switch engine to diesel when operating at part load. Chemically alter the vegetable oil to an ester. Increase lubricating oil changes. Lubricating oil additives to inhibit oxidation.
6. Failure of engine lubricating oil due to Polymerization	Collection of poly-unsaturated vegetable oil blow-by in crank-case to the point where polymerization occurs	Same as in 5.

3.2 엔진연료로서 채종유의 사용

순수한 채종유는 디젤엔진을 위한 연료로서 적당하지 않다. 그래서 이러한 연소관련 성질을 석유계 디젤의 것과 더 가깝게 가져가도록 하기 위하여 변형되어져야 한다. 이러한 연료의 변형은 유속(흐름) 그리고 연소관련 문제점을 피하기 위해서 점도를 감소시키는 데 주로 그 목적을 두고 있다. 탄화수소계 연료의 성질과 성능에 접근하는 채종유 유도체를 개발하기 위한 상당한 노력이 이루어졌다. 채종유는 다음과 같은 적어도 4가지의 방법을 통해서 사용될 수 있다:

- 직접적인 사용과 블렌딩
- 마이크로 에멀젼
- 열분해
- 트랜스에스터화

3.2.1 직접적인 사용과 블렌딩

1980년에 Caterpillar(Brazil)사는 엔진의 개조나 조정 없이 총 파워를 유지하기 위하여 10% 채종유의 혼합물로서 pre-combustion chamber engines를 사용하였다. 디젤연료를 100% 채종유로서 대체한다는 것은 실제적이지 못하였지만 20% 채종유와 80% 석유계 디젤의 블렌드는 성공적이었다. 어떤 약간의 단기간의 실험에서는 50/50 비율까지를 사용하였다[66]. Pramanik[67] 등은 디젤엔진에서의 어떠한 주요한 가동상의 문제점 없이 자트로파 오일의 50% 블렌드를 사용할 수 있지만 엔진의 장기간의 내구성에 대해서는 더 이상의 연구가 요구된다는 사실을 밝혔다. 채종유의 직접적인 사용이나 오일의 블렌드의 사용은 일반적으로 디젤엔진에 대해서 만족스럽지 못하며 실제적이지 못하다고 생각되었다. 높은 점도, 산의 조성, FFAs 함유량, 뿐만 아니라 산화에 기인한 검(gum)의 형성, 저장 및 연소 동안의 중합, 탄소 퇴적물, 그리고 윤활유의 농후화(진해짐)는 분명한 문제점이다. 문제점에 대한 상당한 이유와 가능한 해결방안은 표 6에 나타내었다[65,66].

3.2.2. 마이크로 에멀젼

채종유의 높은 점도의 문제점을 해결하기 위하여 메탄올, 에탄올 그리고 1-부탄올과 같은 용매와의 마이크로 에멀젼에 관해서 조사하였다. 마이크로 에멀젼은 두 개의 정상적으로 혼합할 수 없는 액체로부터 자발적으로 형성되는 일반적으로 1-150nm 범위의 크기를 갖는 광학적으로 등방성의 유체 마이크로 구조의 콜로이드성 평형 분산으로서 정의된다. 이들은 마이셀에서 낮은 끓는점의 성분의 폭발적인 기화에 의해서 스프레이 특성을 향상시킬 수 있다. 대두유에서의 에탄올 수용액의 마이크로 에멀젼의 단기 성능은 더 낮은 세탄가와 에너지 함유량에도 불구하고 NO. 2 디젤연료의 그것처럼 거의 좋았다[64].

3.2.3 열분해

열분해는 열에 의한 혹은 촉매의 존재 하에서 열에 의한 하나의 물질의 다른 물질로의 전환이다. 동물지방의 열분해는 100년 이상 동안 특히 석유 매장량이 부족한 지역에서 조사되었다. 많은 조사연구자는 디젤연진에 대해서 적합한 제품을 얻기 위해 트리글리세라이드의 열분해에 관해서 연구하였다. 트리글리세라이드의 열분해는 알칸, 알켄, 알카다인, 방향족 화합물 그리고 카복실산을 생성시킨다[66,67].

3.2.4. 트랜스에스터화

유기화학에서 트랜스에스터화는 다른 알코올에 의해 에스터 화합물의 알콕시기를 교환하는 과정이다. 반응에는 종종 산이나 염기 촉매가 사용된다. 트랜스에스터화는 바이오리피드로부터 바이오디젤을 생산하기 위해 중요하다. 트랜스에스터화 과정은 에스터와 글리세롤을 형성하기 위한 트리글리세라이드와 알코올과의 반응이다[68-71]. 트랜스에스터화와 바이오디젤 생산에 관한 자세한 사항은 다음 절에서 기술하기로 하겠다.

04 엔진연료로서의 바이오디젤

연료로서 채종유를 사용하기 위한 가장 좋은 방법은 그것을 바이오디젤로 전환시키는 것이다. 바이오디젤은 새롭거나 사용한 채종유와 동물지방과 같은 천연의 신재생 자원으로부터 만들어진 깨끗하게 연소하는 모노-알킬 에스터계 함산소 연료이다. 바이오디젤은 그것의 주된 특성에서 전통적인 디젤연료와 매우 비슷하다. 바이오디젤은 석유제품을 포함하지 않지만, 그것은 전통적인 디젤과 혼화될 수 있으며, 안정한 바이오디젤 블렌드를 창출하기 위해서 석유계 디젤과 어떤 비율로 블렌딩시킬 수 있다. 석유계 디젤과의 블렌딩 레벨은 Bxx로서 주어지며 여기서 xx는 블렌드에서 바이오디젤의 양을 나타낸다(예를 들면 B10 블렌드는 10%의 바이오디젤과

90%의 디젤연료이다). 이것은 CI엔진에서 엔진 하드웨어상의 주된 변형 없이 사용될 수 있다.

4.1 트랜스에스터화

채종유는 내연엔진에서 사용이 가능하기 위해서는 트랜스에스터화시켜야 한다. 바이오디젤은 트랜스에스터화 반응의 생성물이다. 바이오디젤은 생분해성이고 유독하지 않으며 황성분을 포함하고 있지 않다; 이것은 재생 가능하며 농업 및 식물자원으로부터 생산될 수 있다. 바이오디젤은 대체연료이다.

트랜스에스터화는 에스터와 글리세롤을 형성하기 위한 지방 혹은 오일과 알코올의 반응이다. 알코올은 트리글리세라이와 화합하여 글리세롤과 에스터를 형성한다. 촉매는 보편적으로 반응속도와 수율을 향상시키기 위해 사용된다. 반응은 가역적이기 때문에 평형을 생성물 쪽으로 이동시키기 위하여 과량의 알코올이 요구된다. 트랜스에스터화에 사용될 수 있는 알코올에는 메탄올, 에탄올, 프로판올, 부탄올 그리고 아밀알코올이 있다[66]. 알칼리 촉매에 의한 트랜스에스터화는 산 촉매에 의한 트랜스에스터화보다도 훨씬 더 빠르며 상업적으로 가장 자주 사용된다[66-71].

(Triglyceride esters) Alcohol   Glycerol   Esters
Vegetable oil

여기서 R^1, R^2, R^3, R^4는 여러 알킬기를 나타낸다.

트랜스에스터화 반응은 채종유의 점도에서의 과감한 변화를 야기한다.

이 반응에 의해서 생산되는 바이오디젤은 어떠한 비율로 석유계 디젤과 혼합된다. 바이오디젤의 점도는 석유계 디젤의 그것에 매우 가깝게 되어서 존재하는 연료취급 시스템에서 문제점이 없다. 바이오디젤의 인화점은 에스터화 이후에 더 낮아졌으며 세탄가는 향상되었다. 바이오디젤의 한층 더 낮은 농도는 바이오디젤 블렌드에 대해서 세탄가 향상제로서 작용한다. 바이오디젤의 열량은 또한 석유계 디젤에 매우 가까운 것으로 나타났다. 엔진 테스트로부터의 몇 가지 대표적인 관찰에서는 바이오디젤 블렌드에 대해서 엔진의 열효율은 일반적으로 향상되었고 냉각손실과 배기가스 온도가 증가하였으며 그리고 스모그 불투명도는 일반적으로 더 낮아졌다는 사실이 제안되었다. 가능한 이유는 바이오디젤의 부가적인 윤활성인 것 같다. 그래서 마찰마모손실을 감소시켰다. 그래서 절약된 에너지는 열효율, 냉각손실 그리고 엔진으로부터의 배기손실을 증가시킨다. 열효율은 바이오디젤의 어느 일정한 농도 후 감소하기 시작한다. 바이오디젤의 인화점, 밀도, 유동점, 세탄가, 열량은 석유계 디젤의 그것에 매우 가까운 범위가 된다[70,71].

디젤엔진은 어떠한 하드웨어 상의 변형 없이 바이오디젤에서의 장기간의 주행에 대해서 만족스럽게 가동될 수 있다. 20%의 바이오디젤은 향상된 성능을 갖는 바이오디젤 블렌드에 대한 최적농도이다. 그러나 배기가스 온도에 있어서의 증가는 엔진으로부터의 증가된 NO_x 배출을 초래한다. 단기간의 테스트는 거의 대략 긍정적인 반면 순수한 채종유나 그들의 디젤과의 블렌드의 장기간의 사용은 인젝션 코킹, 링 스티킹, 인젝터에서의 탄소퇴적물 등과 같은 여러 가지 엔진 상에서의 문제점을 초래한다[72,73]. 높은 점도, 낮은 휘발성 그리고 실린더 내에서의 중합에 대한 경향성은 연료로서 이들 오일의 직접적인 사용과 관련된 많은 문제점의 근본원인이다. 트랜스에스터화 공정은 채종유 에스터를 생성시키며 이것은 향상된 점도와 휘발성의 결과로서 대체 디젤연료로서의 가능성을 나타내었다.

여러 연구자들은 다른 채종유의 에스터를 조사하였으며 석유계 디젤연료에 필적할 수 있는 에스터를 발견하였다[69-74]. 트랜스에스터화 반응에서의 수율은 여러 파라미터/변수에 의해서 영향을 받는다.

트랜스에스터화 반응으로부터의 바이오디젤의 수율에 영향을 미치는 가장 중요한 변수는 다음과 같다.

* 반응온도
* 알코올과 오일의 몰비율
* 촉매
* 반응시간
* 수분과 FFAs의 존재

4.1.1 반응온도의 영향

반응속도는 반응온도에 의해서 강하게 영향을 받는다. 그러나 충분한 시간이 주어질 때 반응은 실온에서 조차도 거의 완료단계로 진행한다. 일반적으로 반응은 대기압에서 메탄올의 끓는점(60-70℃) 가까이에서 실행된다. 에스터의 최대수율은 6:1의 몰비율(알코올/오일)에서 60℃로부터 80℃까지의 범위에서의 온도에서 발생한다 [64,66-71].

오일과 동물 지방의 바이오디젤로의 전환에 미치는 온도의 영향에 관해서 여러 연구자들이 연구하였다. Freedman 등[69]은 세 가지의 다른 온도인 60℃, 45℃, 32℃에 대해서 각각 94%, 87%, 64%였다. 1시간 후 에스터 형성은 60℃와 45℃의 반응온도 시험에 대해서 동등하였으며 32℃에 대해서 단지 약간 더 낮았다. 온도는 반응속도와 에스터의 수율에 영향을 미쳤으며 알칼리 촉매의 경우에 만약 충분한 시간이 주어진다면 트랜스에스터화는 대기 중 온도에서 만족스럽게 진행될 수 있다.

4.1.2 몰비율의 영향

에스터의 수율에 영향을 미치는 또 다른 중요한 변수는 알코올/채종유의 몰비율이다. 트랜스에스터화 반응의 화학양론은 3몰의 FAAE와 1몰의 글리세롤을 생성시키기 위하여 트리글리세라이드 1몰당 3몰의 알코올을 요구한다. 트랜스에스터화 반응을 오른쪽으로 이동시키기 위하여 과량의 알코올을 사용하거나 혹은 반응혼합물로부터 생성물 중에서 하나를 계속적으로 제거하는 것이 필요하다. 100% 과량의 메탄올을 사용할 때 반응속도는 가장 높다. 무게로서 98%보다도 더 높은 메틸 에스터 수율을 얻기 위하여 산업공정에서는 정상적으로 6:1의 몰비율을 사용한다. Freedman 등[69]은 채종유의 에스터로의 전환에 미치는 몰비율(1:1로부터 6:1까지)의 영향에 관해서 연구하였다. 대두유, 해바라기유, 땅콩유 그리고 면실유는 비슷하게 행동하였으며 6:1의 몰비율에서 가장 높은 전환(93-98%)을 이루었다. 6:1보다도 더 큰 비율은 수율을 증가시키지 못하면서 오히려 이들은 글리세롤의 분리를 방해한다.

4.1.3 촉매의 영향

촉매는 알칼리, 산 혹은 효소로서 분류된다. 알칼리 촉매에 의한 트랜스에스터화는 산촉매에 의한 반응보다도 훨씬 더 빠르다. 그러나 만약 채종유가 높은 FFAs와 물

함유량을 갖는다면 산 촉매에 의한 트랜스에스터화 반응이 적합하다. 부분적으로 더 빠른 에스터화 때문에 그리고 알칼리 촉매가 산촉매보다도 산업장치에 덜 부식적이기 때문에 대부분의 상업적인 트랜스에스터화 반응은 알칼리 촉매로써 실행된다.

NaOMe가 NaOH보다도 더 효과적인 것으로 밝혀졌다. 비록 그것의 저렴한 가격 때문에 NaOH가 대규모 트랜스에스터화에서 폭넓게 사용된다 할지라도 NaOR (sodium alkoxides)이 이러한 목적을 위해서 사용되는 가장 효과적인 촉매에 속한다. 무게로서 0.5-1%의 범위에서의 알칼리 촉매 농도는 에스터로 채종유의 94-99% 전환을 생성시킨다. 촉매농도에 있어서의 더 이상의 증가는 전환을 증가시키기 못하며 오히려 반응의 끝에서 반응생성물로부터 촉매를 제거시킬 필요가 있기 때문에 추가적인 여분의 비용부담을 초래하게 된다[64,69,70]. 메탄올은 트리글리세라이드와 빠르게 반응할 수 있으며 NaOH는 그것에 쉽게 용해된다. 반응은 알칼리, 산 혹은 효소에 의해서 촉매 작용될 수 있다. 알칼리 촉매에는 NaOH, KOH, 카보네이트 그리고 NaOR과 KOR(NaOMe, NaOEt, NaOPr 그리고 NaOBu와 같은)이 포함된다. 황산, 술폰산 그리고 염산이 산촉매로서 일반적으로 사용된다. 리파제도 역시 바이오촉매로서 사용될 수 있다.

4.1.4 반응시간의 영향

전환율(수율)은 반응시간에 따라서 증가한다. Freedman 등[69]은 6:1의 메탄올/오일 비율, 0.5% NaOMe 촉매 그리고 60℃의 조건하에서 땅콩유, 면실유, 해바라기유 그리고 대두유를 트랜스에스터화 시켰다. 1분 후 대두유와 해바라기유에 대해서 80%의 근사수율이 관찰되었다. 1시간 후 전환은 모든 4가지 오일에 대해서 거의 같았다 (93-98%). Ma와 Hanna[66]는 메탄올에 의한 우지의 트랜스에스터화에 미치는 반응시간의 영향에 관해서 연구하였다. 우지 속에서의 메탄올의 혼합과 분산 때문에 반응은 첫 1분 동안 매우 느렸다. 1분부터 5분까지 반응은 매우 빠르게 진행되었다. 우지 메틸에스터의 겉보기 수율은 1%부터 38%까지 급상승하였다.

4.1.5 수분과 FFAs의 영향

알칼리 촉매에 의한 트랜스에스터화에 의해서 물(수분)은 반응을 부분적으로 비누화로 변화시켜서 비누를 생성시키게 하기 때문에 글리세라이드와 알코올은 실질적으로 충분히 무수상태여야 한다. 비누는 에스터의 수율을 낮추고 에스터와 글리세롤의 분리 그리고 물세척을 어렵게 만든다. 이후에 글리세롤은 비중분리에 의해서 제거되며 남는 에스터는 촉매의 분리를 위해 뜨거운 물과 혼합시킨다. 수분은 실리카 겔을 사용하여 제거시킬 수 있다. 에스터 형성은 채종유와 관련된 문제점을 거의 모두 제거시킨다. 비누화 반응은 또한 트랜스에스터화 반응과 동시에 일어나지만 만약 수분의 존재가 1% 이하라면 비누형성은 주요한 문제점은 아니다[66-71].

트리글리세라이드의 알칼리 촉매에 의한 트랜스에스터화를 위해 사용되는 출발물질은 어떤 일정한 규격을 만족시켜야 한다. 글리세라이드는 1 이하의 산가를 가져야 하며 모든 반응물은 실질적으로 충분히 무수상태이어야 한다. 만약 산가가 1보다도 더 크다면 FFAs를 중화시키기 위해서 더 많은 양의 NaOH가 요구된다. Freedman 등은 만약 반응물이 이들 요구조건을 충족시키지 못한다면 에스터 수율은 현저하게 감소된다는 사실을 밝혔다. NaOH이나 NaOMe는 수분과 공기 중의 이산화탄소와 반응하였으며 이로써 그들의 효과를 감소시켰다[69].

메탄올에 의한 우지의 트랜스에스터화에 미치는 FFAs와 수분의 영향에 관해서는 Ma와 Hanna[66]에 의해서 조사되었다. 결과는 가장 좋은 전환을 얻기 위하여 우지의 수분 함유량은 0.06% w/w 이하로 유지시켜야 하며 우지의 FFAs 함유량은 0.5% w/w 이하로 유지시켜야 한다는 사실을 나타내었다. 수분 함유량은 FFAs보다도 트랜스에스터화 반응에서 더 중요한 변수였다[66].

4.2 바이오디젤의 성질

몇몇 바이오디젤 연료의 성질을 표 7에 비교해 놓았다. 바이오디젤의 특성은 석유계 디젤연료에 가까우므로 바이오디젤은 만약 필요성이 대두된다면 석유계 디젤연료를 대체할 수 있는 강력한 후보연료가 된다. 트랜스에스터화 반응을 통한 트리글리세라이의 메틸이나 에틸 에스터로의 전환은 분자량을 트리글리세라이드의 그것의 1/3로 감소시키며, 점도를 약 8의 인자까지 감소시키고, 그리고 휘발성을 증가시킨다. 바이오디젤은 석유계 디젤연료에 가까운 점도를 갖는다. 이들 채종유 에스터는 무게로써 10-11%의 산소를 포함하는데, 이것은 엔진에서 탄환수소계 디젤보다도 연소를 촉진시킨다. 바이오디젤의 세탄가는 대략 50 정도이다. 바이오디젤은 석유계 디젤보다도 더 낮은 열량값(약 10%)을 갖지만 높은 세탄가와 인화점을 갖는다. 에스터는 석유계 디젤의 그것들보다도 15-25℃ 더 높은 CP(구름점)와 PP(유동점)을 갖는다[71].

[Table 7] **Properties of Biodiesel prepared from vegetable oils[64]**

Properties	Biodiesel (vegetable oil methyl ester)					
	Peanut	**Soybean**	**Palm**	**Sunflower**	**Linseed**	**Tallow**
Kinematic viscosity at 37.8℃	4.9	4.5	5.7	4.6	3.59^a	—
Cetane number	54	45	62	49	52	—
Lower heating value (MJ/l)	33.6	33.5	33.5	33.5	35.3	—
Cloud point	5	1	13	1	—	12
Pour point	—	−7	—	—	−15	9
Flash point	176	178	164	183	172	96
Density (g/ml)	0.883	0.885	0.88	0.86	0.874	—
Carbon residue(wt%)	—	1.74	—	—	1.83	—

4.3 바이오디젤의 엔진성능 특성

바이오디젤은 연료 속에 상당량의 산소의 존재 때문에 무게 기준에서 낮은 열량값(디젤보다도 10% 더 낮은)을 가지며 동시에 석유계 디젤과(0.85) 비교하였을 때 더 높은 비중(0.88)을 가져서 전체적인 효과는 단위부피당 대략 5% 더 낮은 에너지 함유량이다. 바이오디젤에서 가동되는 엔진의 열효율은 디젤연료에서 가동되는 엔진에서보다도 일반적으로 더 좋다. 다른 열량값과 밀도를 갖는 연료를 비교하기 위해 bsec(brake-specific energy consumption)는 bsfc(brake-specific fuel consumption)와 비교하였을 때 더 신뢰성 있는 기준이다. 다른 바이오디젤 블렌드의 엔진성능을 평가하기 위한 여러 실험적 조사가 많은 연구원에 의해서 이루어졌다. Masjuki 등은 디젤엔진에서 사전 가열된 POME(palm oil methyl esters)에 관하여 조사하였다. 그들은 POME를 실온 이상으로 사건 가열시킴으로써 엔진성능, 특히 브레이크 출력과 배기가스 배출 특성은 현저하게 향상되었다는 사실을 관찰하였다[75]. Scholl과 Sorenson[76]은 다이렉트 인젝션 디젤엔진에서 SME(soybean oil methyl esters)의 연소에 관해서 연구하였다. 그들은 점화지연, 피이크 압력 그리고 압력상승속도와 같은 SME에 대한 관련 연소 파라미터를 대부분은 같은 엔진부하, 스피드, 타이밍 그리고 노즐직경에서 디젤연소에 대해서 관찰된 것에 가까웠다는 사실을 밝혔다. 그들은 또한 다른 인젝터 오리피스 직경에 대해서 SME와 디젤에 의한 연소와 배출특성에 관해서도 조사하였다. 두 연료에 대한 점화지연은 양으로 비교될 수 있었으며 그리고 SME의 점화지연은 디젤보다도 노즐직경에 더 민감하다는 사실이 밝혀졌다. SME로부

터의 CO배출은 약간 더 낮았고 HC 배출은 과감하게 감소되었으며 두 연료에 대한
NOₓ 배출은 거의 비슷하였으며 그리고 SME에 대한 smoke numbers는 디젤의 그것보
다도 더 낮았다. 이들의 실험의 결과는 그림 16-20에 나타내었다[76].

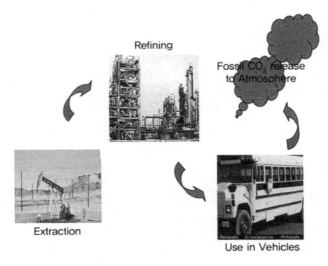

[Fig 16] Petro-diesel CO₂ cycle

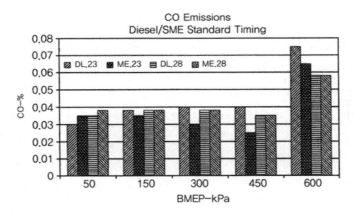

[Fig 17] CO emissions for diesel and SME for two nozzle diameters[76]

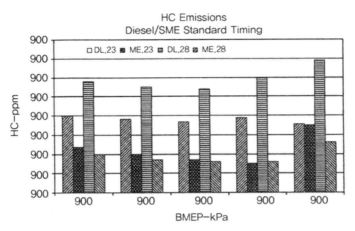

[Fig 18] HC emissions for diesel and SME for two nozzle diameters[76]

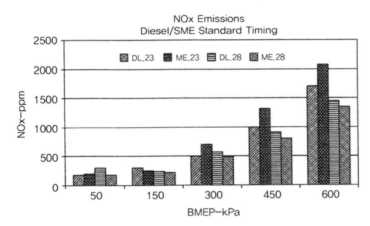

[Fig 19] NO$_x$ emissions for diesel and SME for two nozzle diameters[76]

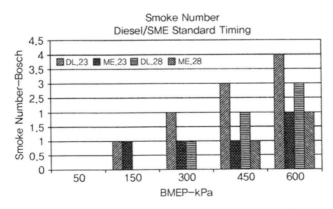

[Fig 20] Smoke emissions for diesel and SME for two nozzle diameters[76]

Altin 등은 단일 실린더, 4행정 DI 디젤엔진에서 해바라기유, 면실유, 대두유 그리고 그들의 메틸 에스터의 사용에 관해서 조사하였다[62]. 연료 타입에 관련된 최대 엔진 토크값의 변화는 그림 21에 나타내었다. 디젤가동에 의한 최대 토크는 1300rpm에서 43.1Nm이었다. 비교의 용이함을 위해 이 토크를 기준으로서 100%라고 가정하였다. 채종유 연료 가동의 관찰된 최대 토크값도 또한 약 1300rpm에서의 값이었지만 디젤연료에 의한 값보다도 더 작았다. 연료타입과 관련된 최대 엔진파워 값의 변화는 그림 22에 나타내었다. 디젤연료 가동에 의한 최대 파워는 1700rpm에서 7.45RW이었다. 앞에서처럼 이 파워 값을 기준으로서 100%로 가정하였다.

채종유 연료 가동의 관찰된 최대 파워 값도 약 1700rpm 값이었지만 디젤연료에 의한 값보다도 더 작았다. 이들 결과는 채종유의 더 높은 점도와 더 낮은 열량값 때문이다. sfc(specific fuel consumption)는 엔진의 중요한 파라미터 중에서 하나이며 그 단위는 g/kWh이다. 그림 23에 나타낸 바와 같이 최소 sfc값은 석유계 디젤연료에 대해서 1300rpm에서 245g/kWh, 해바라기유에 의해서는 290g/kWh, 그리고 opium poppy oil에 대해서는 289g/kWh이었다.

메틸 에스터의 sfc 값은 원재료인 채종유의 그것보다도 일반적으로 더 작았다. 채종유의 경우에서 더 높은 sfc 값은 그들의 더 낮은 에너지 함유량 때문이다.

위의 조사에 대한 배기가스 배출 값은 그림 24-26에 나타내었다.

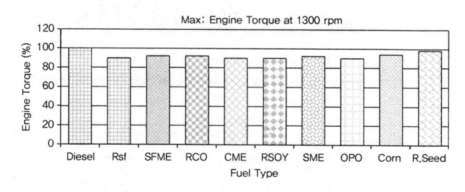

[Fig 21] **The variation of engine torque in relation with the fuel types[62]**

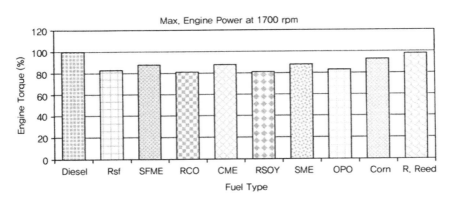

[Fig 22] The variation of engine power in relation with the fuel types[62]

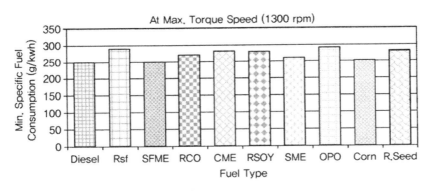

[Fig 23] The variation of minimum specific fuel consumption in relation with the fuel types[62]

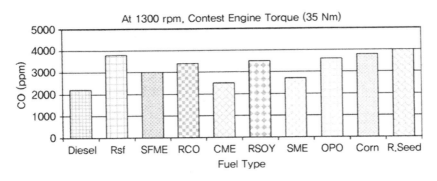

[Fig 24] The variation of CO emissions in relation with the fuel types[62]

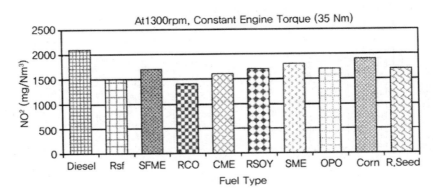

[Fig 25] The variation of NO₂ emissions in relation with the fuel types[62]

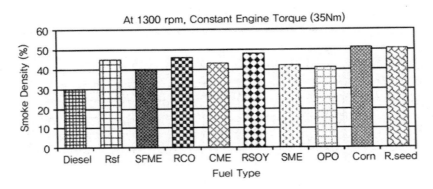

[Fig 26] The variation of smoke density in relation with the fuel types[62]

원재료인 채종유와 비교해 볼 때 메틸 에스터에 대해서 더 낮은 CO 배출이 관찰되는데, 그것은 더 좋은 스프레잉 품질 때문이다. NO_2 배출에 관해서는 그림 25에 나타내었다. 가장 높은 NO_2 배출은 석유계 디젤로부터 관찰되었다. 이 그림에서 보는 바와 같이 채종유로부터의 NO_2 배출은 석유계 디젤로부터의 그것보다도 더 낮았으며 그리고 메틸 에스터로부터의 NO_2 배출은 원재료인 채종유의 그것보다도 더 높았다. NO_2 형성을 초래하는 가장 중요한 인자는 피이크 연소온도이다. 채종유의 인젝션된 연료방울은 석유계 디젤보다도 더 크기 때문에 채종유 연소효율성과 최대 연소온도는 더 낮았으며 그래서 NO_2 배출은 더 작았다. 이들 연료에 대한 배기가스 스모그 불투명도(%)의 변화에 관해서는 그림 26에 나타내었다. 각 채종유가 가동될 동안의 스모크 불투명도는 디젤의 그것보다도 더 컸다. 최소 스모크 불투명도는 디젤에 의해서였다. 메틸 에스터의 불투명도 값은 디젤과 원재료 채종유의 그것 사이였다. 채종유 연료의 더 큰 스모크 불투명도는 주로 탄화수소와 미세입자의 더 무거운 분자의 배출 때문이다. Murayama 등[74]은 DI 그리고 IDI 디젤엔진에서 폐 채종유의 에스터를 사용하였으며 엔진성능특성은 라이트 오일과 거의 같았다는 사실을 관찰하였다. Agarwal 등[70,71]은 아마인유(Linseed oil)를 트랜스에스터화시켜 LOME(Linseed oil methyl ester)를 제조하였으며 바이오디젤(LOME)의 다른 블렌드와 디젤연료로써 엔진실험을 실시하였으며 그리고 결과를 단일 실린더 DI 디젤엔진을 사용한 디젤연료에 대한 베이스라인 데이터와 비교하였다. 약간의 결과는 그림 27-32에 나타내었다.

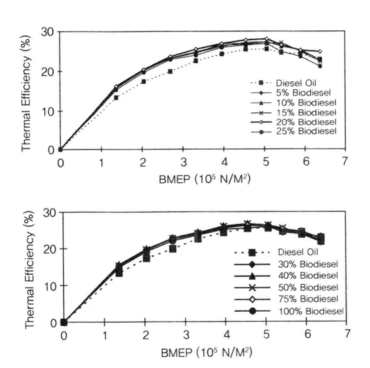

[Fig 27] (a) Comparison of thermal efficiency vs. BMEP curves for lower concentrations of biodiesel and (b) comparison of thermal efficiency vs. BMEP curves for higher concentrations of biodiesel blend

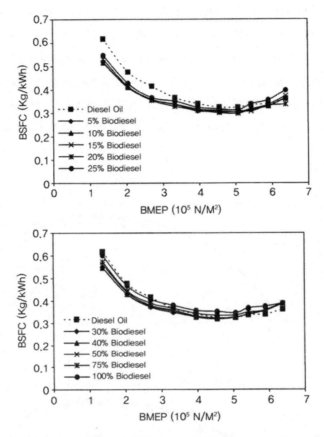

[Fig 28] **(a)** Comparison of BSFC vs. BMEP curves for lower
concentrations of biodiesel blend and **(b)** comparison of BSFC vs.
BMEP curves for higher concentration of biodiesel blend

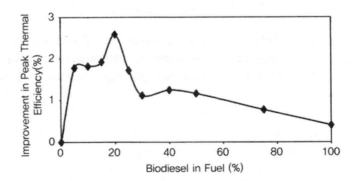

[Fig 29] Improvement in peak thermal efficiency vs. concentration of
biodiesel blend curve

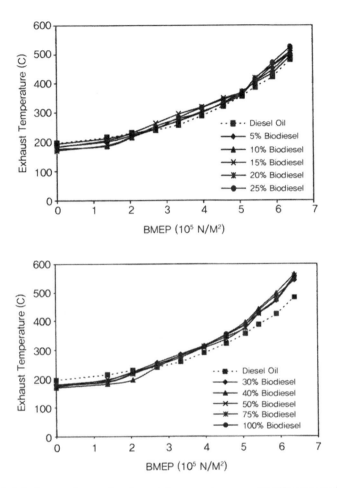

[Fig 30] (a) Comparison of exhaust temperature vs. BMEP curves for lower concentrations of biodiesel and (b) comparison of smoke temperature vs. BMEP curves for higher concentrations of biodiesel blend

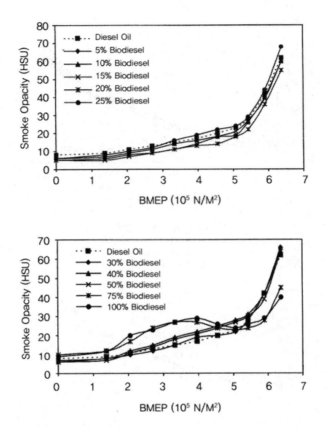

[Fig 31] (a) Comparison of smoke opacity vs. BMEP curves for lower concentrations of biodiesel blend and (b) comparison of smoke opacity vs. BMEP curves for higher concentrations of biodiesel blend

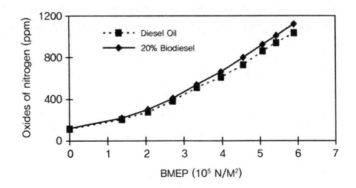

[Fig 32] Concentration of oxides of nitrogen vs. BMEP

석유계 디젤과 비교하였을 때 바이오디젤의 모든 블렌드에 대한 더 높은 열효율, 더 낮은 bsfc, 그리고 더 높은 배기온도가 보고되었다. NO_x의 배출은 B20 블렌드에 대해서 5%까지 증가하였다. B20은 열효율에 있어서의 최대증가, 가장 낮은 bsec 그리고 더 낮은 배출물질에 의한 유리한 점을 주는 최적의 바이오디젤 블렌드임이 밝혀졌다[71].

4.4 바이오디젤로부터의 엔진배출물질

바이오디젤은 황성분을 포함하고 있지 않기 때문에 배기가스에서 더 적은 황산화물의 배출과 미세입자의 감소가 보고된다. 또한 바이오디젤 속에서의 황성분의 부재 때문에 수송용 연료에 기인한 산성비의 문제점을 감소시키는 데 도움을 준다. 마찬가지로 바이오디젤에서의 방향족 탄화수소(벤젠, 톨루엔 등)의 부족은 케톤, 벤젠 등과 같은 규제되지 않는 배출물질을 감소시킨다. 미세입자를 흡입(호흡)하는 것은 특히 호흡기 계통의 문제점에 의해서 인간의 건강에 대해 위험한 것으로 밝혀졌다. PM은 탄소원소($\cong$ 31%), 황산화물과 수분($\cong$ 14%), 미연소 연료($\cong$ 7%), 미연소 윤활유($\cong$ 40%), 그리고 나머지는 금속과 다른 물질로 구성된다. PM의 대표적이고 전형적인 조성은 그림 33에 나타내었다.

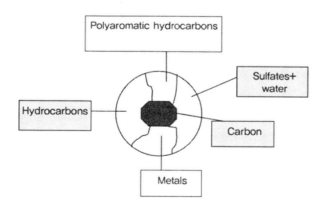

[Fig 33] **Typical composition of particulate matter**

바이오디젤은 함산소 연료(그래서 더 완전한 연소)이며 더 적은 미세입자 형성과 배출을 초래한다. 스모크 불투명도(Smoke opacity)는 스모크와 검댕이(soot)의 직접적인 측정이다. 여러 연구에서는 바이오디젤에 대한 스모크 불투명도는 일반적으로 더 낮다는 사실을 나타내고 있다[70,71,76,77]. 채종유 메틸 에스테에 의한 4 행성 DI 디젤엔진에서의 여러 실험적인 조사가 실시되었으며 탄화수소 배출은 디젤과 비교하였을 때 바이오디젤의 경우에 훨씬 더 낮다는 사실이 밝혀졌다. 이것은 또한 연소를 위해 그리고 배기가스에서의 탄화수소 배출을 감소시키기 위해 더 많은 산소를 입수 가능한 바이오디젤의 함산소 성질 때문이다[75-77].

CO는 탄화수소의 불완전연소로부터 초래되는 유독한 연소생성물이다. 충분한 산소의 존재 하에서 CO는 CO_2로 전환된다. 바이오디젤은 함산소 연료이며 더 완전한 연소를 초래하며 그래서 CO 배출은 배기가스에서 감소한다. Altin 등[62]은 바이오디젤에 대한 CO 배출은 디젤과 비교하였을 때 약간 더 높다(그림 24)고 보고했던 반면, Scholl 등[76]은 그와는 반대로 SME에 대한 CO 배출은 디젤보다도 약간 더 낮다(그림 17)고 보고하였다. Kalligerous 등[77]도 또한 해바라기유에 대한 더 낮은 CO 배출을 보고하였다.

NO_X는 충분히 높은 온도에서 대기 중의 질소의 산화에 의해서 형성된다. NO_X 형성의 반응속도는 Zeldovich 메커니즘에 의해서 지배되며 그것의 형성은 온도와 산소의 입수 가능성에 매우 의존한다. 바이오디젤에 대해 NO_X 배출에 있어 약간 증가한다는 여러 보고된 결과[71,76]가 있다. 바이오디젤에 의한 향상된 연소, 연소실내의 온도가 더 높은 것으로 기대될 수 있음, 그리고 또한 더 높은 양의 산소가 존재함 때문에 바이오디젤을 연료로 한 엔진에서의 더 높은 양의 NO_X의 형성을 초래하게 될 것이라는 사실은 매우 분명하다. 그러나 바이오디젤의 더 낮은 황 함유량은 전통적인 디젤연료와 함께 사용될 수 없는 NO_X 제어기술의 사용을 허용한다. 그래서 바이오디젤 연료의 NO_X 배출은 엔진최적화에 의해서 효과적으로 관리될 수 있고 제거될 수 있다. 변형시키지 않은 Cummins N14 디젤엔진에서의 오염물질 저감에 관한 몇몇 결과를 표 8에 나타내었다.

바이오디젤의 사용은 발암물질로서 확인된 PAHs에 있어서의 저감을 또한 나타내어서 건강상의 위험을 감소시킨다. 미국의 에너지부와 농무부가 공동으로 후원한 1998 바이오디젤 라이프 사이클 연구에서는 석유계 디젤과 비교하였을 때 바이오디젤은 순 CO_2 배출을 78%까지 감소시킨다고 주장하였다. 이것은 바이오디젤의 폐쇄된 탄소순환 때문이다. 바이오디젤을 연소시킬 때 CO_2를 대기 중으로 방출하게 되며 식물을 재배함으로써 리사이클 되며 이들 식물은 다시 이후에 연료로 처리된다. 그래서 바이오디젤은 지구 온난화를 완화시키는 데 도움을 준다. Peterson 등[71]은 또한 CO_2 배출은 바이오디젤에 의해서 현저히 낮아진다고 보고하였다.

[Table 8] Biodiesel emissions compared to conventional diesel
(ref: www.epa.gov/otaq/models/biodsl.htm)

Emission type	B100(%)	B20(%)
Regulated		
Hydrocarbon	−93	−30
Carbon monoxide	−50	−20
Particulate matter	−30	−22
NO$_X$	+13	+2
Non-regulated		
Sulfates	−100	−20
PAH (polycyclic aromatic hydrocarbons)	−80	−13
Ozone potential of speciated HC	−50	−10

05 바이오디젤의 연소특성

Zhang 등[78]은 터보차지 DI 디젤엔진에서 연료로서 디젤과 대두유의 알킬 에스터의 블렌드를 사용하여 이들의 연소특성을 조사하였다. 그들은 이소프로필 에스터를 제외한 모든 연료블렌드가 비슷한 연소행동을 나타내었다는 사실을 관찰하였다. 에스터/디젤 블렌드에 대한 점화지연은 연료로서 디젤보다도 더 짧았다. Senatore 등 [79]은 유채유 메틸 에스터에 의한 열방출은 디젤과 비교하였을 때 항상 앞서서 일어나며, 연료로서 바이오디젤의 경우에 인젝션 또한 더 일찍 시작되며, 그리고 연료로서 바이오디젤의 경우에 평균 실린더 가스 온도는 더 높았다는 사실을 관찰하였다. McDonald 등[80]은 캐터필라 IDI 디젤엔진에서 연료로서 대두유 메틸 에스터를 조사하였으며 종합적인 연소특성은 대두유 메틸 에스터에 대한 더 짧은 점화지연을 제외하고 디젤에 대해서와 매우 비슷하였다는 사실을 관찰하였다. Kumar 등[81]은 일정한 스피드의 디젤엔진에서 자트로파유 메틸 에스터에 대한 점화지연은 디젤에 대한 점화지연과 비교하였을 때 더 높았다는 사실을 관찰하였다.

　　그림 34-36은 다른 부하에서 두 연료에 대한 P-O 다이어그램을 나타낸다. 이들 그림으로부터 피크 압력은 부하가 증가할 때 증가하여 B20에 대해 연료연소는 석유계 디젤과 비교해 볼 때 더 일찍 시작한다는 사실을 분명히 알 수 있다.

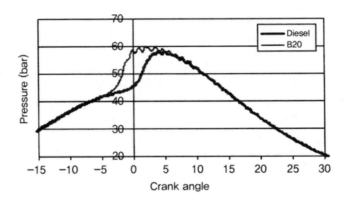

[Fig 34] P-θ diagram at no load, 1400rpm for medium duty DI transporation engine[83]

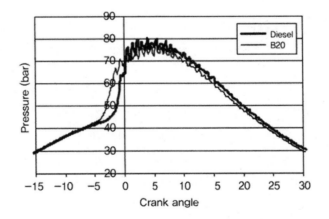

[Fig 35] P-θ diagram at 50% load, 1400rpm for medium duty DI transportaion engine[83]

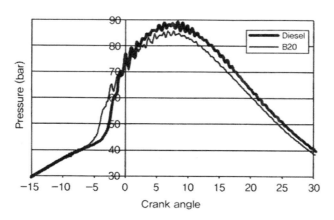

[Fig 36] *P-θ* diagram at 100% load, 1400rpm for medium duty DI transportaion engine[83]

그림 37과 38은 피이크 압력과 압력상승속도는 낮은 엔진부하(10% 부하까지)에서 B20에 대해서 더 높지만 엔진부하가 증가될 때 더 낮게 된다. 그러나 압력에서의 변화는 현저하지 않다. 피이크 압력이 발생하는 크랭크 각도(앵글)는 그림 39에 나타내었다. 이 그림에서는 최대 압력은 모든 부하에서 두 연료에 대해서 top dead center 후 2-7 크랭크 앵글 범위 내에서 발생한다는 사실을 나타낸다. 압력은 압력상승속도가 B20에 대해서 더 높은 부하에서 더 낮다는 것을 재확인하는 더 높은 부하에서 B20에 대하여 얼마간 다소 더 늦게 그것의 최대값에 도달한다.

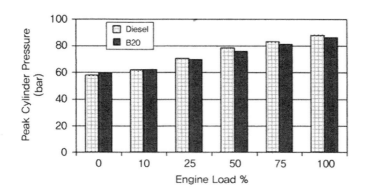

[Fig 37] Variation of peak cylinder pressure with engine load (at 1400rpm) for medium duty DI transportation engine[83]

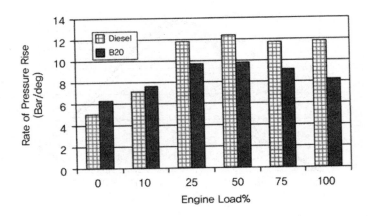

[Fig 38] Variation of rate of pressure rise with engine load (at 1400 rpm) for medium duty DI transportation engine[83]

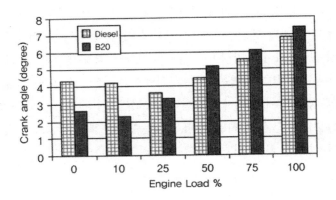

[Fig 39] Crank angle for peak cylinder pressure for medium duty DI transportation engine[83]

그림 40은 연료의 10% 질량을 연소시킬 때의 크랭크 각도를 나타낸다. 이 그림은 바이오디젤 블렌드에 대해 연료의 10%는 더 일찍 연소한다는 사실을 나타낸다. 그림 41은 연료의 90% 질량을 연소시킬 때의 크랭크 각도를 나타낸다. 이 그림은 연료의 90%는 디젤의 경우에 더 일찍 연소하며 이것은 석유계 디젤에 대해 더 빠른 연소속도를 나타낸다는 사실을 보여준다. 이 관찰은 그림 37에서의 결과를 구체적으로 실증해준다. 연소 지속기간에 있어서의 증가는 주입된 연료의 느린 연소 때문이다.

두 가지 모든 연료에 대한 연소 지속기간은 부하를 증가시킬 때 주입되는 연료의 양에 있어서 증가 때문에 증가한다.

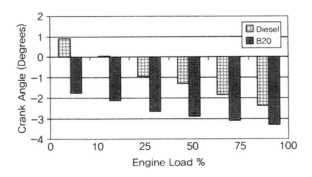

[Fig 40] Crank angle for 10% mass burn for medium duty DI transporation engine[83]

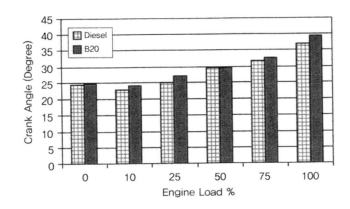

[Fig 41] Crank angle for 90% mass burn for medium duty DI transportation engine[83]

그림 42와 43은 50%와 100% 엔진부하에서 두 가지 연료에 대한 열방출률을 나타낸다. 두 가지 연료는 모두 빠른 사전 혼합된 연소와 뒤이어 수반되는 자연적으로 흡입되는 엔진에 대해서 전형적인 확산연소를 경험하게 된다. 점화지연기간 후 사전 혼합된 연료-공기 혼합물은 매우 빠른 속도로 열을 방출하면서 빠르게 연소한 후 확산연소가 일어나며 여기서 연소속도는 연소 가능한 연료-공기 혼합물의 입수가능성에 의해서 조절된다. 이들 다이어그램을 분석함으로써 엔진에 B20을 연료로 사용할 때 연소는 모든 가동 조건 하에서 더 일찍 시작되며 또한 B20은 석유계 디젤과 비교하였을 때 더 짧은 점화지연을 나타낸다는 사실을 관찰할 수 있다. 사전혼합 연소의 열방출은 디젤에 대해서 더 높은데 이것은 더 높은 피이크 압력과 더 높은 압력상승속도 때문이다.

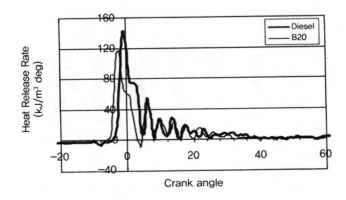

[Fig 42] Heat release rate for 50% engine load, 1400rpm for medium duty
DI transporation engine[83]

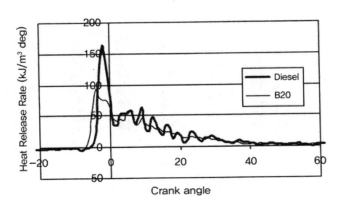

[Fig 43] Heat release rate for 100% engine load for medium duty DI transportation
engine[83]

그림 44-46은 다른 엔진부하에서 두 가지 연료에 대한 누적 열방출을 나타낸다. 이
들 다이어그램은 바이오디젤 블렌드에 대한 열방출의 이른 시작을 다시 재확인하게 된
다. 누적 열방출은 아마도 바이오디젤 블렌드의 더 낮은 열량값 때문에 석유계 디젤과
비교하였을 때 바이오디젤 블렌드에 대해 또한 더 낮다[84]. 실험적인 조사에서는 포괄
적인 연소특성은 바이오디젤 블렌드(B20)와 석유계 디젤에 대해서 매우 비슷하였다는
사실을 나타내었다. 그러나 연소는 B20의 경우에 더 일찍 시작한다. 석유계 디젤과 비
교할 때 B20에 대해서 점화지연은 더 낮으며 연소지속기간은 약간 더 길다. 사전혼합
연소 상(phase) 동안 디젤과 비교하였을 때 B20에 대해 더 낮은 열방출률이 관찰되었
다. 총 열방출은 석유계 디젤과 비교해 볼 때 B20의 경우에 더 낮다. 쌀겨유 메틸 에스
터의 20% 블렌드는 어떠한 연료연소 관련된 문제점을 초래하지 않았다[83].

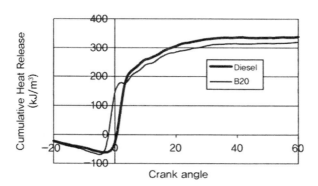

[Fig 44] Cumulative heat release at no engine load for medium duty DI transporation
engine[83]

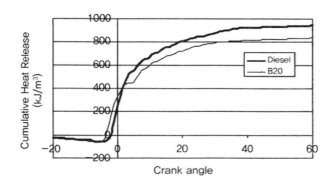

[Fig 45] Cumulative heat release at 50% engine load for medium duty DI transportation
engine[83]

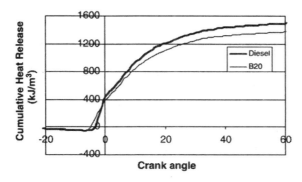

[Fig 46] Cumulative heat release at 100% engine load for medium duty DI
transporation engine[83]

06 바이오디젤의 경제적인 가능성

바이오디젤의 경제적인 타당성은 석유원유 가격과 먼 거리 원격지로의 디젤의 수송비용에 의존한다. 석유원유가격은 그것의 수요증가와 제한된 공급 때문에 확실히 증가하게 된다. 게다가 디젤연료 속의 방향족 성분과 황 함유량에 대한 엄격한 규제는 디젤연료의 더 높은 생산비용을 초래하게 될 것이다. 식용유으로부터 메틸이나 에틸 에스터의 생산비용은 최근에 탄화수소계 디젤연료보다도 훨씬 더 비싸다. 상대적으로 높은 채종유의 가격 때문에(디젤가격의 약 1.5~2배) 이것으로부터 생산되는 메틸 에스터는 만약 이후에 적용되는 상당한 세금부과 징수로부터의 보호가 용인되지 않는다면 탄화수소계 디젤연료와 경제적으로 경쟁할 수 없다. 세금공제가 없을 경우 바이오디젤의 생산을 위한 대체 공급원료를 찾아야 할 필요가 있다.

만약 우리가 식용유를 대신해서 비식용유와 사용된 프라잉 오일의 사용을 고려한다면 바이오디젤 가격은 감소될 수 있다. 자트로파와 같은 비식용유는 세계의 도처에서 쉽게 입수 가능하며 식용유와 비교해서 더 값싸다. 이들 비식용유의 대부분은 사실상 과잉량으로 생산된다. 네덜란드, 독일, 벨기에, 오스트리아, 미국 그리고 일본을 포함하는 여러 나라에서는 사용된 프라잉 오일을 버리고 있다. 세계에서 패스트푸드점과 레스토랑의 급속한 확장에 따라서 상당양의 사용된 프라잉 오일이 버려지게 될 것으로 기대된다. 이 오일은 바이오디젤을 만들기 위해 사용될 수 있어서 하수처리 시스템에서 수처리 비용을 감소시키는 데 도움을 주며 자원의 리사이클링에 도움이 된다. 세전 바이오연료는 전통적인 석유계 연료보다도 더 값비싸다. 바이오디젤 가격은 대략 €0.50/1이며 1리터의 전통적인 디젤연료를 대체하기 위해서는 1.1리터의 바이오디젤이 필요하다. 석유계 디젤의 가격(net of tax)은 대략 €0.20-0.25/1이다.

순수한 바이오디젤은 120-175% 더 값비싸다[92]. 최근에 만들어지는 바이오디젤의 대부분은 대두유, 메탄올 그리고 알칼리 촉매를 사용한다. 식품으로서 대두유의 높은 가치는 비용 효과적인(값싼) 연료의 생산을 매우 힘들게 만든다. 그러나 바이오디젤로 전환될 수 있는 폐 프라인 오일과 동물성 지방과 같은 저렴한 오일과 지방의 많은 양이 있다. 이들 저렴함 오일과 지방을 처리함에 따른 문제점은 이들이 알칼리 촉매를 사용하여 바이오디젤로 전환될 수 없는 FFAs를 많은 양 포함하고 있다는 사실이다[93]. 최근 미국에 7개의 바이오디젤 생산업체가 있다. 순수한 바이오디젤

(100%)은 세전 갤런당 약 $1.50-$2.00로 판매되고 있다. 연료세는 갤런당 대략 $0.50이 추가된다. B20(20% 바이오디젤+80% 디젤) 가격은 석유계 디젤 가격에 비해서 갤런당 약 15-20¢ 더 높다[94]. 바이오디젤 생산비용은 바이오디젤 생산은 정부로부터의 재정적 지원 없이는 유익하지 않는다는 유럽에서의 산업계에서의 일반적으로 수용되는 견해로 귀착된다.

채종유와 폐 프라잉 오일로부터 생산되는 바이오디젤의 가격은 각각 US$0.54-0.62/1 그리고 US$0.34-0.42/1이다. 세전 석유계 디젤의 가격은 미국에서 US$0.18/1이며 몇몇 유럽 국가에서는 US$0.20-0.24/1이어서 바이오디젤은 경제적으로 타당성이 없으며 더 많은 연구와 기술개발이 필요하다[95].

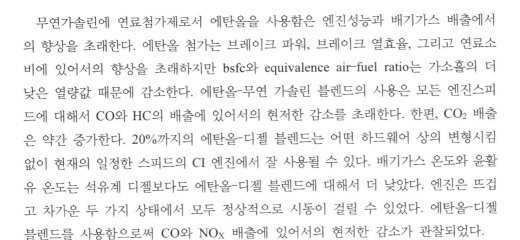

07 결론

무연가솔린에 연료첨가제로서 에탄올을 사용함은 엔진성능과 배기가스 배출에서의 향상을 초래한다. 에탄올 첨가는 브레이크 파워, 브레이크 열효율, 그리고 연료소비에 있어서의 향상을 초래하지만 bsfc와 equivalence air-fuel ratio는 가소홀의 더 낮은 열량값 때문에 감소한다. 에탄올-무연 가솔린 블렌드의 사용은 모든 엔진스피드에 대해서 CO와 HC의 배출에 있어서의 현저한 감소를 초래한다. 한편, CO_2 배출은 약간 증가한다. 20%까지의 에탄올-디젤 블렌드는 어떤 하드웨어 상의 변형시킴 없이 현재의 일정한 스피드의 CI 엔진에서 잘 사용될 수 있다. 배기가스 온도와 윤활유 온도는 석유계 디젤보다도 에탄올-디젤 블렌드에 대해서 더 낮았다. 엔진은 뜨겁고 차가운 두 가지 상태에서 모두 정상적으로 시동이 걸릴 수 있었다. 에탄올-디젤 블렌드를 사용함으로써 CO와 NO_X 배출에 있어서의 현저한 감소가 관찰되었다.

바이오디젤은 그것의 환경적인 이점과 재생 가능한 자원으로부터 만들어진다는 사실 때문에 최근 더 매력적이 되었다. 연속 트랜스에스터화 공정은 생산비용을 낮추기 위해 선택되는 방법이다. 채종유 메틸 에스터는 디젤연료의 그것에 필적할 수 있는 성능과 배출 특성을 제공하였다. 에스터화는 채종유 분자의 분자구조에 있어서의 변화를 야기시켜서 채종유의 점도와 불포화의 수준을 낮춰 주게 하는 공정이다. 채종유의 점도는 에스터화 후 현저하게 감소된다. 20% 바이오디젤-80% 디젤연료 블렌드는 디젤연료의 세탄가를 향상시켰다. 바이오디젤의 열량값은 석유계 디젤보다도 약간 더 낮은 것으로 관찰되었다. 바이오디젤의 특성에 대한 모든 테스트는 바이오디젤의 거의 모든 중요한 성질은 석유계 디젤과 매우 가까운 일치를 나타내며 이러한 사실은 바이오디젤을 CI엔진에서 대체연료로서의 가능한 후보로 만든다는 것을 설명해 주었다. 디젤엔진은 어떤 엔진의 하드웨어 상의 변형시킴 없이 바이오디젤 블렌드에서 만족스럽게 가동될 수 있다. 바이오디젤을 사용한 장기간의 내구성 테스트에서는 바이오디젤이 장기간의 주행에서 석유계 디젤을 대체하기 위해 사용될 수 있다는 사실을 입증하였다. 20% 바이오디젤 블렌드는 바이오디젤 블렌드에 대한 최적농도인 것으로 밝혀졌으며 이 블렌드는 엔진의 피이크 열효율을 2.5%까지 향상시켰으며 배기가스 배출과 bsec를 실질적으로 충분히 감소시켰다. 스모크 배출은 엔진에서 바이오디젤 사용의 결과로서 상당히 감소하였다. 에스터화는 연료필터 플러깅, 인젝터 코킹, 연소실내에서의 탄소퇴적물의 형성, 링 스티킹 그리고 윤활유의 오염과 같은 채종유의 사용과 관련된 약간의 장기간의 문제점을 방지하기 위한 효과적인 기술인 것으로 밝혀졌다. 피스톤 상단에서의 탄소퇴적물과 인젝터 코킹은 바이오 디젤을 연료로 사용한 시스템에서 실질적으로 충분히 감소하였다. 여러 중요부위의 마모는 바이오디젤의 추가적인 윤활성질 때문에 30%까지 감소하였다. 이들 마모측정의 결과는 원자흡수 분광분석법(AAS)에 의해서 확인되었다. 주로 마모파편을 나타내는 회분함유양은 20% 바이오디젤(B20)을 연료로 사용한 시스템의 경우에 더 적은 것으로 밝혀졌다. 포괄적인 연소특성은 바이오디젤 블렌드(B20)와 석유계 디젤에 대해서 매우 비슷하였다. 그러나 연소는 B20의 경우에 더 일찍 시작한다. 석유계 디젤과 비교하였을 때 B20에 대해서 점화지연은 더 낮으며 연소지속기간은 약간 더 길다. 사전혼합 연소상 동안 디젤과 비교하였을 때 B20에 대해 더 낮은 열방출률이 관찰되었다. 총 열방출량은 석유계 디젤과 비교하였을 때 B20의 경우에 더 낮다.

　이상의 여러 결과로부터 바이오디젤은 엔진에서의 어떠한 변형시킴 없이 석유계 디젤을 대체할 수 있다는 사실을 확인하였다. CI엔진 연료로서 바이오연료의 사용은 화석연료의 환경적 영향을 감소시키기 위해 노력하는 여러 나라를 돕는 데 극히 중대한 역할을 할 수 있다.

■ References

01. Kesse DG. Global warming-facts, assessment, counter-measures. J Pet Sci Eng 2000;26:157-68.

02. Cao X. Climate changd and energy development: implications for developing countreis. Resour Policy 2003;29:61-7.

03. Johansson T, McCarthy S. Global warming post-Kyoto: continuing impasse or prospects for progress? Energy Dev Rep Energy 1999:69-71.

04. Murphy JD, McCarthy K. The optimal production of biogas for use as a transport fuel in Ireland. Renew Energy 2005;30:2111-27.

05. Goldemberg J, Johnsson TB, Reddy AKN, Williams RH. Energy for the new millennium. R Swedish Sci 2001;30(6):330-7.

06. Gilbert R, Perl A. Energy and transport futures. A report prepared for national round table on the environment and the economy. University of Calgary, June 2005. p. 1-96.

07. Impact of high oil prices on Indian economy. Report for Federation of Indian Chambers of Commerce and Industry (FICCI), May 2005. p. 1-40

08. Stern DI. Reversal of the trend in global anthropogenic sulfur emissions. Global Environ Change 2006;16(2):207-20.

09. National Air Pollutant Emissions Trends 1900-1998. US-EPA report no. 454/R-00-002, 2000.

10. National Air Quality and Emissions Trends Report, special studies deition. USEPA report no. 454/R-03-005, 2003.

11. Guo H, Wang T, Blake DR, Simpson IJ, Kwok YH, Li YS. Regional and local contributions to ambient non-methane colatile organic compounds at a polluted rural/coastal site in Pearl River Delta China. Atmos Environ 2006;40:2345 - 59.

12. Ghose MK, Paul R, Banerjee SK. Assessment of the impacts of vehicular emissions on urban air quality and its management in Indian context: the case of Kolkata (Calcutta). Environ Sci Policy 2004;7:345-51.

13. Ghose MK. Control of motor vehicle emission for a sustainable city. TERI Information. Dig Energy Environ 2002;1(2):273-82.

14. Hosseinpoor AR, Forouzanfar MH, Yunesian M, Asghari F, Naieni KH, Farhood D. Air pollution and hospitalization due to angina pectoris in Tehran. Environ Res 2005;99:126-31.

15. Colvile RN, Hutchinson EJ, Mindell JS, Warren RF. The transport sector as a source of air pollution. Atmos Environ 2001;35:1537-65.

16. Martonen TB, Schroeter JD. Risk assessment dosimetry model for ingaled particulate matter: I. Human subjects. Toxicol Lett 2003;138:119-32.

17. Amoroso A, Beine HJ, Sparapani R, Nardino M, Allegrini. Observation of coinciding arotic boundary layer ozone depletion and snow surface emissions of nitrous acid. Atmos Environ 2006;40:1949-56.

18. Levander T. The relative contributions to the greenhouse effect from the use of different fuels. Atmos Environ 1990;24:2707-14.

19. Edwards "R", Larive JF. Rouveirolles P, Well-to-wheels analysis of future automotive fuels and power-trains in the European context. Well-to-wheels report, European Commission Joint Research Center, January 2001. p. 1-60.

20. Li HYY. Framework for sustainable biomass use assessment. Master of science thesls, School of Environmental Science, University of East Anglia, University Plain, Norwich(UK), August 2004. p. 1-87.

21. Hamelinck C, Brock RVD, Rice B, Gilbert A, Ragwitz m, Toro F. Liquid biofuels strategy study for Ireland. A report of sustainable energy Ireland(report no. 04-RERDD-015-R-01), 2004. p. 1-105.

22. Demirbas A. Conversion of biomass using glycerin to liquid fuel for blending gasoline as alternative engine fuel. Energy Convers Manage 2000;41:1741-8.

23. Kinney AJ, Clemente TE. Modifying soybean oil for enbanced performance in biodiesel blends. Fuel Process Technol 2005;86:1137-47.

24. European Parliament and of the council of 8 May 2003 on the promotion of the use of biofuels or other renewable fuels for transport. Official Journal of the European Union, Commision of the European Communities, Luxembourg, vol. L123, 2003. p. 42-7.

25. Kim S, Dalc BE. Environmental aspects of ethanol derived from no-tilled corn grain: nonrenewable energy consumption and greenhouse gas. Biomass Bioenergy 2005;28:475-89.

26. Rossilo-Calle F, Corte LAB. Towards pro-alcohol II—a review of the Brazilian bio-ethanol program. Biomass Bioenergy 1998;14(2):115-24.

27. DA, Caffrey PJ, Rao V. Investigation into the vehicular exhaust emission of high percentage Ethanol blends. SAE paper no. 950777.

28. Taylor AB, Mocan DP, Bell AJ, Hodgson NG, Myburgh IS, Botha JJ. Gasoline/alcohol blends: exhaust emission, performance and Burn-rate in multi-valve production engine, SAE paper no. 961988, 1996.

29. stump F, Knapp K. Racy W. Influence of ethanol blended fuels on the emissions from three pre-1995 light-duty passenger vehivles. J Air Waste Manage Assoc 1996; 46:1149-61.

30. Wang MQ, Huang HS. A full fuel-eyele analysis of energy and emission impacts of transportation fuels produced from natural gas. ANL/ESD-40. 1999.

31. Speight JG. Perry's standard tables and formulas for chemical engineers. New York: Mcgraw-Hill; 2003.

32. Hansen JB. Fuels and fuel processing options for fuel cells. Second international fuel cell conference, Lucerne, CH. 2004.

33. Kisenyi JM, Savage CA, Simmonds AC. The impact of oxygenates on exhaust emissions of six European cars. SAE paper no. 940929. 1994.

34. Berg C, Licht FO. World fuel ethanol, analysis and outlook. 2003.

35. Kremer FG, Jordim JLF, Maia DM. Effect of alcohol composition on gasoline vehicle emissions. SAE paper no. 962094. 1996.

36. Hardenberg HO, Ehnert, ER. Ignition quality determination problems with alternative fuels for compression ignition engines. SAE paper no. 811212. 1981.

37. Brink A, Jordaan CFP, le Roux JH, Loubser NH. Carburetor corrosion: the effect of alcohol-petrol blends. In: Proceedings of the 'Ⅶ' international symposium on alcohol fuels technology. vol. 26(1), Paris, France, 1986. p. 59-62.

38. Ajav EA, Singh B, Bhattacharya TK. Experimental study of some performance parameters of a constant speed stationary diesel engine using ethanol-diesel blends as fuel. Biomass Bioenergy 1999;17(4):357-65.

39. Furey RL, Perry KL. Composition and reactivity of fuel vapor emissions from gasoline-oxygenate Blends. SAE paper no. 912429. 1991.

40. Yuksel F, Yuksel B. The use of ethanol-gasoline blend as a fuel in a SI engine. Renew Energy 2004;29:1181-91.

41. Hansen AC, Zhang Q, Lyne PWL. Ethanol-diesel fuel blends-a review. Bioresour Technol 2005;96:277-85.

42. Meiring P, Hansen AC, Vosloo AP, Lyne PWL. High concentration ethanol-diesel blends for compression-ignition engines. SAE paper no. 831360, 1983.

43. Mouloungui Z, Vaitilingom G, Berge JC, Caro PS. Interest of combining an additive with diesel ethanol blends for use in diesel engines. Fuel 2001;80(4):565-74.

44. Al-Farayedhi AA, Al-Dawood AM, Gandhidasan P. Experimental investigation of SI engine performance using oxygenated fuel. J Eng Gas Turbine Power 2004;126:178-91.

45. Smokers R, Smith R. Compatibility of pure and blended biofuels with respect to engine performance, durability and emission. A literature review, report 2GVAE04.01. Dutch ministry for spatial planning, 2004. p. 1-70.

46. Al-Hasan M. Effect of ethanol-unleaded gasoline blends on engine performance and exhaust emission. Energy Convers Manage 2003;44:1547-61.

47. Ferfecki FJ, Sorenson SC. Performance of ethanol blends in gasoline engines. Am Soc Agric Eng, Trans ASAE, 1983.

48. Wu CW, Chen RH, Pu JY, Lin TH. The influence of air-fuel ratio on engine performance and pollutant emission of a SI engine using ethanol-gasoline-blended fuels. Atmos Environ 2004;38:7093-100.

49. Beer T, Grant T, Brown R, Edwards J, Nelson P, Watson H, Williams D. Life-cycle emissions analysis of alternative fuels for heavy vehicles. CSIRO atmospheric research report C/0411/1.1/F2, Australian Greenhouse Office Report, 200. p. 1-148.

50. Kim S, Dale BE. Life cycle assessment of various cropping systems utilized for producing biofuels: bio-ethanol and biodiesel. Biomass Bioenergy 2005;29: 426-39.

51. Kim S, Dale BE. Allocation procedure in ethanol production system from corn grain. Int J Life Cycle Assess 2002.

52. Kiran LK. Environmental benefits on a life cycle basis of using bagasse- derived ethanol as a gasoline oxygenate in India. Energy Policy 2002;30: 371-84.

53. Hsieh WD, Chen RH, Wub TL, Lin TH. Engine performance and pollutant emission of a SI engine using ethanol-gasoline blended fuels. Atmos Environ 2002;36:403-10.

54. Poulopoulos S, Philippopoulos C. Influence of MTBE addition into gasoline on automotive exhaust emissions. Atmos Environ 2000;34:4781-6.

55. Furey RL, King JB. Evaporative and exhaust emissions from cars fueled with gasoline containing ethanol or methyltert-butyl ether. SAE paper no. 800261, 1980.

56. MeDonald CR, Lee R, Humphries DT, Shore RP, Den otter GJ. The effect of gasoline composition on stoichiometry and exhaust emissions. SAE paper no. 941868, 1994.

57. Neimark A, Kholmer V, Sher E. The effect of oxygenates in motor fuel blends on the reduction of exhaust gas toxicity. SAE paper no. 940311, 1994.

58. Furey RL, Jackson MW. Exhaust and evaporative emissions from a Brazilian Chevrolet fuelled with ethanol-gasoline blends. SAE paper no. 779008, 1977.

59. Merritt PM, Ulmet V, McCormick RL, Mitchell WE, Baumgard KJ. Regulated and unregulated exhaust emissions comparison for three tier Ⅱ non-road diesel engines operating on ethanol-diesel blends. SAE paper no. 2005-01-2193, 2005.

60. Bryant L. The development of the diesel engine. Technol Culture 1976;17(3): 432-46.

61. Krawczyk T. Biodiesel-alternative fuel make inroads but hurdle remains. INFORM 7801-815, 1996.

62. Alton R, Cetinkaya S, Yucesu HS. The potential of using vegetable oil fuels as fuel for diesel engines. Energy Convers Manage 2001;42:529-38.

63. Ramadhas AS, Jayaraj S, Muraleedharan C. Use of vegetable oils as IC engine fuels—a review. Renew Energy 2004;29:727-42.

64. Srivastava A, Prasad R. Triglycerides-based diesel fuels. Renew Sustain Energy Rev 2000;4:111-33.

65. Harwood HJ. Oleochemicals as a fuel: Mechanical and economic feasibility. JAOCS 1984;61:315-24.

66. Ma F, Hanna MA. Biodiesel production: a review. Bioresour Technol 1999;70:1-15.

67. Pramanik K. Properties and use of *Jatropha curcas* oil and diesel fuel blends in compression ignition engine. Renew Energy 2003;28:239-48.

68. Schuchardta U, Serchelia R, Vargas RM. Transesterification of vegetable oils: a review. J Brazil Chem Soc 1998;9:199-210.

69. Freedman B, Pryde EH, Mounts TL. Variables affecting the yields of fatty esters from transesterified vegetable oils. JAOCS 1984;61:1638-43.

70. Agarwal AK. Vegetable oil versus diesel fuel: development and use of biodiesel in a compression ignition engine. TERI Inform Dig Energy 1998;8(3):191-204.

71. Agarwal AK, Das LM. Biodiesel development and characterization for use as a fuel in compression ignition engine.

72. Peterson CL, Wagner GL, Auld DL. Vegetable oil substitution for diesel fuel. Trans ASAE 1983;26:322-7.

73. Muniyappa PR, Brammer SC, Noureddini H. Improved conversion of plant oils and animal fats into biodiesel and co-product. Bioresour Technol 1996;56:19-24.

74. Murayama T, Fujiwara Y, Noto T. Evaluating waste vegetable oil as a diesel fuel. IMechE 2000:141-8.

75. Masjuki H, Abdulmuin MZ, Sii HS. Investigations on preheated palm oil methyl esters in the diesel engine. Proc IMechE, A, J Power Energy 1996:131-8.

76. Scholl KW, Sorenson SC. Combustion of soybean oil methyl ester in a direct injection diesel engine. SAE paper no. 930934, 1983.

77. Kalligeros S, Zannikos F, Stournas S, Lois E, Anastopoulos G, Teas Ch, et al. An investigation of using biodiesel/marine diesel blends on the performance of a stationary diesel engine. Biomass Bioenergy 2003;24:141-9.

78. Zhang Yu, Van Gerpan J.H., Combustion analysis of esters of soyabean oil in a diesel engine. SAE paper no. 960765, 1996.

79. Senatore A, Cardone M, Rocco V, Prati MV. A comparative analysis of combustion process in D.I. diesel engine fueled with biodiesel and diesel fuel. SAE paper no. 2000-01-0691, 2000.

80. Mcdonald JF, Purcell DL, McClure BT, Kittelson DB. Emission Characteristics of Soy methyl ester fuels in an IDI compression ignition engine. SAE paper no. 950400, 1995.

81. Kumar Senthil M, Ramesh A, Nagalingam B. An experimental comparison of methods to use methanol and Jatropha oil in a compression ignition engine. Biomass Bioenergy 2003;25:309-18.

82. Selim MYE, Radwan MS, Elfeky SMS. Combustion of jojoba methyl ester in an indirect injection diesel engine. Renew Energy 2003;28:1401-20.

83. sinha S, Agarwal AK. Combustion Characteristic of rice bran oil derived biodiesel in a transportation diesel engine. SAE paper no. 2005-26-356, 2005.

84. Sinha S, Agarwal AK. Performance evaluation of a biodiesel(rice bran oil methyl ester) fuelled transport diesel engine. SAE paper no. 2005-01-1730, 2005.

85. Agarwal AK, Bijwe J, Das LM. Wear assessment in biodiesel fuelled compression ignition engine. J Eng Gas Turbine Power (ASME J) 2003;125(3): 820-6.

86. Agarwal AK, Bijwe J, Das LM. Effect of biodiesel utilization on wear of vital parts in compression ignition engine. J Eng Gas Turbine Power (ASME J) 2003;125(2):604-11.

87. Indian Standard Code IS:10000, Part VIII. Methods of tests for internal combustion engines: part VIII performance tests, 1080.

88. Agarwal AK. Performance evaluation and tribological studies on a biodiesel-fuelled compression ignition engine. PhD thesis, Center for Energy Studies, Indian Institute of Technology, Delhi, India, 1999.

89. Tate RE, Watts KC, Allen CAW, Wilkie KI. The viscosities of three biodiesel fuels at temperatures up to 300℃. Fuel 2006;85:1010-5.

90. Agarwal AK. Luvrication oil tribology of a biodiesel-fuelled CI engine. ASME-ICED 2003 conference, September, Erie, PA, USA, 2003.

91. Agarwal AK. Experimental investigation of the effect of biodiesel utilization on lubricating oil tribology in diesel engines. J Automob Eng 2005;219:703-13.

92. Stevens DJ, et al. Biofuels for transportation: an examination of policy and technical issues. IEA bioenergy task, vol. 39, liquid biofuels final report 2001-2003, 2004.

93. Canakci M, Van Gerpen J. Biodiesel production from oils and fats with high free fatty acids. Trans ASAE 2001;44:1429-36.

94. Hofman V., Biodiesel fuel. NDSU Extension Service, North Dakota State University, Fargo, North Dakota, Paper No. AE 1240, 2003.

95. Demirbas MF, Balat M. Recent advances on the production and utilization trends of bio-fuels: a global perspective. Energy Convers Manage 2006;47:237-81.

02장_

재생 가능 자원으로부터
액체 바이오연료의 생산

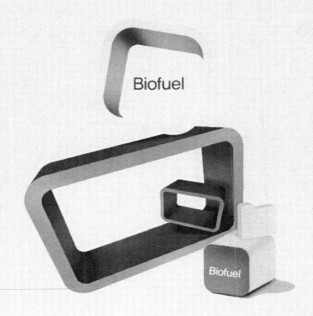

개요

이 장에서는 액체 바이오연료의 주제에 관해서 입수 가능한 최신 자료에 기초하여 재생 가능 자원으로부터의 이들의 생산에 관하여 포괄적으로 고찰하였다. 화석연료와 오일 매장량의 빠른 고갈에 대한 적당한 대체연료에 관한 연구에서 그리고 석유제품에 기초한 연료의 광범위한 사용과 관련된 환경적 이슈의 심각한 고려에서 전 세계적으로 연구가 진행 중이다. 연구원들은 바이오매스계 연료에 그들의 관심을 다시 향하게 하였다. 이것은 최근에 경제적인 그리고 환경적인 고려와 같은 상황에서 지속 가능한 개발을 위한 유일한 논리적인 대체방안이다. 재생 가능 바이오자원은 잔류 농업 바이오매스와 폐기물의 형태로 세계적으로 입수 가능하며 이들은 액체 바이오연료로 전환될 수 있다. 그러나 전환공정 혹은 화학적 전환은 바이오연료의 경제적인 대규모 상업적인 공급을 위해 사용하기에는 훌륭하지 않다. 그래서 효과적이고 경제적인 그리고 효율적인 전환공정에 대한 많은 연구가 이루어질 필요가 있다.

01 서론

세계의 증가하는 산업화와 동력화는 석유계 연료의 수요에 대한 가파른 상승을 초래하였다[1]. 오늘날 화석연료는 세계에서 소비되는 일차 에너지의 80%를 차지하며 그 중에서 58%는 수송부문에 의해서 소비된다[2]. 이들 화석연료의 공급원은 고갈되고 있으며 에너지 수요를 충족시키기 위해 화석연료의 소비에 의해서 GHG 배출에서 주된 기여 인자인 것으로 밝혀졌다[3-5]. 이것은 기후변화, 빙하의 감퇴, 해수면의 상승, 생물다양성의 상실 등을 포함하는 많은 부정적인 영향을 초래한다[6]. 증가하는 에너지 수요는 원유가격에 있어서의 상승을 초래하며 세계적인 경제활동에 직접적으로 영향을 미친다[7]. 증가하는 에너지 소비와 GHG 배출에 따른 전통적인 화석연료의 점진적인 고갈은 더 적은 양의 배출을 갖는 재생 가능하며, 지속 가능하며, 효율적이고 그리고 비용 효과적인 대체 에너지 공급원으로의 이동을 초래하였다[4,5,8,9]. 많은 에너지 대체자원 중에서 바이오연료, 수소, 천연가스 그리고 합성가스는 예견되는 향후에 4가지의 전략적으로 중요한 지속 가능한 연료 공급원료로서 나타난다. 이들 4가지 내에서 바이오연료는 가장 친환경적인 에너지 공급원이다. 지구 온난화에 대한 관심이 고조되고 있기 때문에 바이오연료에 대한 관심 또한 증대되고 있으며 이것은 자국 생산 연료가 어느 정도 수입되는 오일에 대한 의존관계와 그것의 공급과 가격에 있어서의 정책적 예상 밖의 변화를 경감시킨다는 사실로부터 생긴다[10]. 그래서 바이오연료는 화석연료를 대체하기 위해 개발되고 있다. 바이오연료는 그들이 재생 가능 능력, 생분해능, 그리고 수용 가능한 배기가스의 발생 때문에 연료 소비의 유리한 선택이다[11].

1.1 지속 가능 연료로서의 바이오연료

바이오연료는 바이오매스로부터 유력하게 생산되는 액체, 기체 그리고 고체 연료에 속하는 것이다. 에탄올, 메탄올, 바이오디젤, Fischer-Tropsch diesel, 수소 그리고 메탄과 같은 다양한 연료를 바이오매스로부터 생산될 수 있다[12].

바이오연료는 가장 전략적으로 중요한 지속 가능 연료 공급원 중 하나로 나타났으며 GHG 배출을 제한하기 위한, 대기질을 향상시키기 위한 그리고 새로운 에너지 자원의 발견을 위한 진행되는 중요한 방법인 것으로 생각된다[13]. 재생 가능 그리고 라이프 사이클 상의 순 탄소배출제도 이하의 바이오연료가 환경적이고 경제적이며 지속 가능성을 위해 필요하다. 오일에 대한 수요는 증가하기 때문에 대규모 유전으로부터의 오일생산은 매년간 4-5%의 비율로 감소하고 있다. 그래서 화석연료에 대한 대체연료로서 바이오연료는 안정적 공급을 위한, 자동차 배출을 줄이기 위한, 그리고 농촌경제의 안정적인 수입을 제공하기 위한 능력을 갖는 에너지원의 미래의 선두적 공급원으로서 표현되었다.

1.2 배경

바이오연료는 그들이 석유계 연료를 대체하기 때문에 중요하다. 증가하는 수의 개발도상국들은 수입되는 오일에 대한 의존관계를 감소시키고 GHG 배출을 낮추기 위한, 그리고 농촌 경제개발 목표를 충족시키기 위한 핵심요소로서 바이오연료를 개발하였다[15-17]. 1980년과 2005년 사이에 전 세계 바이오연료 생산은 향후 한층 극적인 증가로써 44억으로부터 500.1억 리터까지로 증가하였다[16,18].

바이오연료는 단기간 내에 가장 유망한 것으로 생각된다[20]. 2007년 3월에 EC는 2020년까지 전체 에너지 소비에서의 재생 가능 자원으로부터의 에너지의 20% 점유에 대한 강제적인 목표 그리고 2020년까지 수송부문에서 모든 회원국에 의해 달성되어져야 하는 바이오연료의 점유율에 대한 강제적인 최소 10% 목표를 승인하였다[21].

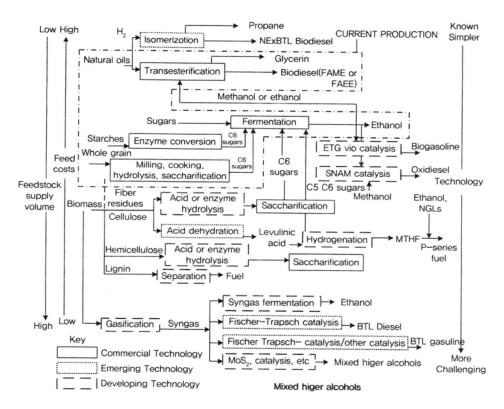

[Fig 1] **Various technological routes for biofuels production(Adopted form NEXANT[23])**

알코올 연료는 SI엔진에서 가솔린을 대체할 수 있으며 반면 바이오디젤, 청정디젤 그리고 DME는 CI엔진에서 사용하기에 적합하다. Fischer-Tropsch 공정은 다양한 다른 탄화수소 연료를 생산할 수 있으며 그들 연료 중에서 주요한 것은 CI엔진을 위한 디젤 유사 연료이다[24]. 슈거기질의 발효, 에탄올을 혼합된 탄화수소로 전환시키기 위한 촉매기술, 셀룰로스의 가수분해, 발효에 의한 바이오부탄올, 천연 오일과 지방의 바이오디젤로의 트랜스에스터화, 천연 오일과 지방의 수첨분해, 여러 생물학적 소재의 열분해와 가스화 등과 같은 바이오연료의 생산을 위해 존재하는 수많은 기술과 여러 개발 중인 기술이 있다. 그림 1은 바이오연료의 생산을 위한 여러 기술적인 루트를 나타낸다.

02 바이오연료의 분류

바이오연료는 일차적인 그리고 이차적인 바이오연료로서 폭넓게 분류된다. 일차 바이오연료는 목재칩과 펠렛 등과 같은 주로 히팅, 쿠킹 혹은 전력 생산을 위한 처리 되지 않는 형태로 사용된다. 이차적인 바이오연료는 바이오매스의 처리에 의해서 생 산된다(예를 들면, 에탄올, 바이오디젤, DME 등). 이차적인 바이오연료는 이들의 생 산을 위해 사용되는 원재료와 기술에 기초하여 제1세대, 2세대 그리고 3세대로 세분 화되어 나뉠 수 있다(그림 2).

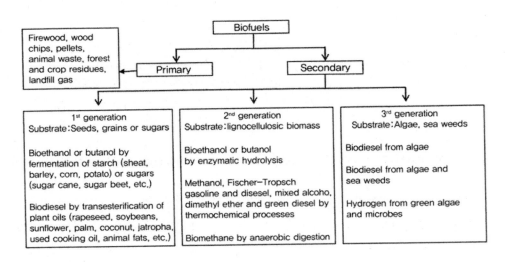

[Fig 2] Classification of biofuels

바이오연료는 또한 이들의 공급원과 타입에 따라서 분류된다. 이들은 농림 어업 제품 이나 도시 폐기물로부터 유도된다. 바이오연료는 목재 펠렛과 같은 고체, 혹은 에탄올,

바이오디젤 그리고 열분해 오일과 같은 액체, 바이오가스(메탄)와 같은 기체이다.

2.1 일차 바이오연료 VS 이차 바이오연료

일차 바이오연료는 목재칩과 목재펠렛과 같은 천연 그리고 처리되지 않은 바이오 매스이다. 일차 바이오연료는 소규모 그리고 대규모 산업적 적용에서 쿠킹, 히팅 혹은 전력생산 필요성을 충족시키기 위해 직접적으로 연소시킨다.

이차적인 연료는 변형된 일차 연료이며 이들은 고체(예, 석탄), 액체(예, 에탄올, 바이오디젤 그리고 바이오 오일), 기체(예, 바이오가스, 합성가스 그리고 수소)의 형태로 처리되고 생산된다. 이차적인 연료는 수송부문과 고온이 필요한 산업공정을 포함한 여러 다양한 폭넓은 적용분야를 위해 사용될 수 있다. 고체, 액체, 기체 형태로 바이오연료의 추출을 위해 더 발전된 그리고 효과적인 전환기술이 존재한다[25].

2.2 바이오연료의 유리한 점과 도전 분야

바이오연료는 에너지의 안정적 공급, 경제 그리고 환경과 관련된 수많은 이점과 관련해서 좋은 전망을 제공해 준다. 동시에 이들 이점을 실현하기 위하여 여러 가지 도전적인 분야를 극복해야 한다[26]. 바이오연료의 생산과 소비에서의 주된 유리한 점과 도전분야는 표 1에 강조하여 나타내었다.

[Table 1] Potential benefits and challenges of biofuels

Benefits	Challenge
• Energy Security	• Feed stock
Domestic energy source	Collection network
Locally distributed	Storage facilities
Well connected supply-demand chain	Food-fuel competition
higher reliability	
	• Technology
	Pretreatment
• Economic stability	Enzyme production
Price stability	Efficiency improvement
Employment generation	Technology cost

Rural development	Production of value added co-products
Reduce inter-fuels comptition	
Reduce demans-supply gap	• Policy
Open new industrial dimentions	Land use change
control on monopoly of fossil	Fund for research and development
rich states	Pilot scale demonstration
	Commercial scale deployment
	Policy for biofuels
• Environmental gains	Procurement of subcidies
Better waste utilization	on biofuels production
Reduce local pollution	Tax credits on production
Reduce GHGs emission	and utilization of biofuels
from energy consumption	
Reduction in landfill sites	

바이오연료의 생산을 위한 재생 가능 공급의 사용에 대한 핵심적인 유리한 점은 천연 바이오자의 사용이다(지리적으로 화석연료보다도 한층 더 균등하게 분포된다). 그리고 생산된 바이오에너지는 독립적이며 안정적인 에너지의 공급을 제공한다. 원재료로서 농업 잔류와 폐기물 기를 사용함은 식품과 연료 사이의 가능한 갈등과 대립을 최소화할 것이다. 목질계 섬유소 재료로부터 생산된 바이오연료는 낮은 net GHG 배출을 발생시키며 그래서 환경영향을 감소시킨다.

USDA에 의한 보고서에서 연료로서 바이오디젤 사용의 이점은 다음과 같다: 그것은 석유계 디젤에 대한 재생 가능한 적당한 엔진의 변형 없이나 약간의 변형으로써 대부분의 디젤엔진에서 사용하기에 적당하고, GHG 배출(생분해 가능한 그리고 독성이 거의 없는)을 감소시킬 수 있는 가능성을 갖고 있으며, 그리고 농업이나 다른 리사이클 된 공급원료로부터 만들어질 수 있는 대체연료이다. 다른 오일타입으로부터 생산된 바이오디젤을 포함하는 실험을 통해서 바이오디젤은 더 낮은 CO_2와 PAHs 배출을 나타내었다는 사실이 밝혀졌다[28]. 바이오디젤은 바이오디젤의 연소로부터 방출된 CO_2는 바이오디젤의 생산을 위해 사용되었던 생장력 있는 농작물의 성장 동안 대기로부터 앞서 포집되었기 때문에 "carbon neutral" 연료로서 생각된다. 바이오디젤은 석유계 디젤보다도 더 낮은 인화점을 가져서 그것의 수송은 더 안전하고 더 용이하다고 알려져 있다[28,29].

여러 가지 이점을 갖는 것 이외에 바이오연료의 생산과 사용은 또한 여러 도전점을 갖는다. 향상된 바이오매스 폐기물 수집 네트워크와 이들의 저장은 상업적인 바이오연료 플랜트의 설치에 대한 주된 도전적 사항이다. 유기 폐기물 수집과 더 높은 비율에서의 바이오연료의 블렌딩을 위해서 강한 정책이 필요하다. 기술적인 향상은 시스템 효율을 향상시키고 부가가치 부산물을 제공할 수 있게 하며 이것은 생산비를 감소시키게 된다.

03 액체 바이오연료

액체 바이오연료는 전통적인 액체연료(디젤연료)를 대체하기 위해 주로 연구되어져 오고 있다. 액체 바이오연료에 대한 최근의 분류는 제1세대 그리고 제2세대 바이오연료를 포함한다[24]. 그들 사이의 주요한 구별(차이)은 사용되는 공급 원료이다. 제3세대 바이오연료의 생산에 대한 연구가 진행 중이다[30].

3.1 제1세대 액체 바이오연료

1세대 액체 바이오 슈거[31-38], 곡물 혹은 씨앗[3,39-41]으로부터 일반적으로 생산된 액체연료의 타입이다. 그리고 이들은 최종 연료제품을 생산하기 위해 상대적으로 간단한 공정을 필요로 한다. 가장 잘 알려진 1세대 바이오연료는 농작물로부터 추출된 슈거와 옥수수 커넬에 혹은 다른 녹말 작물이 포함된 녹말을 발효시킴으로써 만들어진 에탄올이다[24]. 바이오에탄올은 높은 함유량의 슈거를 갖는 유기계 물질의 이스트로부터의 효소에 의한 발효로서 생산된다. 이스트는 6개의 탄소의 슈거를(주로 글루코오스) 에탄올로 전환시킨다. 왜냐하면 녹말은 셀룰로오스보다도 글루코오스로 전환시키기에 훨씬 더 용이하다. 초기에 원재료의 슈거는 분류시킨 후 발효과정은 글루코오스를 에탄올로 전환시키기 위해 이스트를 사용한다. 증류와 탈수는 화석연료로서 블렌딩 될 수 있거나 혹은 연료로서 직접적으로 사용 가능한 데에 요구되는 농도에 도달하기 위한 마지막 단계로서 사용된다(탈수된 혹은 무수에탄올). 사용된 원재료가 곡물일 때 보편적으로 가수분해는 녹말을 글루코오스로 전환시키기 위해 사용된다[42]. 전통적인 공정은 식물의 총 매스의 작은 퍼센트를 나타내는 에탄올 생산을 위한 씨앗이나 곡물의 배종만을 사용하였다[2].

트랜스에스터화 공정 혹은 크래킹에 의해서 기름을 함유한 식물의 스트레이트 채종유으로부터 생산된 바이오디젤은 다른 잘 알려진 1세대 바이오연료이다. 트랜스에스터화는 알칼리, 산 혹은 효소 촉매와 에탄올 그리고 메탄올을 사용할 수 있으며 지방산 에스터(바이오디젤)와 부산물로서 글리세린을 생산한다[2]. 바이오디젤 생산 공정에서 또한 작은 분율의 식물 바이오매스가 사용되며 현저한 양의 잔류물을 발생시키게 된다.

1세대 연료가 수많은 국가에서 현저한 상업적인 양으로 생산되고 있으며 그러나 1세대 바이오연료의 생산의 생존능력은 식품공급과의 충돌 때문에 의심스럽다[30]. 작은 분율의 식물계 바이오매스만의 사용은 경지사용 효율성을 감소시켰다. 1세대 바이오연료는 식품과의 경쟁 때문에 높은 생산비용을 갖는다. 곡물, 슈거, 그리고 오일 함유씨 작물로부터의 세계적인 바이오연료 생산의 빠른 팽창은 어떤 일정한 농작물과 식품재료의 비용을 상승시켰다. 이들 제한은 바이오연료의 생산을 위한 비식용 바이오매스의 연구를 뒷받침하다.

3.2 제2세대 액체 바이오연료

2세대 액체 바이오연료는 일반적으로 두 가지의 근본적으로 다른 방법에 의해서 생산된다. 농업 목질계 섬유소 바이오매스로부터 생물학적인 혹은 열화학적 처리, 이들 바이오매스는 식품작물 생산의 비식용 잔류물 혹은 비식용 전체 식물 바이오매스이다. 비식용 공급 원료로 부터의 2세대 바이오연료의 생산은 주된 유리한 점은 그것이 1세대 바이오연료와 관련된 직접적인 식품 vs. 연료 경쟁을 제한한다. 공정에 포함된 공급 원료는 에너지 목적을 위해 본질적으로 만들어질 수 있고 단위 경지 면적당 더 높은 생산될 수 있으며, 그리고 더 큰 양의 위의 분쇄육상 식물재료를 바이오연료를 생산하기 위해 사용하고 전환시킬 수 있다. 결과로서 이것은 1세대 바이오연료와 비교되는 경지사용 효율성을 한층 증가시키게 된다.

Larson[24]에 의해서 언급된 바와 같이 공급 원료의 기본적인 특징은 대다수의 2세대 바이오연료에 대한 더 낮은 비용, 현저한 에너지 및 환경적 이점에 대한 가능성을 유지한다.

2세대 바이오연료의 생산은 가장 정교한 처리 생산 장치, 생산단위당 더 많은 투자, 그리고 자본비용 규모의 경제를 제한하고 줄이기 위한 더 대규모의 설비를 요구한다는 사실이 문헌[43]으로부터 뚜렷이 드러났다. 2세대 바이오연료의 잠재적인 가능한 에너지와 경제적 결과 성과를 달성하기 위하여 공급연료 생산과 전환기술에 관한 더 이상의 연구개발과 응용에 관해서 요구된다. 바이오 에탄올의 향 후 생산은 전통적인 곡물/슈거 작물 그리고 목질계 섬유소 바이오매스 공급 원료의 사용을 포함할 것으로 기대된다[43-46]. 2세대 바이오연료는 목질계 바이오매스로부터 생산되는, 낮은 비용의, 비식용 공급 원료의 사용을 촉진시키는 직접적인 식품과 연료 경쟁 사이의 제한을 초래하는 특징을 공유한다[47].

제2세대 바이오연료는 바이오매스를 연료로 전환하기 위해 사용되는 공정이나 방법에 의해서 더 이상 분류될 수 있다(다시 말해서, 생화학적인 혹은 열화학적인 전환 공정). 에탄올 그리고 부탄올과 같은 몇몇 2세대 바이오연료는 생화학적 공정을 거쳐서 생산되는 반면 다른 모든 2세대 연료는 열화학적으로 생산된다. 많은 2세대 열화학적 연료는 최근에 화석연료로부터 상업적으로 생산되고 있다. 이들 열화학적 연료는 메탄올 정제된 Fischer-Tropsch 액체(FTL) 그리고 디메틸 에테르(DME)를 포함한다. 정제되지 않은 연료(예를 들면, 열분해 오일)은 또한 열화학적으로 생산되지만 그들이 엔진에서 사용될 수 있기 전에 추가적이고 상당한 정제를 필요로 한다[24].

열화학적 바이오매스 전환은 생화학적 전환시스템에서 발견되는 그것보다도 훨씬 더 극단적 온도와 압력을 요구하는 공정을 수반한다. 어떤 일정한 필수적 특징은 열화학적 처리과정에 적용될 수 있는 공급원료에 있어서의 유연성 그리고 생산되는 연료결과물(생성물)의 다양성을 포함하는 열화학적 공정을 생화학적 공정과 차별화 시킨다[48]. 바이오연료의 열화학적 생산은 가스화 혹은 열분해로서 시작한다. 전자는 일반적으로 더 자본집약적이며 경제적 이점을 위한 대규모 생산을 요구한다. 그러나 최종 생성물은 엔진에서 직접적으로 사용될 수 있는 청정한 최종연료이다. Fischer-Tropsch 액체(FTL)는 덜 정제된 원유와 닮은 그리고 "청정디젤", 제트연료 혹은 다른 유분으로 처리하거나 혹은 정제시키기 위해 전통적인 석유정제장치로 투입시킬 수 있는 주로 직쇄 탄화수소 화합물의 혼합물이다[48]. FTL은 CO와 H_2를 촉매적으로 반응시킴으로써 합성된다. 그래서 CO와 H_2를 생산하기 위해 전환될 수 있는 어떤 공급원료 FTL을 생산하기 위해 사용될 수 있다. 특히 석탄, 천연가스 그리고 바이오매스는 FTL 생산을 위한 공급 원료로서 사용될 수 있다[24,48]. 1990년대에 시작하여 원격지의 대형 천연가스의 매장지로부터 액체를 생산하는 그리고 시장으로부터의 그들의 거리 때문에 경제성 평가가 진행 중인 FTL 합성에 전 세계적으로 관심이 새로이 집중되었다. 상승하는 원유가격과 함께 이러한 환경적 요인은 전 세계적 FTL 생산용량에 있어서의 주요한 확장을 촉진시키고 있다[48].

투입원료의 더 낮은 비용과 비식용 바이오매스의 사용은 2세대 바이오연료를 촉진 시키기에 유리하다.

3.3 제3세대 액체 바이오연료

사탕수수, 사탕무, 옥수수와 유채와 같은 육상작물로부터 유도된 1세대 바이오연료 와 유사한 대체 에너지 자원은 세계의 식품시장에 부담을 가중시키고 물부족사태를 초래하며 그리고 세계의 산림자원의 파괴를 진행시킨다. 목질계 섬유소 농업 및 임업 잔류물로부터 유도된 그리고 비식품 작물 공급 원료로부터 유도된 2세대 바이오연료 가 위의 문제점을 제거시킨다. 제3세대 바이오연료에 대한 연구자는 과거의 농업 기 질과 폐 채종유로부터 미생물로 그들의 관심방향을 돌리고 있다. 그러므로 본질적으 로 미생물 그리고 미세조류로부터 유도된 3세대 바이오연료는 1세대와 2세대 바이오 연료와 관련된 주요한 결점을 피하게 되는 생존 가능 대체 에너지 자원인 것으로 생 각된다.

3.3.1 미생물로부터의 바이오연료

최근의 발전에서는 이스트, fungi 그리고 미세조류와 같은 약간의 미생물종은 이들 이 생합성할 수 있고 그들의 바이오매스 속에 많은 양의 지방산을 저장할 수 있기 때 문에 바이오디젤을 위한 가능한 공급 원료로서 사용될 수 있다[50]. 최근 2009년에 Huang 등[51]은 폐 볏짚으로부터의 미생물적 오일생산에 관해서 보고하였다. 미생물 오일은 미생물 *Trichosporon fermentans*의 배양에 황산으로서 처리된 볏짚 가수분해 생성물(hydrolysate)(SARSH)로부터 생산될 수 있다. 독성제거 없이 SARSH의 발효 는 0.17%, w/v($1.7g1^{-1}$)의 좋지 못한 지질 생성률을 주었다. Huang 등[51]은 이 수율 을 향상시키기 위한 향상공정에 관해서 연구하였다. overliming, 농축 그리고 Amberlite XAD-4에 의한 흡착을 포함하는 무독화 전처리는 SARSH의 발효능력을 현저하게 향상시켰다. 전처리 공정은 SARSH에서 억제제를 제거시킴으로써 지질수율 을 증가시키는 것을 도왔다. 40.1%의 지질함유량을 갖는 $28.6g1^{-1}$의 총 미생물 바이 오매스는 독성이 제거된 SARSH에서 *T. fermentans*의 배양 후 8일간의 발효에서 얻 어질 수 있었다. 더욱이 SARSH이외에 *T. fermentans*는 단일 탄소공급원으로서 사용 되는 다른 천연 목질계 섬유소 소재의 가수분해 생성물에서 입수 가능한 mannose, galactose이나 cellobiose와 같은 다른 슈거를 물질 대사시킬 수 있다는 사실이 또한 밝혀졌다. 이 미생물은 예를 들면 최소 $10.4g1^{-1}$의 높은 생성으로서 그것의 셀 바이오 매스 내에 지질을 축적하기 위해 볏짚 가수분해 생성물을 이용할 수 있었다. 그러므로 이 미생물은 미생물 오일 생산을 유망한 미생물종으로서 사용될 수 있다.

Zhu 등[52]은 폐 당밀로부터의 미생물 바이오연료의 생산에 관해서 연구하였으며 미생물 바이오매스에서 생산된 지질을 바이오디젤 생산을 위해 이용될 수 있다. 이 프로젝트에서 연구자들은 배양을 위한 성장 매질 성분을 최적화시켰으며 미생물 바이오매스에 미치는 배양조건의 영향 그리고 *T. fermentans*의 미생물종에 의한 지질생산에 관해서 연구하였다. 가장 좋은 지질 수율을 위한 최적 질소공급원, 탄소공급원 그리고 C/N 몰비율은 각각 peptone, glucose 그리고 163인 것으로 밝혀졌다. 배양매질의 가장 유리한 초기 pH와 온도는 6.5 그리고 25℃이었다. 이들 최적화된 조건 하에서 7일 동안 배양된 미생물 배양물은 62.4%의 지질함유량을 포함하는 $28.1g1^{-1}$의 미생물 바이오매스 수율을 생성시켰는데, 이들은 오리지널 값($19.4g1^{-1}$ 그리고 50.8%)보다도 그리고 다른 그룹에 의해서 보고된 결과보다도 훨씬 더 높았다[50,52]. *T. fermentans*는 설탕산업으로부터의 폐 당밀로서 구성되는 매질에서 배양될 수 있었다. $12.8g1^{-1}$의 지질수율은 pH 6.0에서 15%의 총 슈거농도(w/v)로 구성되는 폐 당밀의 생물학적 전환으로서 보고되었다. 이 보고에서 농업 잔류물에서 기름을 함유하는 미생물로서 가장 좋은 결과를 나타낸다는 사실이 연구자들에 의해서 주장되었다[52].

미생물 세포내에 지질의 축적은 전처리된 당밀에 여러 가지 슈거의 첨가에 의해서 효과적으로 향상될 수 있었으며 지질 함유량은 셀 매스의 50% 이상처럼 높은 값으로 증가되었다. 채종유와 비슷한 미생물 지질은 총 지방산 함유량의 약 64%로 계산되는 불포화된 지방산과 함께 palmitic, stearic, oleic 그리고 linoleic acid를 주로 포함하였다. 이들 실험에서 $5.6mgKOHg^{-1}$의 산가를 갖는 미생물 오일은 FFAs의 제거 후 염기촉매 하에서 바이오디젤을 생산하기 위해 효과적으로 트랜스에스터화될 수 있었으며 92%의 높은 메틸 에스터 수율에 도달할 수 있었다[52].

전처리된 목질계 섬유소 바이오매스에서 잘 배양될 수 있는 이스트의 능력은 지질 축적을 효과적으로 향상시킬 수 있었으며 경제적으로 그리고 환경친화적으로 농업잔류물로부터 미생물 오일의 생산을 위한 유망한 옵션을 제공한다.

3.3.2 조류로부터의 바이오연료

조류는 가장 오래된 생물체 중 하나로 인식되며[55] 그리고 폭넓은 범위의 환경조건에서 살게 되는 매우 다양한 종을 나타낸다[56].

이들은 재생세포 주위에 세포의 단조로운 커버링이 없는 태고식물(thallophytes)이다[57]. 자연적인 성장조건 하에서 광합성적 독립영양의 조류는 햇빛을 흡수하며 그리고 수중 서식지로부터 공기와 자양분으로부터 CO_2를 동화시킨다[49]. 미세조류는 단기간에 걸쳐서 많은 양으로 지질, 단백질, 그리고 탄수화물을 생산할 수 있다. 이들 생성물은 바이오연료와 가치 있는 부산물로 처리될 수 있다[49]. 그러나 지질, 단백질 그리고 탄수화물의 생산은 주간 사이클과 계절적인 변화 때문에 입수 가능한 햇빛에 의해서 제한된다. 그것에 의해서 높은 태양 복사선을 갖는 지역으로 상업적 생산의 실행 가능성을 제한하게 된다[58].

미세조류는 3가지의 다른 공급원으로부터 CO_2를 교정시킬 수 있다.

즉, 다시 말해서 대기, 방출가스 그리고 용해성 탄산염[59], 자연적인 성장조건 하에서 미세조류는 공기로부터 CO_2를 동화시키며 더 높은 수준의 CO_2를 실질적으로 이용할 수 있고 이에 내성이 있다(150,000ppmV까지)[60]. 그러므로 일반적인 생산유니트에서 CO_2는 Na_2CO_3와 $NaHCO_3$와 같은 용해성 탄산염의 형태로 혹은 발전플랜트와 같은 외부 공급원으로부터 조류 성장 매질로 투입시킨다[63,64]. 조류 생산을 위해 요구되는 다른 무기 자양분은 N_2, P 그리고 Si를 포함한다[65]. 조류세포는 진정한 소형의 생화학적 공장이며 그리고 이들은 매우 효과적인 CO_2 고정체이기 때문에 육생식물보다도 더 광합성적으로 효과적인 것으로 나타났다. CO_2를 고정시킬 수 있는 능력을 발전 플랜트로부터의 배연가스로부터 CO_2를 제거하는 방법으로서 제안되었다.

그래서 GHG의 배출을 감소시키기 위해 사용될 수 있다. 조류세포는 오일의 작은 방울로 풍부하게 채워져 있는 것으로 밝혀졌기 때문에 많은 조류는 오일이 대단히 풍부하며 이 오일은 바이오디젤로 전환될 수 있다[30].

3가지의 다른 조류 생산 메커니즘(광합성적 독립영양, 종속영양 그리고 혼합영양)이 사용 중이며 이들 모두는 자연적인 성장과정을 따른다. 광합성적 독립영양 생산은 독립영양 광합성이며 종속영양 생산은 성장을 자극하기 위해 유기물질(예, 글루코오스)을 요구하는 반면 약간의 조류종은 독립영양 광합성 그리고 혼합영양 과정에서 유기 화합물의 종속영양 동화작용을 결합할 수 있다[49]. 많은 미세조류종은 높은 지질 함유량(20-50% dry wt.)을 가지며 그것은 성장 결정인자를 최적화시킴으로써 증가될 수 있다[66].

Miao와 Wu[67]는 질소의 적당한 공급원을 차단하였을 때 조류는 주로 오일을 생산하였던 반면 햇빛의 존재 하에서 조류는 CO_2로부터 슈거와 단백질을 생산한다. 미세조류 Chlorella proto the coides는 독립영양과 종속영양 조건 하에서 성장할 때 지질을 축적하며 바이오디젤 생산을 위해 사용될 수 있다. 미세조류 지질 축적을 향상시키기 위한 가장 효과적인 방법은 질소제한이며 이것은 지질의 축적을 초래할 뿐만 아니라 FFAs로부터 트리아실글리세롤(TAG)로까지 지질조성의 점차적인 변화를 초래한다[68]. TAGs는 바이오디젤로의 전환을 위해 더 유용하다[69].

미세조류 바이오매스를 이용하기 위한 전환기술은 열화학적인 그리고 생화학적인 전환의 두 가지의 기본적인 범주로 분리될 수 있다. 열화학적 전환은(직접적인 연소, 가스화, 열화학적 액화와 열분해[70]과 같은) 유기성분의 연료제품으로의 열적분해를 다룬다. 바이오매스의 다른 연료로의 에너지 전환의 생물학적 공정은 혐기성 침지, 알코올성 발효 그리고 광생물학적 수소생산을 포함한다[71].

소형공장에서 조류세포를 사용한 바이오연료의 생산에 대한 기본적인 개념은 매우 간단하다. 미세조류의 세포는 자연적으로 생합성할 수 있으며 채종유에 존재하는 이들 타입과 비슷한 지질을 저장할 수 있다. 그러나 연료의 상업적으로 생존 가능한 수준을 달성하기 위해 실제적인 연구가 요구된다. 이것은 유전자 변형에 의해서 행해질 수 있었으며 조류세포의 오일저장 가능성은 그들을 더 효과적인 것으로 만든다[72].

이상적으로 효과적인 오일생산을 위해 조류는 그들의 세포무게의 30% 이상을 오일로 축적할 수 있어야 한다. 미세조류 세포는 작은 연료공장이며 더 현저하게 그들은 이들 화합물을 자연적으로 제조하며 이들은 화학적으로 석유계 연료와 비슷하다. Walter Kozumbo에 따르면 광합성적 조류에 의해서 축적된 트리글리세라이드는 군용항공기를 위해 선택된 등유계 제트연료인 JP8과 닮았다. 이들 조류세포는 이들 유용한 오일을 합성할 뿐만 아니라 저장한다. 그들은 또한 그 오일을 기계적으로 생산할 수 있다. USDOE에 따르면 미세조류는 어떤 다른 식물보다도 경지 1acre당 100배 더 많은 오일을 합성할 수 있는 가능성을 갖는 것으로 확인되었으며 이들은 대두(유)보다도 한층 더 좋다[72].

Chlamydomonas의 특정한 조류종은 어떤 탄화수소를 합성할 수 있지만 그들은 많은 양으로 트리아실글리세라이드를 생산한다. 자연환경에서 조류세포는 30% 이상의 오일을 좀처럼 합성할 수 없으므로 50~60% 오일(dry weight)의 연료 생산 수율을 위해 조류세포는 훌륭한 것으로서 생각되어져야 한다. 바이오연료 회사인 Solazyme 사의 조류종은 조류세포의 건조무게로 75% 오일을 합성하고 저장토록 디자인되어졌다. 바이오디젤은 트리아실글리세라이드로부터 메탄올을 첨가함에 의해서 합성된다. 지방산 메틸 에스터는 수소화처리 공정에서 사용되며 이 공정은 산소의 스트립핑과 수소에 의한 분자의 포화를 포함한다. 이 포화공정은 직쇄알칸을 생성시키며 이것은 분배펌프에서 입수 가능한 디젤과 비슷하다[72].

Mata 등[56]은 미세조류 생산에서의 더 이상의 노력은 소규모와 대규모 시스템에서 비용을 감소시키는 데 집중되어져야 한다. 이것은 조류수율를 증가시키기 위해 CO_2(배연가스)의 값싼 공급원, 자양분이 풍부한 폐수, 값싼 비료, 자동화된 공정제어에 의한 더 값싼 디자인의 배양시스템, 온실 그리고 가열된 방출물을 사용함으로써 달성될 수 있다. 원재료의 비용절약은 별 문제로 하고 이들 방법은 또한 GHG 배출, 폐기물 처리 문제점 그리고 공급원료 비용을 감소시킬 수 있다. 이것은 다른 적용을 위한 미세조류 바이오매스의 이용도를 끌어올리게 될 것이며 미세조류 산업의 지속가능성과 시장경쟁력에 기여하게 될 것이다. 과학자들에 의해 연구되어지는 이 방향에서의 주된 양상은 다음과 같은 사항을 포함한다. 가장 효과적인 조류종의 선택, 선택된 종의 가장 좋은 성장률에서의 배양, 바람직스러운 지질 함유량으로서 포화된 조류세포를 생산하기 위해 지질합성을 조절하는 이들 반응을 엔지니어링함으로써 신진대사 경로를 디자인함, 조류세포로부터 효과적이고 경제적인 오일회수방법을 표준화하기 위한 지질추출공정의 최적화.

04 생화학적 액체 바이오연료

이 절에서는 제2세대 연료이며 생화학적으로 생산되는 3가지의 중요한 타입의 액체 바이오연료에 관해서 고찰키로 한다.

4.1 바이오에탄올

만약 에탄올을 재생 가능 바이오매스를 사용하여 생산한다면 그것은 바이오 에탄올이라고 명명한다. 바이오연료로서 바이오에탄올의 사용은 재생 가능하고 환경 친화적이다[73]. 2006년에 1세대 바이오에탄올의 세계적 생산은 전체의 35%인 약 510억 리터이었다. 중국과 인도는 2006년에 세계 에탄올 생산의 11%를 차지하였으며 생산수준은 다른 나라에서 훨씬 더 낮았다. 많은 국가들은 1세대 에탄올 생산의 신장에 관련되고 있으며 미국과 브라질은 가장 큰 확장플랜을 발표하였다[24]. 에탄올은 석유계 연료와 블렌딩 될 수 있으며 혹은 변형된 SI엔진에서 그것의 순수한 형태로 연소될 수 있다. 비교에서 에탄올 1리터는 석유계 연료(가솔린)에 의해 제공되는 에너지의 66%를 포함하지만 더 높은 옥탄가를 가지며 수송부문을 위해 석유계 연료와 혼합될 때 그것은 후자의 성능을 향상시킨다. 에탄올은 또한 차량에서 연료연소를 향상시키며 그로 인해서 CO, 불완전 연소 탄화수소 그리고 발암물질의 배출을 감소시킨다. 석유계 연료와의 비교에서 에탄올은 단지 흔적양의 황성분을 포함한다. 그러므로 에탄올과 석유계 연료의 혼합은 연료의 황 함유량을 감소시키며 그로 인해서 황산화물(SO_x), 산성비의 주된 성분 그리고 발암물질의 배출을 낮추어 준다[25,55].

최근 바이오에탄올은 그것을 사탕수수로부터 생산하고 그리고 그것이 차량에 대한 연료 수송량의 40%를 차지하는 브라질에서 연료로서 사용되고 있다. 브라질은 세계에서 가장 큰 사탕수수 생산 국가이며 또한 빠르게 세계의 가장 큰 바이오연료 생산 국가이다. 2008년 9월에 인도에서의 (법률제정자) (입법자)는 비식용 농작물로부터 2세대 바이오연료의 채택을 원하였다. 미국에서는 법률에 의해 2022년까지 360억 갤런의 에탄올을 생산하도록 요구하고 있다; 150억 갤런은 옥수수 배아(씨눈)로부터, 그리고 210억 갤런은 옥수수 줄기와 잎, 목초, 포플라 나무와 같은 셀룰로오스 공급 원료로부터.

2008년 farm bill에 의해서 규정된 셀룰로오스 바이오매스를 수확하는 데 대한 재정적 인센티브는 에탄올에 대한 공급 원료를 위한 옥수수에 대한 수요와 바이오연료를 위한 옥수수 잔류물에 대한 수요 때문에 옥수수 생산을 자극한다[74].

사탕수수, 밀 그리고 옥수수와 같은 작물은 바이오에탄올 생산을 위해 이용되는 천연 바이오자원의 가장 필수적인 타입이다. 옥수수계 혹은 사탕무계 에탄올과 비교하였을 때 브라질의 사탕수수계 에탄올은 에너지 밸런스에 의해서, 그리고 GHG 배출에 있어서의 감소에 의해서 상당히 더 유리한 결과를 초래한다. 현저한 양의 슈거를 포함하는 공급원료 혹은 슈거로 전환될 수 있는 녹말이나 셀룰로오스와 같은 소재는 에탄올의 생산에 사용될 수 있다[44-47]. 바이오연료 시장 내에서 입수 가능한 에탄올은 슈거 혹은 녹말로부터 주로 유도된다[25,55]. 공급 원료로서 사용된 일반적인 슈거작물은 사탕수수, 사탕무 그리고 한층 더 소량인 당밀이다[44]. 보편적인 녹말 공급 원료는 옥수수, 밀 그리고 카사바를 포함한다.

에탄올로 직접적으로 발효될 수 있는 슈거를 포함하는 바이오매스의 이용은 에탄올을 생산하는 데 사용되는 가장 덜 복잡한 방법이다[45,46].

식물 바이오매스는 식물종 중에서 각 화합물의 변화된 양으로서 리그닌에 끼워 넣어진 셀룰로오스 가는 섬유, 반 셀룰로오스 그리고 펙틴으로 구성된다[4]. 셀룰로오스는 결정성 글루코오스 중합체이며 그리고 반 셀룰로오수는 자일로스, 아라비노스 그리고 리그닌의 비정질 중합체 그리고 큰 다중 방향족 화합물이다[75]. 에탄올을 생산하기 위한 일반적인 단계는 기질의 전처리, 폴리사카라이드로부터 발효 가능한 슈거를 방출하기 위한 당화공정(saccharification process), 방출된 슈거의 발효 그리고 최종적으로 에탄올을 분리시키기 위한 증류단계를 포함한다(그림 3). 전처리는 셀룰로오스, 반 셀룰로오스 그리고 리그닌의 분리를 촉진시키기 위해 디자인되어서 셀룰로오스와 반 셀룰로오스로 구성되는 복잡한 탄수화물 분자는 효소를 촉매로 사용한 가수분해에 의해서 그들의 구성성분인 간단한 슈거로 분해될 수 있다. 셀룰로오스는 글루코오스 슈거분자(6-탄소)의 긴 사슬의 결정성 중합체이다. 그것의 복잡한 구조는 그것이 간단한 슈거로 탈 중합반응하는 것을 어렵게 만든다. 그러나 일단 중합체 구조가 분해되면 슈거분자는 발효 미생물을 사용하여 에탄올로 간단하게 발효된다[47].

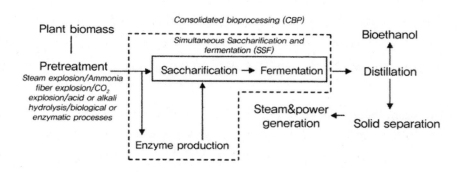

[Fig 3] **Various processes for the production of bioethanol from biomass**

반 셀룰로오스는 5-탄소원자 슈거로 구성되며 비록 자일로스와 펜토스와 같은 그것의 구성성분인 슈거로 쉽게 분해된다 할지라도 발효공정은 훨씬 더 어려우며 5-탄소원자 슈거를 에탄올로 발효시킬 수 있는 효과적인 미생물을 필요로 한다. 비록 그것을 회수할 수 있고 알코올(에탄올, 부탄올) 생산설비를 위한 공정상의 열과 전기를 제공하는 연료로서 이용될 수 있다 할지라도 리그닌은 페놀로 구성되며 실제적인 목적을 위해서는 발효될 수 없다. 바이오에탄올은 밀, 옥수수 그리고 사탕무와 같은 천연물을 사용하는 다른 알코올과 비슷하게 생산된다. 그래서 바이오에탄올 생산을 위해 요구되는 적절한 원재료는 바이오에탄올로의 생물학적 전환을 위한 발효 가능한 슈거를 제공하기 위하여 상당한 양의 탄수화물을 포함하는 그러한 재료일 수 있었다.

최적화된 미생물 발효공정은 탄수화물로부터 에탄올로 방출된 슈거의 생물학적 전환을 위해 사용될 수 있다[57,76-78].

가수분해는 일반적으로 셀룰라제 효소에 의해서 촉매작용 되며 발효는 이스트 혹은 박테리아에 의해서 실행된다. 셀룰로오스의 가수분해에 영향을 미치는 인자는 다공성(다시 말해서 폐기물의 이용가능한 표면적), 셀룰로오스 섬유결정성 그리고 리그닌과 반 셀룰로오스 함유량을 포함한다[79]. 리그닌 그리고 반 셀룰로오스의 존재는 셀룰로오스로 셀룰라제 효소의 접근을 어렵게 만든다. 전처리 공정에서 리그닌과 반 셀룰로오스 제거, 셀룰로오스 결정성의 감소 그리고 다공성의 증가는 가수분해를 현저하게 향상시킬 수 있다.

셀룰로오스 결정성은 chipping, grinding 그리고 milling의 결합에 의해서 감소될 수 있다[80]. 스팀폭발은 식물 바이오매스의 전처리를 위해 가장 보편적으로 사용되는 방법이다[79]. 스팀폭발에서 $H_2SO_4/SO_2/CO_2$의 첨가는 억제 화합물의 생산을 감소시킴으로써 효소에 의한 가수분해를 효과적으로 향상시킬 수 있으며 반 셀룰로오스의 더 완전한 제거를 초래할 수 있다[81]. AFEX는 여러 초본작물의 당화율을 현저하게 향상시킨다[9]. CO_2 폭발은 탄소를 포함하는 산을 형성하고 가수분해 속도를 증가시킨다. 오존은 리그닌과 반 셀룰로오스를 분해시키기 위해 사용될 수 있다[82,832]. 산 가수분해는 유독하고 부식적이며, 그리고 위험한 진한 산을 사용하였으며 특별한 반응기(부식저항적인)를 요구하며 사용된 산을 재생시킬 필요가 있다[84]. 그 후 묽은 산 가수분해는 목질계 섬유소 재료의 전처리를 위해 개발되었다. 알칼리 가수분해 메커니즘 xylan 반 셀룰로오스와 다른 성분을 가교 결합하는 분자간 에스터 결합의 비누화인 것으로 여겨진다[9]. 이 메커니즘은 목질계 섬유소 재료의 다공성을 증가시킨다[85]. 리그닌 생분해는 H_2O_2의 존재 하에서 peroxidase 효소에 의해서 촉매 작용될 수 있다[86].

브라운, 흰색, 그리고 소프트 부패 진균류와 같은 미생물은 리그닌과 반 셀룰로오스를 분해시키기 위해 생물학적 전처리 공정에서 사용된다[87].

브라운 rots는 주로 셀룰로오스를 공격하는 반면 흰색과 soft rots는 셀룰로오스와 리그닌을 공격한다. 탄소나 질소 제한에 응하여 이차적인 신진대사 동사, 흰색 rot fungus인 Phanerochaete chrysosporium은 리그닌-분해 효소, 리그닌 peroxidase, manganese-의존 peroxidase를 생산한다[88]. Polyphenol oxidases, laccases, H_2O_2를 생산하는 효소 그리고 퀴닌 환원 효소는 리그닌을 분해시킬 수 있다[89]. 생물학적 전처리의 유리한 점은 낮은 에너지 요구와 온화한 환경조건을 포함하지만 가수분해 속도는 매우 낮다[80].

Furfural은 낮은 농도에서 조차도[91,92] 반 셀룰로오스 가수분해 생성물[90]로부터 에탄올 생산의 중요한 억제제이다. 여러 박테리아와 이스트는 furfural을 furfuryl alcohol이나 furoic acid, 이 두 가지의 결합된 형태로 부분적으로 전환시키는 것으로 보고되었다. 셀룰로오스의 효소에 의한 가수분해는 cellulase enzymes[96], 여러 효소의 혼합물, 즉 다시 말해서 endoglucanases(셀룰로오스 섬유에서 낮은 결정성의 영역을 공격한다, free chain ends를 창출한다); exoglucanase나 cellobiohydrolase(free chain ends로부터 cellobiose units를 제거함으로써 더 이상 분자를 분해시킨다); β-glucosidase(글루코오스를 생산하기 위해 cellobiose를 가수분해시킨다)[97], glucuronidase, acetylesterase, xylanase, β-xylosidase, galactomannanase, glucomannanase(반 셀룰로오스를 공격한다)[98], Bacteria(Clostridium, Cellulomonas, Bacillus, Thermomonospora, Ruminococcus, Bacteriodes, Erwinia, Acetovibrio, Microbispora, Streptomyces)[99], fungi(Sclerotium rolfsii, P. chrysosporium, species of Trichoderma, Aspergillus, Schizophyllum, Penicillium)[9, 98]는 cellulases를 생산할 수 있다. Neurospora, Monilia, Paecilomyces, Fusarium과 같은 적은 수의 몇몇 미생물종은 동시 당화(saccharification)와 발효에 의해서 셀룰로오스를 에탄올로 직접적으로 발효시킬 수 있는 능력을 보유한 것으로 보고되었다[100]. 셀룰라제 생산, 1단계에서 셀룰로오스 가수분해와 발효의 특징을 이루는 CBP(Consolidated bioprocessing)는 현저한 가능성을 갖는 대체방법이다[101].

셀룰로오스의 효소 가수분해에 영향을 미치는 인자의 기질, 셀룰라제 활동도, 반응조건을 포함한다[80]. 셀룰라제 활동도는 cellobiose에 의해서 억제되며 글루코오스에 의해서 더욱 적게 억제된다. 억제를 감소시키기 위해 개발된 여러 가지 방법에는 고농도의 효소의 사용, 가수분해와 SSF 혹은 한외여과에 의한 가수분해 동안 슈거의 제거, 그리고 가수분해 동안 β-glucosidases의 추가를 포함한다[102,103]. 효소생산과 활동도의 가능한 향상이 이루어진 새로운 셀룰라제 생산시스템을 창출하기 위해 그리고 생산비용을 감소시키기 위해 박테리아, 이스트, fungi, 식물에서 셀룰라제 코딩 순서를 닮게 하기 위해 유전공학기술이 사용되었다. Xylose 동화를 코드화하는 조작된 오페론과 pentose phosphate pathway 효소는 에탄올을 생산하기 위해 xylose의 효과적인 발효를 위한 박테리아 Zymomonas mobilis로 형질 변환되었다[104]. 에탄올로 pyruvate의 전환을 위한 Z. mobilis로부터의 유전자에 의한 E.Coli의 유전자 재조합의 종은 Dien 등[105]에 의해서 보고되었다. 섬유소계 바이오매스로부터 연료과 화학제품의 상업적인 생산에 대한 핵심적인 도전은 더 높은 처리비용이다[106,107]. 생물학적 전환은 더 높은 수율을 달성하기 위한 가능성을 가지며 현대적인 생명공학기술은 핵심처리 공정단계를 향상시킬 수 있기 때문에 생물학적 전환은 그러한 낮은 비용의 생산과정을 전개한다.

P.S. Nigam 등은 농업 폐기물과 잔류물의 이용에 관해서[4,9,108,109] 그리고 바이오에탄올을 생산하기 위하여 슈거산업 부산물의 생물학적 전환에 관해서 광범위하게 연구하였다. 사탕수수의 설탕 짜낸 찌꺼기, 사탕수수 당밀[57,76-78], 녹말[44]과 같은 일련의 잔류기질은 에탄올을 생산하기 위한 이들 기질에서 입수 가능한 탄수화물의 생물학적 전환을 위해 적당한 것으로 밝혀졌다. 다양한 내열성 그리고 호열성 미생물은 발효공정[108-114]을 최적화시키기 위해 사용되었으며 이들 미생물은 특히 여름에 따뜻한 국가에서 가동되는 대형 발효장치에서 온도유지 바용을 감소시키기 위하여 다른 기후조건에서 실제적으로 생존 가능할 수 있었다[76,113,114].

Huang 등[114]은 볏짚을 이용하는 발효공정에서 향상된 바이오에탄올을 생산에 관하여 연구하였다. 그 그룹은 산처리된 볏짚 가수분해 생성물을 포함하는 매질에 대한 그것의 적응을 통해서 향상된 억제제인 Pichia stipitis의 내성종을 성공적으로 개발하였다. 적용된 P. stipitis를 사용하는 무독화 단계 없이 NaOH-중화된 볏짚 가수분해 생성물의 발효에서 얻어진 에탄올 수율은 overliming-무독화된 볏짚 가수분해 생성물의 발효에서 얻어진 수율과 비교될 수 있었다. $0.45g_pg_s^{-1}$의 에탄올 수율은 pH 5.0에서 볏짚 가수분해 생성물에 의해 적용된 P. stipitis를 사용하여 달성될 수 있었다. 이 수율은 최대 가능한 에탄올 전환의 87%와 동등하다. 이 연구팀은 새롭게 적응된 P. stipitis는 황산화물과 furfural에 대한 현저하게 향상된 허용(내성)을 나타내었으며 두 가지 억제제가 NaOH 중화에 의해서 가수분해 생성물로부터 제거되지 못하였을 때 가수분해 생성물에서 효과적으로 자랄 수 있었다.

Huang 등[115]은 중화된 가수분해 생성물은 두 가지 억제제인 황산화물(3.0%)과 furfural($1.3g1^{-1}$)을 포함하였을 때 에탄올 전환은 60% 그리고 그 이상으로 유지될 수 있었다고 주장하였다.

Sukumaran 등[116]은 밀기울 그리고 목질계 섬유소 폐기물의 당화로부터의 바이오에탄올 생산에 관해서 보고하였다. Cellulase 효소의 비용은 농업 바이오매스의 효소에 의한 당화에서 주된 인자이다. 그것은 리그닌을 포함한다. 셀룰라제의 생산비용은 결국 에탄올 생산비용의 multifaceted approaches에 의해서 하락하게 된다. 한 가지 중요한 방법은 효소의 생합성을 위한 더 값싼 목질계 섬유소 기질의 사용이다. 두 번째 전략은 훨씬 더 값싼 비용으로 고체 상태나 고체 기질 발효와 같은 비용 효과적인 밀기울의 가수분해를 위한 cellulolytic 효소는 고체 상태 발효를 사용하여 생산되었다. Crude cellulolytic 효소는 fungi인 Trichoderma reesei 그리고 Aspergillus niger를 사용하여 생산되었다. 이들 fungi는 3가지의 다른 소재(사탕수수 설탕을 짜낸 찌꺼기, 볏짚 그리고 물 히아신스 바이오매스)의 비용 효과적인 당화를 위해 뒤이어 이후에 사용되었다. 그러한 효소에 의한 가수분해공정에서 발효가능 슈거의 높은 수율을 볏짚으로부터 $26.3g1^{-1}$ 그리고 사탕수수 설탕 짜낸 찌꺼기로부터 $17.79g1^{-1}$이 얻어졌다. 2.63% 발효가능 슈거로 구성된 볏짚의 효소에 의한 가수분해 생성물은 Saccharomyces cerevisiae에 의한 에탄올 생산을 위한 기질로서 사용되었다. 그 연구팀은 전처리된 볏짚 1g 당 0.093g까지의 에탄올의 수율을 보고하였다[116].

바이오에탄올 생산은 새로운 기술의 개발에 의해서 크게 향상되었지만 상업적인 규모로 이끌기 위하여 개발된 기술에서는 더 발전된 기술을 필요로 한다. 이들 기술이 더 발전하기 위해서는 유전공학적으로 디자인된 미생물의 안정된 성능을 유지해야 하고, 목질계 섬유소 바이오매스에 대한 더 효과적인 전처리 기술의 개발이 필요하다. 또한 경제적인 에탄올 생산시스템에 최적성분을 융합시켜야 하는 것은 필수사항인 것이다.

4.2 바이오부탄올

부탄올은 4개 탄소원자로 이루어진 알코올($C_4H_{10}O$)이다. 그것은 더 많은 수소와 탄소를 포함한다[117]. 따라서 가솔린 그리고 다른 탄화수소 제품과 더 쉽게 블렌딩되며, 에탄올보다도 더 많은 열에너지를 포함하여 이것은 도출 가능한 에너지에서 25%의 증가(Btu's)와 같다[118]. 부탄올은 갤런 당 110,000BTUs를 포함하게 되는데 이 값은 가솔린의 115,000BTUs에 더 가까우며, 그리고 0.33psi의 Reid 증기압력으로 취급하기에 더 안전하며 이 값은 4.5의 가솔린, 2.0psi의 에탄올과 비교될 때 유체의 기화율의 측정값이다[118,119]. 부탄올은 에탄올보다도 훨씬 더 부식적이며 현존하는 파이프라인을 통해서 공급되어 스테이션에 충전된다. 85% 부탄올/가솔린 블렌드는 변형시키지 않은 엔진에서 사용될 수 있으며[120] 부탄올은 가솔린이나 에탄올보다도 훨씬 덜 기화성이며 그것을 사용하기에 더 안전하게 만들었으며 더 적은 양의 VOCs의 배출을 발생시킨다[121]. 부탄올은 22%의 산소를 포함하며 에탄올보다도 더 청정하게 연소된다[122]. Ramey[118]은 또한 그것이 내연엔진에서 소비될 때 단지 CO_2만을 생성시켜서 그것을 더 환경 친화적인 바이오연료로 만든다.

부탄올의 4개의 이성질체는 다음과 같다. n-부탄올 $CH_3CH_2CH_2CH_2OH$(normal-butanol), 2-부탄올 $CH_3CH_2CHOHCH_3$(secondary-butanol), i-부탄올 $(CH_3)_2CH_2$ $CHOH$(iso-butanol), 그리고 tert-부탄올$(CH_3)_3COH$, 모두는 대략 같은 에너지를 포

함한다. 이들은 가솔린과의 블렌딩에서, 연소에서 본질적으로 동일하다. 그러나 제조 방법은 매우 다르다[117]. tert-부탄올은 석유화학 제품이며 알려진 생물학적 공정은 tert-부탄올을 생산할 수 있다. n-부탄올은 발효생산이다. 사실상 이것은 매우 오래된 산업제품이다. n-부탄올은 슈거 혹은 녹말의 발효에 의해서 제조되었다. 그것의 생산을 위한 공정은 매우 복잡하고 어렵다. 그것은 중합성 탄수화물을 단위체로의 분해를 촉진시키는 clostridia 효소인 Clostridium acetobutylicum의 종에 의해 탄수화물의 아세톤, 부탄올, 그리고 에탄올로의 혐기성 전환에 의해서 생산되었다(그림 4)[117,120,121,123]. 이 발효는 "아세톤-부탄올-에탄올 발효 혹은 ABE 발효(3:6:1의 비율로 된)"로서 알려진다[119]. n-부탄올은 유독하다. 발효액 1리터당 12g의 n-부탄올의 추적될 때 n-부탄올은 박테리아 세포가 더 많은 n-부탄올을 생산하는 것을 억제한다[117]. 발효시험의 완결에서 그들은 에탄올과 아세톤을 포함하는 최종 발효액에서 상대적으로 적은 생성물이다. 발효된 액으로부터 n-부탄올의 회수와 정제는 어렵고 비용이 많이 든다. 발효액 1리터당 약 20g에 도달하는 최종 n-부탄올 농도로서 이루어진 발전이 있었다. 최근에 DuPont, BP 등에서 iso-부탄올의 개발에 관심을 나타내었다. 가장 보편적인 와인 제조용 이스트 배양물은 소량의 iso-부탄올을 생산한다. 고품질의 음료제품을 제조하기 위해서는 iso-부탄올과 메탄올을 제거하기 위한 조심스러운 증류가 필요하다. iso-부탄올은 비록 n-부탄올보다도 더 약하다 할지라도 유독하다[117]. 2-부탄올은 발효에 의해서 직접적으로 제조되지 않는다. 그것은 글루코오스(녹말이나 셀룰로오스로부터), 혼합된 슈거(반 셀룰로오스)을 중간 생성물로 전환시킬 수 있는 박테리아 발효를 수반한다. 발효된 액에서 직접적으로 행해지는 추가적인 화학적 전환을 통해서 이 중간 생성물은 2-부탄올로 전환된다. 발효공정은 약 90-95%의 높은 전환율을 나타낸다. 이 중간 생성물은 유독하지 않으며 발효액에서 $110 g l^{-1}$처럼 높게 축적될 수 있다. 이 중간 생성물의 2-부탄올의 전환은 또한 약 95% 수율로 높은 전환율을 나타낸다. 원재료 약 3톤으로부터 2-부탄올-1톤을 생산할 수 있으며 이것은 다른 부탄올 이성질체에 대하여 행해질 수 있는 것보다도 훨씬 더 높다. 2-부탄올은 물의 그것보다도 더 낮은 끓는점을 갖는다. n-부탄올, iso-부탄올은 물보다도 더 높은 온도에서 끓는다. 발효 수용액으로부터 n-부탄올, iso-부탄올을 회수할 때 물을 제거하기 위해서 많은 양의 가열에너지를 소비하게 된다.

　과거 20년 동안 ABE 공정의 여러 측면에 R&D 노력이 초점을 맞추었다. 분자생물학 연구는 부탄올 독성에 대한 미생물의 내성을 극적으로 향상시켰던 종/돌연변이체 개발에서 주요한 주된 획기적인 약진을 이루었으며 그것은 ABE 용매 생산 수율에 있어서의 현저한 증가를 초래하였다[121].

바이오부탄올 생산은 그들의 (아세트산과 부티르산) 아세톤과 부탄올(solventogenic phase)로의 전환을 수반하는 acidogenic phase 동안 아세트 산과 부티르 산이 생산되는 biphasic fermentation이다. 발효의 끝에서 세포매스와 다른 서스펜션된 고체는 원심분리에 의해서 제거되고 가축사료로서 판매될 수 있다[123]. 여러 가지 최근의 방법에서 농업 폐기물은 기질로서 사용되었다[122,124-128]. Huang 등[129]은 수소와 부티르 산의 생산을 최대화시키기 위해서, 별도로 2단계에서 부티르산을 부탄올로 전환시키기 위해 C. tyrobutyricum, C. acetobutylicum의 연속적으로 고정시킨 배양물을 사용하는 실험적 공정에 관해서 보고하였다. 바이오부탄올 생산을 위한 대체발효와 생성물 회수기술의 사용에 관한 광범위한 연구가 실행되었다. 이러한 기술은 대체 생성물 회수기술(예를 들면, 흡착, 가스 스트립핑, 이온성 액체, 액체-액체 추출, pervaporation, 수용액 2가지 상의 분리, 초임계 추출 그리고 perstraction 등) 그리고 고정시킨 셀 리사이클 연속 bioreactors의 사용을 포함하였다[123].

Ezeji 등[127]은 미생물이 제거된 옥수수계 매질에서의 Clostridium beijerinckii BA101의 장기간의 연속적 배양은 종종 "retrogradation"이라 불리는 저장동안 젤라틴화된 미생물이 제거된 옥수수 녹말의 불안정성 때문에 불가능하였다는 사실을 밝혔다. 밀짚과 볏짚 그리고 옥수수 섬유와 같은 농업 잔류물은 경제적으로 입수 가능하고 이용할 수 있고, 동시에 이들 소재는 발효하는 동안 가수분해 생성물을 생산하기 위해 전처리와 효소에 의한 가수분해를 하게 되어야 한다. 이들 가수분해 생성물을 생산하기 위해 사용되는 공정은 세포성장과 발효를 억제하는 화학적 부산물의 발생을 종종 초래한다. 그러한 억제제는 염, furfural, hydroxymethyl furfural(HMF) acetic, ferulic, glucuronic, reoumaric acids, 페놀계 화합물을 포함한다[127]. 가수분해 생성물의 희석, overliming, 흡착제 수지/분자체(XAD-4)[Qureshi 등[124]]을 사용한 억제제의 제거, 억제제-내약(tolerant)/물질대사 시키는 종의 개발을 포함하는 배양에 미치는 가수분해 생성물의 억제효과를 감소시키기 위하여 이용 가능한 수많은 방법이 있다. Qureshi 등[122]은 C. beijerinckii P260에 의한 라임 처리된 묽은 황산 보릿짚 가수분해 생성물의 발효는 $26.6 \text{g} l^{-1}$의 수율과 $0.39 \text{g} l^{-1} \text{h}^{-1}$의 생산성의 ABE, 글루코오스 그리고 처리되지 않은 BSH의 생산을 초래하였다는 사실을 보고하였다. Qureshi 등[126]은 옥수수 줄기와 잎 가수분해 생성물에 존재하는 억제제는 가수분해 생성물의 overliming에 의해서 제거되었으며 C. beijerinckii P260은 억제제 제거 후 $26.27 \text{g} l^{-1}$ ABE를 생산할 수 있었다는 사실이 밝혀졌다. 억제제에 저항적인 부탄올을 높은 농도로 생산할 수 있는 배양은 최근 공정을 향상시키기 위한 다른 방법인 것으로 제안하였다. 다른 기질(옥수수 섬유, 밀짚)의 사용과 다른 전처리 기술의 비교에서 보면 억제제의 발생은 기질과 전처리 특성이라는 사실을 제안해 준다 [125].

바이오부탄올 batch 공정에서 반응기 생산성은 낮은 세포농도, 감소된 시간 그리고 생성물 억제를 포함하는 수많은 이유 때문에 $0.50 \mathrm{gl}^{-1}\mathrm{h}^{-1}$ 이하로 제한된다[130]. Batch 반응기에 $<4\mathrm{gl}^{-1}$의 세포농도는 정상적으로 이루어지며 고정화나 세포리사이클 기술에 의해서 증가된다. 한 연구에서 Huang 등[129]은 섬유질 지지체에 C. acetobutylicum의 세포는 고정시켰으며 ABE를 생산하기 위해 연속 반응기에서 이들을 사용하면서 $4.6\mathrm{gl}^{-1}\mathrm{h}^{-1}$ 생산성을 얻었다. 세포는 필터를 사용하고 생물학적 반응기(bioreactor)로 되돌려 보내지며 맑은 액체 세포 리사이클기술에서 제거된다. 이 방법을 사용할 때 $6.5\mathrm{gl}^{-1}\mathrm{h}^{-1}$(batch 발효에서의 $<0.5\mathrm{gl}^{-1}\mathrm{h}^{-1}$와 비교되는)까지의 반응기 생산성은 바이오부탄올 발효에서 달성되었다[130]. 가스 스트립핑은 ABE 발효 동안 부탄올 회수를 위해 적용될 수 있는 기술이다. ABE 발효는 CO_2와 H_2 가스의 발생과 관련된다. 동시발효 동안 가스 스트립핑에 의한 회수에서 부탄올을 회수하기 위한 발효가스의 이용은 ABE 회수공정을 더 간단하고 더 경제적인 것으로 만들 수 있다 [130-132]. ABE는 불용성(물에 대하여) 유기 추출물이며 이것은 액체-액체 ABE 회수공정에서 발효액과 혼합된다. 부탄올은 수용액상에서 보다도 유기 상에서 더 많이 용해된다. 그러므로 부탄올은 선택적으로 유기 상에서 농축된다[130]. 발효액과 추출제는 perstractive 분리에서 멤브레인에 의해서 분리된다. 멤브레인 접촉기는 두 가지의 분리된 혼합될 수 없는 상이 부탄올을 교환할 수 있는 표면적을 제공한다. 두 개의 상 사이의 직접적인 접촉이 없기 때문에 추출제 독성, 상의 분산, 에멀젼과 rag layer의 형성은 과감하게 감소되거나 제거된다[130].

Qureshi 등[133]은 C. beijerinckii P260에 의한 WS(Wheat straw)로부터 ABE를 생산하기 위한 다섯 가지 다른 공정에 관해서 연구하였다: 즉, 다시 말해서 전처리된 WS의 발효, 침전물의 제거 없이 분리물의 가수분해와 WS의 발효, 교반 없이 동시적인 WS의 가수분해와 발효, 추가적인 슈거보충에 의한 동시적인 가수분해와 발효, 가스 스트립핑에 의한 교반으로 동시적인 가수분해와 발효, 얻어진 결과에 기초하여 그들은 WS의 슈거로의 동시 가수분해와 부탄올/ABE로의 발효는 더 값비싼 글루코오스의 ABE로의 발효와 비교하였을 때 매력적인 옵션이다.

비용이슈, 상대적으로 낮은 수율과 완만한 발효, 뿐만 아니라 최종 생성물 억제와 세포감염에 의해서 초래되는 문제점은 공정 효율성을 감소시키지만 연속발효 기술에 의해 부탄올은 더 높은 수율, 농도 그리고 생산율로서 생산될 수 있다. U.C의 James Liao는 케토산을 알데히드로 전환시키고 알데히드를 1-부탄올로 전환시키는 2개의 효소에 대한 유전자 코팅을 갖는 E. coli 종을 개발하였다. 더 이상 처리하였을 때 미생물은 산업적 생산을 위해 적절하게 훨씬 더 높은 효율로 부탄올을 생산할 수 있었다. 농업 잔류물로부터 2, 3-부탄디올(잠재적인 바이오연료)의 생산에 관한 연구도 실행되고 있다(예를 들면, Klebsiella pneumoniae를 사용한 발효를 수반하는 Trichoderma harzianum에 의한 반셀룰로오스 분율의 가수분해)[120]. 1% 이하의 부탄올에서 견디어 내는 미생물의 제한은 공정을 비효율적으로 만들었다. 추출은 발효액으로부터 부탄올을 분리시키는 유일한 경제적인 수단이다. DMIM TCB(l-decyl-3-methylimidazolium tetracyano borate)는 부탄올에 대한 훌륭한 용량을 가지며 물에 비해서 부탄올의 충분히 높은 선택성을 제공하기에 충분히 극성이다. 다른 음이온으로 만들어진 이온성 액체는 부탄올은 대한 TCB의 용량과 경쟁할 수 없다. MIM TCB는 비휘발성 이온성 액체이기 때문에 증류에 의한 부탄올의 회수는 높은 순도의 생성물을 초래한다[134].

부탄올은 주로 용매로서 사용되지만 전문가들은 부탄올은 가솔린을 대신하여 전통적인 자동차에서 잠재적으로 사용될 수 있었다고 믿고 있다. 오늘날 부탄올의 회수와 정제는 총 생산비용의 약 40%를 차지하며 OSU의 엔지니어들은 자동차에서 가솔린을 대신하기 위한 바이오연료 부탄올-다른 유망한 바이오연료의 이중생산을 위한 방법을 발견하였다[135]. OSU의 연구원들은 그들의 공정은 박테리아 발효 탱크에서 부탄올을 양조시키기 위한 전통적인 방법을 향상시킨 것이라고 말한다. 일반적으로 박테리아는 시스템이 매우 유독하여 박테리아가 살아남을 수 없기 전에 발효용기에서 물 1리터에 대해서 15g까지 일정양의 부탄올을 생산할 수 있다. 이 연구그룹은 폴리에스터 섬유의 번들을 포함하는 바이오반응기에서 C. beijerinckii의 돌연변이종을 개발하였는데 여기서 돌연변이 박테리아는 1리터당 30g까지의 부탄올을 생산하였다. 이 공정에서 부탄올은 더 높은 농도로 생산되기 때문에 회수 및 정제와 관련된 비용은 바이오연료 생산을 더 경제적으로 만들기 위해 감소될 수 있다.

부탄올이나 2, 3-부탄디올(2, 3-BD)의 합성은 Celinska, Grazek[136]에 의해서 최근 2009년에 보고된 바와 같이 바이오공정에서 바이오매스의 생물학적 전환으로부터 이루어질 수 있다. 농업 폐기물과 과량의 바이오매스로부터 2, 3-BD의 생명 공학적 생산은 전통적인 화학적 합성에서의 그것의 생산에 대한 매력적이고 유망한 대체방법이다[136]. 2, 3-BD은 여러 가지 실제적인 응용분야를 갖기 때문에 (예를 들면, 합성고무의 생산, 가소제, 훈증제, 부동액, 연료첨가제, 옥탄가 향상제, 기타) 화석연료의 공급부족에 직면하여 바이오계 공정은 매우 중요하다.

2, 3-BD 경로가 잘 알려져 있다 할지라도 바이오매스를 2, 3-BD로 변형시킬 수

있는 미생물은 특징지워졌다. 이 화합물의 파일럿 규모의 생산 시도는 이루어졌지만 공정과정은 수익성의 차원에서 본다면 적합하지 않았다. 와일드 타입과 유전적으로 향상된 종들은 2, 3-BD의 생물 공학적 생산에 사용되었다. 이들 종들은 사용되는 바이오매스의 다른 공급원의 변환을 위해 적용된 다른 가동조건 하에서 2, 3-BD를 생산할 수 있다[136]. 부탄올 전환에 앞선 섬유소계 원재료의 가수분해는 잠재적으로 크게 증가된 수율을 제공한다. 2007년에 USDA에 의해서 발표된 한 연구에서 C. beijerinckii P260에 의해 그들의 부탄올로의 전환에 앞서 밀집을 목질계 섬유소 성분 슈거(글루코오스, 자일로스, 아라비노스, 갈락토스 그리고 만노스)로 가수분해 시켰다. 밀짚 가수분해 생성물의 부탄올로의 생산율은 글루코오스로부터의 그것에 비해서 214%이었다[137]. 다른 연구 프로젝트에서 2, 3-부탄디올의 생산은 K. pneumoniae를 사용한 발효를 수반하는 fungi의 일종인 T. harzianum에 의한 반 셀룰로오스가 풍부한 분율의 가수분해를 통해서 농업 잔류물로부터 이루어졌다[138].

바이오부탄올의 작용은 직접적으로도 사용이 될 수도 있고 바이오부탄올과 에탄올의 공동상승작용을 통해서 간접적으로 가솔린의 대체연료로서 그 사용이 촉진될 수 있다. 바이오부탄올은 바이오연료 시장을 확대시키며 관련된 농업기질에 대한 시장에 직접적으로 영향을 미치게 되어서 농촌경제를 향상시키게 된다. 지속가능 자동차 연료로서 부탄올에 대한 다시 새로운 관심은 DuPont과 BP에 의한 향상된 바이오부탄올 생산 공정의 개발을 초래하였다. 그들은 차세대 바이오연료를 개발하고 생산하며, 그들의 공동 노력의 첫 번째 제품인 바이오부탄올을 만들고 있으며 시장의 반응을 살펴보기 위한 마케팅을 하고 있다. 바이오부탄올은 낮은 증기압 때문에 전통적인 가솔린에 쉽게 첨가될 수 있다. 이 연구는 부탄올의 요구되는 연료특성 때문에 출발하였다. 부탄올의 에너지 함유량은 에탄올보다도 가솔린에 더 가깝기 때문에 소비자들에게 연비(fuel economy)의 효율을 떨어뜨리지 않게 할 수 있다. 연료 블렌드에서 바이오연료의 양이 증가할 때 이것은 특히 중요하게 된다. 또한 부탄올은 표준 자동차 엔진에서 사용하기 위해 바이오에탄올보다도 더 높은 농도로 블렌딩될 수 있다. 최근에 바이오부탄올은 유럽(EU) 가솔린에서는 10%(v/v)까지, 미국(US) 가솔린에서는 11.5%(v/v)까지 블렌딩될 수 있다. 부탄올은 에탄올/가솔린 블렌드보다도 물의 존재 하에서 분리에 대해 영향을 덜 받는 것으로 보고되었으며, 유통구조는 블렌딩 설비, 저장탱크나 리테일 스테이션 펌프에서 변형 없이 사용될 수 있다. 2006년 6월에 DuPont과 BP는 목질계 섬유소 공급 원료를 사용하는 새로운 바이오부탄올 생산기술을 개발하기 위한 파트너십을 형성하였다. 2009년 9월에 BP와 Mazda는 Ethanol-Biobutanol 블렌드를 Petit Le Man Race, US에서 사용하였다고 발표하였다 [138].

바이오부탄올은 바이오에탄올과 같은 농업 공급 원료로부터 생산되기 때문에 지구 온난화를 방지하기 위한 좋은 대상이다. 이것은 핵심적인 농업잔류 제품에 대한 다른 마케팅 기회를 제공하기 때문에 농촌경제를 향상시킨다.

4.3 바이오디젤

많은 연구원들이 디젤연료로서 채종유를 사용함으로서 유리한 점에 관해서 매우 광범위하게 고찰하였다[139]. 그러한 성질을 수송을 위한 액체성질, 열량, 신 재생 에너지로서 쉽게 입수 가능한 사항을 포함한다. 물론 더 높은 점도, 더 낮은 휘발성, 불포화된 탄화수소 사슬의 반응성과 같은 몇 가지 불리한 점이 있기도 하다.

Shahid와 Jamal[140]는 해바라기유, 면실유, 유채유, 대두유, 팜유 그리고 땅콩유를 포함하는 일련의 채종유 자원과 바이오디젤을 생산하기 위한 유용함에 관하여 고찰하였다. 이들은 80:20 비율(B20)로 된 석유계 디젤연료와 바이오디젤의 혼합물을 사용함은 가장 성공적이었다고 주장하였다. 대부분의 채종유는 바이오디젤의 제조에서 유망한 가능성을 나타내기는 했지만 그들 모두에 의한 엔진가동에 따른 문제점이 발생하였다. 유채유는 바이오디젤 연료로서 훌륭한 가능성을 나타내었다 할지라도 장기간의 걸쳐 경제적 실행 가능성에 관해서는 의심스러운 경향이 있다. 대부분의 유럽의 바이오디젤 생산은 유채유를 사용한다[29].

채종유는 더 높은 점도, 더 낮은 휘발성 그리고 오일 내에서의 불포화 탄화수소 사슬의 반응성 때문에 엔진에서 에너지 공급원으로서 직접적으로 사용될 수 없다[28,141]. 채종유의 직접적인 사용은 높은 점도, FFAs 함유랑, 탄소 퇴적물의 문제 때문에 이것을 사용하는 것은 상당히 제한될 수 밖에 없기 때문에 만족스럽지 못한 것으로 생각되었다[139]. 오일의 점도를 감소시키기 위한 다양한 기술과 여러 가지 방법이 고안되었다. 이러한 방법에는 마이크로에멀젼, 열분해, 촉매 분해 그리고 트랜스에스터화[29,139,142]가 포함된다.

마이크로에멀젼은 메탄올이나 에탄올과 같은 간단한 직쇄 알코올과 채종유의 혼합이다[28]. 그것은 농도를 감소시키고 바이오디젤의 스프레이 패턴을 증가시킨다. 그로 인해서 그것을 자동차 엔진에서 사용하기 위해 적합한 유용한 방법을 구사한다. Ma, Hanna의 조사연구결과는 마이크로에멀젼 바이오디젤의 사용은 실험실적 테스트에서 성공적이었지만 엔진에서의 내구성테스트는 이루어지지 않았다는 사실이었다.

제조업체들이 개발하기 위해 노력하였던 다른 방법들은 열분해와 촉매분해이다.

열분해는 채종유로부터 가열하거나 촉매를 사용하여 바이오디젤로의 전환하는 것이다. 그것은 매우 선택적이며 넓은 범위의 화합물이 얻어졌다. 트리글리세라이드(TG) 공급원 , 사용된 열분해 방법에 의존하여 알칸, 알켄, 방향족 화합물, 에스터, CO_2, CO, 물, H_2가 생산된다. 기질분자로부터 산소의 제거는 열분해 생산방법의 또 다른 부가적인 기능이다. 열분해에 의해서 얻어진 연료는 산소함유량에 의해서 화석연료보다도 덜 환경 친화적이며 또한 열분해 과정동안 생성된 고체 잔류물과 탄소는 추가적인 분리단계를 요구한다[143]. Demirbas에 의한 연구에서 채종유의 열분해로부터 유도된 액체는 디젤연료와 비슷한 성질을 갖는다. 열분해와 촉매전환 방법을 사용하여 팜유와 코프라유를 사용한 여러 연구가 실행되었다. 생성물은 가솔린, 등유, 디젤연료, 물로 구성되었다[28]. 촉매분해는 매우 다양한 촉매를 사용하여 TG 분해에 의해서 발생된 생성물의 타입을 조절하기 위한 노력에서 사용되어졌다[144,145]. 그리고 가솔린 유사연료는 디젤 유사연료보다도 더 많이 형성된다[146].

4가지 기술 중에서 트랜스에스터화는 가장 유망한 방법이다. 촉매의 존재 하에서 알코올에 의한 오일의 트랜스에스터화는 바이오디젤과 글리세롤을 생산하였다. 반응은 3개의 연속적인 가역반응의 연속이다[147]. 이 과정에서 트리글리세라이드는 단계적으로 디글리세라이드, 모노글리세라이드 그리고 최종적으로 글리세롤로 전환되며 여기서 1몰의 알킬에스터가 각 단계에서 형성된다[143].

바이오디젤은 디젤연료를 대체하기 위해서 사용되며 채종유와 폐 지방의 트랜스에스터화에 의해서 생산된다. 바이오디젤은 채종유와 동물 지방으로부터 유도된 "지방산의 모노알킬에스터"로서 정의될 수 있다. 채종유를 바이오디젤로 전환시키기 위해 적당한 것으로 만드는 것은 채종유/동물 지방 성분의 석유계 디젤과의 사이에 있어서의 유사점이다[28,29,139]. 채종유/동물 지방은 자연적으로 물에 불용성이며 소수성 물질이다. 그들의 일반적인 메이컵은 3개의 지방산에 대한 1개의 글리세롤로서 구성된다. 그래서 이들은 종종 트리글리세라이드(TAG)라 불리워진다[139]. 지방의 특성은 글리세린에 부착된 지방산의 성질에 의해서 영향을 받는다. 지방산의 성질은 바이오디젤의 특성에 영향을 미칠 수 있다. 350개를 초과한 오일을 함유하는 작물은 단지 소수만이 바이오디젤로 전환하기 위해 실행 가능한 것으로 생각된다. 이들 작물에 관해서는 Demirbas에 의해서 최근에 발표되었다[28].

바이오디젤 생산에 있어서의 대부분의 연구는[139] 팜유, 대두유, 해바라기유, 코코넛 오일, 유채유 그리고 동유에 집중되었다. 최근의 보고서는 한 연구그룹은 동물 지방의 바이오디젤로의 전환에 관해서 보고하였다. 다른 그룹은 두 가지 타입의 지방 사이에서의 자연적인 차이 때문에 채종유의 지방을 전환하기 위한 몇 가지 방법은 동물 지방에 적용될 수 없기 때문에 동물성 지방의 사용은 제한된다[139].

사용된 폐 채종유 지방은 바이오디젤 생산을 위해 리사이클 될 수 있지만 오일의 품질은 생산되는 바이오디젤의 품질에 악영향을 미치게 된다[148]. 비 식용유는 바이오디젤 형성을 위해 트랜스에스터화 공정에 의해 처리되었다. 이 생산 공정의 여러 단계에 영향을 미치는 어떤 일정한 인자는 경제적이고 실제적인 공정에 대해서 최적화되었다[150]. 이것은 오일의 그것의 대응되는 지방산 에스터로의 화학적 전환으로 구성되었다. 본질적으로 특히 트리글리세라이드는 지방산의 알킬에스터(바이오디젤에 대한 화학적 이름) 그리고 글리세롤을 생산하기 위해 알코올과 반응시키기 쉽다. 사용되는 알코올에 의존하여 다른 타입의 화학적 조성을 갖는 바이오디젤이 형성되며 만약 메탄올을 사용한다면 메틸 에스터이 형성되며 만약 에탄올을 사용한다면 에틸 에스터가 형성된다[29]. 반응에서 알코올은 글리세롤로 바뀌며 이것은 부산물로서 생성될 수 있으며 화장품과 같은 다른 사용 분야(주로 비누)를 위해 사용될 수 있다.

촉매의 선택은 오일 속에 존재하는 FFAs의 양에 의존한다[143]. 일반적으로 촉매는 염기, 산 혹은 효소이다. 더 낮은 양의 FFAs를 갖는 트리글리세라이드 공급 원료에 대해서 염기촉매에 의한 반응은 상대적으로 짧은 시간에 더 좋은 전환을 주는 반면 더 높은 FFAs를 포함하는 공급 원료에 대해서는 트랜스에스터화를 수반하는 산촉매에 의한 에스터화가 적당하다[151]. 화학 양론적 반응은 1몰의 트리글리세라이드와 3몰의 알코올을 필요로 한다. 그러나 알킬 에스터의 수율을 증가시키기 위하여 가역 반응을 정반응 쪽으로 유도하기 위하여 그리고 글리세롤로부터의 상분리를 용이하게 하기 위하여 과량의 알코올이 사용된다[151].

트랜스에스터화 공정은 알칼리 · 금속 · 알콕사이드와 하이드록사이드(MOR, MOH)뿐만 아니라 나트륨 혹은 칼륨의 탄산염에 의해서 촉매 작용된다[143]. 알칼리 촉매에 의한 트랜스에스터화 방법이 일반적으로 선호되며 이것은 수산화나트륨 혹은 수산화칼륨과 같은 균일계 촉매의 사용을 포함한다. 다른 타입의 오일로부터 가장 높은 수율을 얻기 위하여 촉매와 알코올의 다른 수준이 사용되어졌다[142]. Meher 등[152]은 Karanja oil(Pongamia pinata oil)로부터 83% 수율을 얻기 위하여 필요한 최적농도는 1% KOH 농도였다는 사실을 밝혔다. Karmee와 Chadha[153]는 0.5% NaOH를 사용하여 정제된 Karanja oil로부터 99% 수율을 얻었다. 알칼리 촉매는 고 품질을 갖는 채종유를 사용할 때 보편적으로 높은 성능을 나타낸다[143]. 그러나 오일이 현저한 양의 FFAs를 포함할 때 그들은 바이오디젤로 전환될 수 없지만 많은 양의 비누로 전환된다[154]. 이들 FFAs는 바이오디젤, 글리세린 그리고 세척수의 분리를 방해하는 비누를 생산하기 위해 알칼리 촉매와 반응한다[155]. 알칼리 금속 알콕사이드는 비록 이들이 낮은 몰농도로 적용된다 할지라도 이들은 짧은 반응시간에서 매우 높은 수율을 주기 때문에 가장 활성적인 촉매이다. 알칼리 금속 수산화물(KOH와 NaOH)은 금속 알콕사이드보다도 더 값싸지만 덜 활성적이다[143]. 산업공정은 보편적으로 염기촉매를 선호하게 되는데 그것은 이들이 산성 화합물보다도 덜 부식적이기 때문이다. 염기촉매에 비해서 산 촉매의 하나의 유리한 점은 출발 공급 원료에서의 FFAs의 존재에 대한 이들의 낮은 민감성이다. 그러나 산촉매에 의한 트랜스에스터화는 특히 물농도에 민감하다. 산촉매 조건 하에서 작은 에스터의 트랜스에스터화는 극성 화합물의 존재에 의해서 지연될 수 있다[143].

초임계 알코올은 일반 알코올을 대신하여 사용하였을 때(그리고 촉매를 사용하지 않음) Sharma 등[142]에 의해서 거의 완전한 전환이 이루어졌다. 비록 거의 완전한 전환이 촉매 없이 달성될 수 있다 할지라도 더 높은 온도와 압력조건은 반응이 완료 상태에 도달하기 위해서 요구된다. 더구나 Rathore와 Madras[156]는 200~400℃의 온도와 200bar의 압력에서 어떠한 촉매 없이 초임계 메탄올과 에탄올을 사용하여 팜유와 땅콩유로부터 바이오디젤을 합성하였다. 그들의 분석결과에서 그들은 수율은 온도 그리고 알코올/오일 몰비율에 의해서 영향을 받을 수 있었다는 사실을 밝혔다. Sharma 등[142]은 비슷한 개념은 고찰하였지만 이들은 생산동안 교반효과에 관해서 상세히 설명하고 언급하였다. Meher 등[152]은 분당 180, 360 그리고 600 회전에서 반응 혼합물의 혼합에 의해 에스터화 실험을 실행하였다. 180rpm에 의해서 불완전한 반응이 기록되었던 반면 360rpm과 600rpm에 의해서 얻어진 수율은 같았다. Sharma 등[142]은 기계적 교반장치를(1100rpm) 사용함은 바이오디젤 수율을 89.5%로 증가시켰다는 사실을 밝혔다.

반응기의 가동과 디자인은 촉매 바이오 신 재생 공정에서 중요한 이슈 중에 하나이다. 반응기는 연속 교반 탱크 반응기나 플러그 플로우 반응기일 수 있는 batch 타입과 연속(공정)타입으로 특징지워진다[157]. Batch 공정은 공급 원료의 조성에 대한 높은 유연성을 나타낸다[158]. 트랜스에스터화는 산 혹은 염기 촉매를 사용하여 실행된다[159,160]. 그럼에도 불구하고 장치생산성은 낮으며 가동비용은 높다[161]. 또한 액체 촉매의 사용은 가혹한 경제적인 그리고 환경적인 불리한 조건을 나타낸다[162]. 연속 공정은 에스터화 단계와 트랜스에스터화 단계를 결합하게 되며 더 높은 생산성을 나타내게 된다[158]. 그러나 이들 공정의 대부분은 비록 고체촉매가 과거 10년 동안 [164-168] 출현하였다 할지라도 균일계 촉매를 사용하는 불리한 점에 의해서 그 공정과정이 불리한 점을 나타내게 되었다. ESTERFIR-HTM으로서 알려진 혁신적인 공정은 IFP에 의해서 메탄올에 의한 트랜스에스터화를 위해서 개발되었다.

공정은 산화아연(ZnO)과 Al_2O_3에 기초한 불균일계 촉매를 사용한다. 이것은 상용 플랜트에 최근 적용되고 있다[171]. 그러나 그것은 상대적으로 높은 온도(210-250℃)와 높은 압력(30-50bar)을 필요로 한다.

트랜스에스터화 반응은 3가지 메커니즘에 의해서 조절된다: 질량이전, 반응속도제어 그리고 평형. 질량이전은 만약 두 가지 반응물(즉, 메탄올과 트리글리세라이드)의 혼합성이 좋지 않다면 느리게 된다. 질량이전의 완료에서의 뒤 이은 과정은 반응속도 제어에 의해서 조절된다. 반응의 반응속도제어와 질량이전은 반응온도를 증가시키고 강한 혼합에 의해서 향상될 수 있다[172,173]. 전체적인 반응속도는 트리글리세라이드의 디글리세라이드, 모노글리세라이드, 그리고 알코올 에스터로의 전환을 위한 개개 반응속도상수에 의존한다. 반면 강한 혼합은 반응물 사이의 충돌률을 증가시키기 위해서 그리고 반응 혼합물을 균일화시키기 위해서 사용될 수 있다[143]. 강한 혼합은 트리글리세라이드 상에 알코올을 미세방울로 분산시킴으로써 질량이전속도를 증가시킨다. 그것에 의해서 두 개의 혼합될 수 없는 반응물 사이에서의 접촉표면적을 증가시키게 된다[174]. 한 연구에서 Vicente 등[172]은 메틸에스터의 형성은 임펠러 회전속도가 300으로부터 600rpm까지로 증가되었을 때 증가하였음을 밝혔다. 공통용매(예, THF)는 균일한 상을 창출하기 위해 또한 대체방법으로서 사용될 수 있다. 공통용매는 트리글리세라이드 상에서의 알코올의 용해도를 향상시켰으며 두 개의 상의 혼합이 점점 더 좋아질수록 점점 더 많은 반응이 일어나게 된다[143]. 진공증류 단계는 글리세린 정제에 앞선 메탄올 리사이클을 위해 사용된다. 정제시키지 않은 생성된 글리세린에서의 남게 되는 염기촉매는 인산과 같은 저렴한 무기산으로서 보편적으로 중화된다. 중화 후 3개의 구별되는 상이 형성된다: FFAs를 포함하는 저밀도(top)층, 글리세린, 물 그리고 알코올로 구성된 고밀도 액체층(botton), 그리고 염 침전물로 만들어진 세 번째 층. 이들 3가지 상은 폐기물로서 처리되는 비 글리세린층으로 분리된다. 글리세린은 물과 알코올을 제거하기 위해서 증류로서 정제된다[143].

가수분해와 에스터화 공정은 글리세라이드는 두 번째 단계에서 지방산 에스터로 에스터화되는 지방산으로 첫 번째 단계에서 가수 분해되기 때문에 더 간단한 공정이다[175,176]. 그러한 공정은 명료한 유리한 점 때문에 매우 매력적이며 시장 점유율을 갖게 된다. 바이오디젤연료의 맞춤 성질은 에스터화를 사용하여 가능하다[177]. 또한 에스터화단계는 통합된 반응성 있는 분리장치에서 고체 산촉매를[166-168] 사용하여 실행될 수 있다[159,167,178,179]. 불균일계 촉매의 사용은 중화와 세척단계를 피하며 더 간단하고 더 효과적인 공정을 초래한다.

균일촉매 공정과 비교할 때 고체 촉매에 의한 트랜스에스터화는 고체 촉매 공정이 질량이전이 매우 제한되는 혼합될 수 없는 액체/액체/고체 구상시스템이기 때문에 더 극한 반응조건을 견딜 수 있다[180]. 들리는 바에 의하면 France Sete에 소재한 Diester Industrie(Paris)의 FAME(지방산 메틸에스터) 플랜트에서 불균일 촉매를 사용하고 있다는 것이다.

Esterfip-H 공정은 식물유의 에스터화에 의해서 FAME을 생산한다. 메틸에스터의 순도는 99%를 상회하며 균일계 공정으로부터 약 80%와 비교하였을 때 98% 이상의 순도를 갖는 글리세롤을 생산하였다. 전체적인 생산 경제성은 부산물의 이용을 통해서 향상된다[143]. Choudary 등[181]은 여러 Mg-Al 비율을 갖는 열적으로 활성화된 Mg-Al hydrotalcites는 메탄올에 의한 트리부티린의 트랜스에스터화를 위한 증가하는 촉매활성도를 갖는 효과적인 촉매였다. 수소화-열분해 공정에서 트리글리세라이드는 수소화에 의해서 그리고 그에 뒤이어 수반되는 열분해에 의해서 연료로 전환된다. 핵심적인 차이는 연료 생성물이 전통적인 지방산 에스터를 대신한 긴 사슬의 탄화수소의 혼합물이다. 공정은 NExBTL(biomass to liquid)로 알려져 있으며 Finnish company인 Neste Oy에 의해서 발명되어졌다. 이 공정은 뚜렷한 유리한 점을 가지며 이 공정은 더 복잡한 장치를 필요로 하며 그리고 낮은 비용의 수소공급원의 이용을 수반한다[158].

효소공정은 반응이 대기압과 50-55℃의 온도, 즉 온화한 조건에서 이루어지지 때문에 낮은 에너지 요구량을 갖는다. 그러나 더 낮은 수율과 긴 반응시간 때문에 효소공정은 산업적 규모로 다른 공정과 경쟁할 수 없다[12,161,182]. 바이오디젤 생산을 위한 리파제를 사용한 효소에 의한 methanolysis(메탄올 첨가 분해반응)의 주된 목적은 복잡한 처리장치[183]를 요구하는 부산물의 회수와 처리를 포함하는 이슈를 극복하기 위함이여 주된 결점은 촉매로서 리파제의 높은 비용이다[59]. 비용을 감소시키기 위하여 효소 고정화는 회수재사용의 용이성을 위해 도입된다[59, 184]. 바이오디젤에서의 글리세롤의 낮은 용해도는 그것이 효소활성을 감소시키기 때문에 효소에 의한 트랜스에스터화에서의 도전의 대상이 된다[184]. 이 문제는 메탄올을 용해시키기 위하여 간단히 공통용매로서 1.4-dioxane을 사용함으로써 극복될 수 있다. 바이오디젤 생산을 위한 대체 기술은 초임계 조건 하에서 메탄올에 의한 비 촉매적 트랜스에스터화이다[185]. 초임계 공정은 트랜스에스터화의 반응속도를 방해하는 오일과 알코올의 혼화성의 문제점을 해결하기 위해서 그리고 촉매를 사용하지 않기 위해서 개발되었다. 그러나 가동조건은 가혹하며 (T>240℃, p>80 bar) 그러므로 특별한 장치를 필요로 한다[186, 187]. 촉매를 사용하는 화학적 반응과 비교할 때 초임계 방법은 촉매가 반응에서 필요하지 않으며 메탈 에스터로부터 촉매와 비누화된 생성물의 분리공정이 불필요하기 때문에 생산 후 공정을 훨씬 더 간단하게 만드는 몇 가지 유리한 점을 제공해 준다. 생산 후 공정으로부터 초래되는 산 혹은 알칼리를 포함하는 폐수를 또한 피할 수 있다. 초임계 반응은 더 높은 전환율에서 전통적인 촉매 트랜스에스터화 반응보다도 더 짧은 반응시간이 소요되며[185] 산도 혹은 수분함유량은 초임계 방법에서의 반응에 영향을 미치지 않는다[188]. 이것은 또한 다양한 자원이 공급원료 소재로서 사용될 수 있도록 한다. 초임계 방법의 불리한 점은 바이오디젤 생산을 높은 생산비용의 생산으로 만드는 고온과 고압[189], 높은 메탄올/오일 비율(30:1)의 요구사항이다. 표 2는 바이오디젤의 생산을 위해 사용되는 여러 기술들을 요약해 놓은 것이다.

[Table 2] Summary of various biodiesel technologies(Adopted from Helwani et al[143])

Variable	Base catalyst	Acid Catalyst	Lipase catalyst	Supercritical alcohol	Heterogeneous catalyst
Reaction temperature(℃)	60~70	55~80	30~40	239~385	180~220
Free fatty acid in raw material	Saponified products	Esters	Methyl esters	Esters	Not sensitive
Water in raw materials	Interfere with reaction	Inteerfere with reaction	No influence		Not sensitive
Yields of methyl ester	Normal	Normal	Higher	Good	Normal
Recovery of glycerol	Difficult	Difficult	Easy		Easy
Purification of methyl esters	Repeated washing	Repeated washing	None		Easy
Production cost of catalyst	Cheap	Cheap	Relatively expensive	Medium	Potentially cheaper

전환과 선택성을 결정하는 핵심 반응기 변수에는 온도, 압력, 반응시간 그리고 혼합강도가 포함된다. 이상적인 바이오디젤 생산 공정은 촉매를 비 활성화 시키지 않거나 혹은 소비하지 않는 그리고 다수의 여러 가지의 다운스트림의 분리와 정제단계에 대한 필요성을 최소화시키거나 제거시키는 연속공정 반응을 수반한다[143]. 그래서 알코올의 선택, FFA 함유량, 촉매와 반응조건은 트랜스에스터화의 전체공정 그리고 바이오디젤의 수율에 영향을 미친다.

05 "식품 vs. 연료"에 관한 논쟁

만약 바이오연료가 생물 다양성 그리고 "식품 vs. 연료"-논쟁에 의한 지속 가능한 방법으로 생산된다면 단지 유익하게 될 것이다. Groom 등[190]에 의한 하나의 특별한 리뷰는 단지 오로지 자원이 풍부한 그리고 환경 친화적인 방법으로 오일작물의 생산을 관리하는 것에만 집중적으로 고찰하였다. 그들은 생물다양성으로 바이오연료 작물을 재배하고 Karanja, Jatropha 그리고 Switchgrass와 같은 지속가능하며 낮은 환경적 영향의 공급 원료의 장려, 필수적이고 토착의 식품작물의 지속 그리고 저탄소 바이오연료 작물의 장려에 관해서 권고하고 있다. Fargione 등[191]과 Demirbas[28]는 또한 "식품 vs. 연료"에 관한 논쟁이 발생한다. Escobar 등[2]은 세계에서의 농경지는 제한되므로 바이오연료의 생산을 위해 사용될 수 있었던 농지의 분율을 규정짓는 것이 필요하다는 사실을 제안하였다.

씨리얼은 직접적인 인간의 소비 혹은 간접적으로 가축사료를 위해 세계에서 자양물의 가장 중요한 공급원이다[192]. 그러므로 씨리얼의 입수가능성, 이용도 그리고 가격에 있어서의 변화는 세계의 식품공급에 대해서 결정적이고 중요하다. 바이오연료 생산을 위해 인간에 의해서 소비될 수 있었던 곡물 그리고 농경지의 사용은 이미 세계의 몇몇 지역에서 경고신호를 보내고 있다[2].

세계 인구의 지속적 증가와 증가하는 자동차 수에 따라서 대체방안을 찾아야 한다는 사실은 분명하다. 이에 대한 해답으로 Sharma 등[142]과 Groom 등[190]에 의한 보고서에서는 Karanja, Jatropha, Switchgrass, prairie grasses에 관해서 특별한 언급을 하였으며 이들 오일을 생산하는 작물은 폐 농경지에서 재배될 수 있으며 낮은 비료성분과 재배를 위한 낮은 투입을 필요로 하며 재배를 위해 폐수를 사용할 수 있다. 특히 Jatropha는 연중 끊이지 않는 다년생의 작물이며 이것은 한 번 식재되면 30년 이상에 걸쳐서 오일을 생성시킬 수 있음을 의미한다.

최근의 기술 발전은 식물의 줄기와 잎과 같은 비식용 바이오매스로부터의 섬유질계 바이오연료라 불리는 바이오연료를 생산하는 것을 가능케 한다. 특정 목적의 에너지 작물에 발전된 식물 육종과 바이오기술을 적용함으로써 방대한 양의 화석연료를 대체하고 더 큰 에너지 수급안정을 제공하며 그리고 농촌의 새로운 경제부흥 기회를 창출하는 지속 가능한 에너지 대안을 도출할 수 있다. 에너지 작물은 최근의 가솔린 수요의 75%를 충족시킬 수 있었다.

Switchgrass, giant miscanthus, sorghum 그리고 다른 여러 가지 에너지 작물종과 같은 높은 수율의 에너지 작물은 섬유소계 에탄올 생산[4,5,9]과 추가적인 바이오매스 전환공정에 대한 공급 원료로서 생산될 수 있다.

에너지 작물로서 생각되는 Switchgrass(Panicum virgatum) 많은 다른 다년생 풀과 전통적인 작물과 비교되는 넓은 범위의 환경 조경에 잘 견딘다. 이것은 적합하거나 적합하지 못한 재배조건 하에서 많은 양의 바이오매스를 생산한다. 특정목적의 바이오에너지 공급원료 작물로서 Switchgrass의 유전적 품질향상은 공급되는 공급원료 비용을 감소시키기 위해 필요하다.

미국 에너지부의 NREL(National Renewable Energy Laboratory)은 2030년까지 기술개발은 오늘날의 알려진 기술로 달성될 수 있는 약 270l/metrtic ton과 비교되는 전환되는 바이오매스 공급원료 metric ton(dry 기준)당 400l에 에탄올 수율이 도달될 수 있게 되도록 계획하였다. 그러한 목표를 위해 에너지부는 섬유소계 에탄올의 실행 가능성을 설명할 목적으로 3개의 주된 바이오에너지 연구센터의 설립과 여러 주요 상업적 규모의 프로젝트의 실행을 발표하였다. 섬유소계 에탄올은 최근에 생산되고 있는 반면 목질계 섬유소 바이오매스로부터 경쟁적으로 그것을 생산하기 위해서는 보다 적극적이고 성공적인 연구개발을 필요로 한다[24].

바이오연료의 생산을 위한 최근의 새로운 공급 원료에 대한 개념은 미세조류의 사용이다. 미세조류 1헥타르당 오일 함유량은 기존 농작물에 의해서보다도 대략 200배 더 많을 수 있다(미세조류는 가장 빨리 성장하는 광합성 미생물이며 연간 헥타르당 45톤이 오일을 생산할 수 있는 가능성을 갖는다). 이들은 농경지가 아닌 곳에서 배양될 수 있기 때문에 식품공급과의 마찰 없이 바이오연료를 생산할 수 있는 제3세대 바이오연료의 유망한 공급원이다.

06 결론

기질의 생물학적 변환을 위한 어떤 공정의 고려 그리고 바이오연료의 생산에서 직면하게 되는 최근의 연구대상이 되는 도전적 사항이 무엇인지를 인식함은 중요한 평가를 필요로 한다. 많은 분명한 유리한 점에도 불구하고 목질계 섬유소 소재의 생물학적 변환을 사용한 대규모 생산설비는 설치되지 못하였다. 바이오에탄올은 사탕수수와 녹말을 포함하는 기질로부터 최근에 생산되고 있다. 비록 목질계 섬유소 공정과 녹말계 공정사이에 유사점이 있다 할지라도 목질계 섬유소 기질의 생물학적 전환에서의 기술적인 그리고 경제적인 도전은 크다. 비록 목질계 섬유소-에탄올 공정 전환 공정에 대해 여러 옵션이 다른 연구원들에 의해서 입수가능하고 보고되어진다 할지라도 선택되어진 어떤 옵션에 대해서 사탕수수 및 사탕무 혹은 녹말계 기질을 사용한 잘 확립된 에탄올 생산과의 비교에서 다음과 같은 인자가 조심스럽게 평가되어질 필요가 있다. (i) 셀룰로오스와 반 셀룰로오스의 용해성 슈거로의 변환의 비용 효과적인 전략. (ii) 발효억제 화합물의 존재 하에서 헥소오스와 펜토오스 슈거를 포함하는 혼합된 슈거로 구성되는 가수 분해물을 변환시키는 최대 발효-효과적인 공정. (iii) 전체적인 공정에너지 수요를 최소화시키기 위한 획기적인 가장 발전된 공정 통합. 지속 가능 바이오연료를 생산하기 위한 공정 최적화를 위해 4가지의 주요한 연구도전사항은 다음과 같다.

01 농업기질의 효소에 의한 가수분해 공정은 향상될 필요가 있으며 이것은 감소된 생산비용의 공정에서 효소의 합성에 의해서 그리고 많은 양의 고체의 처리를 위한 새로운 기술에 의해서 더 값싼 효소와 더 높은 특유한 활성의 효소의 사용으로써 접근될 수 있다.

02 강한 발효 미생물일 뿐만 아니라 동시에 기질-가수분해물에 존재하는 억제제에 대해 더 견딜 수 있는 그러한 미생물종의 개발.

이들 특별히 개발된 종들은 진한 가수 분해물에서 원재료로부터 이용가능한 모든 슈거를 발효시킬 수 있어야 하며, 알코올의 높은 생산성을 주어야 하며, 그리고 매질에서의 높은 알코올 농도를 견디어내어야 한다.

03 전반적인 생산 공정에 수반된 많은 단계를 감소시키기 위한 공정통합을 위한 잘 확립된 전략.

04 3-R 전략에서의 실행 : 에너지 수요를 감소시키기 위해 그리고 환경을 보호하기 위해 공정에서 발생되는 어떤 부산물과 폐기물의 리사이클링(Recycling) 감소(Reduction) 그리고 재사용(Reuse).

세계적으로 바이오연료가 계속 증가하는 시장에 발맞추어 개발의 속도나 결과가 현실적인 문제점에 대한 해답을 뚜렷하고 명확하게 해야 할 필요성이 있다.

화석연료에 대한 대체연료로서 바이오연료의 개발과 사용은 에너지 밸런스를 향상시킴으로써 그리고 배기가스 배출과 생산비용을 감소시킴으로써 그들의 실행가능성을 증가시키기 위한 더 발전된 기술개발을 요구하며 바이오연료의 향후 계획을 달성하게 되는 올바른 대체방안이다.

■ References

01. Agarwal AK. Biofuels (alcohols and biodiesel) applications as fuels for internal combustion engines. Prog Energy Combustion Sci 2007;33:233-71.

02. Escobar JC, Lora ES, Venturini OJ, Yanex EE, Castillo EF, Almazan O. Biofuels: environment, technology and food security. Renew Sustain Energy Rev 2009;13:1275-87.

03. Zhao R, Bean SR, Wang D, Park SH, Schober TJ, Wilson JK. Small-scale mashing procedure for prediction ethanol yield of sorghum grain. J Cereal Sci 2009;49(2):230-8

04. Singh A, Pant D, Korres NE, Nizami AS, Prasad S, Murphy JD. Key issues in life cycle assessment of ethanol production from lignocellulosic biomass: challenges and perspectives. Bioresour Technol 2010;101(13):5003-12

05. Prasad S, Singh A, Jain N, Joshi HC. Ethanol production from sweet sorghum syrup for utilization as automotive fuel in India. Energy Fuel 2007;21(4): 2415-20.

06. Gullison RE, frumhoff PC, Canadell JG, Field CB, NEpstad KC〈 Hayhoe K, et al. Tropical forests and climate policy. Science 2007;316:985-6

07. He Y, Wang S, Lai KK. Global economic activity and crude oil prices: a cointegration analysis. Energy Econ; 2010; doi:10.1016/j.eneco.2009.12.005.

08. Singh A, Smyth BM, Murphy JD. A biofuel strategy for Ireland with an emphasis on production of biomethane and minimization of land-take. Renew Sustain Energy Rev 2010;14(1):277-88.

09. Prasad S, Singh A, Joshi HC. Ethanol as an alternative fuel from agricultural, industrial and urban residues. Resour Conserv Recycling 2007;50:1-39.

10. Dennis JS, Scott SA, Stephenson AL. Improving the sustainability of the production of biodiesel from oilseed rape in the UK. Process Saf Environ Protect 2008;86:427-40.

11. Bhatti HN, Hanif MA, Qasim M, Ata-ur-Rehman. Biodiesel production from waste tallow. Fuel 2008;87:2961-6.

12. Demirbas A. Comparison of transesterification methods for production of biodiesel form vegetable oils and fats. Energy Convers Managd 208;49:125-

130.

13. Delfort B, Durand I, Hillion G, Jaecker-Voirol A, Montagne X. Glycerin for new biodiesel formulation. Oil Gas Sci Technol-Rev IFP 2008;63(4):395-404.

14. Aleklett K, Campbell CJ. The peak and decline of world oil and gas production. Miner Energy 2003;18:35-42.

15. Fulton L, Howes T, Hardy J. Biofuels for transort: an international perspective. Paris: International Energy Agency(IEA);2004.

16. Armbruster WJ, Coyle WT. Pacific food system outlook 2006-2007: the future role of biofuels. Singapore: Pacific Economic Cooperation Council, http://www.pecc.org/food/pfso-singapore2006/PECC_Annul_06_07.pdf:2006.

17. PickettJ, Anderson D, Bowles D, Bridgwater T, Jarvis P, Mortimer N, PoliakoffM, Woods J. Sustainable biofuels: prospects and challenges. London, UK: The Royal Society, http://royalsociety. org/document.asp?id:2008. =7366.

18. Murray D. Ethanol's potential: looking beyond corn. Washington DC, USA: Earth Policy Institute, http://www.earthpolicy.org/Updates/2005/Update49.htm:2005.

19. Licht FO. World ethanol & biofuels report. Kent, UK:Agra Informa Ltd., http://www.agra-net.com/portal/puboptions.jsp?Option=menu&publd=ag072:2008.

20. Wiesenthal T, Leduc G, Christidis P, Schade B, Pelkmans L, Govaerts L, et al. Biofuel support policies in Europe: lessons learnt for the long way ahead. Renew Sustain Energy Rev 2009;13:789-800.

21. EU. Directive 2009/28/EC of The European Pariament and of The Coundil of 23 April 2009 on the promotion of the uwe of energy from renewable sources and amending and subsequently repealing Directives 2001/77/EC and 2003/30/EC. Off J European Union;2009:16-62.

22. Pelkmans L, Portouli E, Papageorgiou A, Georgopoulos P. Impact assessment of measures towards the introduction of biofuels in the European Union. Report of Work Package 4 of the PREMIA project:2006.

23. NEXANT. LIquid biofuels: substituting for petroleum. USA: NEXANT, INC., http://www.chemsystems.com/reports/search/docs/prospectus/MC_Biofuels_P ros.pdf:2007

24. Larson ED. Biofuel production technologies:status, prospects and implications for trade and development. Report No. UNCTAD/DITC/ TED/2007/10. United Nations Conference of Trade and Development, New York and Geneva; 2008.

25. The state of food and agriculture. BIOFUELS: prospcets, risks, and opportunities: 2008.

26. Hoekman SK. Biofuels in the U.S. - challenges and opportunities. Renew Energy 2009;34:14-22.

27. USDA(United States Department of Agriculture). Production estimates and crop assessment division of foreign agriculture service. EU: Biodiesel industry expanding use of oilseeds. www.biodiesel.org/resources/reportsdatabase/reports/gen/20030920_gen330pd ;2003.

28. Demirbas A. Progress and recent trends in biodiesel fuels. Energy Conserv Manage 2009;50:14-34.

29. Bajpai D, Tyagi VK. Biodiesel: source, production, composition, properties and its benefits. J Olio Sci 2006;55:487-502.

30. Giselrod HR, Patil V, Tran K. Towards sustainable production of biofuels from microalgae. Int J Mol Sci 2008;9:1188-95.

31. Love G, Gough S, Brady D, Nigam P, Singh D, et al. Continuous ethanol fermentation at 45℃ using *Kluyveromyces marxiamus* IMB3 immobilized in calcium alginate and kissiris. Bioproc Eng 1998;18:187-9.

32. Nigam P, Banat IM, Singh D, Mchale AP. Continuous ethanol production by thermotolerant *kluyveromyces marxianus* immobilized on mineral kissiris at 45℃. World J Microbiol Biotechnol 1997;13:283-8.

33. Brady D, Nigam P, Marchant R, McHale AP. Ethanol production at 45℃ by immobilized *Kluyveromyces marxianus* IMB3 during growth on lactose-con-taining media. Bioproc Eng 1997;16:101-4.

34. Brady D, Nigam P, Marchant R, Singh D, McHale AP. The effect of Mn^{2+} on ethanol production from actose using *Kluyveromyces Marxianus* IMB3 immobilized in magnetically responsive matrices. Bioproc Eng 1997;17:31-4.

35. Brady D, Nigam P, Marchant R, McHale L, McHale AP. Ethanol production at 45℃ by *Kluyveromyces marxianus* IMB3 immobilized in magnetically responsive alginate matrices. Biotechnol Lett 1996;18(10):1213-6.

36. Riordan C, Love G, Barron N, Nigam P, Marchant R, McHale L, et al. Production of ethanol from sucrose at 45℃ by alginate immobilized preparations of the thermotolerant yeast strain *Kluyveromyces marxianus* IMB3. Bioresour Technol 1996;55:171-3.

37. Love G, Nigam P, Barron N, Singh D, Marchant R, McHale AP. Ethanol production at 45℃ using preparations of *Kluyveromyces marxianus* IMB3 immobilized in calcium alginate and kissiris. Bioproc Eng 1996;15:275-7.

38. Banat IM, Nigam P, Marchant R. Isolation of a thermotolerant, fermentative yeasts growing at 52℃ and producing ethanol at 45℃ & 50℃. World J Microbiol Biotechnol 1992;8:259-63.

39. Gibbons WR, Westby CA. Cofermentation of sweet sorghum juice and grain for production of fuel ethanol and distillers' wet grain. Biomass 1989;18(1):43-57.

40. Suresh K, Kiran Sree N, Rao LV. Utilization of damaged sorghum and rice

grains for ethanol production by simultaneous saccharification and fermentation. Bioresour Technol 1999;68(3):301-4.

41. Turhollow AF, Heady EO. Large-scale ethanol production from corn and grain sorghum and improving conversion technology. Energy Agric 1986;5(4)309-16.

42. IEA. Biofuels for transport-an international perspective. International Energy Agency (lEA). hrrp://www.iea.org/textbase/nppdf/free/2004/biofuels2004.pdf;2004.

43. Stevens DJ, Worgetten M, Saddler j. Biofuels for transportation: an examination of policy and technical issues. IEA Bioenergy Task 39, Liquid Biofuels Final Report 2001-2003. Canada, 2004.

44. Aggarwal NK, Nigam P, Singh D, Yadav BS. Process optimisation for the production of sugar for the bioethanol industry from sorghum a non-conventional source of starch. World J Microbiol Biotechnol 2001;17:125-31.

45. Verma G, Nigam P, Singh D, Chaudhary K. Bioconversion of starch to ethanol in a single-step process by co-culture of amylolytic yeasts and *Saccharomyces cerevisiae* 21. Bioresour Technol 2000;72:261-6.

46. Singh D, Dahiya JS, Nigam P. Simultaneous raw starch hydrolysis and ethanol fermentation by glucoamylase from *Rhizoctonia solani and Saccharomyces cerev isiae.* J Basic Microbiol 1995;35:117-21.

47. Barron N, Brady D, Love G, Marchant R, Nigam P, McHale L, McHale AP. Alginate immobilized thermotolerant yeast for conversion of cellulose to ethanol. In:Wijffels RH, Buitelaar RM, Bucke C, Tramper J, editors. Progress in biotechnology - immobilized cells: basics & applications. Elsevier Science BV; 1996. p. 379-83.

48. Farias FEM, Silva FRC, Cartaxo SJM, Fernandes FAN, Sales FG. Effect of operating conditions on fischer-tropsch liquid products. Latin Am Appl Res 2007;37:283-7.

49. Brennan L, Owende P. Biofuels from microalgae - a review of technologies for production, processing, and extractions of biofuels and co-products. Renew Sustain Energy Rev 2010;14:557-77.

50. Xiong W, Li X, Xiang J, Wu O. High-density fermentation of microalga *Chlorella protothecoides* in bioreactor for microbiodiesel production. Appl Microb Biotechnol 2008;78:29-36.

51. Huang C, Zong MH, Hong W, Liu QP. Microbial oil production from rice straw hydrolysate by *Trichosporon fermentans.* Bioresour Technol 2009;100:4535-8.

52. Zhu LY, Zong MH, Wu H. Efficient lipid production with *T. fermentas* and its use for biodiesel preparation. Bioresour Technol 2008;99:7881-5.

53. Chen J, Ishiii T, Shimura S, Kirimura K, Usami S. Lipase production by

Trichosporon fermentans WU-C12, a newly isolated yeast. J Ferm Bioeng 1992;5:412-4.

54. Fakas S, Galiotou-Panayotou M, Papanikolaou S, Komaitis M, Aggelis G. Compositional shifts in lipid fractions during lipid turnover in *Cunninghamella echinulata*. Enzyme Microbiol Technol 2007;40:1321-7.

55. Sustainable biofuels: prospects and challenges. London: Royal Society; 2008.

56. Mata TM, Martins AA, Caetano NS. Microalgae for biodiesel production and other applications: a review. Renew Sustain Energy Rev 2010;14:217-32.

57. Farrell EA, Bustard M, Gough S, McMullan G, Nigam P, Singh D. et al. Ethanol production at 45°C by *Kluyveromyces marxianus* IMB3 during growth on molasses pre-treated with Amberlite$^{®}$ and non-living biomass. Bioproc Eng 1998;19:217-9.

58. Pulz O, Scheinbenbogan K. Photobioreactors: design and performance with respect to light energy input. Adv Biochem Eng/Biotechnol 1998;59:123-52.

59. Wang Y, Wu H, Zong MH. Improvement of biodiesel production by lipozyme TL IM-catalyzed methanolysis using response surface methodology and acyl migration enhancer. Bioresour Technol 2008;99:7232-7.

60. Brown LM. Uptake of carbon dioxide from flue gas by microalgae. Energy Convers Manage 1996;37(6-8):1363-7.

61. Hsueh HT, Chu H, Yu ST. A batch study on the bio-fixation of carbon dioxide in the absorbed solution from a chemical wet scrubber by hot spring and marine algae. Chemosphere 2007;66(5):878-86.

62. Emma Huertas I, Colman B, Espie GS, Lubian LM. Active transport of CO_2 by three species of marine microalgae. J Phycol 2000;36(2):314-20.

63. Colman B, Rotatore C. Photosynthetic inorganic carbon uptake and accuaccumulation in two marine diatoms. Plant Cell Environ 1995;18(8):919-24.

64. Suh IS, Lee CG. Photobioreactor engineering: design and performance. Biotechnol Bioprocess Eng 2003;8(6):313-21.

65. Hu Q, Sommerfeld M, Jarvis E, Ghirardi M, Posewitz M, Seibert M, et al. Microalgal triacylglycerols as feedstocks for biofuel production: perspectives and advances. Plant J 2008;54:621-39.

66. Miao XL, Wu QY. Biodiesel production from heterotrophic microalgal oil. Bioresour Technol 2006;97:841-6.

67. Widjaja A, Chien CC, Ju YH. Study of increasing lipid production from fresh water microalgae *Chlorella vulgaris*. J Taiwan Inst Chem Eng 2009;40:13-20.

68. Meng J, Yang X, Xu L, Zhang Q, Nie Xian M. Biodiesel production from oleaginous microorganisms. Renew Energy 2009;34:1-5.

69. Tsukahara K, Sawayama S. Liquid fuel production using microalgae. J Jpn Pet

Inst 2005;48(5):251-9.

70. USDOE.U.S. Department of Energy. A national vision of americas transition in a hydrogen economy-in 2030 and beyond. U.S. Department of Energy: February 2002.

71. Grant B. Biofuels made from algae are the next big thing on alternative energy horizon. Scientist: 2009:37-41.

72. Nedovi'c V. Nikolic S. Ljiljana Mojovic D. Pejin Rakin M. Effect of different fermentation parameters on bioethanol production from corn meal hydro-lyzates by free and immobilized cells of *Saccharomyces cerevisiae var. ellipsoideus*. J Chem Technol Biotechnol 2009;84:497-503.

73. Johnston J. New world for biofuels. Energy Law 2008;86:10-4.

74. Naik SN. Goud W. Rout PK. Dalai AK. Production of first and second generation biofuels: a comprehensive review. Renew Sustain Energy Rev 2010;14:578-97.

75. Singh D. Banat IM. Nigam P. Marchant R. Industrial scale ethanol production using thermotolerant yeast *Kluyveromyces marxianus* in an Indian distillery. Biotechnol Lett 1998;20:753-5.

76. Sheoran A. Yadav BS. Nigam P. Singh D. Continuous ethanol production from sugarcane molasses using a column reactor of immobilized *Saccharomyces cerevisiae*. J Basic Microbial 1998;38:73-8.

77. Gough S. Brady D. Nigam P. Singh D. Marchant R. McHale AP. Production of ethanol from molasses at 45℃ using alginate immobilized *Kluyveromyces marxianus* IMB3. Bioproc Eng 1997;16:389-92.

78. McMillan JD. Pretreatment of lignocelluloses biomass. In: HimmelME. Baker JO, OverendRP. editors. Conversion of hemicellulose hydrolyzates to ethanol. Washington. DC: American Chemical Society; 1994. p. 292-324. Symposium.

79. SunY. Cheng J. Hydrolysis of lignocellulosic material for ethanol production: a review. Bioresour Technol 2002;83:1-11.

80. Morjanoff PJ. Gray PP. Optimization of steam explosion as method for increasing susceptibility of sugarcane bagasse to enzymatic saccharification. Biotechnol Bioeng 1987;29:733-41.

81. Ben-Ghedalia D. Miron J. The effect of combined chemical and enzyme treatment on the saccharification and in vitro digestion rate of wheat straw. Biotechnol Bioeng 1981;23:823-31.

82. Vidal PF. Molinier J. Ozonolysis of lignin-improvement of in vitro digestibility of popular sawdust. Biomass 1988;16:1-17.

83. Sivers MV. Zacchi G. A techno-economical comparison of three processes for

the production of ethanol from pine. Bioresour Technol 1995;51:43-52.

84. Tarkow H, Feist WC. A mechanism for improving the digestibility of lignocellulosic materials with dilute alkali and liquid NH3. In: Advance chemistry series 95. Washington, DC: American Chemical Society; 1969. pp. 197-218.

85. Azzam AM. Pretreatment of cane bagasse with alkaline hydrogen peroxide for enzymatic hydrolysis of cellulose and ethanol fermentation. J Environ Sci Health B 1989;24(4):421-33.

86. Schurz J, Ghose TK. In: Ghose TK. editor. Bioconversion of cellulosic substances into energy chemicals and microbial protein symposium proceedings; 1978. p. 37.

87. Boominathan K, Reddy CA. cAMP-mediated differential regulation of lignin peroxidase and manganesedependent peroxidase production in the whiterot basidiomycete Phanerochaete chrysosporium. Proc Natl Acad Sci USA 1992;89(12):5586-90.

88. Blanchette R.A. Delignification by wood-decay fungi. Annu Rev Phytopathol 1991;29:381-98.

89. Azhar AF, Bery MK, Colcord AR, Roberts RS, Corbitt GV. Factors affecting alcohol fermentation of wood acid hydrolyzate. Biotechnol Bioeng Symp 1981 ;11 :293-300.

90. Ranatunga TO, Jervis J, Helm RF, McMillan JD, Hatzis C. Identification of inhibitory components toxic toward *Zymomonas mobilis* CP4(pZB5) xylose fermentation. Appl Biochem Biotech nol 1997;67:185-95.

91. Zaldivar J, Martinez A, Ingram LO. Effect of selected aldehydes on the growth and fermentation of ethanologenic *Escherichia coli*. Biotechnol Bioeng 1999;65:24-33.

92. Boopathy R, Daniels L. Isolation and characterization of a furfural degrading sulfate-reducing bacterium from an anaerobic digester. Curr Microbiol 1991 ;23:327-32.

93. Gutierrez T, Buszko ML, Ingram LO, Preston JF. Reduction of furfural to furfuryl alcohol by ethanologenic strains of bacteria and its effect on ethanol production from xylose. Appl Biochem Biotechnol 2002;98-100:327-40.

94. Wang P, Brenchley JE, Humphrey AE. Screening microorganisms for utilization of furfural and possible intermediates in its degradative pathway. Biotechnol Lett 1994;16:977-82.

95. Beguin G, Aubert JP. The biological degradation of cellulose. FEMS Microbiol Rev 1994;13:25-8.

96. Coughlan MP, Ljungdahl LG. Comparative biochemistry of fungal and bacterial cellulolytic enzyme system. In: Aubert JP, Beguin P, Millet J, editors,

Biochemistry and genetics of cellulose degradation. London: Academic Press; 1988. p. 11-30.

97. Duff SJB. Murray WD. Bioconversion of forest products industry waste cellulosics to fuel ethanol: a review. Bioresour Technol 1996;55:1-33.

98. Bisaria VS. Bioprocessing of agro-residue to glucose and chemicals. In: Martin AM. editor. Bioconversion of waste materials to industrial products. London: Elsevier; 1991. p. 210-3.

99. Singh A. Kumar PKR. Schugerl K. Bioconversion of cellulosic materials to ethanol by filamentous fungi. Adv Biochem Eng Biotechnol 1992;45:29-55.

100. Lynd LR. van Zyl WH. McBride JE. Laser M. Consolidated bioprocessing of cellulosic biomass: an update. Curr Opin Biotechnol 2005;16:577-83.

101. Saxena A. Garg SK. Verma J. Simultaneous saccharification and fermentation of waste newspaper to ethanol. Bioresour Technol 1992;39:13-5.

102. Zheng YZ. Lin HM. Tsao GT. Pretreatment for cellulose hydrolysis by carbon dioxide explosion. Biotechnol Prog 1998;14:890-6.

103. Zhang M. Eddy C. Daenda K. Finkelstein M. Picataggio SK. Metabolic engineering of a penrose pathway in ethanologenic *Zymomonas moblis*. Science 1995;267:240-3.

104. Dien BS. Nichols NN. O'Bryan PJ. Bothast RJ. Development of new ethanologenic *Escherichia coli* strains for fermentation of lignocellulosic biomass. Appl biochem Biotechnol 2000;66:181-96.

105. Lynd LR. Wyman CE. Gerngross TU. Biocommodity engineering. Biotechnol Progress 1999;15:777-93. ,

106. Wyman CE. Biomass ethanol: technical progress. opportunities, and commercial challenges. Annu Rev Energy Environ 1999;24:189-226.

107. Banat IM. Nigam P. Singh D. Marchant R. Mchale AP. Ethanol production at elevated temperatures and alcohol concenterations. part I-yeasts in general. World J Microbiol Biotechnol 1998;14:809-21.

108. Singh D. Nigam P. Banat IM. Marchant R. Mchale AP. Ethanol production at elevated temperatures and alcohol concenterations. part II – use of *Klyuveromyces marxianus* IMB. World J Microbial Biotechnol 1998;14:823-34.

109. Wati L. Dhamija S. Singh D. Nigam P. Marchant R. Mchale AP. Characterisation of genetic control of thermotolerance in mutants of *Saccharomyces cerevisiae*. Genet Eng Biotechnol 1996;16:19-26.

110. Yadav BS. Rani U. Dhamija S. Nigam P. Singh D. Process optimization for continous ethanol fermentation by alginate immobilised cells of *Saccharomyces cerevisiae* HAU-1. J Basic Microbiol 1996;36:205-10.

111. Banat IM. Nigam P. Singh D. McHale AP. Marchant R. Ethanol production

using thermotolerant/thermophilic yeast strains: potential future exploitation. In: Pandey A. editor. Advances in biotechnology. N. Delhi: Educational Publishers & Distributors. ISBN 81-87198-03-6; 1998. p. 105-19.

112. Banat IM, Singh D. Nigam P. Marchant R. Potential of thermotolerant fermentative yeast for industrial ethanol production. Res Adv Food Sci 2000; 1 :41-55.

113. Abdei-Fattah WR, Fadil M, Nigam P, Banat IM. Isolation of thermotolerant ethanologenic yeasts and use of selected strains in industrial scale fermentation in an Egyptian distillery. Biotechnol Bioeng 2000;68:531-5.

114. Huang CF, Lin TH. Guo GL. Hwang WS. Enhanced ethanol production by fermentation of rice straw hydrolysate without toxification using a newly adapted strain of *Pichia stipitis*. Bioresour Technol 2009;100:3914-20.

115. Sukumaran RK. Singhania RR, Mathew GM. Pandey A. Cellulase production using biomass feed stock and its application in lignocellulose saccharification for bioethanol production. Renew Energy 2009;34:421-4.

116. Tsao GT. Some technical background information of butanol as biofuel. A'dv Biotechnol, http://www.advancedbiotech.org/Some%20Technical%20Background%20Information%20of%20Butanol%20as%20Biofuel.pdf;2009.

117. Ramey D. Butanol advances in biofuels. The Light Party, http://www.lightparty.com/Energy/Butanol.html;2004.

118. Brekke K. Butanol an energy alternative? Ethanol Today; March 2007:36-9.

119. EBTP. Biobutanol. European biofuels technology platform (EBTP). http://www.biofuelstp.eu/butanol.html;2009.

120. Wu M. Wang M. Liu J. Huo H. Life-cycle assessment of corn-based butanol as a potential transportation fuel. Argonne National Laboratory; 2007. ANL/ESD/07-10.

121. Qureshi N, Saha BC. Dien B. Hector RE. Cotta MA. Production of butanol (a biofuel) from agricultural residues: part I - use of barley straw hydrolysate. Biomass Bioenergy 2010;34(4):559-65.

122. Ezeji TC, Qureshi N, Blaschek HP. Bioproduction of butanol from biomass: from genes to bioreactors. Curr Opin Biotechn61 2007;18:220-7.

123. Qureshi N, Ebener J, Ezeji TC, Dien B. Cotta MA, Blaschek HP. Butanol production by *Clostridium beijerinckii* BA101. Part 1: use of acid and enzyme hydrolysed corn fiber. Bioresour Technol 2008;99:5915-22.

124. Qureshi N, Saha BC, Hector RE. Cotta MA. Removal of fermentation inhibitors from alkaline peroxide pretreated and enzymatically hydrolyzed wheat straw: production of butanol from hydrolysate using *Clostridium beijerinckii* in batch reactors. Biomass Bioenergy 2008;32:1353-8.

125. Qureshi N, Saha BC, Hector RE, Dien B, Hughes S. Liu S, et al. Production

of butanol (a biofuel) from agricultural residues: part II-use of corn stover and switchgrass hydrolysates. Biomass Bioenergy 2010;34(4):566-71.

126. Ezeji T, Qureshi N, Blaschek HP. Production of acetone-butanol-ethanol (ABE) in a continuous flow bioreactor using degermed corn and *Clostridium beijerinckii*. Proc Biochem 2007;42:34-9.

127. Ezeji TC, Qureshi N, Blaschek HP. Butanol production from agricultural residues: impact of degradation products on *Clostridium beijerinckii* growth and butanol fermentation. Biotechnol Bioeng 2007;97(6):1460-9.

128. Huang WC, Ramey DE, Yang S-T. Continuous production of butanol by *Clostridium acetobutylicum* immobilized in a fibrous bed reactor. Appl Biochem Biotechnol 2004;113:887-98.

129. Ezeji TC, Qureshi N, Karcher P, Blaschek HP. Butanol production from corn. In: Minteer SO, editor. Alcoholic fuels: fuels for today and tomorrow. New York, NY: Taylor and Francis; 2006. p. pp.99-pp122.

130. Ezeji TC, Qureshi N, Blaschek HP. Industrially relevant fermentations. In: Durre P, editor. Handbook on Clostridia. Boca Raton, Florida: CRC Press, Taylor and Francis Group; 2005. p. pp.797-812.

131. Ezeji TC, Qureshi N, Blaschek HP. Process for continuous solvent production. U.S. Provisional Patent 2005b, No. 60/504, 280.

132. Qureshi N, Saha BC, Hector RE, Hughes SR, Cotta MA. Butanol production from wheat straw by simultaneous saccharification and fermentation using *Clostridium beijerinckii*: part I-batch fermentation. Biomass Bioenergy 2008;32:168-75.

133. MERCK. Bio-Butanol as high energy additive for fuels. Germany: Merck KGaA, http://www.qibebt.cas.cn/xwzx/xshd/200909/P020090922581227413923.pdf;2009.

134. Science News. Scientists hike butanol biofuel production, www.upi.com/science_news: Aug. 24, 2009.

135. Grajek W. Biotechnological production of 2,3 butanediol-current state and prospects. Biotechnol Adv 2009;27:715-25.

136. Qureshi N, Saha BC, Cotta MA. Butanol production from wheat straw hydrolysate using *Clostridium beijerinckii*. Bioprocess Biosyst Eng 2007;30: 419-27.

137. Biobutanol production from lignocellulosic substrates, http://www2.dupont.com/Production_Agriculture/.

138. Biobutanol production from lignocellulosic substrates, http://www.biofuelstp.eu/butanol.html.

139. Ma F, Hanna MA. Biodiesel production: A Review. Bioresour Technol 1999;70:1-15.

140. Shahid EM, Jamal J. A review of biodiesel as vehicular fuel. Renew Sustain Energy Rev 2008;12:2484-94.

141. Usta N, Ozturk E, Can O, Conkur ES, Nas S, Con AH. Conbustion of biodiesel fuel produced from hazelnut soapstuck/waste sunflower oil mixture in a diesel engine. Energy Convers Manage 2005;46:741-55.

142. Sharma YC, Singh 8, Upadhay SN. Advancements in development and characterisation of biodiesel: a review. Fuel 2008;87:2355-73.

143. Helwani Z, Othman MR, Aziz N, Fernando WJN, Kim J. Technologies for production of biodiesel focusing on green catalytic techniques: a review. Fuel Process Technol 2009;90:1502-14.

144. Billaud F, Guitard Y, Minh AKT, Zahraa O, Lozano P, Pioch D. Kinetic studies of catalytic cracking of octanoic acid. J Mol Catal A: Chem 2003;192:281-8.

145. Knothe G, Dunn RO, Bagby MO. Biodiesel: the use of vegetable oils and their derivatives as alternative diesel fuels. In: Saha BC, editor. Fuels and chemicals from biomass. Washington, DC: American Chemical Society; 1997. p. 172-208.

146. Schwab AW, Dykstra GJ, Selke E, Sorenson SC, Pryde EH. Diesel fuel from thermal-decomposition of soybean oil. J Am Oil Chem Soc 1988;65:1781-6.

147. Marchetti JM, Miguel VU, Errazu AF. Possible methods for biodiesel production. Renew Sustain Energy Rev 2007;11(6):1300-11.

148. Canakci M, Ozsenzen AN, Arcaklioglu E, Erdil A. Prediction of performance and exhaust emissions of a diesel engine duelled with biodiesel produced from waste frying palm oil. Expert Syst Appl 2009;36:9268-80.

149. Nigam P. Centrans: chemical-enzymatic trans-esterification of bio-oils to biodiesel. Higher Education Innovation Fund, Academic Enterprise Initiatives, University of Ulster, UK, 2008.

150. Nigam P, Kumar M. International workshop on biofuels research and development, ECI conference USA, Calabaria Italy, Aug 3-7, 2008.

151. Schuchardta U, Serchelia R, Vargas RM. Transesterification of vegetable oils: a review. J Braz Chem Soc 1998;9:199-210.

152. Meher LC, Dharmagadda VS, Naik SN. Optimization of alkali catalyzed transesterification of *Pongamia* pinnata oil for production of biodiesel. Bioresour Technol 2006;97:1392-7.

153. Karmee SK, Chadha A. Preparation of biodiesel from crude oil of *Pongamia pinnata*. Bioresour Technol 2005;96:1425-9.

154. Furuta S, Matsuhasbi H, Arata K. Biodiesel fuel production with solid superacid catalysis in fixed bed reactor under atmospheric pressure. Catal Commun 2004;5:721-3.

155. Canakci M, Geroen Ⅳ. A pilot plant to produce biodiesel from high free fatty acid feedstocks. Trans ASAE 2003;46:945-55:

156. Rathore V, Madras G. Synthesis of biodiesel from edible and non-edible oils in supercritical alcohols and enzymatic sysnthesis in supercritical carbon dioxide. Fuel 2007;86:2650-9.

157. Peterson CL, Cook JL, Thompson JC, Taberski JS. Continuous flow biodiesel production. Appl Eng Agric 2002;18(1):5-11.

158. Kiss AA. Separative reactors for integrated production of bioethanol and biodiesel. Comput Chem Eng 2010;34(5):812-20.

159. Lotero E, Liu YJ, Lopez DE, Suwannakarn K, Bruce DA, Goodwin JG. Synthesis of biodiesel via acid catalysis. Ind Eng Chem Res 2005;44:5353-63.

160. Narasimharao K, Lee A, Wilson K. Catalysts in production of biodiesel: a review. J Biobased Mater Bioenergy 2007;1 :19-30.

161. Van Gerpen J. Biodiesel processing and production. Fuel Process Technol 2005;86:1097-107.

162. Hanna MA, Isom L, Campbell J. Biodiesel: current perspectives and future. J Scient Ind Res 2005;64:854-7.

163. Vicente G, Martinez M, Aracil J. Integrated biodiesel production: a comparison of different homogeneous catalyst systems. Bioresaur Technol 2004;92:297-305.

164. Dale B. Greening the chemical industry: research and development priorities for biobased industrial products. J Chem Technol Biotechnol 2003;78:1093-103.

165. Dossin TF, Reyniers MF, Berger RJ, Marin GB. Simulation of heterogeneously MgO-catalyzed transesterification for fine-chemical and biodiesel industrial production. Appl Catal B Environ 2006;67:136-48.

166. Kiss AA, Dimian AC, Rothenberg G. Solid acid catalysts for biodiesel production - towards sustainable energy. Adv Synth Catal 2006;348:75-81.

167. Kiss AA, Dimian AC, Rothenberg G. 'Green catalysts' for enhanced biodiesel technology, catalysis of organic reactions. Chemical Industries Series 2006; 115:405-14.

168. Kiss AA, Rothenberg G, Dimian AC, Omota F. The heterogeneous advantage: biodiesel by catalytic reactive distillation. Topics Catal 2006;40:141-50.

169. He BB, Singh AP, Thompson JC. A novel continuous-flow reactor using reactive distillation for biodiesel production. Trans ASAE 2006;49:107-12.

170. Suwannakarn K, Lotero E, Ngaosuwan K, Goodwin JG. Simultaneous free fatty acid esterification and triglyceride transesterification using a solid acid catalyst with in situ removal of water and unreacted methanol. Ind Eng Chem Res 2009;48:2810-8.

171. New heterogeneous process for biodiesel production. Catal Today

2005;106:190-2.

172. Vicente G, Martinez M, Aracil J, Esteban A. Kinetics of sunflower oil methanolysis. Ind Eng Chem Res 2005;44(15):5447-54.

173. Darnoko D, Cheryan M. Continuous production of palm methyl esters. J Am Oil Chem Soc 2000;77:1269-72.

174. Stamenkovic OS, Lazic ML, Todorovic ZB, Veljkovic VB, Skala DU. The effect of agitation intensity on alkali-catalyzed methanolysis of sunflower oil. Bioresour Technol 2007;98(14):2688-99.

175. Kusdiana D, Saka S. Two-step preparation for catalyst-free biodiesel fuel production: hydrolysis and methyl esterification. Applied Biochemistry and Biotechnology 2004;115:781-92.

176. Minami E, Saka S. Kinetics of hydrolysis and methyl esterification for biodiesel production in two-step supercritical methanol process. Fuel 2006;85:2479-83.

177. Knothe G. Dependence of biodiesel fuel properties on the structure of fatty acid alkyl esters. Fuel Process Technol 2005;86:1059-70.

178. Kiss AA, Dimian AC, Rothenberg G. Biodiesel by reactive distillation powered by metal oxides. Energy Fuels 2008;22:598-604.

179. Omata F, Dimian AC, Bliek A. Fatty acid esterification by reactive distillation. Part 1: equilibrium-based design. Chem Eng Sci 2003;58:3159-74.

180. Singh AK, Fernando SD. Reaction kinetics of soybean oil transesterification using heterogeneous metal oxide catalysts. Chem Eng Technol 2007;30(12):1-6.

181. Choudary BM, Kantam ML, Reddy CV, Aranganathan S, Santhia PI, Figueras F. Mg-Al-O-t-Bu hydrotalcite: a new and effeicient heterogeneouos catalyst for transesterification. J Mol Catal A Chem 2000;159:411-6.

182. Demirbas MF, Balat M. Recent advances on the production and utilization trends of bio-fuels. Energy Convers Manage 2006;47:2371-81.

183. Ha SH, Lan MN, Lee SH, Hwang SM, Koo YM. Lipase-catalyzed biodiesel production from soybean oil in ionic liquids. Enzyme Microbial Technol 2007;41:480-3.

184. Royon D, Daz M, Ellenrieder G, Locatelli S. Enzymatic production of biodiesel from cotton seed oil using t-butanol as a solvent. Bioresour Technol 2007;98: 648-53.

185. Saka S, Kusdiana D. Biodiesel fuel from rapeseed oil as prepared in supercritical methanol. Fuel 2001;80:225-31.

186. Cao W, Han H, Zhang J. Preparation of biodiesel from soybean using supercritical methanol and CO_2. Proc Biochem 2005;40:3148-51.

187. He H, Wang T, Zhu S. Continuous production of biodiesel fuel from vegetable oil using supercritical methanol process. Fuel 2007;86:442-7.

188. Kusdiana D, Saka S. Kinetics of transesterification in rapeseed oil to biodiesel fuels as treated in supercritical methanol. Fuel 2001;80:693-8.

189. Balat M, Balat H. A critical review of bio-diesel as a vehicular fuel. Energy Convers Manage 2008;49(10):2727-41.

190. Groom MJ, Gray E. Townsend PA. Biofuels and biodiversity: principles for creating better policies for biofuel production. Conserv Biol 2008;22:602-9.

191. Fargione J, Hill J, Tilman D, Polasky S, Hawthrone P. Land clearing and the carbon debt. Sci Mag 2008;319:1235-8.

192. FAO. World-agriculture: towards 2015/2030. An FAO perspective. In:Brumsma J, editor. Food and Agriculture Organization (FAO). London: Earthscan Publications Ltd,

http://www.fao.org/docrep/005/y4252e/y4252e00.htm; 2003.

03장_

미세조류로부터의 바이오연료
_바이오연료와 부산물의 생산, 처리, 그리고 추출을 위한 기술에 관한 고찰

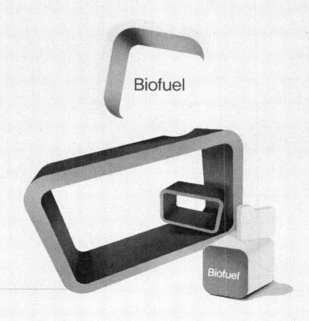

개요

　지속가능성은 천연자원 관리에서의 핵심원리이며 운영상의 효율성, 환경에 대한 영향의 최소화 그리고 사회적, 경제적인 측면에 대한 고려를 포함한다. 이들 모두는 상호의존적이다. 전 세계의 화석연료 에너지 자원의 고갈과 이들의 사용과 관련된 온실가스(GHG) 배출 때문에 이들 자원에 대한 계속적인 의존은 지속불가능하다는 사실이 점점 더 분명하게 되었다. 그러므로 대체 에너지 자원으로서 대체 신 재생의 그리고 잠재적으로 저탄소 고체, 액체, 기체 바이오연료를 개발하고자 하는 많은 활발한 연구가 시작되었다. 그러나 사탕수수, 사탕무, 옥수수 그리고 유채와 같은 육생 농작물로부터 유도된 제 1세대 바이오연료와 유사한 대체 에너지 자원들은 세계 식품 시장에 막대한 부담을 주고 물 부족에 기여하며 그리고 비식품 농작물 공급 원료로부터 유도된 제2세대 바이오연료는 위의 문제점을 완화시키고 있다. 그러나 농경지 사용에 대한 경쟁이나 요구되는 농경지 사용변경에 관한 우려사항이 존재하고 있다. 그러므로 최근의 기술상황과 향후 기술개발 전망에 기초할 때 명확히 말해서 미세조류로부터 유도되는 제3세대 바이오연료는 제1세대와 제2세대 바이오연료와 관련된 주요한 결점이 없는 기술적으로 존립 가능한 대체에너지 자원인 것으로 생각된다. 미세조류는 단기간에 걸쳐서 많은 양의 지질(lipids), 단백질 그리고 탄수화물을 생산할 수 있는 간단한 성장 필수물질(빛, 당분, CO_2, N, P 그리고 K)을 갖는 광합성 미생물이다. 이들 생성물은 바이오연료와 가치 있는 부산물로 처리될 수 있다.

　이 장에서는 바이오매스의 생산, 수확, 전환기술과 유용한 부산물의 추출에 초점을 맞추어서 미세조류-바이오연료 시스템을 실증하는 기술에 관해서 고찰하였다. 이 장에서는 에너지 전환, 사용과 관련된 환경적 영향의 완화를 위한 탄소퇴출 그리고 폐수처리 잠재능력과 미세조류 증식의 상승적인 결합에 관해서도 고찰하였다. 광합성 효율성과 바이오매스 생산고에 관련된 미해결의 현저한 문제점이 있는 반면 미세조류로부터 유도된 바이오연료는 증가하는 에너지 수요를 충족시키기 위해 요구되는 화석연료의 상당 비율을 점진적으로 대체시킬 수 있었다는 사실이 밝혀졌다.

01 서론

1.1 에너지 전망과 두드러진 환경이슈

2008년에 세계의 연간 주요 에너지 소비는 11,295mtoe(million tonnes of oil equivalent)로 추정되었다[1]. 화석연료는 주된 연료로서 오일(35% 점유율), 석탄 (29%) 그리고 천연가스(24%)로서 주요한 에너지 소비의 88%를 차지했던 반면 핵에너지와 수력은 각각 총 주요 에너지 소비량의 5%와 6%를 차지하였다. 최근의 기술적 진보, 잠재적인 매장량 그리고 더 새로운 비전통적인 연료 매장량(예를 들면, 유혈암, 오일샌드 등)의 증가된 탐사와 개발로 인해서 화석연료는 상당 기간 동안 낮은 가격으로 계속 입수 가능하게 될 것이다; 때때로 지정학 상의 개발로부터 발생하는 공급의 보장에 있어서의 변화에도 불구하고[2,3], 불행히도 지구 기후변화의 잠재적 위협이 증가하고 있으며 이들의 주된 부분에 대해서 이것은 화석연료 사용으로부터의 GHG 배출에 기인되었다[4]. 관련된 기후변화 예측은 자연뿐만 아니라 인간시스템에 대해서 주된 중대한 사항이며[5] 이것은 자원의 제한과 관련해서 뿐만 아니라 CO_2 배출의 부정적 영향 때문에 최근 화석연료 사용의 지속 가능성에 관한 불확실성을 초래한다.

화석연료는 생물권에 대한 온실가스(GHGs)의 가장 큰 기여인자이며 2006년에 관련된 CO_2 배출은 29Gtonnes[6]이었다. 자연에서의 순환과정은 단지 12Gtonnes만을 제거하므로 과량의 나머지 CO_2를 중화시키기 위한 저감전략이 요구된다[7]. 주로 수송, 발전, 열에너지 생산을 위한 화석연료의 대규모 사용 때문에 지구상의 GHG 배출량에 있어서의 증가에 따라서 저감기술을 개발하고 지구 온난화의 영향을 최소화하기 위한 정책을 채택하는 것이 점차적으로 중요하게 되었다. 1997년의 교토의정서는 1990년의 배출량으로부터 전 세계적으로 GHG 배출량에서의 5.2% 감축을 요구하였다[8]. 합의된 목표를 충족시키기 위해서 화학적인 그리고 생물학적인 CO_2 저감 가능성을 포함하는 일련의 효과적인 기술의 선택이 연구의 초점이 되었다.

그러므로 포괄적인 함축된 내용은 전 세계의 에너지 수급안정을 위한 전략의 향상과 CO_2-에너지 관련 배출의 저감에 대한 필요성이며 이를 위한 생동감 있는 두드러진 전략에는 그 중에서도 특히 증가된 에너지 효율성(다시 말해서, 제품, 유통 및 사용과정 혹은 서비스의 단위당 감소하는 에너지 사용), 청정 화석 에너지의 증가된 사용(즉, 배연 가스로부터 CO_2분리 그리고 점차적인 방출을 위한 지하 저장고로의 주입과 결합된 화석연료의 사용), 그리고 신 재생 에너지의 증가된 사용(즉, CO_2-저감 에너지 자원의 개발)에 대한 필요성이 포함된다. 필수적인 CO_2 배출량 목표와 CO_2 배출량의 '안전한 수준'으로의 시기적절한 저감을 위한 각 개괄적인 전략의 잠재력이 주어지면 기후변화의 진행을 차단하기 위해 3가지 개괄적인 전략이 채택되어져야 할 것이라고 주장되었다[9].

1.2 바이오연료 자원의 개발

최근에 수송 부문에서의 액체 바이오연료의 사용이 전세계적으로 빠른 성장세를 나타내었으며 에너지 수급안정의 달성과 GHG 배출저감에 초점을 맞춘 정책에 의해서 추진되었다[10]. 현재 경제적인 생산수준에 도달하였던 1세대 바이오연료는 전통적인 기술을 사용하여[12] 유채유, 사탕수수, 사탕무, 그리고 옥수수[11]뿐만 아니라 채종유와 동물성 지방을 포함한 식품 및 오일 작물로부터 주로 추출되었다. 액체 바이오연료의 생산과 소비에 있어서의 성장은 계속될 것이지만 수송부문에서의 전체적인 에너지 수요를 충족시키기 위한 이들의 영향은 다음과 같은 요인 때문에 제한될 것이다; 경지의 사용을 위한 식품과 섬유 생산과의 경쟁, 지역적으로 부자연스러운 시장구조, 이머징 경제에서의 잘 관리되는 농업의 부족, 높은 물과 비료의 요구량, 생물 다양성 유지에 대한 필요성[13].

전형적으로 1세대 바이오연료의 사용은 특히 세계 경제의 가장 취약성이 있는 지역에 관련해서 주로 전 세계 식품시장과 식품의 안정적 공급에 미치는 이들의 영향 때문에 많은 논쟁을 발생시켰다. 이것은 화석연료를 대체하기 위한 이들의 잠재력과 이들의 생산의 지속가능성에 대한 관련된 의문을 불러 일으켰다[14]. 예를 들면 더 높은 식품가격은 식품의 안정적 공급에 심한 부정적 관계를 갖는 위험과는 별도로 바이오연료에 대한 수요는 유해한 환경적인 그리고 사회적 중요성과 함께 천연자원 베이스에 상당한 추가적인 압력을 가할 수 있었다. 최근 세계의 입수 가능한 경지의 약 1%(1,400만 헥타르)가 바이오연료의 생산을 위해 사용되며 이것은 세계 수송연료의 1%를 제공하게 된다. 분명히 어떤 지역에서의 거의 100%의 대체는 세계의 식품 공급에 미치는 가혹한 영향과 요구되는 많은 생산(경작) 농경지 면적 때문에 실질적으로 유용하지 못하다[15]. 2세대 바이오연료의 출현은 식품 농작물보다 오히려 특정한 목적의 에너지 작물의 전체 식물 소재나 농업 잔류물, 산림 수확 잔류물, 목재처리 폐기물로부터 연료를 생산하는 것을 의미한다[14]. 그러나 대부분 전환을 위한 기술은 지금까지 개발이 억제되어 왔고 상업적 이용이 가능한 규모에 도달하지는 못하였다[11].

기술적으로 경제적으로 생존 가능한 바이오연료 자원에 대한 조건은 다음과 같다 [16]: 그것은 석유계 연료와 경쟁적이거나 혹은 이보다 더 값싸야 한다. 낮거나 혹은 전혀 추가적인 부지사용을 요구하지 않아야 한다. 대기질 향상이 가능해야 한다(예, CO_2의 추방). 그리고 최소한의 물 사용량을 요구해야 한다. 미세조류의 현명한 이용은 이들 조건을 충족시킬 수 있었으므로 주요한 에너지 수요를 충족시키는 데 중요한 기여를 하며 동시에 환경적 이점을 제공한다[8].

1.3 미세조류로부터의 바이오연료의 잠재적 역할

미세조류의 정의는 prokaryotic microalgae [즉, cyanobacteria(Chloroxybacteria)] 그리고 eukaryotic microalgae [예를 들면, 녹조류(Chlorophyta), 홍조류(Rhodophyta) 그리고 규조 [diatoms(Bacillariophyta)]를 포함하는 모든 단세포 그리고 간단한 다세포 미생물을 나타낸다. 미세조류로부터 유도된 바이오연료를 사용함에 따른 유리한 점은 다음과 같다. (1) 미세조류는 연중 생산할 수 있으므로 미세조류 배양의 오일 생산성은 가장 좋은 채종작물의 수율을 상회한다[예, 유채유에 대한 $1190 l ha^{-1}$와 비교되는 미세조류에 대한(open pond에서의 생산시) $2000 l ha^{-1}$의 바이오디젤 수율 [17]]. (2) 이들은 수용액 매질에서 성장하지만 육생농작물보다도 더 적은 양의 물을 필요로 하므로 신선한 물 공급원에 대한 부하를 줄이게 된다[18]. (3) 미세조류는 비경지에서 염수에서 배양될 수 있으므로 경지 사용 변경을 초래하지 않으며 관련된 환경영향을 최소화하며[19] 동시에 농작물로부터 유도되는 식품, 사료 그리고 다른 제품의 생산에 손상을 미치지 않는다[20]. (4) 미세조류는 빠른 성장가능성을 가지며 많은 미세조류종은 바이오매스 20-50%(dry wt.)에서 오일 함유량을 갖는다. 지수 성장률은 3.5시간처럼 짧은 기간 내에 그들의 바이오매스가 두 배로 될 수 있다[20-22]. (5) 대기질 유지와 향상에 관해서 미세조류 바이오매스 생산은 폐 CO_2의 생물학적 고정 (biofixation)을 초래할 수 있다(1kg의 건조한 조류 바이오매스는 약 1.83kg의 CO_2를 이용한다[20]. (6) 미세조류 배양을 위한 자양분(특히 질소와 인)은 폐수로부터 얻어질 수 있으므로 성장매질을 제공함과는 별도의 문제로 농식품 산업으로부터의 유기 방출물의 처리에 대한 이중의 가능성이 있다[23]. (7) 조류의 배양은 제초제와 농약의 사용을 필요로 하지 않는다[24]. (8) 이들은 오일 추출 후 사료 혹은 비료로서 사용되는 에탄올 혹은 메탄을 생산하기 위해 발효되는[25] 단백질과 잔류 바이오매스와 같은 가치 있는 부산물을 또한 생산할 수 있다[22]. (9) 조류 바이오매스의 생화학적 조성은 성장조건을 변화시킴으로써 조절될 수 있으므로 오일 수율은 상당히 향상된다[26]. (10) 미세조류는 '바이오수소'의 광 생물학적 생산을 할 수 있다[27]. 가능한 바이오연료 생산, CO_2 고정, 바이오수소 생산 그리고 폐수의 생물학적 처리는 미세조류의 가능한 응용분야의 배경이다.

바이오연료 자원으로서 고유한 가능성에도 불구하고 지속 가능한 생산과 이용을 고려할 수 있었던 조류 바이오연료 기술의 상업적으로 실행 가능한 개발을 위해 해결되어야 하는 많은 과제가 있다. 방해하는 많은 도전적 사항이 있다. 이들에는 다음과 같은 것이 포함된다. (1) 미세조류종의 선택에 따라서 바이오연료 생산과 유용한 부산물의 추출을 위한 필요조건의 균형을 잡아야 한다[28]. (2) 생산시스템 계속된 개발을 통해서 더 높은 광합성 효율성을 이룸[29]. (3) 단일 미세조류종의 배양, 기화감소 그리고 CO_2 확산손실에 대한 기술의 개발[30]. (4) 물의 펌핑, CO_2 이전, 수확과 추출 과정에서의 필요값을 산정 후 네거티브한 에너지 밸런스에 대한 가능성[31]. (5) 가동인 상용 플랜트가 적음으로써 대규모 플랜트에 대한 데이터가 부족하다[32]. (6) NO_x와 SO_x와 같은 유해한 화합물의 존재 때문에 높은 농도로는 부적당한 배연가스의 혼합[33].

지속 가능성은 천연자원 운용 혹은 개발에 있어서 핵심이며 그것은 가동상의, 환경적인 그리고 사회적이고 경제적인 고려사항을 포함한다. 이들 모두는 서로 의존한다. 이 장에서는 미세조류로부터 바이오연료 생산에 관한 최신기술을 개략적으로 고찰키로 한다. 이 장의 독특한 점은 조류 바이오매스의 생산, 바이오연료와 부산물의 회수공정 그리고 조류계 CO_2 완화(경감)와 폐수처리로부터 바이오연료 생산공정과 위의 내용의 상호의존성에 관해서 기술한 점이다. 각 분야에서의 지식의 격차로 인해서 조류계 바이오연료 기술의 지속 가능한 개발을 목표로 한 연구와 혁신이 이루어졌다.

02 미세조류의 생물학

　조류(Algae)는 가장 오래된 생명체 중의 하나로서 인식되었다[34]. 이들은 태고식물(엽상식물)이며 재생세포가 계속 증식을 하며, 그들의 일차적인 광합성 색소로서 chlorophy11 a를 갖는다[35].

　Prokaryotic cells(cyanobacteria)는 membrane-bound organelles (plastids, mitochondria, nuclei, Golgi bodies, flagella)가 부족하며 조류보다도 오히려 박테리아에 더 가깝다. Eukaryotic cells는 일반적인 조류의 많은 다른 타입으로 구성되며 세포의 작용을 조절하는, 그리고 그것이 살아남고 번식하도록 하는 이들 세포기관을 가진 Eukaryotes는 그들의 착색, 라이프 사이클 그리고 기본적인 세포구조에 의해 주로 정의되는 다양한 종으로 분류된다[36]. 가장 중요한 종은 다음과 같다: 녹조류(*chlorophyta*), 홍조류(*Rhodophyta*) 그리고 diatoms (*Bacillariophyta*), 조류는 (*autotrophic* 독립영양) 혹은 (*heterotrophic* 종속영양)이다; 전자는 CO_2, 염 그리고 성장을 위한 빛에너지원과 같은 무기 화합물만을 필요로 하며; 동시에 후자는 비 광합성적이므로 에너지 공급원으로서 자양분뿐만 아니라 유기 화합물의 외부 공급원을 필요로 한다.

　약간의 광합성 조류는 mixotrophic이며 다시 말해서 이들은 광합성을 실행하고 exogenous 유기 자양분을 획득할 수 있는 능력을 갖는다[35]. (Autotrophic 자급영양) 조류에 대해서 광합성은 이들의 생존의 핵심성분이며 그것에 의해서 그들은 태양 복사선과 클로로플래스트에 의해서 흡수되는 CO_2를 ATP(adenosine triphosphate)와 O_2 그리고 유용한 에너지로 전화시키며 이것은 성장을 돕기 위한 에너지를 생산하기 위해 호흡과정에서 사용된다[34,37]

03 미세조류 바이오매스 생산을 위한 기술

　자연적 성장조건 하에서 광합성 독립영양 조류(phototrophic algae)는 햇빛 그리고 공기로부터의 이산화탄소와 수중 서식지로부터의 자양분을 흡수한다. 그러므로 인공

생산은 복제를 시도하고 최적 자연적 성장조건을 강화(향상)시켜야 한다.

상업적인 조류 생산을 위한 자연조건의 사용은 천연자원으로서 햇빛을 사용하는 유리한 점을 갖는다[38]. 그러나 이것은 주간 사이클과 계절적 변화 때문에 입수 가능한 햇빛에 의해서 제한된다. 그것에 의해서 높은 태양복사선을 갖는 지역으로 상업적 생산의 실행가능성을 제한하게 된다. 옥외 조류생산 시스템에 대해서 빛은 일반적으로 제한인자이다[29]. 햇빛을 포함한 자연적인 성장조선에 있어서의 제한을 해결하기 위해서 형광램프을 사용하는 인공수단이 파일럿 규모의 단계에서(photorophic) algae의 배양에 대해서 사용된다[39]. 인공조명은 연속적 생산을 고려하지만 현저하게 더 높은 에너지 투입에 의해서 이루어진다. 종종 인공조명을 위한 전력공급이 화석연료로부터 유도되어서 가격 경쟁력 있는 연료를 개발하고 저탄소 시스템을 증가시키고자하는 근본적인 목표에 위배된다. 인공조명의 광원을 선택하기 위하여 다른 조류군에서 여러 가지 양으로 존재하는 주요한 조류 부속 색소의 흡수 스펙트라를 이해하는 것이 중요하다. 예를 들면 diatoms는 일반적으로 chlorophy11s a와 c 그리고 fucoxanthin를 포함하는 광합성 색소를 가지며 반면 녹조류는 chlorophy11s a와 b 그리고 zeaxanthin을 포함한다.

미세조류는 3가지의 다른 공급원으로부터의 CO_2, 그리고; 용해성 탄산염으로 대기로부터의 CO_2; 중공업으로부터의 방출가스에서의 CO_2, 그리고; 용해성 탄산염으로부터의 CO_2[8]. 천연 성장 조건 하에서 미세조류는 공기로부터의 CO_2를 동화시킨다(360ppmv CO_2를 포함한다). 대부분의 미세조류는 상당히 더 높은 수준의 CO_2를 다루고 이용할 수 있는데, 그 양은 전형적으로 150,000ppmv까지이다[7,40]. 그러므로 일반적인 생산 유니트에서는 CO_2는 파워플랜트와 같은 외부 공급원으로부터 혹은 Na_2CO_3와 $NaHCO_3$와 같은 용해성 탄산염의 형태로 조류 성장매질로 투입된다[45,46].

조류의 생산을 위해 요구되는 다른 무기 자양분은 질소, 인 그리고 실리콘을 포함한다[47]. 어떤 조류종은 NO_x의 형태로 공기로부터의 질소를 고정시킬 수 있는 반면[48,49] 대부분의 미세조류는 가장 좋은 공급원인 우레아에 의해서 용해성 형태로 그것을 필요로 한다[50]. 인(P)은 이보다도 덜 중요하며 조류의 성장 사이클 동안 매우 소량이 요구되지만[51] 인산염 이온은 금속이온과 결합함으로 첨가된 P 모두가 생체이용될 수 없기 때문에 과량의 기본적인 요구량으로 공급되어져야 한다[20]. 실리콘의 중요성은 diatoms와 같은 어떤 일정한 조류군의 생산적 성장에 제한된다[52].

모두가 자연적인 성장과정을 따르는(photoautotrophic 광합성적 독립영양) (heterotrophic 종속영양) 그리고 (mixotrophoic 혼합영양) 생산을 포함하는 3가지의 독특한 조류생산 메커니즘에 관해서 고찰하기 한다. (Photoautotrophic 광합성적 독립영양) 생산은 영양자급 광합성이며, (heterotrophic 종속영양) 생산은 성장을 자극하기 위해 유기물질(예, 글루코스)을 필요로 하며, 반면 어떤 조류종은(mixtrophic 혼합영양) 생산과정으로 영양자급 광합성과 유기 화합물의(heterotrophic 종속영양) 동화작용을 겸비할 수 있다.

3.1 광합성적 독립영양(Photoautotrophic) 생산

최근에 광합성적 독립영양(photoautotrophic) 생산은 비에너지 생산을 위한 조류 바이오매스의 대규모 생산을 위한 기술적으로 그리고 경제적으로 실행 가능한 유일한 방법이다[53]. 개발되었던 2가지 시스템은 open pond와 closed photobioreactor 기술에 기초한다[54]. 각 시스템의 실행 가능성은 사용된 선택된 조류종뿐만 아니라 기후조건과 부지와 사용되는 물의 비용과 같은 고유한 본직적인 성질에 의해서 영향을 받는다[55].

3.1.1 Open pond 생산시스템

Open pond 생산시스템에서의 조류배양은 1950년대 이래 사용되어져 오고 있다[54]. 이들 시스템은 천연수를 사용하는 것(lakes, lagoons 그리고 ponds) 그리고 인공 ponds 혹은 용기로 분류될 수 있다. Raceway ponds는 가장 보편적으로 사용되는 인공시스템이다[56]. 이들은 전형적으로 조류 성장과 생산성을 안정화시키기 위해 요구되는 혼합과 순환으로서 일반적으로 0.2m~0.5m 사이의 깊이로 된 폐쇄된 루우프 타원 모양의 재순환 채널(그림1)로 만들어진다. Raceway ponds는 보편적으로 콘크리트로 지어지지만 백색 플라스틱으로 된 소형의 간결한 earth-line ponds가 또한 사용되어졌다. 연속적인 생산 사이클에서 조류즙과 자양분은 paddle wheel의 앞에서 투입되며 루우프를 거쳐서 수확추출점으로 순환된다. Paddlewheel은 침전화를 방지하기 위해서 연속적으로 가동된다. 미세조류의 CO_2 필요량은 보편적으로 표면 공기로부터 충족되지만 수중 공기 공급장치가 CO_2 흡수를 강화시키기 위해 설치된다[57].

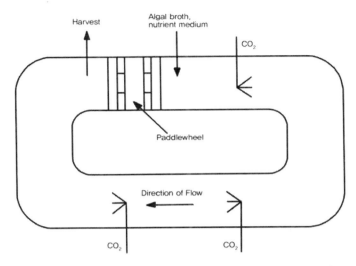

[Fig 1] Plan view of a raceway pond. Algae broth is introduced after the paddlewheel, and completes a cycle while being mechanically aerated with CO_2. It is harvested before the paddlewheel to start the cycle again(adapted from chisti[20])

Closed photobioreactors와 비교할 때 (표1) open pond는 대규모 조류 바이오매스 생산의 더 값싼 방법이다. Open pond 생산은 필연적으로 존재하는 농업작물과 경지에 대해서 경쟁하지는 않는데, 그것은 이들이 한계 농작물 생산 잠재력을 갖는 지역에서 충족될 수 있기 때문이다[58]. 이들은 또한 더 낮은 에너지 투입 필요량을 가지며[24], 그리고 정기적인 정상적인 유지보수와 청소가 더 쉬우며[30] 그러므로 많은 순 에너지 생산으로 되돌아가기 위한 가능성을 갖는다[24]. 2008년에 open pond system에서 일반적으로 배양되는 조류종 중에서 하나인 *Dunaliella salina*를 생산하는 단위비용은 건조한 바이오매스 기준으로 약 €2.55/kg이었는데, 이것은 너무 높아서 바이오연료에 대한 생산을 정당화시킬 수 없는 것으로 생각된다.

Open pond systems는 다른 조류종과 protozoa로부터의 오염의 징후 때문에 매우 선택적인 환경을 필요로 한다[29]. 단일재배 방식의 배양은 비록 단지 소수의 조류종만이 적당하다 할지라도 극단적인 배양환경의 유지에 의해서 가능하다. 예를 들면, *Chlorella*(자양분이 풍부한 매질에서 적응할 수 있는), *D.salina*(매우 높은 염도에 적응할 수 있는) 그리고 *Spirulina*(높은 염기성에 적응할 수 있는)는 그러한 극단적인 환경 하에서 성장한다[54]. 대규모 단일재배 방식의 배양의 한 예는 호주 서부의 Hutt-Lagoon의 극히 호염적인 물에서 β-carotene에 대한 *D.salina*의 생산이다[29]. 그러나 그러한 접근방법에 대한 기 생산기간은 박테리아의 그리고 다른 생물학적 오염을 반드시 제외하지는 않는다[60].

[Table 1] Advantages and limitations of open ponds and photobioreactors

Production system	Advantages	Limitations
Raceway pond	Relatively cheap Easy to clean Utilises non-agricultural land Low energy inputs Easy maintenance	Poor biomass productivity Large area of land required Limited to a few strains of algae Poor mixing, light and CO_2 utilisation CUltures are easily contaminated
Tubular photobioreactor	Large illumination surface area Suitable for outdoor cultures Relatively cheap Good biomass productivities	Some degree of wall growth Fouling Requires large land space Gradients of pH, dissolved oxygen and CO_2 along the tubes
Flat plate photobioreactor	High biomass productivities Easy to sterilise Low oxygen build-up Readily tempered Good light path Large illumination surface area Suitable for outdoor cultures	Difficult scale-up Difficult temperature control Small degree of hydrodynamic stress Some degree of wall growth
Column photobioreactor	Compace High mass transfer Low energy consumption Good mixing with low shear stress Easy to sterilise Reduced photoinhibition and photo-oxidation	Small illumination area Expensive compared to open ponds Shear stress Sophisticated construction

바이오매스 생산성에 관해서 open pond system는 closed photo-bioreactors와 비교할 때 덜 효과적이다[20]. 이것은 기화손실, 성장 매질에서의 온도변동, CO_2 부족, 비효과적인 혼합 그리고 빛의 제한을 포함한 여러 결정인자에 기인될 수 있다. 비록 기화손실이 냉각에 순 기여를 한다 할지라도 그것은 조류 성장에 해로운 영향을 미치는 성장매질의 이온조성에 있어서의 현저한 변화를 또한 초래한다[32]. 주간 사이클과 계절적 변화에 기인한 온도 변동은 open ponds에서 조절하기 어렵다[20]. 대기 중으로의 확산에 기인한 가능한 CO_2 결핍은 덜 효과적인 CO_2의 이용 때문에 감소된 바이오매스 생산성을 초래한다. 또한 효과적이지 못한 저어주는(교반)장치에 의한 좋지 못한 혼합은 좋지 못한 바이오매스-CO_2 전달률을 초래하여서 낮은 바이오매스 생산성을 초래한다[30]. 상단층 두께에 기인한 빛의 투사제한은 감소된 바이오매스 생산성을 초래한다. 그러나 빛 공급의 향상시킴은 층의 두께를 감소시킴으로써 가능하다. 얇은 층의 경향을 나타내는 타입의 배양시스템과 향상된 혼합을 사용함은 이들 영향

을 최소화시킬 수 있어서 바이오배스의 생산성을 향상시킬 수 있다[20,30,32,61].

높은 조류 바이오매스 생산율이 open pond systems에 의해서 달성할 수 있다. 그러나 문헌에 보고된 생산율(이 일치하지 않는다)에 있어서 불일치가 있다(표2). Jimenez 등[56]은 Spain Malaga에 있는 8.2g/m^2·day(dry wt.)의 바이오매스를 생산하는 450m^2와 0.30m 깊이의 raceway pond system으로부터의 자료를 사용할 때 30tonnes(dry wt.)의 연간 바이오매스 생산율을 추정하였다. 비슷한 배양 깊이와 1g/1 까지의 바이오매스 농도를 사용할 때 Becker[62]는 10–25 g/m^2·day(dry wt.)의 범위로 바이오매스 생산성을 추정하였다.

그러나 그러한 높은 바이오매스 생산성을 달성하였던 대규모 생산을 위한 유일한 open pond system은 *Chlorella*의 생산을 위해 Setlik 등[61]에 의해서 개발된 기울어진(경사진) 시스템이다. 이 시스템에서 25 g/m^2·day의 추정된 생산성으로 10g/1보다도 더 높은 바이오매스 농도가 얻어졌다. Weissman과 Tillett[63]는 미국 뉴멕시코 주에 소재한 옥외(실외) open pond(0.1ha)를 가동하였으며 혼합된 조유종(4가지 종)의 배양으로 37tonnes/ha(dry wt.)의 평균적인 연간 바이오배스 생산율을 얻었으며 가장 높은 수율은 연중 가장 따뜻한 7개월로 제한되었다.

[Table 2] Biomass productivity figures for open pond production systems

Algae species	X_{max} (gl^{-1})	P_{aerial} (gm^{-2}day^{-1})	P_{volume} (gl^{-1}day^{-1})	PE (%)	Reference
Chlorella sp.	10	25	–	–	[61]
N/A	0.14	35	0.117	–	[20]
Spirulina platensis	–	–	0.18	–	[214]
Spirulina platensis	0.47	14	0.05	–	[56.80]
Haematococcus pluvialis	0.202	15.1	–	–	[77]
Spirulina	1.24	69.16	–	–	[215]
Various	–	19	–	–	[63]
Spirulina platensis	0.9	12.2	0.15	–	[216]
Spirulina platensis	1.6	19.4	0.32	–	[216]
Anabaena sp.	0.23	23.5	0.24	>2	[49]
Chlorella sp.	40	23.5	–	6.48	[91]
Chlorella sp.	40	11.1	–	5.98	[91]
Chlorella sp.	40	32.2	–	5.42	[91]
Chlorella sp.	40	18.1	–	6.07	[91]

3.1.2 Closed photobioreactor systems

[Table 3] Biomass productivity figures for closed photobioreactors

Species	Ractor type	volume (l)	X_{max} (gl^{-1})	P_{aerial} $(gm^{-2}day^{-1})$	P_{volume} $(gl^{-1}day^{-1})$	PE(%)	Reference
Porphyridium cruentum	Airlift tubular	200	3	–	1.5	–	[217]
Phaeodactylum tricornutum	Airlift tubular	200	–	20	1.2	–	[218]
Phaeodactylum tricornutum	Airlift tubular	200	–	32	1.9	2.3	[65]
Chlorella sorokiniana	Inclined tubular	6	1.5	–	1.47	–	[67]
Arthrospira platensis	Undular row tubular	11	6	47.7	2.7	–	[219]
Phaeodactylum tricornutum	outdoor helical tubular	75	–	–	1.4	15	[96]
Haematococcus pluvialis	Parallel tubular(AGM)	25,000	–	13	0.05	–	[74]
Haematococcus pluvialis	Bubble column	55	1.4	–	0.06	–	[220]
Haematococcus pluvialis	Airlift tubular	55	7	–	0.41	–	[220]
Nannochloropsis sp.	Flat plate	440	–	–	0.27	–	[221]
Haematococcus pluvialis	Flat plate	25,000	–	10.2	–	–	[77]
Spirulina platensis	Tubular	5.5	–	–	0.42	8.1	[222]
Arthrospira	Tubular	146	2.37	25.4	1.15	4.7	[223]
Chlorella	Flat plate	400	–	22.8	3.8	5.6	[43]
Chlorella	Flat plate	400	–	19.4	3.2	6.9	[43]
Tetraselmis	Column	ca.1,000	1.7	38.2	0.42	9.6	[224]
Chlorococcum	Parabola	70	1.5	14.9	0.09	–	[225]
Chlorococcum	Doma	130	1.5	11.0	0.1	–	[225]

Closed photobioreactor 기술에 기초한 미세조류 생산은 기술된 open pond 생산시
스템과 관련된 주요한 문제점을 극복하기 위해 디자인되었다. 예를 들면, open pond
systems에 따른 오염 위험성은 제약과 화장품 산업에서의 사용을 위한 고부가 가치
제품의 제조를 위한 그들의 사용을 불가능하게 한다[30]. 또한 open pond 생산과는

달리 photobioreactors는 더 낮은 오염 위험성으로 연장된 기간 동안 단일 미세조류의 배양을 가능케 한다[20]. Closed systems에는 tubular, flat, plate 그리고 column photobioreators가 포함된다. 이들 시스템은 폐쇄된 구조가 가능한 오염의 조절을 더 용이하게 하기 때문에 민감한 종에 대해서 적당하다. 얻어진 더 높은 바이오매스 생산성 때문에 (표3) 수확비용은 또한 현저하게 감소될 수 있다. 그러나 폐쇄된 시스템의 비용은 open pond systems보다도 상당히 더 높다[64].

Photobioreactors는 그림 2에 나타낸 바와 같이 일직선의 평행한 유리나 플라스틱 튜브의 배열로서 구성된다[30]. 관 모양의 배열은 햇빛을 잡으며 그리고 수평적으로 [65], 수직적으로[66], 경사진[67] 혹은 나선형으로서[68] 배열될 수 있으며 튜브는 직경이 일반적으로 0.1m 혹은 그 이하이다[20]. 조류 배양물은 기계적인 펌프 혹은 공기 부양 시스템으로 재순환시키며 후자인 경우 액체 매질과 부양공기 사이에서 CO_2와 O_2를 교환하게 할 뿐만 아니라 혼합을 위한 기계장치(과정을)를 제공하게 된다[69]. 교반과 혼합은 튜브에서의 가스교환을 촉진시키기 위해 매우 중요하다.

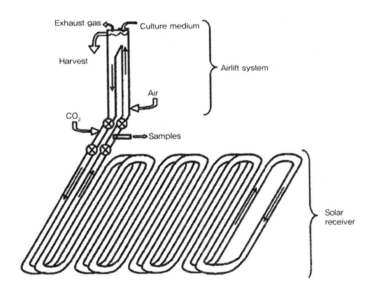

[Fig 2] Basic design of a horizontal tubular photobioreactor(adapted from Becker [62]).Two main sections: airlift system and solar receiver; the airlift systems allow for the transfer of CO_2. into the system as well as providing a means to harvest the biomass. The solar receiver provides a platform for the algae to grow by giving a high surface area to Vlulume ratio.

폐쇄된 시스템의 몇몇 가장 초기의 형태는 조명에 노출된 큰 표면적[30]과 관찰된 광합성적 독립영양의 세포의 높은 밀도(>80gl⁻¹)[71] 때문에 많은 연구 관심을 이끌었던[71] flat-plate photobioreactors[70]이다. 반응기는 최대 태양에너지 포획을 나타내는 투명한 재료로서 만들어지며 밀집된 배양물의 얇은 층이 flat plate (평평한 판)을 가로 질러서 흐르며[71,72] 이것은 수 밀리미터의 두께에서 복사선의 흡수를 가능하게 한다. Flat-plate photobioreactors는 관식(tubular) 버전과 비교하였을 때 용존산소의 낮은 축적과 달성되는 높은 광합성률 때문에 조류 매스 배양물에 대해서 적당하다[73].

Tubular photobioreactors는 튜브의 길이에서 대자인 제한을 나타내는데, 그것은 그리고 시스템에서 가능한 O_2의 축적, CO_2의 고갈 그리고 pH 변화에 의존한다[69]. 그러므로 이들은 불명확하게 규모를 확장할 수는 없다. 그래서 대규모 생산플랜트는 다중 반응기 유니트의 통합에 기초한다. 그러나 tubular photobioreactor는 이들이 햇빛에 더 큰 표면적을 노출시키기 때문에 실외 조류매스 배양에 대해서 더 적당한 것으로 생각된다. 가장 큰 폐쇄된 photobioreactors는 tubular이며 예로서 하와이, Mera Pharmaceuticals에서의 $25m^3$ 플랜트이며 독일 Klötze에 소재한 $700m^3$ 플랜트이다[32].

Column photobioreactors는 가장 효과적인 혼합, 가장 높은 부피 질량 전달률 그리고 가장 좋은 조절 가능한 성장조건을 제공한다[69]. 이들은 낮은 비용이고 작고 간결하며, 그리고 가동이 용이하다. 수직 칼럼은 바닥으로부터 부양되며 투명한 벽을 통해서[69] 혹은 내부적으로[75] 조명된다. 이들의 성능은 tubutar photobioreactors에 필적한다[76].

폐쇄된 photobioreactors는 최근 주요한 연구의 관심대상이 되어오고 있다. Open reacway ponds와 비교되는 closed photobioreactors를 사용한 파일럿 규모 생산의 현저한 확산은 더 엄격한 공정제어와 잠재적으로 더 높은 바이오매스 생산율, 그래서 잠재적으로 바이오연료와 부산물 생산의 더 높은 생산성에 기인될 수 있었다.

3.1.3 혼성 생산시스템

혼성 2단계 배양은 photobioreactors와 open ponds에서의 별개의 독특한 성장단계를 결합한 방법이다. 첫 번째 단계는 제어 가능한 조건들이 다른 유기체로부터의 오염을 최소화하고 연속적인 세포분열에 유리한 photobioreactor에서이다. 두 번째 생산단계는 세포를 자양분 스트레스에 노출시키고자 함이며 이것은 요구되는 지질 생성물의 합성을 향상시킨다[24,77]. 이 단계는 생산을 자극하는 환경적 스트레스는 photobioreactors로부터 open pond로 배양물의 이전을 거쳐서 자연적으로 일어날 수 있기 때문에 open pond systems에 적합하다.

Huntley와 Redalje[77]는 Haematococcus pluvialis로부터 오일과 astaxanthin(연어 사료로 사용되는)의 생산을 위한 그러한 2단계 시스템을 사용하였으며 연간 24toe ha^{-1}의 최대 생산율로서 연간 >10toe ha^{-1}의 연간 평균 미생물 오일 생산율을 달성하였다. 이들은 또한 비슷한 조건 하에서 연간 76toe ha^{-1}까지의 생산율은 더 높은 오일 함유량과 광합성 효율을 갖는 조류종을 사용하며 실행 가능하였다고 또한 발표하였다.

개념적 2단계 오일 생산공정은 Rodolfi 등[24]에 의해서 기술되었으며 여기서 생산 플랜트의 22%는 N-충분한 조건 하에서의 바이오매스 생산에 의해 제공되었으며 반면 플랜트의 78%는 N-불충분한(결여된) 조건 하에서의 오일생산에 할당되었다. 이 공정은 90kg ha^{-1}/day(첫 번째와 두 번째 단계에서 각각 10 그리고 80kg ha^{-1}/day와 동등한 지질생산을 달성하였다. Rodolfi 등[24]은 또한 그러한 혼성시스템은 20toe ha^{-1}의 연간 지질생산율을 줄 수 있었으며 더 유리한 열대기후에서 생산시스템에 대해서 30toe ha^{-1}처럼 높은 생산율이 이루어질 수 있었다고 단정하였다[24].

3.2 종속영양 생산(Heterotrophic production)

종속영양 생산(Heterotrophic production)은 또한 조류 바이오매스와 신진대사에 필요한 물질에 대하여 성공적으로 사용되어졌다[78,79]. 이 공정에서 미세조류는 교반되는 탱크 생체 반응기 혹은 발효조에서 글루코오스와 같은 유기 탄소 기질에서 성장한다. 조류의 성장은 빛 에너지에 독립적이며 더 작은 반응기 표면/부피 비율이 사용되어지기 때문에[80] 훨씬 더 간단한 규모확장 가능성을 고려하였다. 이들 시스템은 높은 성장조절 정도를 제공하며 또한 달성된 더 높은 세포밀도 때문에 더 낮은 수확비용을 제공한다[81]. 과정순환이 광합성 과정을 거쳐서 유기 탄소 공급원의 초기 생산을 포함하기 때문에 비록 시스템이 광합성적 미세조류의 생산보다도 더 많은 에너지를 사용한다 할지라도 설치비용은 최소이다[20].

Li 등[82]은 Chlorella protothecoides의 종속영양 배양에 기초한 대규모 바이오디젤 생산에 대한 실행가능성에 관하여 개설하였다. 다른 연구 또한 open ponds(표 2) 혹은 closed photobioreactors(표 3)에서 광합성적 독립영양(photoautotrophic) 방법과 비교되는 종속영양(heterotrophic) 또한 *C. protothecoides*를 연구하였으며 종속영양 세포에서의 지질함유량은 55%처럼 높을 수 있었으며 이것은 비슷한 조건 하에서 광합성적 독립영양에서의 15%보다도 4배 더 높은 값이라는 사실을 밝혔다. 그래서 그들은 종속영양 배양은 바이오매스의 더 높은 생산과 세포에서의 높은 지질함유량의 축적을 초래할 수 있었다.

[Table 4] Biomass productivity figures for heterotrophic microalgae cultures

Species	Produvt	Culture	X_{max} (gl^{-1})	Total lipid (%)	P_{volume} $(gl^{-1}day^{-1})$	Reference
Goldieria sulphuraria	C-phycocyanin	continuous	83.3	–	50.0	[226]
Goldieria sulphuraria	C-phycocyanin	Fed-batch	109	–	17.50	[226]
Chlorella protothecoides	Biodiesel	Fed-batch	3.2	57.8	–	[227]
Chlorella protothecoides	Biodiesel	Fed-batch	16.8	55.2	–	[227]
Chlorella protothecoides	Biodiesel	Fed-batch	51.2	50.3	–	[227]
Chlorella	Docosahexaenoic acid	Fed-batch	116.2	–	1.02	[228]
Crypthecodinium cohnii	Docosahexaenoic acid	Fed-batch	109	56	–	[229]
Crypthecodinium cohnii	Docosahexaenoic acid	Fed-batch	83	42	–	[230]
Chlorella	N/A	Fed-batch	104.9	–	14.71	[228]
Chlorella protothecoides	Biodiesel	Fed-batch	15.5	46.1	–	[82]
Chlorella protothecoides	Biodiesel	Fed-batch	12.8	48.7	–	[82]
Chlorella protothecoides	Biodiesel	Fed-batch	14.2	44.3	–	[82]

3.3 혼합영양(Mixotrophic) 생산

많은 조류 생물체는 이들이 광합성뿐만 아니라 먹이나 유기물질을 섭취할 수 있다는 것을 의미하는 성장을 위한 신진대사 과정(광합성적 독립영양 혹은 종속영양)을 사용할 수 있다[83,84]. 혼합영양 매스가 유기기질을 처리할 수 있는 능력은 다름 아닌 세포성장이 광합성에 엄밀히 의존치 않으므로 빛 혹은 유기 탄소기질이 성장을 유지시켜줄 수 있기 때문에[79] 빛 에너지가 성장을 위한 절대적인 제한인자가 아니라는 사실을 의미한다[85]. 성장을 위한 혼합 영양방식의 신진대사 과정을 나타내는 미세조류의 예들은 cyanobacteria인 *Spirulina platensis* 그리고 녹조류인 *Chlamydomonas reinhardtii*이다[79]. 광합성 신진대사는 성장을 위해 빛을 이용하는 반면 호기성 호흡(aerobic respiration)은 유기탄소원을 사용한다[84]. 성장은 밝은 그리고 어두운 상 동안 글루코오스에 의한 매질분에 의해서 영향을 받으므로 어두운 상 동안 적은 바이오매스 손실이 있다[85].

혼합영양 조류의 성장률은(표5) closed photobioreactors에서의 광합성적 독립영양 조류의 배양(표3)에 필적한다. 성장률은 open pond 배양(표2)에 대해서보다도 더 높지만 종속영양 생산(표4)에 대해서보다도 상당히 더 낮다. Chojnacka와 Noworyta[86]는 광합성적 독립영양, 종속영양 그리고 혼합영양 배양에서의 *Spirulina sp.*의 성장에 관해서 비교하였다. 그들은 혼합영양 배양은 광억제(photoinhibition)를 감소시켰으며 광합성적 독립영양과 종속영양 배양에 비해서 성장률을 향상시켰다. 혼합영양 조류의 성공적인 생산은 주간순환 동안 광합성적인과 종석영양적인 성분의 통합을 허용한다. 이것은 야간에서의 호흡과정동안 바이오매스 손실의 영향을 감소시키며 성장 동안 사용되는 유기물질의 양을 감소시킨다. 이들 특징은 혼합영양 생산이 미세조류-바이오연료 공정의 중요한 부분일 수 있다는 사실을 추론하게 한다.

[Table 5] Biomass productivity figures for microalgae mixotrophic cultures

Species	Organic carbon source	$\mu_{max}(day^{-1})$	$X_{max}(gl^{-1})$	P_{volume} $(gl^{-1} day^{-1})$	Reference
Spirulina platensis	Glucose	0.62	2.66	–	[79]
Spirulina platensis	Acetate	0.52	1.81	–	[79]
Spirulina sp.	Glucose	1.32	2.50	–	[86]
Spirulina platensis	Molasses	0.147	2.94	0.32	[85]

3.4 미세조류 생산과 바이오연료의 생산성 인자

미세조류계 바이오연료 자원은 화학적 형태로 태양에너지의 수집, 전환 그리고 저장에 대한 메커니즘을 제공한다. 바이오연료 생산에 대해서 경제적으로 생존 가능한 생산을 결정할 때 인용된 주요한 주된 인자는 다음과 같은 사항을 포함한다. 생산성

(즉 바꿔 말하며 해당 종의 선택, 광합성 효율성 그리고 지질의 생산성), 생산 및 수확 비용[55]. 광합성 효율성은 광합성적 조류에 대해서만 적절하다. 종속영양적으로 배양된 조류에 대해서는 슈가의 이용이 더 적절하다.

3.4.1 미세조류 바이오연료 생산에 미치는 광합성 효율성(PE)의 영향

광합성률(PE)은 광합성적 독립영양 성장 동안 화학에너지로서 고저되는 빛에너지의 분율이다[87]. 빛 스펙트럼으로부터 전체 에너지의 42.3%를 나타내는 400~700nm 사이의 파장의 PAR(photosynthetic active radiation, 광합성 활성 복사선만이 포집된다. 포집된 에너지는 다음과 같은 반응식에 의해서 요약되는 공정에서 CO_2 와 H_2O 분자를 이용함으로써 탄수화물을 생산하기 위해 calvin cycle에서 사용된다.

$$6CO_2 + 12H_2O + photons \rightarrow C_6H_{12}O_6 + 6O_2 + 6H_2$$

기본적인 탄수화물 (CH_2O) 1몰, O_2 1분자, 그리고 H_2 1분자를 발생시키기 위해서 최소 18개의 광자가 요구된다[88,89]. 단일 광자의 평균에너지 함유량은 218kJ/mol이다: CH_2O 1몰에 포함된 에너지가 대략 467kJ (글루코오스의 에너지 함유량의 $\frac{1}{6}$)일 때 태양에너지/화학에너지의 에너지 전환 효율은 대략 27%이다. 그러나 단지 PAR(42.3%)만이 광합성과정 동안 이용될 수 있기 때문에 최대 PE는 11.3%로 추정된다. 그것이 효율성과 전환을(예를 들면, 광포화, 광호흡 그리고 좋지 못한 빛의 흡수)를 감소시킬 수 있었고 PE를 현저하게 감소시킬 수 있었던 다른 인자를 설명하지 못하기 때문에 이 추정된 값은 PE의 이론적 상한값이다. 그러한 영향을 미치는 인자 때문에 대부분의 육생식물은 전형적으로 1%와 2% 사이의 전 세계 평균값으로서 이론적 추정값 보다도 훨씬 아래에서 PE수준에 이른다[88].

그들의 간단한 구조는 육생식물과 비교하였을 때 조류가 상당히 더 높은 PE 값에 이르도록 허용한다. 예를 들면, Doucha와 Lívanský[90,91] 그리고 Hase 등[92]의 *Chlorella* sp.에 관한 연구에서는 각각 7.05%, 6.48% 그리고 6.56%의 PAR-계 PE값을 기록하였다. *Synechococcus* sp.는 2~4% 사이의 PE값을 갖는 것으로 밝혀졌던 반면 8.66%[94]의 PE를 갖는 *Chlorella sorokiniana* 그리고 4.15%의 PE를 갖는 *Chlorophyta* sp.는 육생식물과 비교하였을 때 조류에 대해 현저하게 더 높은 값임을 지적해 주었다. 다른 연구서는 [73,77,95] 미세조류에 의해 한층 더 높은 PE값을 성취할 수 있다는 사실이 밝혀졌다. 예를 들면 Hall 등[96] 그리고 Acién Fernandez 등[97]

은 미세조류 Phaeodactylum tricornutum에 대하여 각각 15%와 21.6%의 PE값을 기록하였다. 이 장에서 사용된 기본적인 추정값을 능가하는 다른 결과값에는 Chlorella[98]에 대한 20% PE와 Tetraselmis suecica[99]에 대한 19% PE가 포함된다. 포괄적으로 그동안 개설된 연구결과에서는 미세조류가 바이오연료 생산을 위한 가장 효과적인 바이오매스 자원일 수 있었다는 사실이 밝혀졌다[100].

3.4.2 조류종 선택의 영향

적당한 조류종의 선택은 미세조류로부터 바이오연료 생산의 포괄적인 성공에서 중요한 인자이다[101-103]. 바이오연료 생산을 위한 이상적인 조류종은 다음과 같아야 한다. (1) 높은 지질(lipid) 생산성을 가져야 한다. (2) photobioreactors에서 일반적인 마찰 스트레스에 대해서 강해야 되며 생존할 수 있어야 한다. (3) open pond생산시스템에서 엉뚱한 조류종을 지배할 수 있어야 한다. (4) 높은 CO$_2$ 감소 수용량을 가져야 한다. (5) 제한된 자양분 요구량을 가져야 한다. (6) 주간 사이클과 계절적 변화로부터 초래되는 폭넓은 온도범위에 대하여 적응력이 있어야 한다. (7) 가치 있는 부산물을 제공해야 한다. (8) 빠른 생산성 사이클을 가져야 한다. (9) 높은 PE를 가져야 한다. 그리고 (10) 자체 응집특성을 나타내어야 한다. 알려진 조류종은 모든 이의 요구사항을 동시에 충족시킬 수 없다.

그 위치에서의 그 종 특유의 순응은 상업적인 미세조류 생산에 있어서의 핵심이라는 사실을 주장할 수 있다[102]. 이러한 사실은 조류가 효과적인 환경조건에 노출되도록 하는 것이며 이것은 수입되는 종에 비해서 다른 뚜렷한 명확한 유리한 점이다[102]. de Morais와 Costa[104]는 비록 바이오매스 생산성이 photobioreactors에서의 폐쇄된 시스템에 의한 생산과 비교해서 더 낮았다 할지라도 발전소 근처에 있는 방출수 처리 ponds로부터 분리된 조류(Scenedesmus obliquus 그리고 Chlorella kessleri)은 CO$_2$의 생물학적 고정(biofixation)에 대한 잠재력을 갖는다는 사실을 발견하였다. Yoo 등[105]은 바이오디젤 생산을 위한 높은 수준의 CO$_2$ 성장조건 하에서 3가지의 미세조류종(Botryococcus braunii, Chlorella vulgaris 그리고 Scenedesmus sp.)을 비교하였으며 기능 특이성(function specificity)은 종들의 선택에서 중요한 인자이다. B.braunii는 바이오디젤 생산을 위해 가장 적당하며 Scenedesmus sp.는 CO$_2$ 저감을 위해 적당하다. 바이오연료 생산을 위한 그 지역 특유종의 분리는 기본적인 연구 분야인 것으로 생각되어져야 하지만 주된 유력한 종들이 지질의 생산을 위한 최적의 종이 아닐지도 모르므로 유전자 조작(즉, 유전자 변형)이 요구될지도 모른다[102].

유전공학(즉, 유전자 변형과 신진대사 공학)은 바이오연료 생산을 위한 조류종의 성능에 영향을 미칠 것으로 생각된다[106]. 바이오연료 그리고 단백질과 물질대사에 필요한 물질과 같은 고부가가치 생성물을 생산할 수 있는 녹색 세포 공장으로서 미세조류의 잠재력에 관심이 고조되고 있지만 지금까지 이 분야는 크게 주목받지 못하고 있으며 아직까지는 초기단계이다[107]. 미세조류종 중에 옥외 매스 배양과 바이오연료 생산을 위해 적당한 많은 생물체가 발견된다. 그 결과로서 상대적으로 높은 오일 함유량과 생산성을 갖는 안정한 매스 배양체에 대한 요구를 달성하기 위하여 미세조류를 유전공학적으로 변형시킬 뚜렷한 필요는 없다[24]. USDOE(US Dept. of Energy)의 "ASP(Aquatic Species Program)"에서는 오일 생산 생물체 3,000종을 수집하여 스크리닝, 분리 그리고 특성화 과정을 거친 후 최종 수집된 것은 300종 이하로 압축되었는데 대부분 녹조류와 diatoms이었다[102].

3.4.3 지질(Lipid) 생산성

많은 미세조류종은 자연적으로 높은 지질함유량(약 20~50% dry wt.)을 가짐과 동시에 질소수준의 제어[109-112], 빛의 세기[26,110], 온도[26], 염도[26,112], CO_2 농도[40,104] 그리고 수확과정[40,109]과 같은 성장 결정인자[108]를 최적화시킴으로써 농도를 증가시키는 것이 가능하다. 그러나 바이오매스 생산성과 지질축적은 반드시 서로 상관관계하지 않기 때문에 증가하는 지질 축적은 증가된 지질 생산성을 초래하지는 않을 것이다. 지질축적은 종합적인 바이오매스 생산의 고려 없이 미세조류의 세포 내에 지질의 증가된 농도에 관련된다. 지질 생산성은 세포 내에서의 지질농도와 이들 세포에 의해서 생산되는 바이오매스를 고려함으로 액체 바이오연료생산의 잠재적 비용의 더 유용한 지표이다.

초기의 연구는 바이오디젤 생산을 위한 대규모 open pond 배양에서 배양될 수 있었던 높은 지질 함유량의 미세조류의 분리[63,99,113-115] 그리고 생물학적 배출제어공정으로서 석탄을 사용하는 발전플랜트로부터 CO_2를 포집하는 것[116-118]에 초점이 맞추어졌다. 개설된 연구의 주요한 주된 연구결과는 다음과 같다. (1) 질소 결핍 때문에 조류의 세포에서의 오일축적에서의 증가량은 더 낮은 자양분 수준으로부터 초래되는 더 낮은 총 생산성 때문에 전체 배양물의 오일 생산성에 역비례한다. (2) open pond 생산은 낮은 비용 때문에 전체 배양물의 오일 생산성에 역비례한다. (3) 지속 가능한 높은 생산을 위한 open ponds에서의 오염되지 않은 단일의 그리고 특유한 미세조류 배양물의 유지는 대단히 어렵다.

미세조류 지질축적을 향상시키는 가장 효과적인 방법은 질소제한이며 이것은 지질의 축적을 초래할 뿐만 아니라 또한 FFAs로부터 TAG(triacylglycerol)로 지질조성의 점차적인 변화를 초래한다[109]. TAGs는 바이오디젤로서 전환을 위해 더 유용하다[119]. 미세조류에서의 지질축적은 자양분(전형적으로 질소이지만 diatoms에 대해서는 실리케이트일 수 있다)이 매질로부터 고갈(소모)되거나 혹은 성장제한 인자가 될 때 일어난다. 세포증식은 방지되지만 탄소는 세포에 의해서 동화되고 존재하는 세포 내에 저장되는 TAG 지질로 전화됨으로써 점차적으로 농도를 증가시키게 된다[119]. Wu와 Hsief[112]는 지질 생산성에 미치는 염도, 질소농도 그리고 빛의 세기의 영향에 관해서 조사하였으며 더 전형적인 성장과정과 비교하였을 때 특유한 성장조건에 대해서 지질의 생산에서 76%까지의 증가를 기록하였다. Weldy와 Huesemann[110]은 지질생산에 대해서 미세조류의 퍼센트 지질 함유량은 성장률의 극대화보다도 덜 중요하였다고 주장하였다. 예를 들면, 그들은 N-결핍 배양과 비교하였을 때 N-충분한 조건과 높은 빛의 세기 하에서 더 높은 지질의 생산성($0.46gl^{-1}$per day)을 관찰하였다. Chiu 등[40]은 *Nannochloropsis oculata*에 대해서 최대 바이오매스 그리고 지질 생산성을 달성하기 위해서 2%(v/v) CO_2 농도가 최적이었다는 사실을 관찰하였다. 그들은 바이오매스 수율과 지질 생산에 대하여 각각 $0.48gl^{-1}$/day 그리고 $0.142gl^{-1}$/day을 달성하였다.

04 미세조류 생산에서의 부수적인 부가적 과정

4.1 미세조류에 의한 CO_2 배출의 생물학적 경감(bio-mitigation)

미세조류는 3가지의 다른 배출원으로부터의 CO_2를 포집하기 위해 사용될 수 있다: 대기 중의 CO_2, 발전 플랜트와 산업공정으로부터의 CO_2 배출 그리고 용해성 탄산염으로부터의 CO_2[8]. 대기 중의 CO_2의 포집은 아마도 탄소를 감소시키기 위한 기본적인 방법이며, 그리고 미세조류의 수중 성장환경에서 광합성 동안 공기로부터 미세조류로의 질량이전에 의존한다[8]. 그러나 대기로부터의 가능한 포집은 그것을 경제적으로 실행 불가능하게 만드는 공기 중에서의 낮은 CO_2 농도(360ppm)에 의해서 제한된다[122]. 대조적으로 화석연료를 연소시키는 발전 플랜트로부터의 배연가스 배출로부터의 CO_2 포획은 20%까지의 더 높은 CO_2 농도[7] 그리고 미세조류 생산을 위한 photobioreactor와 raceway pond 시스템에 대한 이 과정의 적응성 때문에 더 좋은 회수를 달성한다. 그러나 단지 몇몇 소수의 조류만이 배연가스에 존재하는 높은 농도의 SO_x와 NO_x에 적응 가능하다. 가스는 또한 성장매질로 주입시키기 전에 냉각시킬 필요가 있다. 수많은 미세조류종은 높은 염 함유량과 초래되는 매질의 높은 pH 때문에 단지 매우 소수의 조류만이 극한 조건에서 성장할 수 있기 때문에 유입되는 종을 제어하는 것은 더 용이하다[8].

CO_2의 생물학적 경감을 위한 적당한 미세조류종의 선택은 생물학적 경감공정의 성능과 비용 경쟁력에 상당한 영향을 미친다. 높은 CO_2 고정에 대한 바람직스러운 특질, 높은 성장과 CO_2 이용률, SO_x 그리고 NO_x와 같은 배연가스의 흔적성분의 높은 허용, 가치 있는 부산물에 대한 가능성, 자발적인 가라앉힘(settling)이나 생물학적 응집 특성과 관련된 수확의 용이함, 배출 배연가스를 냉각시키는 비용을 최소화하기 위한 높은 수온에 대한 내성, 폐수처리에 관련하여 미세조류종을 사용할 수 있다. 단일종은 개설된 유구조건의 모두를 만족시킬 수 없다. 그러나 표 6은 CO_2 경감을 위해 적당한 선택된 미세조류종의 알려진 특성에 관한 데이터를 제공해 준다.

수많은 연구결과는 여러 조건 하에서 생물학적 탄소 포집을 위한 미세조류의 잠재력을 정량화하였다. 스틸 플랜트로부터의 방출 폐수에서 성장한 C. vulgaris는 $0.624 g CO_2\ 1^{-1}$ per day를 성공적으로 격리시켰다[123]. Doucha 등[43]은 미세조류 배양물 속으로 배연가스를 주입시키는 속도가 증가함에 따라서 감소하는 효력과 함께 Chlorella sp.를 사용한 배연가스에서의 CO_2 농도의 10–15%의 감소를 관찰하였다. 그들의 관찰은 다른 연구원들에 의해서 확증되었다. 예를 들면 de Morais와 Costa[124]는 Spirulina sp.를 사용하여 6%(v/v) CO_2에 대해서 37.9%인 가장 높은 평균 고정율로서 주입된 배연가스에서 6%(v/v) CO_2에 대해서 53.29%의 최대 하루당 CO_2 biofixation 그리고 12%(v/v) CO_2에 대해서 45.61%를 얻었다. S. obliquus를 사용하여 de Morais와 Costa는 6%(v/v) 그리고 12%(v/v) CO_2에 대해서 각각 28.08%와 13.56%의 biofixation rates를 얻었다.

[Table 6] CO₂ and biomass productivity for CO₂ mitigation species

Microalgae	T(℃)	CO$_2$(%)	P$_{volume}$ (gl^{-1}day^{-1})	P CO$_2$ (gl^{-1}day^{-1})	Carbon utilisation dfficiency(%)	Reference
Chlorella sp.	26	Air	0.682[a]	–	–	[231]
Chlorella sp.	26	2	1.445[a]	–	58	[231]
Chlorella sp.	26	5	0.899[a]	–	27	[231]
Chlorella sp.	26	10	0.106[a]	–	20	[231]
Chlorella sp.	26	15	0.099[a]	–	16	[231]
Chlorella kessleri	30	18	0.087	–	–	[104]
Scenedesmus sp.	25	10	0.218	–	–	[105]
Chlorella vilgaris	25	10	0.105	–	–	[105]
Botryococcus braunii	25	10	0.027	–	–	[105]
Scenedesmus sp.	25	Flue gas	0.203	–	–	[105]
Botryococcus braunii	25	Flue gas	0.077	–	–	[105]
Chlorella vilgaris	25	Air	0.040	–	–	[232]
Chlorella vilgaris	25	Air	0.024	–	–	[232]
Haematococcus pluvialis	20	16–34	0.076	0.143	–	[77]
Scenedesmus obliquus	–	Air	0.009	0.016	–	[133]
Scenedesmus obliquus	–	Air	0.016	0.031	–	[133]
Chlorella vilgaris	27	15	–	0.624	–	[123]
Scenedesmus obliquus	30	18	0.14	0.260	–	[124]
Spirulina sp.	30	12	0.22	0.413	–	[124]

[a]Culture incubated for 4–8 days.

Kadam[44]는 발전의 환경영향을 감소시키기 위해 co-firing 석탄과 미세조류를 통해서 미세조류 바이오매스 생산을 위한 CO₂ 리사이클링의 잠재적 이점을 설명하였다. 그들의 LCA 결과는 co-firing은 미세조류 바이오매스의 리사이클링과 석탄 사용에 있어서의 감소를 통해서 CO₂와 메탄, 그래서 GHG 배출을 감소시켰다는 사실을 나타내었다. 그들은 또한 더 낮은 net SO$_x$와 NO$_x$를 관찰하였다. de Morais와 Costa[104]는 미세조류종인 *S. obliquus*와 *C. kessleri*는 18%(v/v) CO₂까지를 포함하는 매질에서 성장할 수 있다는 사실을 밝혔다. Chang과 Yang[125]은 Chlorella의 어떤 종은 40%(v/v) CO₂까지를 포함하는 대기 중에서 성장할 수 있었다는 사실을 밝혔다. 배연가스 조건 하에서 *B.braunii*, *C. vulgaris* 그리고 *Scenedesmus* sp.를 비교하였을 때 Yoo 등[105]은 바이오매스의 높은 생산율 때문에(0.28g1^{-1}gper day)

Scenedesmus sp.가 CO_2의 경감을 위해 가장 적당하다는 것을 알았다. *B. braunii*와 *Scenedesmus* sp.는 CO_2로서 증강된 공기와 비교하였을 때 배연가스를 사용하여 더 잘 성장한다는 사실이 밝혀졌다. 이 사실은 미세조류는 배연가스에 대해서 매우 잘 적응할 수 있다는 사실을 밝혔던 Brown[33]에 의한 앞서의 연구결과와 일치한다.

석유계 디젤연료에 대한 미세조류로부터의 바이오디젤 추출공정 기술의 높은 비용과 가격경쟁력의 결여는 상업적인 이용에 있어서 핵심적인 장애요인이다[58]. CO_2 배출의 bio-mitigation은 비용을 감소시키고 바이오연료 자원으로서 미세조류의 지속된 이용을 할 수 있기 위하여 활용되는 보충적인 기능을 제공한다.

4.2 미세조류의 폐수처리 잠재력

폐수처리와 관련된 바이오연료 생산은 가장 긍정적인 상업적 응용분야이다 [126,127]. 이들은 폐수로부터 화학적인 그리고 유기 오염물질, 중금속 그리고 병원균의 제거를 위한 경로를 제공하며 동시에 바이오연료 생산을 위한 바이오매스를 생산하게 된다[128]. 화학적 복원에 대한 요구 조건을 절감하고[8] 그리고 바이오매스 생산을 위한 신선한 물 사용량의 가능한 최소화[129]는 폐수처리공정의 부분으로서 바이오매스의 생산에 대한 주된 추진력이다. CO_2가 풍부한 폐수는 CO_2가 더 빠른 생산속도, 처리된 폐수에서의 감소된 자양분 수준, 감소된 수확비용, 증가된 지질생산을 허용하는 폐수의 Redfield ratio(해양 유기물에서의 탄소, 질소, 인의 분자비율, $C:N:P= 106:16:1$)와 균형을 맞추기 때문에 미세조류에 대한 도움이 되는 성장매질을 제공한다[130]. 그러나 조류에 의한 폐수처리 플랜트는 open pond systems에 대한 높은 부지요구량과 photobioreactor systems에 대한 높은 자본비용을 갖는다.

폐수처리에 관한 여러 응용분야에 관해서는 문헌에 보고되었다. 예를 들면 Sawayama 등[131]은 탄화수소가 풍부한 바이오매스의 생산에 따른 일차적인 처리후 하수로부터 질산염과 인산염을 제거하기 위해서 *B.Braunii*를 사용하였다. Martinez[132] 등은 미세조류 *S.obliquus*를 사용하여 도시 폐수로부터 인과 질소의 현저한 제거를 달성(관찰)하였다. 이들은 각각 94시간과 183시간의 머무름시간 동안 25°C에서 교반배양에서 인의 98%제거와 암모늄염의 완전제거(100%)를 이룰 수 있었다. Gomez Villa 등[133]은 인공 폐수에서 미세조류 *S.obliquus*의 실외배양을 실험하였으며 각각 겨울과 여름에서 초기값의 53%와 21%이었던 최종 용존 질소 농도를 달성하였다. 낮 동안 단지 제거되었던 인은 겨울에 45%와 여름에 73%의 총 감소를 나타내었다[133]. 그러나 상대적으로 더 낮은 효율은 더 앞서의 연구와 비교하였을 때 더 짧은 머무름 시간 때문일 수 있었다. Hodaifa 등[134]은 올리브유 추출로부터의 희석된(25%) 산업폐수에서 배양된 *S.obliquus*로써 BOD_5에서의 67.4%의 감소를 기록하였다. 제거 퍼센트는 지수상 동안 낮은 질소함유량 때문에 희석시키지 않은 폐수로서 35.5%로 감소되었으며 이것은 미세조류의 성장을 억제하였다. Yun 등[123]은 $0.022gNH_31^{-1}$per day의 암모니아 생물학적 복원을 이루기 위하여 스틸플랜트로부터의 폐수 방출수에서 *C.vulgaris*를 성공적으로 성장시켰다(배양시켰다).

Munoz 등[135]은 산업 폐수 유출물에 대한 제어 서스펜션된 bioreactor와 비교하였을 때 flat plate와 tubular photobioreactors의 반응기 벽에 부착된 바이오필름의 사용은 BOD_5 제거율을 각각 19%와 40%까지 향상시켰다. 조류 바이오매스의 유지는 폐수를 복원하는 동안 최적 미생물 활동도를 유지함에 있어서 주목할 만한 가능성을 나타내었다.

위험하거나 유독한 화합물의 처리에 대해서 PAHs, 페놀계 화합물 그리고 유기용매와 같은 오염물질을 생분해시키거나 박테리아에 의해서 요구되는 산소를 발생시키기 위해 미세조류를 사용하는 것이 가능하다[128]. 미세조류 생산으로부터의 광합성 산소는 외부적인 기계적인 폭기에 대한 필요성을 감소시키거나 혹은 제거시킨다[128]. Chojnacka 등[136]은 Spirulina sp.는 biosorbent로서 작용하여서 중금속 이온을(Cr^{3+}, Cd^{2+} 그리고 Cu^{2+}) 흡수할 수 있었다는 사실을 밝혔다. 미세조류의 biosorption 성질은 더 큰 biosorption 특성을 나타내는 광합성적 독립영양 종에 의한 배양조건에 매우 의존하였다.

05 미세조류 바이오매스의 회수

하나 혹은 더 많은 고체-액체 분리단계를 일반적으로 요구하는 미세조류 바이오매스의 회수는 미세조류 바이오매스 생산공정의 매력적인 상이며 하나의 공급원에 따라서 총 생산비용의 20-30%를 차지한다[137]. 관여된 공정에는 flocculation(응집), 여과, 부유 그리고 원심분리 침전화가 포함된다. 이들의 몇몇은 매우 에너지 집약적이다. 제한된 빛통과가 있을 때 낮은 세포밀도(전형적으로 $0.3-5g1^{-1}$의 범위에서) 그리고 약간의 조류세포의 작은 크기(대표적으로 $2-40\mu m$의 범위에서)는 바이오매스의 회수를 어렵게 만든다[129].

수확기술의 선택은 미세조류 바이오매스의 경제적인 생산에 결정적이고 중요하다[17]. 종의 선택과 같은 인자는 어떤 일정한 종은 수확하기 훨씬 더 쉽기 때문에 중요한 고려사항이다. 예를 들면 cyanobacterium Spirulina의 긴 나선형 모양(20-100μm 길이)은 상대적으로 비용 효과적이고 에너지 효율적인 마이크로스크린 수확방법[138]이다.

5.1 수확방법

수확기술의 선택은 예를 들면 크기, 밀도 그리고 타깃 생성물의 가치와 같은 미세조류의 특성에 의존한다[139]. 일반적으로 미세조류 수확은 다음을 포함하는 2단계 공정이다:

01 대량(Bulk)수확 : 대량 서스펜션으로부터의 바이오매스의 분리를 목표로 하였다. 이 가동에 대한 농도인자는 일반적으로 2-7% 총 고체물질에 이르는 값의 100-800배이다. 이것은 초기 바이오매스 농도와 뭉침, 부유 혹은 비중 침전화를 포함하는 사용된 기술에 의존할 것이다.

02 농축(Thickening) : 원심분리, 여과 그리고 초음파 뭉침과 같은 기술을 통해서 슬러리를 농축시키는 것이 목표이다. 그래서 일반적으로 대량수확보다도 더 에너지 집약적인 단계이다.

5.1.1 뭉침과 초음파 뭉침

이것은 효과적인 '입자' 크기를 증가시키기 위하여 미세조류 세포를 뭉치고자 하는 대량(bulk)수확공정에서 첫 번째 단계이다. 뭉침은 여과, 부유 혹은 비중 침전화와 같은 다른 수확방법 이전의 준비단계이다[140]. 미세조류 세포는 서스펜션에서 세포의 자연적인 뭉침을 방해하는 네거티브 전하를 운반하기 때문에 다원자가 양이온과 양이온 중합체와 같은 뭉침제의 첨가는 네거티브 전하를 중화시키거나 혹은 감소시킨다. 뭉침을 촉진하기 위하여 브릿징(가교)이라 불리는 과정을 거쳐서 하나 혹은 그 이상의 입자를 물리적으로 또한 연결한다[140]. 염화철(II)($FeCl_3$), 황산알루미늄

$(Al_2(SO_4)_3)$ 그리고 황산철(II) $(Fe_2(SO_4)_3)$과 같은 다원자가 금속염은 적당한 뭉침제이다.

여러 뭉침 수확방법이 테스트되었다. Knuckey 등[141]은 NaOH를 사용하여 10~10.6 사이로 조류 배양 pH의 조정과 뒤이은 비이온성 중합체를 수반하였던 Magnafloc LT-25의 첨가를 수반하였던 공정을 개발하였다. 뭉침물은 세틀링 기간 이후 표면의 물질을 사이펀으로 빨아올림으로써 수확되었으며 이후에 $6-7\mathrm{g}1^{-1}$의 최종 바이오매스 농도를 주기 위해 중화시켰다. 공정은 >80%의 뭉침 효율을 갖는 종의 범위에 성공적으로 적용되었다. Divakaran과 Pillai[142]는 바이오뭉침제로서 키토산을 성공적으로 사용하였다. 방법의 효율은 pH에 매우 민감하였다. 신선한 물에서의 종에 대해서는 pH 7.0에서 최대 뭉침을 나타내며 해양에서의 종에 대해서는 더 낮았다. 잔유물은 신선한 조류 배양물을 생산하기 위해서 재사용될 수 있었다.

온화하고 음향적으로 유도된 뭉침과 뒤이은 향상된 침전화는 미세조류 바이오매스를 수확하기 위해 또한 사용될 수 있다. Bosma 등[143]은 뭉침효율과 농도인자를 최적화시키기 위해서 초음파를 성공적으로 사용하였다. 그들은 92% 분리효율과 20배의 농도인자를 달성하였다(오리지널 액체 혼합물이 농축되어진 인자). 초음파 수확의 주된 유리한 점은 그것이 바이오매스에서의 마찰저항을 유발하지 않고서 연속적으로 가동될 수 있으며 이러한 마찰저항은 가치 있는 물질대사에 필요한 대사산물을 잠재적으로 파괴시킬 수 있었으며, 그리고 이 방법은 비 오염 기술이다[143]. 의료 부문에서의 성공적인 응용은 조류 바이오매스 수확에서의 가능한 적용에 관한 더 이상의 조사에 대한 기초를 제공한다.

5.1.2 부유에 의한 수확

부유방법은 분산된 마이크로 공기버블을 사용한 조류세포의 트랩핑에 기초하므로 뭉침과는 달리 어떤 화학물질의 처가를 필요로 하지 않는다[8]. 비록 부유가 가능한 수확방법으로서 언급되어졌다 할지라도 그것의 기술적인 혹은 경제적인 실행가능성에는 매우 제한된 점이 있다.

5.1.3 비중 그리고 원심분리 침전화

비중 그리고 원심분리 침전화 방법은 Stoke's Law에 기초하며 다시 말해서 서스펜션된 고체의 세틀링 특성은 밀도와 조류세포의 반경(Stoke's radius)과 침전화 속도에 의해서 결정된다. 비중 침전화는 처리되는 많은 부치와 발생되는 바이오매스의 낮은 값 때문에 폐수처리에서 조류 바이오매스에 대한 가장 보편적인 수확기술이다[145]. 그러나 방법은 *Spirulina*와 같은 큰(약 >70μm) 미세조류에 대해서 적당하다[128].

원심분리 회수(CR)는 높은 가치의 대사산물의 수확을 위해 선택된다[146]. 이 공정은 빠르며 에너지 집약적이다. 바이오매스 회수는 세포의 세틀링 특성, 원심분리기에서의 슬러리 머무른 시간, 그리고 세틀링 깊이에 의존한다[140]. 공정의 불리한 점은 높은 에너지 비용 그리고 자유롭게 이동하는 부분 때문에 잠재적으로 더 높은 유지보수 요구를 포함한다[143]. >95% 수확효율 그리고 15% 총 서스펜션된 고체에 대한 150배까지 슬러리 농도에 있어서의 증가는 기술적으로 실행가능하다[147].

5.1.4 바이오매스 여과

전통적인 여과공정은 *Coelastrum* 그리고 *Spirulina*와 같은 상대적으로 큰(> 70μm) 미세조류의 수확을 위해 가장 적당하다. 이 방법은 *Scenedesmus, Dunaliella* 그리고 *Chlorella*와 같은 박테리아 디멘젼(< 30μm)에 접근하는 조류종을 수확하기 위해 사용될 수 없다[147]. 전통적인 여과는 가압 혹은 석션(감압)하에서 가동되며 규조토 혹은 셀룰로오스와 같은 여과 보조제가 효율을 향상시키기 위해 사용될 수 있다[140]. Mohn[147]은 여과공정은 27% 고체를 갖는 슬러지를 생산하기 위해 *Coelastrum proboscideum*에 대한 오리지널 농도의 245배의 농도인자를 달성할 수 있다.

더 작은 조류세포(< 30μm)의 회수를 위해 멤브레인 마이크로 여과와 울트라-여과 (정수압을 사용한 멤브레인 여과의 형태)는 전통적인 여과공정에 대한 기술적으로 실행 가능한 대체방법이다[148]. 이들 방법은 낮은 트랜스-멤브레인 압력 그리고 낮은 대각선 방향으로 흐르는 유속의 조건을 요구하는 부서지기 쉬운 세포에 대해서 적당하다[53]. Broth의 낮은 부피(< 2m^{3}per day)의 처리를 위해 멤브레인 여과는 원심분리와 비교하였을 때 더 비용효과적일 수 있다. 더 대규모의 생산(>20m^3 per day)에서 멤브레인 교체와 펌핑에 대한 비용 때문에 원심분리는 바이오매스를 수확하는 더 경제적인 방법인지도 모른다[149].

5.2 미세조류 바이오매스의 추출과 정제

5.2.1 탈수공정

수확된 바이오매스 슬러리(대표적인 5-155 건조한 고체 함유량)는 썩기 쉬우며 수확 후 빠르게 처리되어져야 한다. 탈수나 건조는 요구되는 최종 생성물에 의존하여 실행가능성을 확장하기 위해 보편적으로 사용된다. 사용되었던 방법은 해양건조[150], 저압 shelf drying[151], 드럼건조[150], 유동증건조[152], 냉동건조[153] 그리고 Refractance window^{TM}기술건조[154]를 포함한다.

태양건조는 가장 값싼 탈수방법이다. 그러나 주된 불리한 점은 긴 건조시간, 큰 건조표면에 대한 요구 그리고 물질손실의 위험과 같은 문제가 포함된다[150]. 스프레이 건조는 높은 가치의 생성물의 추출을 위해 일반적으로 사용되지만 상대적으로 비용이 많이 소요되며 약간의 조류의 색소의 현저한 저하를 초래할 수 있다[151]. 냉동건조는 특히 대규모 가동에 대해서 비용이 많이 소요되지만 오일의 추출을 용이하게 한다. 오일과 같은 세포내 성분은 세포파괴 없이 용매로서 습한 바이오매스로부터 추출하기 어렵지만 냉동건조된 바이오매스로부터 더 쉽게 추출된다[140,153]

5.2.2 바이오연료의 추출과 정제

바이오연료의 추출을 위해 연료의 순 에너지 생산을 극대화시키기 위해서 건조 효율성과 비용-효과 사이에 균형을 확립하는 것이 중요하다[129]. 건조비용은 또한 식품과 사료산업을 위한 미세조류 바이오매스 파우더의 처리에서 중요한 고려항목이다[129]. 지질추출 동안의 건조온도는 지질조성 그리고 조류 바이오매스로부터의 지질의 수율에 영향을 미친다[109]. 예를 들면 60°C에서의 건조는 지질에서의 TAG의 높은 농도를 유지시키며 지질수율을 단지 약간 감소시키며 더 높은 온도로서는 TAG 농도와 지질수율을 감소시킨다[109]. OriginOil(미국 LA에 소재한 바이오연료 회사)은 조류의 세포벽을 파괴하기 위해서 초음파와 전자기 펄스 유도를 결합하는 습식 추출공정을 개발하였다[155].

5.2.3 조류의 대사산물에 대한 추출과 정제

세포파괴는 미세조류로부터 세포내 생성물을 회수하기 위해 요구된다. 세포벽은 세포 생분해능력을 감소시킴으로써 어떤 추출과정을 강하게 조절할 수 있다[156]. 미세조류에 적용될 수 있는 대부분의 세포파괴 방법은 세포 내 비 광합성적 바이오생성물에서의 응용으로부터 순응되어졌다. 성공적으로 사용되어졌던 세포파괴 방법은 고압 균질가, 고압반응, 염산 그리고 수산화나트륨의 첨가를 포함한다[158].

　용매는 조류 바이오매스로부터 astaxanthin, β-carotene 그리고 조류 바이오매스로부터의 지방산과 같은 물질대사에 필요한 물질을 추출하기 위해 폭넓게 사용된다[140]. 공정은 용매에의 노출에서 용매분자의 세포흡수를 수반하며 이것은 세포의 바깥쪽으로 소구체의 운동을 향상시키기 위해서 세포막에서의 변화를 초래한다[159]. 세포막의 성질은 용매추출공정에서 중요한 역할을 한다. 예를 들면 세포벽의 존재는 용매와 세포막 사이의 직접적인 접촉을 차단하며 추출을 방해한다. 생리학상의 성질에 의해서 세포내에서의 바람직스러운 내용물의 축적은 그것에 의해서 바람직스러운 내용물이 세포내에 축적되게 되는 생리학상의 성질은 용매의 효율에 영향을 미칠 수 있다[159].

06　조류-바이오연료의 전환기술

　이 절에서 조류 바이오매스와 이로부터 유도된 에너지 혹은 에너지 캐리어(액체 혹은 기체 연료)의 최종 사용에 대한 기술적으로 실행 가능한 전환 옵션에 관해서 고찰키로 한다. 조류 바이오매스-에너지의 전환은 대개 지구상의 바이오매스에 대해서 사용되는 다른 공정을 포함하며 대부분은 바이오매스의 타입과 공급원, 전환옵션, 그리고 최종사용에 의존한다[160].

　미세조류 바이오매스를 이용하기 위한 전환기술은 열화학적인 그리고 생화학적인 전환의 두 가지의 기본적인 범주로 분리시킬 수 있다(그림 3). 전환공정의 선택에 영향을 미치는 인자는 다음과 같은 사항을 포함한다. 바이오매스 공급원료의 타입과 양, 에너지의 요구되는 형태, 경제적인 고려, 프로젝트 특이성 그리고 최종 생성물의 요구되는 형태[161].

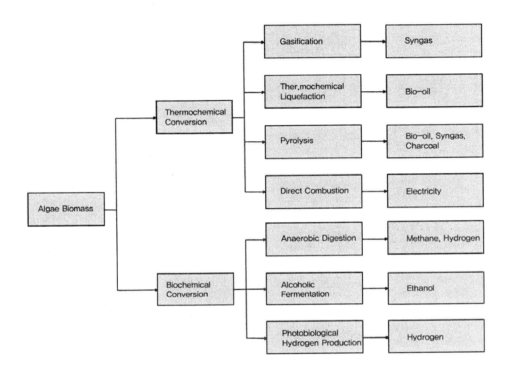

[Fig 3] Potential algal biomass conversion processes(adapted from Tsukahara and Sawayama[162])

6.1 열화학적 전환

열화학적 전환은 연료제품을 생산하기 위한 바이오매스에서의 유기성분의 열분해를 포함하며 직접 연소, 가스화, 열화학적 액화 그리고 분해와 같은 다른 공정에 의해서 달성될 수 있다[162]. 표 7은 미세조류에 대해서 고려되는 열화학적 전환공정의 개요도를 나타낸다. 그것은 달성되는 오일 생성물의 범위와 그들의 관련된 HHV(Higher Heating Value)를 나타낸다.

[Table 7] Comparison between thermochemical conversion technologies

| Conversion process | Microalgae | Production | Tempera ture(℃) | Pressure (MPa) | Liquid | | Gas | Solid | Refere nce |
					Content (% dry wt.)	HHV (MJ kg^{-1})	Content (% dry wt.)	Content (% dry wt.)	
Gasification	*Spirulina*	N/A	1000	0.101	–	–	64	–	[31]
Thermoche mical liquefaction	*Botryococc us braunii*	N/A	300	3	64	45.9	–	–	[169]
Thermoche mical liquefaction	*Dunaliella tertiolecta*	N/A	300	3	42	34.9	–	–	[100]
Pyrolysis	*Chlorella prothotheco ides*	Heterotroph ic	450	0.101	57.9	41	32	10.1	[173]
Pyrolysis	*Chlorella prothotheco ides*	Phototrophi c	450	0.101	16.6	30	–	–	[173]
Pyrolysis	*Chlorella prothotheco ides*	Phototrophi c	500	0.101	18	30	–	–	[174]
Pyrolysis	*Chlorella prothotheco ides*	N/A	502	0.101	55.3	39.7	36.3	8.4	[175]
Pyrolysis	*Microcystis aeruginosa*	Phototrophi c	500	0.101	24	29	–	–	[174]

6.1.1 가스화

가스화는 고온에서(800-1000℃) 바이오매스의 연소 가능한 기체혼합물로의 부분적 산화를 포함한다[163]. 정상적인 가스화 공정에서 바이오매스는 합성가스, CO, H_2, CO_2, N 그리고 CH_4를 발생시키기 위해 산소 그리고 물(스팀)과 반응한다[164]. 바이오매스-에너지 경로로서 가스화의 핵심적인 유리한 점은 그것이 매우 다양하고 가능한 공급 원료로부터 합성가스를 생산할 수 있다는 것이다[163]. 합성가스는 직접적으로 연소될 수 있거나 가스엔진 혹은 가스터빈을 위한 연료로서 사용될 수 있는 낮은 열량의 가스(대표적으로 4-6MJm^{-3})이다[165].

미세조류 바이오매스의 가스화 특성은 여러 연구원들에 의해서 연구되었다. Hirano 등[31]은 850으로부터 1,000℃까지의 온도범위에서 Spirulina를 부분적으로 산화시켰으며 메탄올의 이론적인 수율을 발생시키기 위해서 요구되는 가스조성을 결정하였다. 이들은 1000°C에서 조류 바이오매스 가스화는 바이오매스 1g으로부터 0.64g의 메탄올의 가장 높은 이론적 수율을 생성시켰다는 사실을 추정하였다. 이들은 1.1의 에너지 밸런스(총 요구되는 에너지에 대한 생산되는 메탄올의 비율)를 추정하였는데 이것은 가스화에 여분의 포지티브 에너지 밸런스를 주며, 낮은 값은 바이오매스 수확 동안 에너지 집약적인 원심분리 공정의 사용에 기인된다. Minowa와 Sawayama[166]는 비료 품질의 암모니아로 전환되는 미세조류의 모든 질소 성분을 갖는 메탄이 풍부한 연료를 얻기 위하여 질소 사이클링으로서 새로운 시스템에서 미세조류인 C. vulgaris를 가스화하였다.

미세조류의 가스화에 대한 신뢰성 있는 문헌 데이터는 매우 적다. 이것은 표7에서의 가스화 데이터의 결여에 의해서 지적된다. 이 분야는 가스화를 위한 바이오매스의 건조시킴에 대한 에너지 밸런스에 관해서 특히 더 많은 연구가 필요하다.

6.1.2 열화학적 액화

열화학적 액화는 습한 미세조류 바이오매스를 액체연료로 전환시키기 위해 도입될 수 있는 공정이다[167]. 열화학적 액화는 바이오-오일을 생산하기 위해 수소의 존재 하에서 촉매에 의한 저온(300~350°C) 고압(5~20 MPa) 공정이다[168]. 열화학적 액화를 위한 반응기와 연료-공급원료 시스템은 복잡하므로 값비싸다[160]. 그러나 이들은 습한 바이오매스를 에너지로 전환시키기 위한 그들의 능력에서 유리한 점을 갖는다[163]. 공정은 더 높은 에너지 밀도로서 바이오매스 재료를 더 짧고 더 작은 분자의 물질로 분해시키기 위해 준 임계 조건 하에서 높은 물 활동도를 이용한다[167].

여러 연구들에서 공급원료로서 미세조류 바이오매스의 특성에 관해서 조사하였다(표7). Dote 등[169]은 45.9MJkg^{-1}의 HHV로서 64%(dry wt. basis of oil)의 최대수율을 달성키 위해 B. braunii에서 300°C에서 열화학적 액화를 성공적으로 사용하였다. 또한 공정에 대한 포지티브 에너지 밸런스를 나타내었다(6.67:1의 output/input 비율). 비슷한 연구에서 34.9MJkg^{-1}의 HHV와 2.94:1의 포지티브 에너지 밸런스를 주는 Dunadiella tertiolecta로부터 42%(dry wt.)의 오일수율이 얻어졌다[100]. 이들 결과는 열화학적 액화는 조류 바이오매스-액체연료의 전환을 위한 실행 가능한 옵션임을 지적해 준다.

6.1.3 열분해

열분해는 공기의 부재 하에서 고온에서(350-700°C) 매체(용매)에서 바이오매스의 바이오-오일, 합성가스 그리고 석탄으로의 전환이다. 바이오매스-액체연료 전화에 대해서 그것은 석유계 액체 연료를 대체할 수 있었던 바이오연료의 대규모 생산에 대한 가능성을 갖는 것으로 생각된다[170]. 표 8은 열분해의 다른 모우드의 특성과 기대되는 수율을 나타낸다[171]. "Flash pyrolysis"[온화한 온도(500°C), 짧은 뜨거운 증기 머무름 시간(약 1s)]는 주로 달성될 수 있는 높은 바이오매스-액체연료 전환비율(95.5%) 때문에 바이오매스로부터 유도된 액체연료로서 화석연료의 향후 대체를 위한 실행 가능한 기술인 것으로 생각된다[163,170]. 그러나 열분해 오일은 산성적이고 불안정하며, 점성이 크며 그리고 고체물질과 화학적으로 용해된 물을 포함하기 때문에 기술적으로 해결되어야 할 많은 점들이 있다[172]. 그러므로 공정 오일은 산소 함유량을 맞추기 위해 그리고 알칼리 성분을 제거하기 위해 품질개선 수소화반응과 촉매 분해를 필요로 한다[164].

[Table 8] Operating parameters and expected yields for pyrolysis processes[171]

Mode	Conditions	Liquid(%)	Char(%)	Gas(%)
Flash pyrolysis	Moderate temperature(500°C), short hot vapour residence time(about 1 s)	75	2	13
Fast pyrolysis	Moderate temperature(500°C), moderate hot vapour residence time(about 10-20 s)	50	20	30
Slow pyrolysis	Low temperature(400°C), very long solids residence time	30	35	35

다른 전환기술과 비교할 때 조류 바이오매스의 열분해에 관한 연구는 매우 광범위하며 상업적인 이용을 초래할 수 있었던 신뢰성 있고 전망 있는 결과를 이루었다(표 7). Miao와 Wu[173]는 그것의 신진대사 경로를 종속영양 성장 쪽으로 처리한 후 미세조류 Chlorella prothothecoides로부터 오일수율을 향상시키기 위해 빠른 열분해를 사용하였다. 종속영양 배양으로부터($41MJkg^{-1}$의 HHV) 57.9% (dry wt. basis)의 기록된 오일수율은 독립영양 배양에 의해서 이루어진 것보다도 3.4배 더 높았으며 그 결과는 열분해가 조류 바이오매스-액체 연료 전환에서의 가능성을 갖는다는 사실을 제안해준다. Miao 등[174]은 광합성적 독립영양으로 성장된 C.prothothecoides와 Microcystis aeruginosa의 빠른 열분해로서 각각 18%($30MJkg^{-1}$의 HHV)와

24%(MJkg^{-1}의   HHV)의   바이오-오일   수율을   얻었다.   Demirbas[175]는 C.prothothecoides로서 실험하였으며 바이오-오일 수율은 온도증가와 조화하여 어느 정도 증가하였으며 더 높은 온도에서는 감소하였다는 사실을 나타내었다. 예를 들면, 수율은 254°C로부터 502°C로까지의 증가에 따라서 5.7%로부터 55.3%로까지 증가 하였으며 이후에 602°C에서 51.8%로 감소하였다. 그들은 502°C로부터 552°C로까지 의 온도의 미세조류로부터의 바이오-오일 MJkg^{-1}의 미세조류로부터의 HHV를 기록 하였다. 결과는 미세조류로부터의 바이오-오일(표9)은 목질계 섬유소 재료로부터 추 출된 오일보다도 더 고품질이라는 사실을 지적해 준다[174,175]

[Table 9] Comparison of typical properties of petroleum oil and bio-oils from fast pyrolysis of wood and microalgae(adapted from[173,174])

Properties	Typical value		Petroleum oil
	Bio-oils		
	Wood	Microalgae	
C (%)	56.4	62.07	83.0–87.0
H (%)	6.2	8.76	10.0–14.0
O (%)	37.3	11.24	0.05–1.5
N (%)	0.1	9.74	0.01–0.7
Density (kgl^{-1})	1.2	1.06	0.75–1.0
Viscosity (Pas)	0.04–0.20(at 40℃)	0.10 (at 40℃)	2–1000
HHV (MJ kg^{-1})	21	29–45.9	42

6.1.4 직접연소

직접연소 과정에서 바이오매스는 800°C 이상의 온도에서 퍼니스, 보일러 혹은 스 팀터빈에서 바이오매스에서의 저장된 화학적 에너지를 뜨거운 가스로 전환시키기 위 해 공기존재 하에서 태워진다[168]. 어떤 타입의 바이오매스를 연소시키는 것은 가능 하지만 연소는 <50%(dry wt.)의 수분함유량을 갖는 바이오매스에 대해 단지 가능하 다[160]. 생산된 열량은 저장이 실행가능 옵션이 아닐 때 즉시 사용되어져야 한다 [163]. 열량, 파워(전력) 그리고 스팀을 위한 바이오매스의 연소는 매우 소규모로부터 100-300MW의 범위에서 대규모 산업공정에 이르기까지 분포한다[160].

직접 바이오매스 연소에 의한 에너지 전환은 추가적인 에너지 수요를 초래하고 그러므로 비용을 발생시키는 건조, chopping 그리고 그라인딩과 같은 전처리 과정을 일반적으로 요구하는 바이오매스의 불리한 점을 갖는다[168]. 대형 바이오매스-에너지 플랜트에서의 전환효율은 석탄연소 플랜트의 그것과 비교했을 때 유리하였지만 바이오매스의 높은 수분 함유량 때문에 더 높은 비용을 초래한다. CHP(combined heat and power)의 발생은 전체적인 플랜트 효율성을 향상시키기 위해 바람직스럽다. 바이오매스 연소 발전플랜트에 대한 순 에너지 전환효율은 더 큰 시스템(>100MW)에서 혹은 바이오매스를 석탄연소 발전 플랜트에서 함께 연소시킬 때 얻어진 더 높은 효율성과 함께 20%로부터 40%에 이르기까지의 범위이다[164].

문헌에 직접연소에서의 조류 바이오매스의 기술적으로 가능한 이용의 증거는 적지만 석탄-조류 함께 연소의 LCA(life cycle assessment)는 석탄-조류 함께 연소는 GHG 배출저감과 공기오염 저감을 초래할 수 있었다. 제한된 데이터 때문에 이 분야는 실행가능성을 결정키 위해 더 많은 연구를 필요로 한다.

6.2 생화학적 전환

바이오매스의 다른 연료로의 에너지 전환의 생물학적 공정은 혐기성 침지, 알코올성 발효 그리고 광 생물학적 수소생산과정을 포함한다[176].

6.2.1 혐기성 침지

혐기성 침지(AD)는 유기 폐기물의 바이오가스로의 전환이며 이것은 주로 CH_4와 CO_2로서 구성된다(황화수소와 같은 흔적양의 다른 기체와 함께)[177]. 그것은 공급원료의 더 낮은 열량값의 약 20-40%의 에너지 함유량을 갖는 가스를 생산하기 위한 유기물질의 분해를 포함한다. 혐기성 침지 공정은 높은 수분함량(80-90% 수분)의 유기 폐기물에 대해서 적당하며 습한 조류 바이오매스에 대해서 유용할 수 있다[160].

AD공정은 가수 분해, 발효 그리고 methanogenesis의 단계적인 3단계로 이루어진다. 가수분해에서 복잡한 화합물은 용해성 슈가로 분해된다. 이후 발효성 박테리아는 이들을 알코올, 아세트산, 휘발성 지방산(VFAs) 그리고 methanogens에 의해서 주로 CH_4(60-70%)와 CO_2를 포함하는 가스로 전환시킨다[23]. 조류 바이오매스의 메탄으로의 전환은 세포지질의 추출로부터 얻어진 것과 같은 많은 에너지를 회수할 수 있었으며 반면 새로운 조류 성장매질로 리사이클 될 수 있는 자양분이 풍부한 폐생성물을 남기게 된다는 사실이 추정되어졌다.

미세조류는 혐기성 침지장치의 성능에 영향을 미칠 수 있는 [178,179] 낮은 C/N 비율(약10)을 초래하는 높은 비율의 단백질을 가질 수 있다. 이 문제는 높은 C/N비율의 제품(예, 폐지)에 의한 co-digestion에 의해서 해결된다. Yen과 Brune[180]는 조류 바이오매스의 혐기성 핌지와 비교하였을 때 50/50 폐지/조류 바이오매스 블렌드로부터 두 배의 메탄 생산율(1.17mll^{-1}per day vs, 0.57mll^{-1} per day)를 얻었다. 조류에서의 높은 단백질 함량은 증가된 암모늄 생산을 또한 초래할 수 있으며 이것은 혐기성 미생물을 억제한다. 또한 Na$^+$는 약간의 혐기성 미생물에 유독한 것으로 밝혀졌지만 해양 조류 바이오매스의 혐기성 침지를 위한 염에 적응된 미생물을 사용하는 것이 가능하다.

6.2.2 알코올성 발효

알코올성 발효는 당분, 전분 혹은 셀룰로오스를 포함하는 바이오매스 물질의 에탄올로의 전환이다[160]. 바이오매스는 고운 가루로 만들고 전분은 당분으로 전환시킨 후 물과 이스트와 혼합시키고 발효장치로 불리는 대형 탱크에서 따뜻하게 보관한다[164]. 이스트는 당분을 분해시키고 그것을 에탄올로 전환시킨다[160]. 정제과정(증류)은 희석된 알코올 제품에서(10-15% 에탄올) 물과 다른 불순물을 제거하기 위해서 요구된다. 진한 에탄올(1번의 증류에 대해서 955 vol.)을 뽑아내며 이것은 자동차에서 석유계 연료에 대한 보충 혹은 대체물로서 사용될 수 있다[164]. 과정으로부터의 고체잔류물은 가축사료 혹은 가스화를 위해 사용될 수 있다[160]. 미세조류처럼 전분계 바이오매스는 발효 전에 추가적인 처리를 필요로 한다[164].

C. vulgaris와 같은 미세조류는 높은 전분함량(약 37% dry wt.) 때문에 에탄올의 좋은 공급원이며 이것에 대해서 65%까지의 에탄올 전환효율이 기록되었다[25%]. Veno 등[181]은 또한 어두운 발효공정을 통해 미세조류로부터 에탄올을 생산하였으며 30°C에서 450μmolg^{-1} dry wt.의 최대 에탄올 생산성을 달성하였다. 개설된 개념으로부터 미세조류로부터의 에탄올 생산은 기술적으로 실행 가능하다고 주장될 수 있다. 그러나 이 장에서 미세조류 잠재력은 지질 생산과 관련해서 분석되며 에탄올 생산은 오일 추출로부터의 폐 조류 바이오매스에 대한 전환경로로서 처리된다.

6.2.3 광 생물학적 수소생산

수소(H_2)는 자연적으로 발생하는 분자이며 이것은 청정하고 효율적인 에너지 캐리어이다[163]. 미세조류는 H_2 가스를 생산하기 위한 필요한 유전적, 신진대사적 그리고 효소적 특성을 갖는다[27]. 혐기성 조건 하에서 수소는 CO_2 고정과정에서 전자주게로서 eukaryotic 미세조류로부터 생산된다[182]. 광합성 동안 미세조류는 물분자를 수소이온(H^+)과 산소로 전환시킨다. 수소이온은 이후에 하이드로제나제 효소에 의해서 혐기성 조건 하에서 H_2로 전환된다[23]. 반응의 가역성 때문에 수소는 프로톤(H^+)의 수소로의 간단한 전환에 의해서 생산되거나 혹은 소비된다[163]. 광합성적 산소생산은 핵심 효소인 하이드로게나제에 빠른 억제를 초래하며 광합성적 수소 생산과정은 방해를 받는다[23,87,183-185]. 따라서 그 결과로서 수소생산을 위한 미세조류 배양은 혐기성 조건 하에서 이루어져야 한다.

물로부터 광합성적 H_2 생산과정은 광합성적 산소생산과 H_2 기체 발생이 공간적으로 분리되는 2단계 광합성 과정이다[27]. 첫 번째 단계에서 조류는 정상조건에서 광합성적으로 성장한다. 두 번째 단계 동안 조류는 황(S)성분을 잃게 되어서 혐기성 조건을 유발하게 되며 수소생산을 자극하게 된다[186]. 수소수율은 60시간의 생산 후 안정되기 시작하기 때문에 이 생산과정은 시간에 따라서 제한된다. 이 생산시스템의 사용은 유독하거나 혹은 환경적으로 유해한 생성물을 발생시키지는 않지만 바이오매스 배양의 결과로서 가치 있는 생성물을 줄 수 있었다[185].

두 번째 방법은 광합성적 CO_2와 H_2 기체의 동시생산을 이 방법에서 광합성적 H_2O 산화에서 배출되는 전자는 하이드로게나제가 작용된(매개가 된) H_2-방출과정으로 직접적으로 투입된다[27]. H_2 생산성은 이론적으로 2단계 광합성 과정에 비해서 우수하지만 동시생산 과정은 산소의 광합성적 생산 때문에 매우 짧은 기간 후 가혹한 하이드로게나제 억제를 겪게 된다. Melis와 Happe[186]는 2단계 광합성과정 그리고 H_2 생산을 사용할 때 녹조류에 의한 수소의 이론적 최대수율은 약 $198 kgH_2 ha^{-1}$ per day 일 수 있었다는 사실을 관찰하였다.

6.3 조류 바이오매스-바이오디젤

바이오디젤은 전통적인 디젤엔진에서 직접적으로 사용될 수 있는 오일작물 그리고 바이오매스로부터 생산된 지방산 알킬 에스터(FAAE)이다[103]. 이것은 조류의 오일과 같은 지질 공급원료로부터 유도된 긴 사슬의 지방산의 모노알킬 에스터의 혼합물

(FAME)이다[187]. 추출과정 후에(5절을 보시오) 초래되는 생성물인 조류오일은 트랜스에스터화로 불리우는 반응을 거쳐서 바이오디젤로 전환될 수 있다. 트랜스에스터화는 FAAE를 생산하기 위하여 촉매의 존재 하에서 트리글리세라이드와 알코올 사이의 화학반응이다[188].

조류 바이오디젤에 대해서 그것의 성질은 EN 14214를 만족시켜야 한다. 조류 오일은 채종유와 비교하였을 때 다중불포화 지방산을 포함하며 이것은 저장과정 동안 산화되기 쉬우며 이것으로 인해서 그 사용이 제한된다[20]. 조류 바이오디젤은 석유계 디젤연료, 오일작물으로부터의 1세대 바이오디젤의 물리적인 그리고 화학적 성질과 비슷하며 표10에 그들의 성질을 EN 14214와 함께 나타내었다.

[Table 10] Selected properties of 1st generation biodiesel, algal bio-oil and typical no. 2 diesel[172,233-235]

Fuel property	1st generation biodiesel	Algal biodiesel	Diesel	EN14214 biodiesel standard
HHV(MJ kg^{-1})	31.8-42.3	41	45.9	–
Kinematic viscosity (mm^2s^{-1})	3.6-9.48	5.2	1.2-3.5	3.5-5.2
Density (MJ kgl^{-1})	0.86-0.895	0.864	0.83-0.84	0.86-0.90
Carbon(wt%)	77	–	87	–
Hydrogen(wt%)	12	–	13	–
Oxygen(wt%)	11	–	0	–
Sulphur(wt%)	0.0-0.0015	–	0.05 max	<10
Boiling point(℃)	315-350	–	180-340	–
Flash point(℃)	100-170	115	60-80	>101
Cloud point(℃)	-3 to 12	–	-15 to 5	–
Pour point(℃)	-15 to 10	-12	-35 to -15	–
Cetane number	45-65		51	>51

조류 바이오디젤은 석유계디젤연료에 비해서 여러 가지 유리한 점을 갖는다. 그것은 바이오매스로부터 유도되고 생분해적이며, 그것은 비독성적이며 PM, CO, 탄화수소 그리고 SO_x의 감소된 배출량을 나타낸다. 제1세대 바이오디젤과 비교하였을 때 조류 바이오디젤을 낮은 어는점과 높은 에너지 밀도가 핵심적인 기준인 항공산업에

서의 사용에 대해서 더 적당하다[189]. 조류 바이오디젤의 다른 주된 유리한 점은 석유계 디젤 연료로부터의 배출량과 비교하였을 때 78%까지의 감소된 CO_2 배출을 나타낸다[190].

07 미세조류 추출물의 다른 사용 분야

[Table 11] Present state of microalgal production[22,159,192,210,236]

Microalgae	Annual production	Producer country	Application and product	Price(€)
Spirulina	3000 tonnes dry weight	China, India, USA, Myanmar, Japan	Human nutrition	36kg^{-1}
			Animal nutrition	
			Cosmetics	
			Phycobiliproteins	11mg^{-1}
Chlorella	2000 tonnes dry weight	Taiwan, Germany, Japan	Human nutrition	36kg^{-1}
			Cosmetics	
			Aquaculture	50 l^{-1}
Dunaliella salina	1200 tonnes dry weight	Australia, Israel, USA, Japan	Human nutrition	
			Cosmetics	
			B-carotene	
Aphanizomenon flos-aquae	500 tonnes dry weight	USA	Human nutrition	
Haematococcus pluvialis	300 tonnes dry weight	USA, India, Israel	Aquaculture	
			Astaxanthin	
Crypthecodinium cohnii	240 tonnes DHA oil	USA	DHA oil	
Shizochytrium	10 tonnes DHA oil	USA	DHA oil	

미세조류에 대한 상업적 잠재력은 주로 대부분 이용되지 않은 자원을 나타낸다. 약 250,000종의 육생식물과 비교되는 수백만 종의 조류가 존재한다[191]. 미세조류의 상업적인 대규모 생산은 *식품 첨가제로서* Chlorella의 배양으로서 일본에서 1960년대 초에 시작하였으며 USA, 인도, 이스라엘 그리고 오스트레일리아와 같은 국가에서의 확장된 세계생산에 의해서 1970년대와 1980년대에 이어졌다[22,29,54]. 2004년에 미세조류 산업은 연간 건조기준 7000tonnes을 생산하는 것으로 성장하였다(표11)[192].

7.1 미세조류 바이오매스의 소비 안정성

미세조류 바이오매스의 소비는 엄격한 식품 안전 규정[192], 상업적 인자, 시장수요 그리고 특정 제조분야 때문에 매우 적은 수로 제한된다.

Chlorella, Spirulina 그리고 *Dunaliella*가 시장에서 우세하다. 미세조류 바이오매스는 건강식품 시장에서 일반적으로 식품 첨가제로서 태블릿 혹인 파우더 형태로 시판된다. 이것은 안정된 시장으로 남게 될 것으로 기대된다[22]. 2003년에 영양분으로서의 가치와 높은 단백질 함유량을 갖는 *Chlorella*의 기록된 생산은 연간 2000tonnes이었다(표11). *Chlorella*는 또한 신부전에 대한 신장보호기능 그리고 장내 유산균의 성장 촉진과 같은 의학부문을 위한 사용된다[193]. 연간 1200tonnes의 생산을 갖는 *D.salina*(표11)는 14%까지의 그것의 β-카로틴 함유량 때문에 이용된다[21]. Cox 등 [194]은 50종 이상의 시아노박테리아에 대해 연구하였으며 거의 모든 종들은 neurotoxin β-N-methylamino-L-alanine(BMAA)를 생산하였다는 사실을 밝혔다. BMAA는 근 위축성-파킨슨병 치매 복합, 루게릭병(ALS) 그리고 알츠하이머병에 연결된다.

7.2 동물사료와 양식에서의 미세조류의 사용

특유한 조류종은 동물사료 보충제의 제조를 위해 적합하다. *Chlorella, Scenedesmus* 그리고 *Spirulina*와 같은 조류종은 향상된 면역반응, 향상된 번식력, 더 좋은 무게조절, 더 건강한 피부를 포함한 유익한 응용분야를 갖는다[192]. 그러나 고농도로 장기간 투입은 시아노박테리아와 관련해서 특히 유해할 수 있었다[22]. 조류는 새우와 어류와 같은 많은 중요한 양식종의 천연 식품 공급원(천연사료)이다[22].

양식에서의 조류 바이오매스에 대한 주된 응용분야는 다음과 같다: 연체동물 혹은 새우를 위한 유충영양분[196]을 포함하는 어류의 자료 U95, 양식된 연어과에 대한 윤색[196]. 양식 미디움의 질의 안정화와 향상 ('그린-물' 기술)[197]. 양식된 수중종에서의 필수적인 생물학적 활성의 유도[196]. 그리고 물고기(어류)의 면역시스템의 강화[192].

7.3 바이오비료로서의 미세조류의 사용.

열분해와 같은 약간의 전환기술(6절)은 바이오비료로서의 가능한 농업 응용분야를 갖는 "*biochar*" 즉 고체 석탄 잔류물의 형성을 초래한다[198-200]. "*Biochar*"는 또한 바이오에너지 전환에서 공정연료로서 사용될 수 있다.

7.4 다중 불포화 지방산의 공급원으로서의 미세조류

PUFAs는 인간의 성장과 생리학을 위해 필수적이다[203]. 다른 것들 중에서 PUFAs는 심장혈관 질환의 위험을 감소시키는 것으로 입증되었다[204,205]. 최근에 어류와 어류오일은 PUFA의 주된 공급원이지만 식품 첨가제로서의 응용은 독성물질의 축적, 비린내, 불쾌한 맛, 좋지 못한 산화안정도, 혼합 지방산의 존재[192] 때문에 제한되며 다이어트에 대해서는 적절치 않다.

미세조류는 PUFA의 일차적인 공급원이다(표12). 미세조류 PUFA는 또한 유아용 우유 포뮬라를 위한 첨가제와 같은 많은 다른 응용분야를 갖는다. 오메가-3가 풍부한 계란을 생산하기 위하여 특별한 조류를 닭에게 사료로 사용하였다[192]. 최근에 DHA(docosahexaenoic acid)는 상업적으로 입수 가능한 유일한 조류 PUFA이다. 왜냐하면 조류 추출물은 다른 주요한 일차적인 공급원에 비해서 EPA(eicosapentaenoic acid), Y-linolenic acid(GLA) 그리고 AA(arachidonic acid)의 경쟁력 있는 공급원은 아니다[22].

7.5 미세조류 재조합 단백질

중요한 재조합 단백질 추출물에는 β-carotene, astasanthin 그리고 C-phycocyanin

(C-PC)이 포함된다. Carotenoid β-carotene은 폭넓은 적용분야를 갖는다. 그것은 식품 색소, pro-vitamin A의 공급원 그리고 화장품 첨가제로서 사용될 수 있다[206]. D. salina는 β-carotene의 가장 적당한 생물학적 공급원이며 14%(dry wt.)까지 생산할 수 있다[22]. 시장에서의 β-carotene의 대다수(>90%)는 화학적으로 합성되며 천연 β-carotene에 대한 가격은 kg당 €215~€2150 사이의 범위이다[22].

Carotenoid astaxanthin은 화장품, 식품 그리고 사료산업에서 가능한 적용분야를 갖는다[208]. 그것은 유력한 산화방지제[209]이며 자외선 차단, 면역력 향상, 호르몬 전구체, 프로-비타민 A공급원 그리고 염증치료제와 같은 인간의 건강에 가능한 여러 역할을 한다. 이것은 강한 색소이다[192]. 미세조류 H.pluvialis는 astaxanthin [208]의 풍부한 천연 공급원이며 1~8% astaxanthin(dry wt.)을 생산할 수 있다[159]. 천연 astaxanthin에 대한 시장가격은 €7150/kg이다[101].

C-phycocyanin(C-PC)은 cyanobacteria, rhodophytes 그리고 cryptophytes[80]에서 발견되는 주요한 광합성적 블루색소이다. C-PC는 cyanobacterial계 식품과 건강식품에서 하나의 구성성분으로서 사용된다[80].

08 결론

신 재생 에너지 자원으로서 미세조류로부터 바이오연료의 개발을 위한 그리고 석유계 연료의 GHG 관련된 영향의 저감을 위한 존재하는 기술의 실행가능성에 관해서 이 장에서 고찰하였다. 지질과 바이오매스 그리고 몇몇 유용한 부산물에 대한 달성될 수 있는 높은 수율은 바이오연료에 대한 공급원으로서 조류의 경제적인 응용 가능성을 향상시킬 수 있었다.

광합성적 독립영양 생산은 순 에너지 밸런스에 의해서 가장 효과적이다. 그러나 생산율은 매우 변화하며 종속영양 생산과 비교하였을 때 현저하게 더 낮다. 전반적으로 생산시스템의 기술적 실행가능성은 선택된 조류종의 본질적인 성질에 따라서 정해지며 더 큰 종에 대한 스크리닝에 대한 필요성을 나타내며 또한 배양조건과 생산시스템에 관한 연구의 필요성을 지적해준다. 미세조류에 의한 CO_2 배출의 생물학적 저감은 바이오연료 생산비용을 경감하기 위해 이용되는 보충적인 기능을 제공해준다. 생산을 향상시키기 위한 발전플랜트로부터의 폐 CO_2의 사용은 기술적으로 실행 가능한 것으로 나타났으며 생산비용을 감소시키기 위해 그리고 GHG 배출 조절을 위해 전개된다.

조류 바이오매스의 수확은 생산과정 동안 에너지 투입량의 가장 높은 비율을 차지하지만 최근에 표준 수확기술은 없다. 지질은 조류로부터 가장 용이하게 추출 가능한 바이오연료 공급 원료이지만 잠재적인 저장은 산화반응과 조류 공급 원료의 높은 수분함유량을 초래하는 PUFAs의 존재에 의해서 방해를 받는다. 이 장에서는 또한 조류로부터 오일의 추출 이후에 열화학적 액화와 열분해는 조류 바이오매스-바이오연료의 전환을 위한 가장 기술적으로 실행 가능한 방법인 것으로 나타났다는 사실을 밝혔다.

바이오연료를 위한 미세조류의 대규모 생산은 이들 생산물의 이용 가능성을 증가시킬 것이다. 미세조류 생산, 오일추출과 바이오매스 처리를 최적화시키기 위한 기술의 연속된 개발은 향 후 지속적으로 필요하다.

■ References

01. BP. BP statistical review of world energy; 2009.
02. European Commission. Communication from the commission to the European council and the European parliament: an energy policy for Europe. In: EC COM(2007) 1 Final;2007.p.27..
03. Rogner HH. Energy resources. In: Goldemberg J, editor. World energy assessment: energy and the challenge of sustainability. New York: UNDP/UNDESA/WEC;2000.
04. Ugarte DG, Walsh ME, Shapouri H, Slinsky P. The economic impacts of bioenergy crop production in US agriculture, USDA Agriculture Economic Report No. 816;2003.p.41.
05. IPCC. Climate change 2001: impacts, adaptation, and vulnerability. In: A report of working group Ⅱof the Intergovernmental Panel on Climatic Change(IPCC). Cambridge; 2001.
06. EIA. International carbon dioxide emissions from the consumption of energy. Available from: http://www.eia.doe.gov/pub/international/iealf/tableh1co2.xls; 2006[cited 10.02.09].
07. Bilanovic D, Andargatchew A, Kroeger T, Shelef G. Freshwater and marine microalgae sequestering of CO_2 at different C and N concentrations-response

surface methodology analysis. Energy Conversion and Management 2009;50(2):262-7.

08. Wang B, Li Y, Wu N, Lan C. CO$_2$ bio-mitigation using microalgae. Applied Microbiology and Biotechnology 2008;79(5):707-18.

09. Sorest JP. Climatic changd: solutions in sight, a Dutch perspective. Delft: Energy Policy Platform; 2000.

10. IEA. World energy outlook 2007. Paris: International Energy Agency; 2007.

11. FAO. The state of food and agriculture 2008. New York: Food and Agriculture Organization; 2008.

12. FAO. Sustainable bioenergy: a framework for decision makers. United Nations Energy; 2007.

13. IEA. IEA technology essentials-biofuel production. International Energy Agency: 2007.

14. Moore A. Biofuels are dead: long live biofuels(?)-part one. New Biotechnology 2008;25(1):6-12.

15. IEA. World energy outlook 2006. Paris: International Energy Agency; 2006.

16. Khosla V. Where will biofuels and biomass feedstocks come from? [White Paper]. Available from: http://www.khoslaventures.com/presentations/WhereWill BiomassComeFrom.doc[11.06.08];2009.p.31.

17. Schenk P, Thomas-Hall S, Stephens E, Marx U, Mussgnug J, Posten C, et al. Second generation biofuels: high-efficiency microalgae for biodiesel production. BioEnergy Research 2008;1(1):20-43.

18. Dismukes GC, Carrieri D, Bennette N, Ananyev GM, Posewitz MC. Aquatic phototrophs: efficient alternatives to land-based crops for biofuels. Current Opinion in Biotechnology 2008;19(3):235-40.

19. Searchinger T, Heimlich R, Houghton RA, Dong F, Elobeid A, Fabiosa J, et al. Use of U.S. croplands for biofuels increases greenhouse gases through emissions from land-use change. Science 2008;319(5867):1238-40.

20. Chisti Y. Biodiesel from microalgae. Biotechnology Advances 2007;25(3): 294-306.

21. Metting FB. Biodiversity and application of microalgae. Journal of Industrial Microbiology 1996;17(5-6):477-89.

22. Spolaore P, Joannis-Cassan C, Duran E, Isambert A. Commercial applications of microalgae. Journal of Bioscience and Bioscience and Bioengineering 2006;101(2):87-96.

23. Cantrell KB, Ducey T, Ro KS, Hunt PG. Livestock waste-to-bioenergy generation opportunities. Bioresource Technology 2008;99(17):7941-53.

24. Rodolfi L, Zittelli GC, Bassi N, Padovani G, Biondi N, Bonini G, et al. Microalgae for oil: strain selection, induction of lipid synthesis and outdoor mass

cultivation in a low-cost photobioreactor. Biotechnology and Bioengineering 2008;102(1)100-12.

25. Hirano A, Ueda R, Hirayama S, Ogushi Y. CO_2 fixation and ethanol production with microalgal photosynthesis and intracellular anaerobic fermentation. Energy 1997;22(2-3):137-42.

26. Qin J. Bio-hydrocarbons from algae-impacts of temperature, light and salinity on algae growth, Barton, Australia: Rural Industries Research and Development Corporation; 2005.

27. Ghirardi ML, Zhang I, Lee JW, Flynn T, Seivert M, Greenbaum E, et al. Microalgae: a green source of renewable H_2. Trends in Biotechnology 2000;18(12):506-11.

28. Ono E, Cuello JL. Feasibility assessment of microalgal carbon dioxide sequestration technology with photobioreactor and solar collector. Biosystems Engineering 2006;95(4):597-606.

29. Pulz O, Scheinbenbogan K. Photobioreactors: design and performance with respect to light energy input. Advances in Biochemical Engineering/ Biotechnology 1998;59:123-52.

30. Ugwu CU, Aoyagi H, Uchiyama H. Photobioreactors for mass cultivation of algae. Bioresource Technology 2008;99(10):4021-8.

31. Hirano A, Hon-Nami K, Kunito S, Hada M, Ogushi Y. Temperature effect on continuous gasification of microalgal biomass: theoretical yield of methanol production and its energy balance. Catalysis Today 1998;45(1-4):399-404.

32. Pulz O. Photobioreactors: production systems for phototrophic microorganisms. Applied MIcrobiology and Biotechnology 2001;57(3):287-93.

33. Brown LM. Uptake of carbon dioxide from flue gas by microalgae. Energy Conversion and Management 1996;37(6-8):1367-7.

34. Falkowski PG, Raven JA. Aquatic photosybthesis. London: Blackwater Science;1997.375.

35. Lee RE, Phycology. New York: Cambridge University Press; 1980.

36. Khan SA, Rashmi, Hussain MZ, Prasad S, Banerhee UC. Prospects of biodiesel production from microalgae in India. Renewable and Sustainable Energy Reviews 2009;13(9):2361-72.

37. Zilinskas Braun G, Zilinskas Braun B. Light absorption, emission and photosynthesis. In: Stewart WDP, editor. Algal physiology and biochemistry. Oxford: Blackwell Scientific Publications; 1974.

38. Janssen M, Tramper J, Mur LR, Wijffels RH. Enclosed outdoor photobioreactors: light regime, photosynthetic efficiency, scale-up, and future prospects. Biotechnology and Bioengineering 2003;81(2):193-210.

39. Muller-Feuga A, Le Guédes R, Hervé A, Durand P. Comparison of artificial

light photobioreactors and other production systems using *Porphyridium cruentum*. journal of Applied Phycology 1998;10(1):83-90.

40. Chiu S-Y, Kao C-Y, Tsai M-T, Ong S-C, Chen C-H, Lin C-S. Lipid accumulation and CO_2 utilization of *Nanochioropsis oculata* in response to CO_2 aeration. Bioresource Technology 2009;100(2):833-8.

41. Hsueh HT, Chu H, Yu ST. A batch study on the bio-fixation of carbon dioxide in the absorbed solution from a chemical wet scrubber by hot spring and marine algae. Chemosphere 2007;66(5):878-86.

42. Vunjak-Novakovic G, Kim Y, Wu X, Berzin I, MerchhuK JC. Air-lift bioreactors for algal growth on flue gas: mathematical modeling and pilot-plant studies. Industrial & Engineering Chemistry Research 2005;44(16):6154-63.

43. Doucha J, Straka F, Lívanský K. Utilization of flue gas for cultivation of microalgae (*Chlorella* sp.) in an outdoor open thin-layer photobioreacror. journal of Applied Phycology 2005;17(5):403-12.

44. Kadam KL. Environmental implications of power generation via coal-micro-algae cofiring. Energy 2002;27(10):905-22.

45. Emma Huertas I, Colman B, Espie GS, Lubian LM. Active transport of CO_2 by three species of marine microalgae. Journal of Phycology 2000;36(2):314-20.

46. Colman B, Rotatore C. Photosynthetic inorganic carbon uptake and accumulation in two marine diatoms. Plant Cell and Environment 1995;18(8):919-24.

47. Suh IS, Lee CG. Photobioreactor engineering: design and performance. Biotechnology and Bioprocess Engineering 2003;8(6):313-21.

48. Welsh DT, Bartoli M, Nizzoli D, Castaldelli G, Riou SA, Viaroli P. Denitrification, nitrogen fixation, community primary productivity and inorganic-N and fluxes in an intertidal *Zostera noltii* meadow. Marine Ecology Progress Series 2000;208:65-77.

49. Moreno J, Vargas MÁ, Rodríguez H, Rivas J, Guerrero MG. Outdoor cultivation of a nitrogen-fixing marine cyanobacterium. *Anabaena* sp. ATCC 33047. Biomolecular Engineering 2003;20(4-6):191-7.

50. Hsieh C-H, Wu W-T. Cultivation of microalgae for oil production with a cultivation strategy of urea limitation. Bioresource Technology 2009;100(17): 3921-6.

51. Çelekli A, Yavuzatmaca M, Bozkurt H. Modeling of biomass production by *Spirulina platensis* as function of phosphate concentrations and pH regimes. Bioresource Technology 2009;100(14):3625-9.

52. Martin-jézéquel V, Hildebrand M, Brzezinski MA. Silicon metabolism in diatoms: implications for growth. Journal of Phycology 2000;36(5):821-40.

53. Borowitzka M. Microalgae for aquaculture: opportunities and constraints.

Journal of Applied Phycology 1997;9(5):393-401.

54. Borowitzka MA. Commercial production of microalgae: ponds, tanks, tubes and fermenters. Journal of Biotechnology 1999;70(1-3):313-21.

55. Borowitzka M. Algal biotechnology products and processes-matching science and economics. Journal of Applied Phycology 1992;4(3):267-79.

56. Jiménez C, Cossío BR, Labella D, Xavier Niell F. The feasibility of industrial production of *Spirulina (Arthrospira)* in southern Spain. Aquaculture 2003;217(1-4):179-90.

57. Terry KL, Raymond LP. System design for the autotrophic production of microalgae. Enzyme and Microbial Technology 1985;7(10):474-87.

58. Chisti Y. Biodiesel from microalgae beats bioethanol. Trends in Biotechnology 2008;26(3):126-31.

59. Tan HH. Algae-to-biodiesel at least five to 10 years away. Available from: http://www.energycurrent.com/index.php?id=3&storyid=14415;2008[cited12.0 1.09].

60. Lee YK, Microalgal mass culture systelms and methods: their limitation and potential. Journal of Applied Phycology 2001;13(4):307-15.

61. Setlik I, Veladimir S, Malek I. Dual purpose open circulation units for large scale culture of algae in temperate zones. I Basic design considerations and scheme of a pilot plant. Algologie Studies (Trebon) 1970;1(11).

62. Becker EW. Microalgae. Cambridge: Cambridge University Press; 1994.

63. Weissman JC, Tillett DM. Design and operation of outdoor microalgae test facility. In: Brown LM, Sprague S, editors. Aquatic species report; NREL/MP-232-4174. National Renewable Energy Laboratory; 1992. p. 32-57.

64. Carvalho AP, Meireles LA, Malcata FX. Microalgal reactors: a review of enclosed system designs and performances. Biotechnology Progress 2006;22(6):1490- 506.

65. Molina Grima E, Belarbi EH, Acién Fernández FG, Robles Medina A, Chisti Y. Tubular photobioreactor design for algal cultures. Journal of Biotechnology 2001 ;92(2):113-31.

66. Sánchez Mirón A, Contreras Gomez A, Garca Camacho F, Molina Grima E, Chisti Y. Comparative evaluation of compact photobioreactors for large-scale monoculture of microalgae. Journal of Biotechnology 1999;70(1-3):249-70.

67. Ugwu CU, Ogbonna J, Tanaka H. Improvement of mass transfer characteristics and productivities of inclined tubular photobioreactors by installation of internal static mixers. Applied Microbiology and Biotechnology 2002;58(5):600-7.

68. Watanabe Y, Saiki H. Development of a photobioreactor incorporating *Chlorella* sp. for removal of CO_2 in stack gas. Energy Conversion and

Management 1997;38(Suppl. 1):S499-503.

69. Eriksen N. The technology of microalgal culturing. Biotechnology Letters 2008;30(9):1525-36.

70. Samson R, Leduy A. Multistage continuous cultivation of blue-green alga *Spirulina maxima* in flat tank photobioreactors. Canadian Journal of Chemical Engineering 1985;63:105-12.

71. Hu Q, Kurano N, Kawachi M, Iwasaki I, Miyachi A. Ultrahigh-cell-density culture of a marine alga *Chlorococcum littorale* in a flat-plate photobioreactor. Applied Microbiology and Biotechnology 1998;46:655-62.

72. Richmond A, Cheng-Wu Z, Zarmi Y. Efficient use of strong light for high photosynthetic productivity: interrelationships between the optical path, the optimal population density and cell-growth inhibition. Biomolecular Engineering 2003;20(4-6):229-36.

73. Richmond A. Microalgal biotechnology at the turn of the millennium: a personal view. Journal of Applied Phycology 2000;12(3-5):441-51.

74. Olaizola M. Commercial production of astaxanthin irom *Haematacoccus pluvialis* using 25,000-liter outdoor photobioreactors. Journal of Applied Phycology 2000;12(3):499-506.

75. Suh IS, Lee SB. A light distribution model for an internally radiating photo-bioreactor. Biotechnology and Bioengineering 2003;82:180-9.

76. Sánchez Mirón A, Ceron Garcia M-C, Garcia Camacho F, Molina Grima E, Chisti Y. Growth and biochemical characterization of microalgal biomass produced in bubble column and airlift photobioreactors: studies in fed-batch culture. Enzyme and Microbial Technology 2002;31(7):1015-23.

77. Huntley M, Redalje D. CO_2 mitigation and renewable oil from photosynthetic microbes: a new appraisal. Mitigation and Adaptation Strategies for Global Change 2007;12(4):573-608.

78. Miao X, Wu Q. Biodiesel production from heterotrophic microalgal oil. Bioresource Technology 2006;97(6):841-6.

79. Chen F, Zhang Y, Guo S. Growth and phycocyanin formation of *Spirulina platensis* in photoheterotrophic culture. Biotechnology Letters 1996;18(5): 603-8.

80. Eriksen N. Production of phycocyanin-a pigment with applications in biology, biotechnology, foods and medicine. Applied Microbiology and Biotechnology 2008;80(1):1-14.

81. Chen G-Q, Chen F. Growing phototrophic cells without light. Biotechnology Letters 2006;28(9):607-16.

82. Li X, Xu H, Wu Q. Large-scale biodiesel production from microalga *Chlorella protothecoides* through heterotrophic cultivation in bioreactors. Biotechnology and Bioengineering 2007;98(4):764-71.

83. Graham LE, Graham JM, Wilcox LW. Algae, 2nd ed., San Francisco: Pearson Education, Inc.; 2009.

84. Zhang XW, Zhang YM, Chen F. Application of mathematical models to the determination optimal glucose concentration and light intensity for mixotrophic culture of *Spirulina platensis*. Process Biochemistry 1999;34(5): 477-81.

85. Andrade MR, Costa JAV. Mixotrophic cultivation of microalga *Spirulina platensis* using molasses as organic substrate. Aquaculture 2007;264(1-4): 1,30-4.

86. Chojnacka K, Noworyta A. Evaluation of *Spirulina* sp. growth in photoautotrophic, heterotrophic and mixotrophic cultures. Enzyme and Microbial Technology 2004;34(5):461-5.

87. Akkerman I, Janssen M, Rocha J, Wijffels RH. Photobiological hydrogen production: photochemical efficiency and bioreactor design. International Journal of Hydrogen Energy 2002;27(11):1195-208.

88. Vasudevan P, Briggs M. Biodiesel production-current state of the art and challenges. Journal of Industrial Microbiology and Biotechnology 2008;35(5): 421-30.

89. Bolton JR, Hall DO. The maximum efficiency of photosynthesis. Photochemistry and Photobiology 1991;53(4):545-8.

90. Doucha J, Lívanský K. Outdoor open thin-layer microalgal photobioreactor: potential productivity. Journal of Applied Phycology 2008.

91. Doucha J, Líyanský K. Productivity, CO_2/O_2 exchange and hydraulics in outdoor open high density microalgal (*Chlorella* sp.) photobioreactors operated in a Middle and Southern European climate. Journal of Applied Phycology 2006;18(6):811-26.

92. Hase R, Oikawa H, Sasao C, Morita M, Watanabe Y. Photosynthetic production of microalgal biomass in a raceway system under greenhouse conditions in Sendai city. Journal of Bioscience and Bioengineering 2000;89(2):157-63.

93. Xia J, Gao K. Effects of doubled atmospheric CO_2 concentration on the photosynthesis and growth of *Chlorella pyrenoidosa* cultured at varied levels of light. Fisheries Science 2003;69(4):767-71.

94. Morita M, Watanabe Y, Saiki H. Photosynthetic productivity of conical helical tubular photobioreactor incorporating *Chlorella sorokiniana* under field conditions. Biotechnology and Bioengineering 2002;77(2):155-62.

95. Pirt SJ, Lee YK, Richmond A, Pirt MW. The photosynthetic efficiency of *Chlorella* biomass growth with reference to solar energy utilization. Journal of Chemical Technology & Biotechnology 1980;30:25-34.

96. Hall DO, Acién Fernández FG, Cañizares Guerrero E, Krishna Rao K, Molina

Grima E. Outdoor helical tubular photobioreactors for microalgal production: modeling of fluid-dynamics and mass transfer and assessment of biomass productivity. Biotechnology and Bioengineering 2003;82(1):62-73.

97. Acién Fernández FG, García Camacho F, Sánchez Pérez JA, Fernández Sevilla JM, Molina Grima E. Modeling of biomass productivity in tubular photobioreactors for microalgal cultures: effects of dilution rate, tube diameter, and solar irradiance. Biotechnology and Bioengineering 1998;58(6):605-16.

98. Tamiya H. Mass culture of algae. Annual Review of Plant Physiology 1957;8:309-33.

99. Laws EA, Taguchi S, Hirata J, Pang L. High algal production rates achieved in a shallow outdoor flume. Biotechnology and Bioengineering 1986;28:191-7.

100. Minowa T, Yokoyama S-y, Kishimoto M, Okakura T. Oil production from algal cells of *Dunaliella tertiolecta* by direct thermochemical liquefaction. Fuel 1995;74(12):1735-8.

101. Rosenberg JN, Oyler GA, Wilkinson L, Betenbaugh MJ. A green light for engineered algae redirecting metabolism to fuel a biotechnology revolution. Current Opinion in Biotechnology 2008;19(5):430-6.

102. Sheehan J, Dunahay T, Benemann JR, Roessler P. A look back a the U.S. Department of Energy's Aquatic Species Program-biodiesel from algae. u.s. Department of Energy; 1998.

103. Bruton T, Lyons H, Lerat Y, Stanley M, Rasmussen MB. A review of the potential of marine algae as a source of biofuel in Ireland. Dublin: Sustainable Energy Ireland; 2009. p. 88.

104. de Morais MG, Costa JAV. Isolation and selection of microalgae from coal fired thermoelectric power plant for biofixation of carbon dioxide. Energy Con version and Management 2007;48(7):2169-73.

105. Yoo C, Jun S-Y, Lee J-Y, Ahn C-Y, Oh H-M. Selection of microalgae for lipid production under high levels carbon dioxide. Bioresource Technology 2010;101(1, Supplement 1):S71-4.

106. Dunahay T, Jarvis E, Dais S, Roessler P. Manipulation of microalgal lipid production using genetic engineering. Applied Biochemistry and Biotechnology 1996;57-58(1):223-31.

107. León-Bañares R, González-Ballester D, Galván A, Fernández E. Transgenic microalgae as green cell-factories. Trends in Biotechnology 2004;22(1):45-52.

108. Hu Q Sommerfeld M, Jarvis E, Ghirardi ML, Posewitz MC, Seibert M, et al. Microalgal triacyglycerols as feedstocks for biofuel production. The Plant Journal 2008;54:621-39.

109. Widjaja A, Chien C-C, Ju Y-H. Study of increasing lipid production from

fresh water microalgae *Chlorella vulgaris*. Journal of the Taiwan Institute of Chemical Engineers 2009;40(1):13-20.

110. Weldy CS, Huesemann M. Lipid production by *Dunaliella salina* in batch culture: effects of nitrogen limitation and light intensity. US Department of Energy journal of Undergraduate Research 2007;7(1):115-22.

111. Roessler PG. Environmental control of glycerolipid metabolism in microalgae: commercial implications and future research directions. Journal of Phycology 1990;26:393-9.

112. Wu W-T, Hsieh C-H. Cultivation of microalgae for optimal oil production. Journal of Biotechnology 2008;136(Suppl. 1):S521-1521.

113. Benemann JR, Weissman J, Koopman BL, Oswald WJ. Energy production with microalgae. Nature 1977;268:19-23.

114. Weissman J, Raymond PG, Benemann JR. Mixing, carbon utilization and oxygen accumulation. Biotechnology and Bioengineering 1988;31:336-44.

115. Weissman J, Goebel RP, Benemann JR. Photobioreactor design: comparison of open ponds and tubular reactors. Biotechnology and Bioengineering 1988;31 :336-44.

116. Brown LM, Zeiler KG. Aquatic biomass and carbon dioxide trapping. Energy Conversion and Management 1993;34(9-11):1005-13.

117. Kadam KL Power plant flue gas as a source of CO_2 for microalgae cultivation: economic impact of different process options. Energy Conversion and Management 1997;38(Suppl. 1):S505-10.

118. Chelf P, Brown lM, Wyman CE. Aquatic biomass resources and carbon dioxide trapping. Biomass and Bioenergy 1991;4:175-83.

119. Meng X, Yang J, Xu X, Zhang L, Nie Q, Xian M. Biodiesel production from oleaginous microorganisms. Renewable Energy 2009;34(1):1-5.

120. Reith JH, van Zessen E, van der Drift A, den Uil H, Snelder E, Balke J, et al. Microalgal mass cultures for co-production of fine chemicals and biofuels and water purification. In: CODON symposium on marine biotechnology: an ocean full of prospects?; 2004.p.16.

121. Benemann JR, Van Olst JC, Massingill MJ, Weissman JC, Brune DE. The controlled eutrophication process: using microalgae for CO_2 utilization and agricultural fertilizer recycling. In; Gale J, Kaya Y, editors. Greenhouse gas control technologies-6th international conference. Oxford: Pergamon; 2003. p. 1433-8.

122. Stepan DJ, Shockey RE, Moe TA, Darn R. Carbon dioxide sequestering using microalgae systems. Pittsburgh, PA: U.S. Department of Energy; 2002.

123. Yun Y-S, Lee SB, Park JM, Lee C-I, Yang J-W. Carbon dioxide fixation by algal cultivation using wastewater nutrients. Journal of Chemical Technology & Biotechnology 1997;69(4):451-5.

124. de Morais MG, Costa JAV. Biofixation of carbon dioxide by *Spirulina* sp. and *Scenedesmus obliquus* cultivated in a three-stage serial tubular photobior-eactor. Journal of Biotechnology 2007;129(3):439-45.

125. Chang EH, Yang SS. Some characteristics of microalgae isolated in Taiwan for biofixation of carbon dioxide. Botanical Bulletin of Academia Sinica 2003;44(1):43-52.

126. van Harmelen T, Oonk H. Microalgae biofixation processes: applications and potential contributions to greenhouse gas mitigation options. Apeldoom, The Netherlands: International Network on Biofixation of CO_2 and Greenhouse Gas Abatement with Microalgae; 2006.

127. Benemann JR. CO_2 mitigation with microalgae systems. Energy Conversion and Management 1997;38(Suppl. 1):475-9.

128. Muñoz R, Guieysse B. Algal-bacterial processes for the treatment of hazardous contaminants: a review. Water Research 2006;40(15):2799-815.

129. Li Y, Horsman M, Wu N, Lan C, Dubois-Calero N. Biofuels from microalgae. Biotechnology Progress 2008;24(4):815-20.

130. Lundquist TJ. Production of algae in conjunction with wastewater treatment. In: NREL-AFOSR workshop on algal oil for jet fuel production; 2008.

131. Sawayama S, Inoue S, Dote Y, Yokoyama S-Y. CO_2 fixation and oil production through microalgae. Energy Conversion and Management 1995;36(6- 9):729-31.

132. Martínez ME, Sánchez S, jiménez JM, El Yousfi F, Muñoz L Nitrogen and phosphorus removal from urban wastewater by the microalga *Scenedesmus obliquus*. Bioresource Technology 2000;73(3):263-72.

133. Gomez Villa H, Voltolina D, Nieves M. Pina P. Biomass production and nutrient budget in outdoor cultures of *Scenedesmus obliquus* (chlorophyceae) in artificial wastewater, under the winter and summer conditions of Mazatlán, Sinaloa, Mexico. Vie et milieu 2005;55(2):121-6.

134. Hodaifa G, Martinez ME. Sanchez S. Use or industrial wastewater from oliveoil extraction for biomass production of *Scenedesmus obliquus*. Bioresource Technology 2008;99(5):1111-7.

135. Muñoz R, Köllner C, Guieysse B. Biofilm photobioreactors for the treatment of industrial wastewaters. Journal of Hazardous Materials 2009;161(1):29-34.

136. Chojnacka K. Chojnacki A. Górecka H. Biosorption of Cr^{3+}, Cd^{2+} and Cu^{2+} ions by blue-green algae *Spirulina* sp.: kinetics, equilibrium and the mechanism of the process. Chemosphere 2005;59(1):75-84.

137. Gudin C, Therpenier C. Bioconversion of solar energy into organic chemicals by microalgae. Advances in Biotechnological Processes 1986;6:73-110.

138. Benemann JR. Oswald WJ. Systems and economic analysis of microalgae

ponds for conversion of CO_2 to biomass. US Department of Energy, Pittsburgh Energy Technology Centre; 1996.

139. Olaizola M. Commercial development of microalgal biotechnology: from the test tube to the marketplace. Biomolecular Engineering 2003;20(4-6):459-66.

140. Molina Grima E, Belarbi EH, Acién Fernández FG, Robles Medina A, Chisti Y. Recovery of microalgal biomass and metabolites: process options and economics. Biotechnology Advances 2003;20(7-8):491-515.

141. Knuckey RM, Brown MR, Robert R, Frampton DMF. Production of microalgal concentrates by flocculation and their assessment as aquaculture feeds. Aquacultural Engineering 2006;35(3):300-13.

142. Divakaran R, Pillai VNS. Flocculation of algae using chitosan. Journal of Applied Phycology 2002;14(5):419-22.

143. Bosma R, van Spronsen WA, Tramper J, Wijffels RH. Ultrasound, a new separation technique to harvest microalgae. Journal of Applied Phycology 2003;15(2):143-53.

144. Carsten O, Martin B, Thomas S, Guido B, Helmut B, Peter S, et al. Standardized ultrasound as a new method to induce platelet aggregation: evaluation, influence of lipoproteins and of glycoprotein IIb/IIIa antagonist tirofiban. European Journal of Ultrasound Official Journal of the European Federation of Societies for Ultrasound in Medicine and Biology 2001;14(2): 157-66.

145. Nurdogan Y, Oswald WJ. Tube settling rate of high-rate pond algae. Water Science Technology 1996;33:229-41.

146. Heasman M, Diemar J, O'Connor W, Sushames T, Foulkes L Development of extended shelf-life microalgae concentrate diets harvested by centrifugation for bivalve molluscs-a summary. Aquaculture Research 2000;31(8-9):637-59.

147. Mohn FH. Experiences and strategies in the recovery of biomass in mass culture of microalgae. In: Shelef G, Soeder CJ, editors. Algal biomass. Amsterdam: Elsevier; 1980. p. 547-71.

148. Petrusevski B, Bolier G, Van Breemen AN, Alaerts GJ. Tangential flow filtration: a method to concentrate freshwater algae. Water Research 1995;29(5):1419-24.

149. MacKay D, Salusbury T. Choosing between centrifugation and crossfiow microfiltration. Chemical Engineering Journal 1988;477:45-50.

150. Prakash J, Pushparaj B, Carlozzi P, Torzillo G, Montaini E. *******, R. Microalgae drying by a simple solar device. International Journal of Solar Energy 1997;18(4):303-11.

151. Desmorieux H, Decaen N. Convective drying of spirulina in thin layer. journal of Food Engineering 2006;66(4):497-503.

152. Leach G, Oliveira G, Morais R. Spray-drying of *Dunaliella salina* to produce

a β-carotene rich powder. Journal of Industrial Microbiology and Biotechnology 1998;20(2):82-5.

153. Molina Grima E, Medina A, Giménez A, Sánchez Pérez J, Camacho F, García Sánchez J. Comparison between extraction of lipids and fatty acids from microalgal biomass. Journal of the American Oil Chemists' Society 1994;71(9):955-9.

154. Nindo CI, Tang J. Refractance window dehydration technology: a novel contact drying method. Drying Technology 2007;25:37-48.

155. Heger M. A new processing scheme for algae biofuels. Technology review. Available from: http://www.technologyreview.com/energy/22572/;2009[cited 21.05.09].

156. Sialve B, Bernet N, Bernard O. Anaerobic digestion of microalgae as a necessary step to make microalgal biodiesel sustainable. Biotechnology Advances 2009;27(4):409-16.

157. Middelberg APJ. The release of intracellular bioproducts. In: Subramanian G, editor. Bioseparation and bioprocessing: a handbook. Wiley; 1994. p. 131-64.

158. Mendes-Pinto MM, Raposo MFJ, Bowen J, Young AJ, Morais R. Evaluation of different cell disruption processes on encysted cells of *Haematococcus pluvialis*: effects on astaxanthin recovery and implications for bio-availability. Journal of Applied Phycology 2001 ;13(1):19-24.

159. Amin Hejazi M, Wijffels RH. Milking of microalgae. Trends in Biotechnology 2004;22(4):189-94.

160. McKendry P. Energy production from biomass (part 2): conversion technologies. Bioresource Technology 2002;83(1):47-54.

161. McKendry P. Energy production from biomass (part 1): overview of biomass. Bioresource Technology 2002;83(1):37-46.

162. Tsukahara K, Sawayama S. Liquid fuel production using microalgae. Journal of the Japan Petroleum Institute 2005;48(5):251-9.

163. Clark J, Deswarte F. Introduction to chemicals from biomass. In: Stevens CV, editor. Wiley series in renewable resources. john Wiley & Sons; 2008.

164. Demirbas A. Biomass resource facilities and biomass conversion processing for fuels and chemicals. Energy Conversion and Management 2001; 42(11):1357-78.

165. McKendry P. Energy production from biomass (part 3): gasification technologies. Bioresource Technology 2002;83(1):55-63.

166. Minowa T, Sawayama S. A novel microalgal system for energy production with nitrogen cycling. Fuel 1999;78(10):1213-5.

167. Patil V, Tran K-Q, Giselråd HR. Towards sustainable production of biofuels from microalgae. International Journal of Molecular Sciences 2008;9(7): 1188-95.

168. Goyal HB, Seal D, Saxena RC. Bio-fuels from thermochemical conversion of renewable resources: a review. Renewable and Sustainable Energy Reviews 2008;12(2):504-17.

169. Dote Y, Sawayama S, Inoue S, Minowa T, Yokoyama S-y. Recovery of liquid fuel from hydrocarbon-rich microalgae by thermochemical liquefaction. Fuel 1994;73(12):1855-7.

170. Demirbas A. Oily products from mosses and algae via pyrolysis. Energy Sources Part A-Recovery Utilization and Environmental Effects 2006;28(10):933-40.

171. Bridgwater AV. IEA bioenergy 27th update: biomass pyrolysis. Biomass and Bioenergy 2007;31:Ⅶ-ⅩⅧ.

172. Chiaramonti D, Oasmaa A, Solantausta Y. Power generation using fast pyrolysis liquids from biomass. Renewable and Sustainable Energy Reviews 2007;11(6):1056-86.

173. Miao X, Wu Q. High yield bio-oil production from fast pyrolysis by metabolic controlling of *Chlorella protothecoides*. Journal of Biotechnology 2004;110(1)85-93.

174. Miao X, Wu Q, Yang C. Fast pyrolysis of microalgae to produce renewable fuels. Journal of Analytical and Applied Pyrolysis 2004;71(2):855-63.

175. Demirbas A. Oily products from mosses and algae via pyrolysis. Energy Sources Part A Recovery Utilization and Environmental Effects 2006;28(10):933-40.

176. USDOE. Roadmap for biomass technologies in the United States. U.S. Department of Energy, Office of Energy Efficiency and Renewable Energy; 2002.

177. EU. Biomass conversion technologies: achievements and prospects for heat and power generation. EUR 18029 EN. European Commission Directorate-General Science, Research and Development; 1999, 178.

178. Olguín EJ. The cleaner production strategy applied to animal production. In: Olguín EJ, Sánchez G. Hernández E. editors. Environmental biotechnology and cleaner bioprocesses. London: Taylor & Frands; 2000. p. 227-43.

179. Phang SM. Miah MS, Yeoh BG, Hashim MA. Spirulina cultivation in digested sago starch factory wastewater. Journal of Applied Phycology 2000; 12(3):395-400.

180. Yen H-W, Brune DE. Anaerobic co-digestion of algal sludge and waste paper to produce methane. Bioresource Technology 2007;98(1):130-4.

181. Ueno Y, Kurano N, Miyachi S. Ethanol production by dark fermentation in the marine green alga, *Chlorococcum littorale*. Journal of Fermentation and Bioengineering 1998;86(1):38-43.

182. Greenbaum E. Energetic efficiency of hydrogen photoevolution by algal water

splitting. Biophysical journal 1988;54(2):365-8.

183. Miura Y, Akano T, Eukatsu K, Miyasaka H, Mizoguchi T, Yagi K, et al. Hydrogen production by photosynthetic microorganisms. Energy Conversion and Management 1995;36(6-9):903-6.

184. Fouchard S, Pruvost J, Degrenne B, Legrand J. Investigation of H_2 production using the green microalga *Chlomydomonas reinhardtii* in a fully controlled photobioreactor fitted with on-line gas analysis. International Journal of Hydrogen Energy 2008;33(13):3302-10.

185. Melis A. Green alga hydrogen production: progress, challenges and prospects. International Journal of Hydrogen Energy 2002;27(11-12): 1217-28.

186. Melis A, Happe T. Hydrogen production. Green algae as a source of energy. Plant Physiology 2001;127(3):740-8.

187. Demirbas A. Progress and recent trends in biodiesel fuels. Energy Conversion and Management 2009;50(1):14-34.

188. Sharma YC, Singh B. Development of biodiesel: current scenario. Renewable and Sustainable Energy Reviews 2009;13(6-7):1646-51.

189. Jet fuel from microalgal lipids. National Renewable Energy Laboratory; 2006

190. Sheehan J, Camobreco V, Duffield J, Graboski M, Shapouri H. An overview of biodiesel and petroleum diesel life cycles. National Renewable Energy Laboratory (NREL) and US Department of Energy (USDOE); 1998.

191. Norton TA, Melkoniam M, Anderson RA. Algal biodiversity. Phycologia 1996;35(308-326).

192. Pulz O, Gross W. Valuable products from biotechnology of microalgae. Applied Microbiology and Biotechnology 2004;65(6):635-48.

193. Yamaguchi K. Recent advances in microalgal bioscience in Japan, with special reference to utilization of biomass and metabolites: a review. Journal of Applied Phycology 1996;8(6):487-502.

194. Cox PA, Banack SA, Murch SJ, Rasmussen U, Tien G, Bidigare RR, et al. Diverse taxa of cyanobacteria produce Î²-N-methylamino-l-alanine, a neurotoxic amino acid. Proceedings of the National Academy of Sciences of the United States of America 2005;102(14):S074-8.

195. Brown MR, Jeffrey SW, Volkman JK, Dunstan GA. Nutritional properties of microalgae for mariculture. Aquaculture 1997;151(1-4):315-31.

196. Muller-Feuga A. The role of microalgae in aquaculture: situation and trends. Journal of Applied Phycology 2000;12(3):527-34.

197. Chuntapa B, Powtongsook S, Menasvera P. Water quality control using *Spirulina platensis* in shrimp culture tanks. Aquaculture 2003;220(1-4): 355-66.

198. Marris E. Putting the carbon back: black is the new green. Nature 2006;442(7103):624-6.

199. Lal R. Black and buried carbons impacts on soil quality and ecosystem services. Soil and Tillage Research 2008;99(1):1-3.

200. Lehmann J, Gaunt J, Rondon M. Bio-char sequestration in terrestrial ecosystems. Mitigation and Adaptation Strategies for Global Change 2006;11:395-419.

201. Lehmann J. A handful of carbon. Nature 2007;447(7141):143-4.

202. Reijnders L. Are forestation, bio-char and landfilled biomass adequate offsets for the climate effects of burning fossil fuels? Energy Policy 2009;37(8):2839-41.

203. Hu C, Li M, Li J, Zhu Q, Liu Z. Variation of lipid and fatty acid compositions of the marine microalga *Pavlova viridis* (Prymnesiophyceae) under laboratory and outdoor culture conditions. World Journal of Microbiology and Biotechnology 2008;24(7):1209-14.

204. Anonymous. FDA announces qualified health claims for omega-3 fatty acids. Available from: http://www.fda.gov/bbs/topics/news/2004/NEW01115.html;2004 [cited 24.05.09].

205. Ruxton CHS, Reed SC, Simpson MJA, Millington KJ. The health benefits of omega-3 polyunsaturated fatty acids: a review of the evidence. Journal of Human Nutrition and Dietetics 2007;20(3):275-85.

206. García-González M, Moreno J, Manzano JC, Florencio FJ, Guerrero MG. Production of *Dunaliella salina* biomass rich in 9-cis-[beta]-carotene and lutein in a closed tubular photobioreactor. Journal of Biotechnology 2005;115(1):81-90.

207. León R, Martín M, Vigara J, Vilchez C, Vega JM. Microalgae mediated photoproduction of [beta]-carotene in aqueous-organic two phase systems. Biomolecular Engineering 2003;20(4-6):177-82.

208. Guerin M, Huntley ME, Olaizola M. *Haematococcus astaxanthin*: applications for human health and nutrition. Trends in Biotechnology 2003;21(5):210-6.

209. Waldenstedt L, Inborr J, Hansson I, Elwinger K. Effects of astaxanthin-rich algal meal *(Haematococcus pluvalis)* on growth performance, caecal campylobacter and clostridial counts and tissue astaxanthin concentration of broiler chickens. Animal Feed Science and Technology 2003;108(1-4):119-32.

210. Lorenz RT, Cysewski GR. Commercial potential for *Haematococcus microalgae* as a natural source of astaxanthin. Trends in Biotechnology 2000;18(4):160-7.

211. Bermejo Román R, Alvárez-Pez JM, Acién Fernández FG, Molina Grima E. Recovery of pure B-phycoerythrin from the microalga Porphyridium cruentum. Journal of Biotechnology 2002;93(1);73-85.

212. Viskari PJ, Colyer CL. Rapid extraction of phycobiliproteins from cultured cyanobacteria samples. Analytical Biochemistry 2003;319(2):263-71.

213. Hirata T, Tanaka M, Ooike M, Tsunomura T, Sakaguchi M. Antioxidant

activities of phycocyanobilin prepared from *Spirulina platensis*. Journal of Applied Phycology 2000;12(3):435-9.

214. Richmond A, Lichtenberg E, Stahl B, Vonshak A. Quantitative assessment of the major limitations on productivity of *Spirulina platensis* in open raceways. Journal of Applied Phycology 1990;2(3):195-206

215. Morais MG, Radmann EM, Andrade MR, Teixeira GG, Brusch LRF, Costa JAV. Pilot scale semicontinuous production of Spirulina biomass in southern Brazil. Aquaculture 2009;294(1-2):60-4.

216. Pushparaj B, Pelosi E, Tredici M, Pinzani E, Materassi R. As integrated culture system for outdoor production of microalgae and cyanobacteria. Journal of Applied Phycology 1997;9(2):113-9.

217. Camacho Rubio F, Acién Fernández FG, Sánchez Pérez JA, García Camacho F, Molina Grima E. Prediction of dissolved oxygen and carbon dioxide concentration profiles in tubular photobioreactors for microalgal culture. Biotechnology and Bioengineering 1999;62(1):71-86.

218. Acién Fernández FG, Fernandez Sevilla JM, Sánchez Pérez JA, Molina Grima E, Chisti Y. Airlift-driven external-loop tubular photobioreactors for outdoor production of microalgae: assessment of design and performance. Chemical Engineering Science 2001;56(8):2721-32.

219. Carlozzi P. Dilution of solar radiation through "culture" lamination in photobioreactor rows facing south-north: a way to improve the efficiency of light utilization by cyanobacteria (*Arthrospira platensis*). Biotechnology and Bioengineering 2003;81(3):305-15.

220. Garcia-Malea Lopez MC, Del Rio Sanchez E, Casas Lopez JL, Acién Fernández FG, Fernandez Sevilla JM, Rivas J, et al. Comparative analysis of the outdoor culture of *Haematococcus pluvialis* in tubular and bubble column photobioreactors. journal of Biotechnology 2006;123(3)329-42.

221. Cheng-Wu Z, Zmora O, Kopel R, Richmond A. An industrial-size flat plate glass reactor for mass production of *Nannochloropsis* sp. (Eustigmatophyceae). Aquaculture 2001;195(1-2):35-49.

222. Converti A, Lodi A, Del Borghi A, Solisio C. Cultivation of *Spirulina platensis* in a combined airlift-tubular reactor system. Biochemical Engineering Journal 2006;32(1):13-8.

223. Carlozzi P. Hydrodynamic aspects and Arthrospira growth in two outdoor tubular undulating row photobioreactors. Applied Microbiology and Biotechnology 2000;54(1):14-22.

224. Chini Zittelli G, Rodolfi L, Biondi N, Tredici MR. Productivity and photosynthetic efficiency of outdoor cultures of *Tetraselmis suecica* in annular columns. Aquaculture 2006;261(3):932-43.

225. Sato T, Usui S, Tsuchiya Y, Kondo Y. Invention of outdoor closed type photobioreactor for microalgae. Energy Conversion and Management 2006; 47(6):791- 9.

226. Graverholt O, Eriksen N. Heterotrophic high-cell-density fed-batch and continuous-flow cultures of Galdteria sulphuraria and production of phycocyanin. Applied Microbiology and Biotechnology 2007;77(1):69-75.

227. Xiong W, Li X, Xiang J, Wu Q. High-density fermentation of microalga *Chlorella protathecoides* in bioreactor for microbio-diesel production. Applied Microbiology and Biotechnology 2008;78(1):29-36.

228. Wu Z, Shi X. Optimization for high-density cultivation of heterotrophic *Chlorella* based on a hybrid neural network model. Letters in Applied Microbiology 2007;44(1):13-8.

229. de Swaaf ME, Sijtsma L, Prank JC. High-cell-density fed-batch cultivation of the docosahexaenoic acid producing marine alga Crypthecodinium cohnii. Biotechnology and Bioengineering 2003;81(6):666-72.

230. de Swaaf ME, Pronk JT, Sijtsma L. Fed-batch cultivation of the docosahexaenoic-acid-producing marine alga *Crypthecodinium cohnii* on ethanol. Applied Microbiology and Biotechnology 2003;61(1):40-3.

231. Chiu S-Y, Kao C-Y, Chen C-H, Kuan T-C, Ong S-C, Lin C-S. Reduction of CO_2 by a high-density culture of Chlorella sp. in a semicontinuous photobioreactor. Bioresource Technology 2008;99(9):3389-96.

232. Scragg AH, Illman AM, Carden A, Shales SW. Growth of microalgae with increased calorific values in a tubular bioreactor. Biomass and Bioenergy 2002;23(1):67-73.

233. Fukuda H, Kondo A, Noda H. Biodiesel fuel production by transesterification of oils. Journal of Bioscience and Bioengineering 2001;92(5):405-16.

234. Song D, Fu J, Shi D. Exploitation of oil-bearing microalgae for biodiesel. Chinese Journal of Biotechnology 2008;24(3):341-8.

235. Xu H, Miao X, Wu Q. High quality biodiesel production from a microalga *Chlorella protothecoides* by heterotrophic growth in fermenters. Journal of Biotechnology 2006;126(4):499-507.

236. Ratledge C. Fatty acid biosynthesis in microorganisms being used for single cell oil production. Biochimie 2004;86(11):807-15.

04장_

미세조류로부터의 제3세대 바이오연료
_바이오엔지니어링 측면에서의 접근

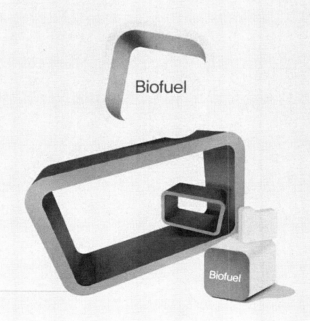

Biofuel

Biofuel

개요

신 재생 소스로부터의 바이오연료 생산은 환경적인 그리고 경제적인 지속가능성을 위한 생존 가능한 수단이다. 미세조류는 그들의 빠른 성장속도, CO_2 고정능력 그리고 지질의 높은 생산용량 때문에 이상적인 제3세대 바이오연료의 공급원료로서 최근에 장려되고 있다. 이들은 또한 식품용 작물과 경쟁하지 않으며 비 경작지에서 생산될 수 있다. 미세조류는 이들의 바이오디젤과 바이오에탄올과 같은 액체 수송용 연료를 생산하기 위해 사용될 수 있기 때문에 폭넓은 바이오에너지로서의 잠재가능성을 갖는다. 이 장에서는 미세조류의 배양, 수확 그리고 처리를 포함한 바이오디젤과 바이오에탄올 생산을 위한 미세조류의 사용에 관하여 고찰하고자 한다. 이들 목적을 위해 가장 많이 사용되는 미세조류의 종류뿐만 아니라 주된 미세조류의 배양시스템 (PBRs(photobioreactors)과 open ponds)에 관해서도 또한 고찰하기로 한다. 이 장에서는 독자들의 이해를 돕기 위하여 원어(영어) 그대로 사용하여 기술하기로 하겠다. 바이오엔지니어링 측면에서 접근을 시도하였다.

01 서론

화석연료의 고갈, 증가하는 원유가격, 에너지 확보 보장, 그리고 가속화되는 지구 온난화에 대한 관심은 바이오연료와 같은 신 재생 에너지 소스에 관한 전 세계적 관심을 불러일으켜 오고 있다. 개발 국가들과 그 수가 증가하고 있는 개발도상국가들은 바이오연료를 해외 원유에 대한 의존성을 감소시키고 주로 이산화탄소와 메탄인 온실가스(GHG)의 배출을 낮출 수 있고 농촌 경제발전과 개발의 목표를 충족시키기 위한 핵심적인 키로 보고 있다[1].

바이오연료는 주로 유기물질로부터 유도되는 고체, 액체 혹은 기체 연료이다. 이들은 일반적으로 일차 그리고 이차 바이오연료로 나뉜다(그림1). 연료용 목재와 같은 일차 바이오연료는 난방, 쿠킹, 전기생산을 위해 주로 가공 처리되지 않은 형태로 사용되는 반면 바이오디젤과 바이오에탄올과 같은 이차 바이오연료는 바이오매스를 처리하여 생산되며 자동차와 여러 산업공정에서 사용될 수 있다. 이차 바이오연료는 또다시 3가지 세대로 구분하여 나눌 수 있다. 처리기술의 타입, 공급원료의 타입 혹은 이들의 발전과 개발 수준과 같은 다른 파라미터에 기초하여 나눈다[2].

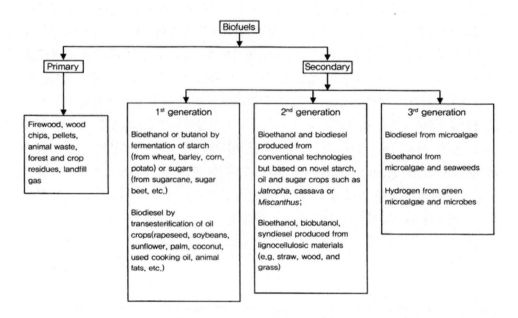

[Fig. 1] Classification of biofuels(modified from[2])

비록 바이오연료 공정이 연료 생산에서 탄소를 배출치 않는 루트를 제공할 수 있는 커다란 잠재가능성을 갖는다 할지라도 제1세대 생산시스템은 상당한 경제적인 그리고 환경적인 제한을 갖는다. 최근의 제1세대 바이오연료와 관련된 가장 보편적인 관심은 생산용량이 증가할 때 이들이 식품 생산을 위해 사용되는 경작지에 대해서 기존 농업부분과 경쟁한다는 사실이다. 식품 생산을 위해 최근에 사용되는 경작지에 있어서의 증가된 압력은 특히 이미 8억 명 이상의 사람들이 기아와 영양실조를 겪고 있는 개발도상 국가들에 대해서 가혹한 식품의 공급부족 사태를 초래할 수 있다. 많은 비료와 농약의 사용과 함께 그리고 많은 농업용수의 사용과 함께 경작지의 집중적인 사용은 중요한 환경적인 문제점을 초래할 수 있다[3].

제2세대 바이오연료의 출현은 식품생산과 경쟁하지 않는 식품의 목재부분 즉 목질계(lignocellulosic) 바이오매스로부터 연료를 생산코자 한다. 공급원료는 농업 잔류물, 임산자원 수확 잔류물 혹은 잎, 짚 혹은 목재칩과 같은 목재 처리 폐기물, 뿐만 아니라 옥수수나 사탕수수의 비 식용성분을 포함한 비용이 많이 드는 기술을 필요로 한다. 이러한 사실은 제2세대 바이오연료가 대규모로 경제적으로 생산될 수 없다는 것을 의미한다[4].

그러므로 미세조류로부터 유도되는 제3세대 바이오연료는 제1세대와 제2세대 바이오연료와 관련된 주요한 결점이 없는 생존 가능한 대체에너지 자원인 것으로 생각된다[2,5,6]. 미세조류는 경작면적에 기초해서 전통적인 작물보다도 바이오디젤 생산에 대해서 15~300배 더 많은 오일을 생산할 수 있다. 게다가 보편적으로 1년에 한 번 혹은 두 번 수확되는 전통적인 작물식물과 비교할 때 미세조류는 매우 짧은 수확주기(과정에 의존해서 ≈ 1~10일)를 가져서 현저히 증가된 수율로서 다중 혹은 연속적인 수확이 가능하다[3].

02 미세조류의 특성

가장 오래된 생물체 중에서 한 가지로서 인식되는 미세조류는 그들의 일차적인 광합성 색소로서 chlorophy11a를 가지며 재생세포 주위에 세포의 중성적인 커버링이 부족한 엽상식물(thallophytes)이다[4]. 이들 미생물에서의 광합성의 메커니즘은 고등식물의 그것과 비슷한 반면 그들은 일반적으로 그들의 간단한 세포구조 때문에 태양에너지의 더 효과적인 전환체이다. 세포는 수용액 서스펜션 상태로 배양되기 때문에 그들은 물, CO_2 그리고 다른 자양분에 더 효과적으로 접근한다[5].

전통적으로 미세조류는 그들의 색깔에 따라서 분류되었다. 미세조류의 최근의 분류시스템은 다음과 같은 주된 기준에 기초한다. 색소의 종류, 저장물질과 세포벽 구성물의 화학적 성질.

미세조류는 autotrophic이나 heterotrophic일 수 있다. 만약 그들이 autotrophic이라면 그들은 탄소의 소스로서 무기화합물을 사용한다. Autotrophs는 에너지의 소스로서 빛을 사용하는 photoautotrophic일 수 있거나 혹은 에너지를 위해 무기화합물을 산화시키는 chemoautotrophic일 수 있다. 만약 그들이 autotrophic이라면 그들은 탄소의 소스로서 무기화합물을 사용한다. Autotrophs는 에너지 소스로서 빛을 사용하는 photoautotrophic일 수 있거나 혹은 에너지를 위해 무기화합물을 산화시키는

chemoautotrophic일 수 있다. 만약 그들이 heterotrophic이라면 미세조류는 성장을 위해 유기화합물을 사용한다. Heterotrophs는 에너지의 소스로서 빛을 사용하는 photoheterotrophs이거나 에너지를 위해 유기화합물을 산화시키는 chemoheterotrophs일 수 있다. 약간의 광합성 미세조류는 광합성에 의해 heterotrophy와 autotrophy를 결합한 mixotrophic이다[8]. Autotrophic 조류에 대해서 광합성은 그들의 생존의 핵심적인 요소이며 그것으로 해서 그들은 chloroplasts에 의해 흡수되는 태양 복사선과 CO_2를 ATP(adenosine triphosphate)와 O_2 그리고 이후에 성장(배양)을 지원하기 위한 에너지를 생산하기 위해 호흡에서 사용되는 세포수준에서의 사용 가능한 에너지 커런시로 전환시킨다[4].

미세조류는 대기, 산업적 배출가스 그리고 용해성 탄산염을 포함하는 다른 소스로부터의 CO_2를 효과적으로 고정시킬 수 있다. 대기로부터의 CO_2의 고정은 아마도 탄소를 감소시키기 위한 가장 근본적인 방법이며 광합성 동안 그들의 수용액 상태의 성장환경에서 공기로부터 미세조류에까지의 질량이전에 의존한다. 그러나 대기 중에서의 CO_2의 상대적으로 작은 퍼센트(대략 0.036%) 때문에 육서식물의 사용은 경제적으로 가능한 옵션이 아니다[4]. 한편 배연가스와 같은 산업적 배출가스는 15%까지의 CO_2를 포함하여 미세조류의 배양을 위한 CO_2가 풍부한 소스를 제공하며 CO_2의 바이오고정을 위한 잠재적으로 더 효과적인 루트를 제공해 준다. 많은 미세조류의 종은 세포생장을 위해 Na_2CO_3와 $NaHCO_3$와 같은 탄산염을 사용할 수 있었다. 이들 종은 약간의 전형적으로 높은 extracellular carboanhydrase 활성도를 가지며 CO_2 동화를 촉진시키기 위하여 탄산염의 free CO_2로의 전환을 전담한다. 활성적인 전달시스템에 의한 bicarbonate의 직접적인 흡수는 여러 종에서 또한 발견되었다[9].

성장매질(Growth medium)은 조류의 세포를 구성하는 무기원소를 제공하여야 한다. 필수적인 원소에는 질소(N)와 인(P)이 포함된다. 최소 자양분 요구는 미세조류 바이오매스의 대략적인 분자식을 사용하여 추정될 수 있으며 이 분자식은 $CO_{0.48}H_{1.83}N_{0.11}P_{0.01}$이다[5]. 질소는 질산염($NO_3^-$)으로서 대개 공급되지만 종종 암모니아($NH_4^+$)와 우레아도 사용된다. 동등한 질소농도에 대해서 우레아는 더 높은 수율을 주며 조류의 성장 동안 매질에서 더 적은 pH의 변화를 초래하기 때문에 질소 공급원으로서 가장 선호된다[10]. 한편 P와 같은 영양분은 현저한 과량으로 공급되어져야 하는데 그것은 인산염은 금속이온과의 착물형태로 첨가됨으로 첨가되는 P 모두가 생물학적으로 입수 가능한 것은 아니기 때문이다[5]. 또한 미세조류의 성장은 필수적인 거대영양분 원소(탄소, 질소, 인, 실리콘)과 주요한 이온(Mg^{2+}, Ca^{2+}, $C7^{-1}$ 그리고

SO_4^{2-})의 적당한 공급에 의존할 뿐만 아니라 철, 망간, 아연, 코발트, 구리 그리고 몰리브덴과 같은 수많은 마이크로영양분 금속에도 의존한다[11].

03 바이오연료의 잠재적인 소스로서의 미세조류

미세조류 바이오매스를 에너지 소스로 전환시키는 데에는 여러 가지 방법들이 있는데 이 방법들은 생화학적 전환, 화학적 반응, 직접연소 그리고 열화학적 전환으로 분류될 수 있다. 그래서 미세조류는 바이오디젤과 바이오에탄올과 같은 신 재생 액체 연료를 위한 공급원료를 제공할 수 있다[12].

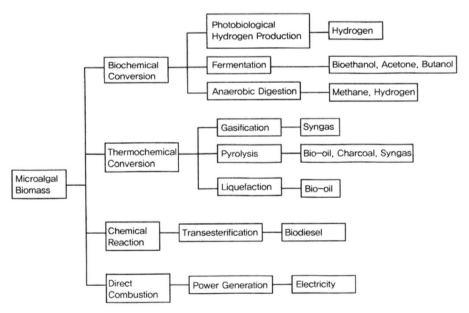

[Fig 2] Conversion processes for biofuel production from microalgal biomass (modified from[9])

바이오연료의 공급원료로서 미세조류를 사용한다는 생각은 새로운 것은 아니지만 상승하는 석유가격 그리고 더 중요하게는 화석연료의 연소와 관련되는 지구 온난화에 대하여 최근 생겨난 커다란 관심 때문에 진지하게 받아들여지고 있다[5]. 바이오연료의 생산을 위한 미세조류의 사용은 더 고등식물에 비해서 다음과 같은 유리한 점을 제공해 준다. (1) 미세조류는 많은 양의 중성지질을 바이오매스의 건조중량의 20~50% 합성하고 축적하며 높은 속도로 자란다. (2) 미세조류는 1년 내내 생산될 수 있으며 그러므로 미세조류의 배양면적당 오일수율은 가장 좋은 채종작물의 수율을 크게 상회할 수 있었다. (3) 미세조류는 육서작물보다도 더 적은 양의 물을 필요로 하므로 신선한 물의 공급원에 있어서의 부하를 감소시킨다. (4) 미세조류의 배양은 제초제나 농약의 사용을 요구하지 않는다. (5) 미세조류는 화석연료를 연소시키는 발전소와 다른 배출원으로부터 배출되는 배연가스로부터 CO_2를 격리시켜 흡수하여서 주된 온실가스의 배출을 감소시킨다(건조한 조류 바이오매스 1kg은 CO_2 약 1.83kg을 이용한다). (6) 다양한 폐수 공급원으로부터 NH_4^+, NO_3^-, PO_4^{3-}의 제거에 의해 폐수를 생복원(bioremediation) 시킴. (7) 미세조류는 비 경작지에서 소금물/약간 짠 물/연안 바닷물에서 배양될 수 있으며 전통적인 농업과 경쟁하지 않는다. (8) 미세조류의 종들에 의존하여 다른 화합물도 또한 추출된다. (다중 불포화된 지방산, 천연염료, 폴리사카라이드, 안료, 산화방지제, 고부가 가치의 바이오액티브 화합물 그리고 단백질과 같은 넓은 범위의 정밀화학 제품을 포함하는 다른 산업부문에서 높은 가치를 나타낼 수 있는 물질을 추출하는 것이 가능하다)[4,12,13].

04 미세조류로부터 바이오디젤 그리고 바이오에탄올의 생산

최근의 연구에서는 미세조류의 바이오매스가 수송용 연료에 대한 세계적 수요를 충족시킬 수 있는 신 재생 바이오디젤의 가장 유망한 공급원 중에서 하나라는 사실을 나타내었다. 미세조류에 의한 바이오디젤 생산은 작물로부터 유도되는 식품이나 다른 제품의 생산과 경쟁하지 않을 것이다[5].

미세조류 바이오매스는 3가지의 주된 성분들을 포함한다. 단백질, 탄수화물 그리고 지질(오일)[13]. 이들 주된 성분들에 관한 여러 가지 미세조류의 바이오매스 조성에 관해서는 표1에 나타내었다.

[Table 1] Biomass composition of microalgae expressed on a dry matter basis[13,14]

Strain	Protein	Carbohydrates	Lipid
Anabaena cylindrica	43-56	25-30	4-7
Botryococcus braunii	40	2	33
Chlamydomonas rheinhdii	48	17	21
Chlorella pyrenoidosa	57	26	2
Chlorella vulgaris	41-58	12-17	10-22
Dunaliella bioculata	49	4	8
Dunaliella salina	57	32	6
Dunaliella tertiolecta	29	14	11
Euglena gracilis	39-61	14-18	14-20
Porphyridium cruentum	28-39	40-57	9-14
Prymnesium parvum	28-45	25-33	22-39
Scenedesmus dimorphus	8-18	21-52	16-40
Scenedesmus obliquus	50-56	10-17	12-14
Scenedesmus quadricauda	47	–	1.9
Spirogyra sp.	6-20	33-64	11-21
Spirulina maxima	60-71	13-16	6-7
Spirulina platensis	42-63	8-14	4-11
Synechoccus sp.	63	15	11
Teraselmis maculata	52	15	3

　　많은 진행 중인 연구는 비록 특정한 특유의 조건 하에서라 할지라도 상당한 양의 지질을 축적하는 것으로 밝혀진 빠르게 자라는 소수의 미세조류 종에 초점을 맞추고 있다. 녹조류(green algae) 내에서 대표적이고 전형적인 종에는 *Chlamydomonas reinhardtii*, *Dunaliella salina* 그리고 여러 *Chlorella*종뿐만 아니라 비록 느리게 자란다 할지라도 많은 양의 지질을 축적할 수 있는 *Botryococcus braunii*가 포함된다[15]. 많은 미세조류 종은 자연적으로 높은 지질 함유량을 가짐과 동시에 질소 수준의 조절, 빛의 세기, 온도, 염도(salinity), CO_2 농도 그리고 수확과정과 같은 생장을 결정하

는 인자를 최적화시킴으로써 그 농도(지질의 함유농도)를 증가시키는 것이 가능하다.

그러나 바이오매스 생산성과 지질 축적은 필연적으로 서로 상관관계를 나타내지 않기 때문에 증가하는 지질 축적은 증가된 지질 생산성을 초래하지는 않을 것이다. 지질 축적은 전체적인 바이오매스 생산의 고려 없이 미세조류 세포 내에서의 지질의 증가된 농도와 관계된다. 지질 생산성은 세포 내에서의 지질의 농도와 이들 세포에 의해서 생산되는 바이오매스 두 가지를 고려한다. 그러므로 이 지질 생산성이 액체 바이오연료 생산의 잠재적인 비용의 더 유용한 인디케이터이다[4].

미세조류로부터 바이오연료의 생산공정(그림3)은 미세조류 배양 및 재배 단계, 성장매질로부터 세포의 분리, 그리고 트랜스에스터화를 통한 바이오디젤 생산을 위한 지질의 추출단계를 포함한다.

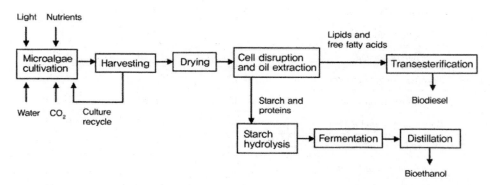

[Fig 3] Intergrated process for biodiesel and bioethanol production from microalgae

이후에 오일 추출이 이어지고 녹말 가수분해와 발효성 슈거의 형성을 촉진시키기 위하여 amylolytic enzymes를 사용한다. 이들 슈거를 발효시키고 전통적인 에탄올 증류기술을 사용하여 바이오에탄올로 증류시킨다.

4.1 Cultivation systems(배양 및 재배 시스템)

관심을 갖는 생성제품을 얻기 위하여 미세조류종을 선택한 후 그것의 상업화를 실행 가능하게 만드는 바이오공정의 전체 범위를 개발하는 것이 필요하다. 그래서 이들 미생물을 배양하기 위한 적당한 bioreactors의 디자인과 최적화는 과학적인 발견물을 판매 가능한 제품으로 전환시키는 것을 목표로 하는 전략에서 주요한 단계이다. 좋지 못하게 개발된 미세조류 bioreactor 기술 때문에 단지 적은 수의 조류의 종만이 상업적으로 배양재배 된다.

상업적인 관점으로부터 미세조류 culture system은 가능한 한 많은 다음과 같은 특성을 갖는다. 높은 면적당 생산성, 높은 용적 생산성, 저렴함(투자비와 유지보수비에서), 배양 및 재배 파라미터의 조절의 용이성(온도, pH, O_2 등), 그리고 확실성 [16]. 다른 디자인의 cultivation systems는 이들 특성을 다르게 성취하고자 한다. 조류학자들은 open-air systems(open ponds)와 PBRs(photobioreactor)를 일반적으로 구별하였다. 그래서 이 장에서는 PBR을 폐쇄된 (closed) systems에 대해서만 사용한다.

4.1.1 Open-air systems

Open -air systems는 과거 몇 년 동안 널리 광범위하게 연구되었지만[17-19] 이들 조류 재배시스템은 1950년대 이래 사용되어져 오고 있다. 고전적인 open-air cultivation systems는 lakes와 천연 ponds, 원형순환 ponds, raceway ponds 그리고 inclined systems으로 되어 있다. Open-air systems는 가장 폭넓게 사용되는 생장시스템이며 오늘날 사용되는 모든 매우 큰 상업적 시스템은 이러한 타입이다. 이것에 대한 이유는 이들 시스템이 대부분의 폐쇄된 시스템보다도 건설하기 더 용이하고 저렴하며, 더 내구성 있게 가동되고 더 큰 생산용량을 가지기 때문에 경제적이고 가동적인 이슈와 관련된다. 이들 시스템은 햇빛을 그리고 가까운 지역으로부터 흘러나오는 물을 통해서 혹은 하수 처리 플랜트로부터의 배출수를 채널링함으로써 제공될 수 있는 영양분을 이용할 수 있다[20]. 이러한 사실을 그것을 대규모 조류 바이오매스 생산의 가장 값싼 방법으로 만들어 주고 있다.

이들 시스템이 산업적 수준에서 가장 폭넓게 사용된다 할지라도 open-air systems는 현저한 기술적인 도전적 사항을 나타낸다. 일반적으로 ponds는 날씨 조건에 민감하며(영향을 받기 쉬움), 수온, 기화 그리고 라이팅(일조량)의 조절을 허용치 않는데 이러한 사실은 이들 시스템을 일반적인 지역의 기후조건에 의존토록 만든다. 또한 다른 빠르게 자라는 heterotrophs에 의한 오염은 open culture systems에서 조류의 상업적 생산을 제한하였다. 따라서 이러한 사실은 그러한 시스템에서 자랄 수 있는 조류의 종류를 엄격히 제한시킨다. 그 하나의 결과로서 Dunaliella(매우 높은 염도(salinity)에 적응할 수 있는), Spirulina(높은 알칼리도(alkalinity)에 적응할 수 있는), 그리고 Chlorella(영양분이 풍부한 미디어에 적응할 수 있는)만이 상업적인 open pond systems에서 성공적으로 자랐다[20].

천연 그리고 인공 ponds는 일련의 조건을 충족시켰을 때 단지 실행 가능하다. 미세조류의 배양을 위해서 유리한 기후조건과 충분한 영양분의 존재는 피할 수 없으며 또한 단일 재배의 존재를 확실하게 하기 위하여 물은 선택적인 특성(예를 들면, 높은 염도, 높은 pH, 높은 영양분 농두)을 나타낸다는 사실을 요구한다. 이러한 타입의 재배의 성공적인 예는 식품으로서 그것을 사용하기 위하여 Kanembu 사람들이 연간 약 40t의 *Arthrospira*(Spirulina)를 수확하는 Lake Kossorom(soda lake at the irregular northeast fringe of lake chad)에서의 *Arthrospira*의 생산이며[21] 그리고 미얀마에서 지역시장에서 판매되는 대략 연간 30t의 *Arthrospira*의 생산을 위해 전체가 알칼리성 물로 된 4개의 오래된 화산분화구가 재배시스템으로서 사용된다[22]. *D. salina*(extremely halophilic and highly light-tolerant green alga)의 오스트레일리아의 생산업체인 Betatene Ltd.는 바람과 환류에 의해 별도의 혼합을 하지 않는 Hutt-Lagoon(Western Australia)의 극히 호염성 물에서 매우 큰 ponds(up to 250ha with an average depth of 0.2 to 0.3m)를 사용한다[24].

Inclined system(cascade system)은 높은 지속 가능한 세포밀도($10gl^{-1}$까지)를 이루는 유일한 open-air system이다. 이 시스템은 *Chlorella* 그리고 *Scenedesmus*와 같은 조류에 대해서 매우 적합하며 반복되는 펌핑에도 잘 견딜 수 있다[23]. Inclined systems에서 와류는 비중에 의해서 창출되며 배양물의 서스펜션은 기울어진 표면의 꼭대기로부터 바닥에 이르기까지 흘러서 매우 사나운 흐름이 이루어지며 매우 얇은 배양물층(< 2cm)을 허용하며 raceway ponds와 비교하였을 때 더 높은 세포농도를 그리고 더 높은 표면/부피 비율(S/V)을 용이하게 한다.

Circular ponds(중앙에 추축으로 선회하는 회전하는 에지테이터를 갖는)는 *Chlorella*의 생산을 위해 인도네시아, 일본 그리고 대만에서 폭넓게 사용된다. 깊이는 약 0.3m이다. 그러나 이들 시스템의 디자인은 회전팔에 의한 믹싱이 더 큰 ponds에서는 더 이상 불가능하기 때문에 pond 크기를 $10,000m^2$로 제한한다. Circular ponds는 그들이 값비싼 콘크리트 건설과 믹싱을 위해 높은 에너지 소비를 요구하기 때문에 상업적인 플랜트에서는 유리하지 않고 선호되지 않는다[24].

Raceway ponds는 가장 보편적으로 사용되는 인공시스템이다. 그들은 전형적으로 폐쇄된 loop 그리고 조류의 생장과 생산성을 안정화시키기 위해 요구되는 믹싱과 순환을 갖춘 일반적으로 0.2m와 0.5m 사이의 깊이로서 달걀모양의 재순환 채널로 만들어진다(표2). 연속적인 생산 사이클에서 조류의 용액(broth)과 영양분은 외륜(paddle wheel)의 앞에서 투입되며 loop를 거쳐서 수확추출지점으로 순환된다. 외륜은 침전으로 가라앉는 것을 방지하기 위하여 연속적으로 가동된다. 0.15~0.20m의 물깊이에서 $1gl^{-1}$까지의 바이오매스 농도와 $10{\sim}25gm^{-2}d^{-1}$의 생산성이 가능하다[25]. 가장 큰

raceway계 바이오매스 생산설비는 미국 캘리포니아주의 Calipatria에 소재하고 있으며 *Spirulina*를 재배하기 위해 440,000m^{2}의 면적을 차지하고 있다[26].

4.1.2 PBRs(Photobioreactors)

PBRs는 거의 모든 바이오기술적으로 중요한 파라미터의 조정과 조절에 의해서 뿐만 아니라 감소된 오염위험, CO_2 손실이 없음, 재생할 수 있는 재배조건, 조절될 수 있는 하이드로다이내믹스와 온도 그리고 유연한 기술적 디자인에 의해서 특징지워진다[25]. 이들 시스템은 직접적으로 투명한 컨테이너 벽을 거쳐서 혹은 그것을(햇빛을) 햇빛 컬렉터로부터 채널링하는 광섬유나 튜브를 거쳐서 햇빛을 받아들인다.

Open systems의 상대적인 성공에도 불구하고 미세조류 매스의 배양에 있어서의 최근의 발전에 있어서는 의약품과 화장품 산업에서 사용하기 위한 많은 새로운 조류와 조류의 높은 가치의 생성제품은 중금속과 미생물과 같은 오염물질과 오염이 없이 자라야 하기 때문에 폐쇄된 시스템을 요구한다.

많은 다른 디자인이 개발되어졌지만 주된 범주에는 다음과 같은 것이 포함된다. (1) tubular(예를 들며, helical, manifold, serpentine 그리고 α-shaped), flat (예를 들면, alveolar panels 그리고 glass plates), 그리고 (2) column(예를 들면, bubble columns 그리고 airlift), 미세조류 재배를 위해 다른 PBR 시스템을 최적화시키기 위하여 많은 개발연구가 실행되어오고 있다[17,19,27,28].

(1) Tubular PBRs

Tubular PBRs는 horizontal/serpentine-[29], near horizontal-[30], vertical-[31], inclined-[32] 그리고 conical-shaped[33]일 수 있다. 미세조류는 펌프에 의해서 혹은 유리하게는 에어리프트 기술에 의해서 튜브를 거쳐서 순환된다. 일반적으로 이들 PBR 시스템은 상대적으로 저렴하고 큰 일루머네이션 표면적을 가지며, 그리고 상당히 좋은 바이오매스 생산성을 갖는다.

불리한 점에는 오염, 어떤 약간의 벽 성장도(degree of wall growth), 튜브를 따라서 존재하는 용존산소와 CO_2, 그리고 배양물의 잦은 재탄화를 초래하는 pH변화도이며 따라서 이들은 미세조류의 생산비용을 증가시킨다는 점이 포함된다(표 2). 가장 큰 폐쇄된 PBRs는 tubular인데 예를 들면 하와이 Mera Pharmaceuticals사의 25m^3 플랜트와 독일의 klötze에 소재한 700m^3 플랜트가 좋은 예이다. 일시 중단되어지는 배양물 순환과 함께 $10m^3$ serpentine bioreactor에서 $25gm^{-2}d^{-1}$(Spirulina)의 최대 생산성이 달성되었다[34]. 약 $30gm^{-2}d^{-1}$의 평균 주간 생산성으로서 two-plane tybular PBR을 건설함으로써 더 이상의 향상이 얻어졌다[35]. Helical tubular PBRs는 straight tubular PBRs에 대한 적합한 대체품이다. 가장 종종 사용되는 레이아웃은 Biotechna사(Melbourne, Australia)에 의해 최근에 거래된 Biocoil이다. 이 반응기는 개방 순환 틀에서 가스 교환 타워 그리고 열 교환 시스템과 결합된 코일 모양의 한 세트의 폴리에틸린 튜브(3.0 cm of inner diameter)로 구성된다. 원심 펌프는 culture broth를 긴 튜브를 거쳐서 가스 교환 타워로 가게 한다[28]. 300lα-shaped tubular PBR은 *Chlorella pyrenoidosa*의 배양을 위해 사용되어졌다[36]. 그 시스템은 그것의 경로를 따라서 여러 CO_2 인젝션 지점과 함께 상향/하향 궤도를 촉진하기 위하여 공기부양(에어리프트) 펌프로서 되어 있다.

(2) Flat PBRs

폐쇄된 시스템의 약간의 가장 초기의 형태는 조명에 노출된 큰 표면적 그리고 관찰되는 photoautotrophic cells의 높은 밀도(>80 g1^{-1}) 때문에 많은 연구적 관심을 끌었던 flat PBRs이다[4].

이들 PBR에서 매우 밀집된(dense) 배양물의 얇은 층은 편평한 투명 패널을 가로 질러서 혼합되어지거나 흐르는데 이것은 첫 번째 수 밀리미터의 두께에서 복사선 흡수를 허용한다. Falt PBRs는 tubular 디자인과 비교하였을 때 달성되는 용존산소의 낮은 축적 그리고 높은 광합성 효율 때문에 미세조류의 mass cultures에 대해서 알맞다[4]. 보편적으로 패널은 직접적인 햇빛에 의해서 주로 한쪽에서 비추어지며 그리고 이들은 투사 햇빛으로부터 흡수되어지는 에너지에 의해 더 좋은 효율을 허용하는 태양을 접하는 최적 각도에서 수직으로 혹은 기울어져 경사져 위치할 수 있다는 추가된 유리한 점을 갖는다. 공기 버블링에 의해 혼합되는 packed flat panels는 햇빛의 적층을 거쳐서 매우 높은 overall ground-areal productivities를 잠재적으로 달성할 수 있다. 제한 사항에는 culture 온도를 조절하기 어렵다는 점, some degree of wall growth, 규모확장은 많은 구획나눔용 그리고 지지용 소재를 요구한다는 점, 그리고 약간의 조류의 종에게 하이드로 다이내믹 스트레스의 가능성 등이 포함된다[12](표2).

(3) Column PBRs

Column PBRs는 때때로 stirred tank reactors[37]이지만 더 자주는 bubble columns[38]이나 airlifts[39]이다. 칼럼은 수직으로 위치하고 바닥으로부터 공기 부양

되며, 그리고 투명한 벽을 거쳐서 내부적으로 조명을 받게 된다. Column PBRs는 가장 효과적인 믹싱, 가장 높은 volumetric gas transfer rates 그리고 가장 좋은 조절 가능한 성장조건을 제공한다. 그들은 낮은 비용이 들며, 컴팩트하고 가동하기 쉽다. 그들의 성능(즉, 최종 바이오매스의 농도와 specific growth rate)은 tubular PBRs에 대해서 대표적으로 보고된 값과 유리하게 비교된다.

수직 버블 칼럼들과 에어리프트 실린더는 향상된 밝은-어두운 사이클링을 위해 필요한 유체의 증가된 방사상의 이동을 대체로 실질적으로 달성할 수 있다. 이들 반응기 디자인은 낮은 표면/부피를 갖지만 실질적으로 대체로 수평 반응기보다도 더 큰 gas hold-ups 그리고 훨씬 더 무질서한 혼란한 기체-액체 흐름을 갖는다. 따라서 cultures는 광-억제와 광-산화를 더 적게 겪게 되며 더 적당한 밝은-어두운 사이클을 경험한다[12].

4.1.3 PBR 디자인과 규모확대 고려사항

여러 배치구조에도 불구하고 PBR을 지을 때 여러 가지 필수적인 이슈를 고려할 필요가 있다: 효과적인 그리고 효율적인 빛의 비축과 준비, 탈착을 최소화시키면서 CO_2의 공급, culture의 효과적인 믹싱과 순환, PBR의 건설에 사용되는 확장 가능한 PBR기술과 소재.

Photoautotrophic life에 대한 에너지 공급원으로서의 빛은 광바이오기술에서 주요한 제한인자이다. PBR 내에서의 빛의 양생은 투사 빛의 세기, 반응기 디자인과 디멘젼, 세포밀도, 세포의 색소형성, 믹싱패턴 등에 의해서 영향을 받는다. 아웃도어 PBRs에서 빛의 양생은 또한 지리적 위치, 낮의 시간 그리고 날씨 조건에 의해서 영향을 받는다. 반응기 내에서의 빛의 변화도 때문에 그리고 믹싱 성질에 의존하여 미세조류는 빛을 받는 기간이 light gradient.dp 의해서 특징짓는 밝은-어두운 사이클을 겪게 된다. 이들 밝은-어두운 사이클은 빛 에너지에서의 생산성과 바이오매스 수율을 결정하게 된다[40]. 한 PBR의 다른 지점에서의 빛 패턴의 정량적인(광합성적 photon flux density) 그리고 정성적인(spectral intensity distribution) 측면에 대한 정보는 광섬유 기술을 사용함으로써 얻어질 수 있다[40].

미세조류의 mass culture systems에 CO_2의 공급은 해결되어져야 하는 주요한 어려움 중에서 하나이다[41]. CO_2에 관련되는 모든 고려사항 중에서 주요한 점은 CO_2가 억제를 생성시키는 상단 농도에 도달해서는 안 되며 한편으로는 성장을 제한하는 최소농도 아래로 떨어져서는 안 된다는 것이다. 최대(억제)와 최소(제한)농도는 미세조류의 종에 따라서 변화하며 2.3×10^{-2}M로부터 2.3×10^{-4}M까지의 범위를 나타내면서 아직 적당히 알려지지 않고 있다. 배양물 속도가 상승하는 CO_2 버블의 그것으로 조절되는 downcoming culture의 칼럼 속으로 아주 작은 버블로서의 기체의 인젝션은 CO_2의 흡수 효율을 증가시켜서 이용효율이 70%까지 증가될 수 있다[42]. Dual sparging bubble column PBR에서 CO_2 transfer efficiencies는 일정한 조건에서 100%이었다는 사실을 나타내었다[44].

PBR에서 믹싱의 수준은 미세조류의 성장에 기여한다. 믹싱은 세포가 세틀링하는 것을 방지하기 위해, 열적 층(별)화를 피하기 위해, 세포 표면에서 영양분을 분포시키고 확산 변화도를 약화시키기 위해, 광합성적으로 발생된 산소를 제거하기 위해, 그리고 세포가 적당한 길이의 밝음(빛)과 어둠의 번갈은 기간을 경험하는 것을 보증하기 위해 필요하다[19]. 걸쳐 미디움의 유체역학과 믹싱의 타입은 평균적인 irradiance와 세포를 노출시키는 빛 양생에 영향을 미치며 차례로 생산성을 결정한다. $1s^{-1}$보다도 더 빠른 빛 세기에서의 변동은 미세조류의 종의 성장속도를 증가시키며 미세조류의 걸쳐의 생산성을 증대시킨다. $1,000 \mu molm^{-2}s$ 위에서의 광합성 photon flux densities에 노출된 outdoor-cultures에서 빛 노출 시간은 높은 광합성 효율을 유지하기 위하여 10ms처럼 짧아야 한다[45]. 믹싱장치와 믹싱 세기의 선택은 배양되는 생물체의 특성에 의해서 지정된다.

Tubular PBRs와 raceway ponds는 대규모 생산을 위해 적당하다[5]. Vertical air-lift PBR과 버블 칼럼들의 규모확장 능력은 이들 시스템의 유리한 점으로 고려되어졌다[46]. 폐쇄된 시스템의 규모확대는 생산계획에서 유니트의 수를 증가시킴으로써 단지 가능하다. 이 방법은 매우 값이(비용이 많이 든다) 비싼데 그것은 각 유니트는 폭넓은 범위의 성장인자(예를 들면, pH, 온도, 공기발생, CO_2 공급, 영양분의 공급)을 조절하는 다양한 장치를 요구하기 때문이다. 모든 유니트에서 monoculture를 유지한다는 것은 모니터링하기 위한 유니트의 수가 커지기 때문에 도전의 대상이 된다[45]. 동일한 모듈의 증가에 의한 규모확장(scale-up) 이외에 볼륨을 증가시키기 위한 유일한 방법은 PBR의 길이나 직경, 빛통과 경로를 증가시킴이다. 그러나, 이 전략은 PBR의 성능에서의 변화의 존재에 의해서 제한된다. 상업적 규모의 폐쇄된 PBR은 과학문헌에 폭넓게 보고되지 않았다.

사용되는 소재(재료)의 타입은 적당한 PBR의 건설(제작)을 위해 기본적으로 중요하다. 플라스틱 혹은 유리시트, 접이식 혹은 단단한 튜브와 같은 재료는 높은 투광성, 높은 기계적 강도, 높은 내구성, 화학적 안정성, 낮은 비용을 가져야 하며 독성이 없어야 하고 청소하기 용이해야 한다[19].

PBR 건설을 위해 사용되는 가장 보편적인 소재의 유리한 점과 결점은 문헌에 보고되어져 있다[47].

4.1.4 PBRs vs. open-air systems

표2는 여러 배양(재배)조건과 성장 파라미터에 대한 PBR(tubular, flat 그리고 column)과 open pond systems사이의 비교를 나타낸다.

[Table 2] Advantages and limitations of various microalgae culture system

Culture Systems	Advantages	Limitations
Open systems	— Relatively economical — Easy to clean up — Easy maintenance — Utilization of non-agricultural land — Low energy inputs	— Little control of culture conditions — Poor mixing, light and CO_2 utilization — Difficult to grow algal cultures for long periods — Poor productivity — Limited to few strains — Cultures are easily contaminated
Tubular PBR	— Relatively cheap — Large illumination surface area — Suitable for outdoor cultures — Good biomass productivities	— Gradients of pH, dissolved oxygen and CO_2 along the tubes — Fouling — Some degree of wall growth — Requires large land space — Photoinhibition
Flat PBR	— Relatively cheap — Easy to clean up — Large illumination surface area — Suitable for outdoor cultures — Low power consumption — Good biomass productivities — Good light path — Readily tempered — Low oxygen build-up — Shortest oxygen path	— Difficult scale-up — Difficult temperature control — Some degree of wall growth — Hydrodynamaic stress to some algal strains — Low photosynthetic efficiency

Column PBR	— Low energy consumption — Readily tempered — High mass transfer — Good mixing — Best exposure to light-dark cycles — Low shear stress — Easy to sterilize — Reduced photoinhibition — Reduced photo-oxidation — High photosynthetic efficiency	— Small illumination surface area — Sophisticated construction materials — Shear stress to algal cultures — Decrease of illumination surface area upon scale-up — Expensive compared to open ponds — Support costs — Modest scalability

Selection of a suitable production system clearly depends on the purpose of the production facility, microalgae strain and product of interest. In conclusion, PBR and open ponds should not be viewed as competing technologies.

적당한 생산시스템의 선택은 생산설비의 목적, 미세조류의 종 그리고 관심대상의 생성제품에 분명히 의존한다. 결론적으로 PBR과 open ponds는 경쟁하는 기술로서 생각되어져서는 안 된다.

4.2 수확방법

빛 통과의 제한(전형적으로 1~5g1^{-1}의 범위에서) 그리고 미세조류 세포의 작은 크기(대표적으로 직경이 2~20μm의 범위에서) 때문에 미세조류 배양시스템에서 얻을 수 있는 상대적으로 낮은 바이오매스 농도를 가정하며 바이오매스 수확을 위한 비용과 에너지 소비는 매우 철저히 고려되는 것을 필요로 하는 중요한 관심사항이다[6]. 이러한 의미에서 미세조류 cultures의 수확은 바이오연료 생산을 위한 미세조류의 산업적 규모의 처리에 대하여 주된 병목(bottleneck)으로 고려되어졌다.

Broth로부터 바이오매스의 회수비용은 바이오매스를 생산하는 총 비용의 20~30%까지를 차지할 수 있다[48]. 미세조류 바이오매스 수확은 여러 물리적인, 화학적인 혹은 생물학적인 방법으로 이루어질 수 있다. 응집(flocculation), 원심분리(centrifugation), 여과(filtration), 한외여과(ultrafiltration), 공기부양(air-flotation), 자동부양(autoflotation) 등. 일반적으로 미세조류의 수확은 다음과 같은 2단계 공정이다. (1) 벌크 수확: 벌크 서스펜션으로부터 바이오매스의 분리를 목적으로 하였다. 이 가동에 대한 농도인자는 2~7% 총 고체물질에 도달하기 위해 일반적으로 100~800배이다. 이것은 초기 바이오매스 농도와 다음과 같은 것을 포함한 채택 사용된 기술에 의존한다.: 응집, 부양 혹은 비중 침전화(gravity sedimentation), ⑵ Thickening: 목표는 원심분리, 여과 그리고 초음파에 의한(ultrasonic aggregation)과 같은 기술을 통해서 슬러리를 농축시키는 것이어서 이 과정은 일반적으로 벌크 수확보다도 더 에너지 집약적인 단계이다.

4.2.1 응집(Flocculation)

응집은 벌크 수확공정에서 더 이상의 처리의 용이성을 현저하게 증대시키게 될 초기 탈수단계로서 사용되어질 수 있다. 이 단계는 효과적인 '입자' 크기를 증가시키기 위하여 broth로부터 미세조류 세포를 결집시키고자 한다[49]. 미세조류의 세포는 서스펜션에서 그들의 자체-응집을 방해하는 음전하를 운반하기 때문에 응집제로서 알려진 화학물질의 첨가는 표면 음전하를 중화시키거나 혹은 감소시킨다. 이들 화학물질은 생성물의 조성과 독성에 영향을 미치지 않고서 조류를 응고시킨다[48]. 염화제2철($FeCl_3$), 황산알루미늄($Al_2(SO_4)_3$) 그리고 황산 제2철($Fe_2(SO_4)_3$)과 같은 다원자가 금속염이 보편적으로 사용된다[4].

4.2.2 부양(Flotation)

어떤 약간의 미세조류 종은 미세조류의 지질함유량이 증가할 때 물의 표면에서 자연적으로 부양한다. 비록 부양이 잠재적인 수확방법으로서 언급되었다 할지라도 그 것의 기술적인 혹은 경제적인 실행 가능성에 관해서 매우 제한된 증거가 있다[4].

4.2.3 원심분리

원심분리는 성장 미디움으로부터 미세조류의 바이오매스를 분리시키기 위한 원심력의 응용을 포함한다. 일단 분리되면 미세조류는 과량의 미디움을 간단하게 드레인시킴으로써 culture로부터 제거될 수 있다[49]. 원심분리 회수는 조류 세포를 회수하는 빠른 방법이다[48]. 그러나 원심분리 과정 동안의 높은 중력과 마찰력은 세포 구조를 손상시킬 수 있다. 추가적으로 특히 큰 부피(많은 양)를 고려할 때 높은 전력비 때문에 비용 효과적이지 못하다[49].

4.2.4 여과

여과는 다른 수확옵션과 비교하였을 때 가장 경쟁력 있는 것으로 밝혀졌던 수확방법이다. Dead end filtration, microfiltration, ultra filtration, pressure filtration, vacuum filtration 그리고 tangential flow filtration(TFF)과 같은 많은 다른 형태의 여과가 있다. 일반적으로 여과는 필터를 거쳐서 미세조류를 포함하는 broth를 처리하는 것을 포함하는데, 이 필터에서 미세조류는 축적되고 미디움은 필터를 거쳐서 통과한다. Broth는 필터가 두꺼운 조류 페이스트를 포함할 때까지 마이크로필터를 거쳐서 지속적으로 흘려 보내진다. 비록 여과방법이 매력적인 탈수 옵션인 것으로 나타난다 할지라도 그들은 대규모의 가동비용 그리고 감추어진 사전농도 요구조건과 관련된다[49].

4.3 미세조류의 지질(lipids)의 추출

4.3.1 건조공정

지질의 추출이나 열화학적 처리 이전의 바이오매스 건조는 고려될 필요가 있는 또 다른 단계이다. 태양건조는 아마도 미세조류 바이오매스의 처리를 위해 도입되었던 가장 값싼 건조방법이다. 그러나 이 방법은 오랜 건조시간이 소요되며, 큰 건조표면을 요구하고 약간의 생화학적 반응성이 큰 생성물의 손실리스크를 안고 있다[6]. 미세조류를 건조시키기 위해 조사되어오고 있는 더 효과적이지만 더 비용이 많이 드는 건조 기술에는 다음과 같은 것이 포함된다. 드럼건조, 스프레이 건조, 유동층 건조, 냉동건조 그리고 굴절 윈도우 탈수 기술[4].

4.3.2 세포분열(Cell disruption)

오늘날 대다수의 바이오디젤은 세포분열에 의한 혹은 세포분열 없이 오일의 추출에 뒤이은 식물유 혹은 동물지방으로부터 트랜스에스터화 공정을 거쳐서 생산된다[3]. 미세조류에 적용할 수 있는 대부분의 세포분열 방법은 intracellular 비광합성 bioproducts에서의 적용으로부터 개량되어졌다[4]. 성공적으로 사용되어졌던 세포분열 방법은 고압 homogenisers, 고압반응기 그리고 염산, 수산화나트륨이나 alkaline lysis의 첨가를 포함한다[50].

4.3.3 지질의 추출을 위한 방법

미세조류로부터 지질의 추출을 위한 다수의 방법이 적용되었다. 그러나 가장 일반적이고 보편적인 방법은 익스펠러/오일 프레스, 액체-액체 추출(용매추출), 초임계 유체 추출(SFE) 그리고 울트라사운드 기술이다[49].

익스펠러/오일 프레싱은 nuts와 seeds와 같은 원재료로부터 오일을 추출하기 위한 기계적인 방법이다. 프레스는 세포를 압착하기 위해 그리고 파괴시키기 위해 고압을 사용한다. 이 공정이 효과적이기 위하여 조류는 첫째로 건조시켜야 할 필요가 있다. 이 방법이 오일의 75%를 회수할 수 있고 특별한 기술이 요구되지 않는다 할지라도 비교적 더 긴 추출시간 때문에 덜 효과적인 것으로 보고되었다[49].

용매추출은 미세조류로부터 지질을 추출하기 위하여 성공적인 것으로 입증되었다. 이 방법에서 벤젠, 사이클로헥산, 헥산, 아세톤, 클로로포름과 같은 유기용매는 미세조류 페이스트에 첨가시킨다. 용매는 조류의 세포벽을 파괴시키고 물보다도 유기용매에서의 그들의 더 높은 용해도 때문에 수용액 미디움으로부터 오일을 추출한다. 용매추출물은 용매로부터 오일을 분리시키기 위하여 증류공정에서 증류시킬 수 있다. 유기용매는 더 이상의 사용을 위해 회수될 수 있다. 헥산은 그것의 가장 높은 추출능력과 낮은 비용에 기초하여 추출에서 가장 효과적인 용매인 것으로 보고된다[49].

초임계 유체 추출은 세포를 파열시키기 위해 고압과 고온을 사용한다. 이 특별한 추출방법은 매우 시간 효율적인 것으로 입증되었으며 보편적으로 사용된다[49].

미세조류로부터 지질을 추출하는데 사용되어지는 또 다른 유망한 방법은 울트라사운드의 사용이다. 이 방법은 조류를 높은 세기의 초음파에 노출시키며 이 초음파는 세포를 빙 둘러서 작은 케비테이션 버블을 창출시킨다. 버블의 붕괴는 충격파를 방출하며, 세포벽을 파괴시키고 용액 속으로 요구되는 화합물은 배출시킨다. 비록 울트라사운드를 사용한 미세조류로부터의 오일의 추출이 이미 실험실적 규모로 광범위하게 사용 중이라 할지라도 상업적 규모의 가동에 대한 실행가능성 혹은 비용에 관한 충분한 정보가 입수될 수 없다. 이 방법은 높은 잠재가능성을 갖는 것 같지만 더 많은 연구가 필요하다[49].

4.4 바이오디젤의 생산

추출공정 후 초래되는 미세조류의 오일은 트랜스에스터화라 불리워지는 공정을 거쳐서 바이오디젤로 전환될 수 있다. 트랜스에스터화 반응은 알칼리 혹은 산과 같은 촉매의 존재 하에서 트리글리세라이드를 메탄올 혹은 에탄올과 같은 알코올과 반응시켜 지방산 알킬 에스터와 부산물로서 글리세롤을 형성하게 되는 것으로 구성된다[51].

사용자의 인정을 위해 미세조류로부터의 바이오디젤은 ASTM Biodiesel Standard D 6751(USA) 혹은 Standard EN 14214(EU)과 같은 존재하는 표준을 따를 필요가 있다. 미세조류로부터의 오일은 채종유와 비교하였을 때 높은 다중 불포화된 지방산(4개나 더 많은 이중결합을 갖는)을 포함하며 이러한 사실은 그것을 보관시에 산화되기 쉽게 함으로 바이오디젤에서의 사용을 위한 그것의 수용을 감소시킨다. 그러나 미세조류 오일의 불포화의 양 그리고 그것의 4개 이상의 이중결합을 갖는 지방산의 함유량은 채종유로부터 마가린을 만드는 데 보편적으로 사용되는 것과 같은 기술인 오일의 부분적인 촉매 수소화에 의해서 쉽게 감소되어질 수 있다[5]. 그럼에도 불구하고 미세조류로부터의 바이오디젤은 석유계 디젤연료 그리고 오일 작물로부터의 1세대 바이오디젤과 비슷한 물리적인 그리고 화학적인 성질을 가지며 EN 14214와 유리하게 비교된다[4].

4.5 바이오에탄올의 생산

바이오에탄올의 생산에서의 최근의 관심은 발효공정에 대한 공급원료로서 미세조류에 초점이 맞추어지고 있다. 미세조류는 박테리아, 이스트 혹은 곰팡이에 의한 발효에 대한 탄소 공급원으로서 사용될 수 있는 탄수화물(글루코오스, 녹말 그리고 다른 폴리사카라이드의 형태로) 그리고 단백질을 제공한다[49]. 예를 들면, *Chlorella vulgaris*는 그것이 높은 수준의 녹말을 축적할 수 있기 때문에 바이오에탄올의 생산을 위한 잠재적인 원재료로서 고려되어졌다[52]. *Chlorococum* sp.는 다른 발효조건 하에서 바이오에탄올의 생산을 위한 기질로서 또한 사용되어졌다. 결과는 지질이 추출된 미세조류 부스러기의 $10gl^{-1}$으로부터 얻어진 $3.83gl^{-1}$의 최대 바이오에탄올 농도를 나타내었다[53].

미세조류의 사용에 의한 바이오에탄올의 생산은 또한 자체(self) 발효를 거쳐서 또한 실행되어질 수 있다. 앞서의 연구에서는 해양 녹조류 *Chlorococcum littorale*에서의 어두운 발효는 30°C에서 $450\mu mol$ ethanol g^{-1}을 생산할 수 있었다고 보고하였다[54]. 비록 미세조류의 발효에 관한 제한된 보고가 관찰되었다 할지라도 미세조류로부터 바이오에탄올을 생산하기 위하여 수많은 유리한 점이 관찰되었다. 발효공정은 바이오디젤 생산시스템과 비교하였을 때 더 적은 에너지 소비와 단순화된 공정을 요구한다. 그밖에 발효공정으로부터 부산물로서 생산되는 CO_2는 배양공정에서 미세조류에 탄소공급원으로서 리사이클 될 수 있어서 온실가스 배출을 감소시킬 수 있다. 그러나 미세조류로부터 바이오에탄올의 생산은 아직 조사 중에 있으며 이 기술은 아직까지 상업화되지 못하였다[49].

05 결론

미세조류는 바이오디젤 그리고 바이오에탄올과 같은 제3세대 바이오연료의 생산을 위한 지속 가능한 공급원료로서의 커다란 잠재가능성을 제공한다. 그러나 미세조류로부터 유도된 바이오연료의 대규모 생산이 상업적 현실이 될 수 있기 전에 여러 중요한 과학적인 그리고 기술적인 장애가 극복되어져야 할 과제로서 남는다. PBR 디자인, 미세조류 바이오매스의 수확, 건조 그리고 처리과정에 있어서의 발전을 포함하는 기술적인 개발은 증대된 비용효과를 그리고 그러므로 미세조류 전략으로부터의 바이오연료의 효과적인 상업적인 이행성취를 초래하는 중요한 분야들이다.

■ **References**

01. Koh LP, Ghazoul J. Biofuels, biodiversity, and people: understanding the conflicts and finding opportunities. *Biological Conservation*. 2008;141:2450-2460.

02. Nigam PS, Singh A. Production of liquid biofuels from renewable resources. *Progress in Energy and Combustion Science*. 2010;In press. DOI:10.1016/j.pecs.2010.01.003

03. Schenk P, Thomas-Hall S, Stephens E, Marx U, Mussgnug J, Posten C, Kruse O, Hankamer B. Second generation biofuels: high-efficiency microalgae for biodiesel production. *BioEnergy Research*. 2008;1:20-43.

04. Brennan L, Owende P. Biofuels from microalgae—A review of technologies for production, processing, and extractions of biofuels and co-products.

Renewable and Sustainable Energy Reviews. 2010;14:557-577.

05. Chisti Y. Biodiesel from microalgae. *Biotechnology Advances.* 2007;25:294-306.

06. Li Y, Horsman M, Wu N, Lan CQ, Dubois-Calero N. Biofuels from microalgae. *Biotechnology Progress.* 2008; 24:815-820.

07. Tomaselli L. The microalgal cell. In: Richmond A, eds. *Handbook of Microalgal Culture: Biotechnology and Applied Phycology.* Oxford: Blackwell Publishing Ltd; 2004: 3-19.

08. Lee RE. *Phycology.* 4th ed. Cambridge Cambridge University Press; 2008.

09. Wang B, Li Y, Wu N, Lan C. CO_2 bio-mitigation using microalgae. *Applied Microbiology and Biotechnology.* 2008; 79:707-718.

10. Shi X-M, Zhang X-W, Chen F. Heterotrophic production of biomass and lutein by *Chlarella protothecoides* on various nitrogen sources. *Enzyme and Microbial Technology.* 2000; 27:312-318.

11. Sunda WG, Price NM, Morel FMM. Trace metal ion buffers and their use in culture studies. In: Andersen RA, eds. *Algal culturing techniques.* Amsterdam: Elsevier; 2005: 35-63.

12. Mata TM, Martins AA, Caetano NS. Microalgae for biodiesel production and other applications: A review. *Renewable and Sustainable Energy Reviews.* 2010; 14:217-232.

13. Urn B-H, Kim Y-S. Review: A chance for Korea to advance algal-biodiesel technology. *Journal of Industrial and Engineering Chemistry.* 2009; 15:1-7.

14. Sydney EB, Sturm W, de Carvalho JC, Thomaz-Soccol V, Larroche C, Pandey A, Soccol CR. Potential carbon dioxide fixation by industrially important microalgae. Bioresource Technology. 2010;101:5892-5896.

15. Scott SA, Davey MP, Dennis JS, Horst I, Howe CJ, Lea-Smith-DJ, Smith-AG. Biodiesel from algae:-challenges and prospects. *Current Opinion in Biorechnology.* DOII: 10.1016/j.copbio.2010.03.005

16. Olaizola M. Commercial development of microalgal biotechnology: from the test tube to the marketplace. *Biomolecular Engineering.* 2003; 20:459-466.

17. Chaumont D. Biotechnology of algal biomass production: a review of systems for outdoor mass culture. *Journal of Applied Phycology.* 1993; 5:593-604.

18. Borowitzka MA. Commercial production of microalgae: ponds, tanks, tubes and fermenters. *Journal of Biotechnology.* 1999;70:313-321.

19. Tredici MR. Mass production of microalgae: photobioreactors. In: Richmond A, eds. *Handbook of Microalgal Culture: Biotechnology and Applied Phycology.* Oxford: Blackwell Science; 2004: 178-214.

20. Carlsson AS, van Beilen JB, Möller R, Clayton D. Micro- and Macro-Algae: *Utility for Industrial Applications* 1st ed. Newbury: CPL Press; 2007.

21. Abdulqader G, Barsanti L, Tredici MR. Harvest of *Arthrospira platens is* from Lake Kossorom (Chad) and its household usage among the Kanembu. *Journal of Applied Phycology.* 2000; 12:493-498.

22. Thein M. Production of *Spirulina* in Myanmar (Burma). *Bulletin de l'Institut Océanographique.* 1993; 12:175-178.

23. Šetlik I, Šust V, Málek I. Dual purpose open circulation units for large scale culture of algae in temperate zones. I. Basic design considerations and scheme of a pilot plant *Algological Studies.* 1970; 1:111-164.

24. Borowitzka MA. Culturing microalgae in outdoor ponds In: Andersen RA, eds. *Algal Culturing Techniques.* Burlington, MA: Elsevier Academic Press; 2005: 205-218.

25. Pulz O. Photobioreactors: production systems for phototrophic microorganisms. *Applied Microbiology and Biotechnology.* 2001; 57:287-293.

26. Spolaore P, Joannis-Cassan C, Duran E, lsambert A. Commercial applications of microalgae. *Journal of Bioscience and Bioengineering.* 2006; I 0 1 :87-96.

27. Janssen M, Tramper J, Mur LR, Wijffels RH. Enclosed outdoor photobioreactors: Light regime, photosynthetic efficiency, scaleup, and future prospects. *Biotechnology and Bioengineering.* 2003; 81:193-210.

28. Carvalho AP, Meireles LA, Malcata FX. Microalgal reactors: A review of enclosed system designs and performances. *Biotechnology Progress.* 2006; 22:1490-1506.

29. Molina E, Fernández J, Acién FG, Chisti Y. Tubular photobioreactor design for algal cultures. *Journal of Biotechnology.* 2001; 92:113-131.

30. Tredici MR, Zittelli GC. Efficiency of sunlight utilization: Tubular versus flat photobioreactors. *Biotechnology and Bioengineering.* 1998; 57:187-197.

31. Pirt SJ, Lee YK, Walach MR, Pirt MW, Balyuzi HHM, Bazin MJ. A tubular bioreactor for photosynthetic production of biomass fi · om carbon dioxide: Design and performance. *Journal of Chemical Technology and Biotechnology.* 1983; 33:35-58.

32. Lee Y-K, Low C-S. Effect of photobioreactor inclination on the biomass productivity of an outdoor algal culture. *Biotechnology and Bioengineering.* 1991; 38:995-1000.

33. Watanabe Y, Saiki H. Development of a photobioreactor incorporating *Chiarella* sp. for removal of CO_2 in stack gas. Energy Conversion and Management. 1997; 38:S499-S503.

34. Torzillo G, Pushparaj B, Bocci F, Balloni W, Materassi R, Florenzano G. Production of Spirulina biomass in closed photobioreactors. *Biomass.* 1986; 11:61-74.

35. Torzillo G, Carlozzi P, Pushparaj B, Montaini E, Materassi R. A two-plane

tubular photobioreactor for outdoor culture of *Spirulina*. *Biotechnology and Bioengineering*. 1993; 42:891-898.

36. Lee Y-K, Ding S-Y, Low C-S, Chang Y-C, Forday W, Chew P-C. Design and performance of an a-type tubular photobioreactor for mass cultivation of microalgae. *Journal of Applied Phycology*. 1995; 7:47-51.

37. Sobczuk T, Camacho F, Grima E, Chisti Y. Effects of agitation on the microalgae *Phaeodactylum tricornutum and Porphyridium cruentum*. *Bioprocess and Biosystems Engineering*. 2006; 28:243-250.

38. Chini Zittelli G, Rodolfi L, Biondi N, Tredici MR. Productivity and photosynthetic efficiency of outdoor cultures of *Tetraselmis suecica in annular columns*. *Aquaculture*. 2006; 261:932-943.

39. Krichnavaruk S, Powtongsook S, Pavasant P. Enhanced productivity of *Chaetoceros calcitrans* in airlift photobioreactors. *Bioresource Technology*. 2007; 98:2123-2130.

40. Fernandes B, Dragone G, Teixeira J, Vicente A. Light regime characterization in an airlift photobioreactor for production of microalgae with high starch content. *Applied Biochemistry and Biotechnology*. 2010;16 :218-226.

41. Benemann JR, Tillett DM, Weissman JC. Microalgae biotechnology. *Trends in Biotechnology*. 1987; 5:4 7-53.

42. Molina Grima E. Microalgae, mass culture methods. In: Flickinger MC, Drew SW, eds. *Encyclopedia of Bioprocess Technology: Fermentation, Biocatalysis, and Bioseparation*. New York, NY: John Wiley & Sons; 1999:1753-1769.

43. Eriksen N, Poulsen B, Losmann Iversen J. Dual sparging laboratory-scale photobioreactor for continuous production of microalgae. *Journal of Applied Phycology*. 1998;10:377-382.

44. Poulsen BR, Iversen JJL. Membrane sparger in bubble column, airlift, and combined membrane-ring Sparger bioreactors. *Biotechnology and Bioengineering*. 1999;64:452-458.

45. Janssen M, Slenders P, Tramper J, Mur LR, Wijffels R. Photosynthetic efficiency of *Dunaliella tertiolecta* under short light/dark cycles. *Enzyme and Microbial Technology*. 2001;29:298-305.

46. Sánchez Mirón A, Contreras Gómez A, García Camacho F, Molina Grima E, Chisti Y. Comparative evaluation of compact photobioreactors for large-scale monoculture of microalgae. *Journal of Biotechnology*. 1999;70:249-270.

47. Tredici MR. Bioreactors, photo. In: Flickinger MC, Drew SW, eds. *Encyclopedia of Bioprocess Technology: Fermentation, Biocatalysis, and Bioseparation*. New York, NY: John Wiley & Sons; 1999:395-419.

48. Molina Grima E, Belarbi EH, Acién Fernández FG, Robles Medina A, Chisti Y. Recovery of microalgal biomass and metabolites: process options and

economics. Biotechnology Advances. 2003;20:491-515.

49. Harun R, Singh M, Forde GM: Danquah MK. Bibprocess engineering of microalgae to produce a variety of consumer products: *Renewable and Sustainable Energy Reviews.* 2010;14:1037-1047.

50. Mendes-Pinto MM, Raposo MFJ, Bowen J, Young AJ, Morais R. Evaluation of different cell disruption processes on encysted cells of Haematococcus pluvialis: effects on astaxanthin recovery and implications for bio-availability. *Journal of Applied Phycology.* 2001;13:19-24.

51. Vasudevan P, Briggs M. Biodiesel production—current state of the art and challenges. *Journal of Industrial Microbiology and Biotechnology.* 2008;35:421-430.

52. Hirano A, Ueda R, Hirayama S, Ogushi Y. CO_2 fixation and ethanol production with microalgal photosynthesis and intracellular anaerobic fermentation. *Energy.* 1997;22:137-142.

53. Harun R, Danquah MK, Forde GM. Microalgal biomass as a: fermentation feedstock for bioethanol production. *Journal of Chemical Technology & Biotechnology.* 2010;85:199-203.

54. Ueno Y, Kurano N, Miyachi S. Ethanol production by dark fermentation in the marine green alga, *Chlorococcum littorale. Journal of Fermentation and Bioengineering.* 1998;86:38-43.

05장_

바이오연료의 공급원료로서의 미세조류(Microalgae)
_수율과 연료 품질의 평가

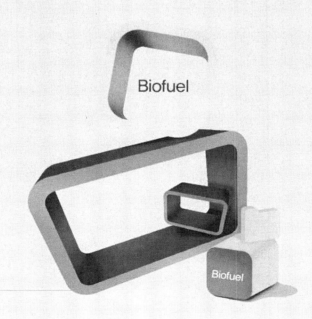

Biofuel

Biofuel

개요

에너지 공급원으로서 화석연료에 대한 의존성을 탈피할 필요가 있지만 수송용 연료로서 액체 탄화수소의 사용을 포기하기에는 일반적인 의구심이 존재한다. 이것은 신 재생의 그리고 지속적으로 생산 가능한 바이오연료에 의해서 시작될 수 있는 큰 시장을 열어준다. 조류(Algae)는 미래의 바이오 연료 생산을 위한 공급원료로서 중요한 기여물질인 것으로 생각된다. 높은 바이오매스 생산성과 관련된 높은 지질(lipid) 수율은 조류를 매력적인 선택물질로 만든다. 높은 오일 수율과 함께 조류는 에너지 집약적인 연료 시장을 열어가게 될 것이며, 이 시장은 가치 있는 농경지의 침해 없이 그리고 식품가격에 영향을 미치지 않고서 다른 바이오연료에 의해서 완전하게 다루어질 수 없는 적소의 시장부분이다. 이 장에서는 태양에너지를 유기 생성물로의 이론적 최대 전환효율 그리고 이들 생성물을 연료전구체로 전환시키는 경로에 관해서 자세히 설명키로 한다. 주된 의문 중에서 한 가지는 연료품질과 제조공정 파라미터에 관해서 조류에 의한 연료를 전통적인 방법에 의한 바이오디젤 연료와 어떻게 비교하는가 하는 것이다. 이 장에서는 조류의 오일 수율과 지질(lipid) 프로파일에 관한 데이터를 나타내고 바이오연료의 연료 품질을 추정한다. 바이오에탄올 혹은 다른 발전된 바이오연료와 같은 추가적인 바이오연료의 시장을 역점을 두어 다루기 위하여 조류의 비 지질(non-lipid) 부분에 존재하는 발효성 탄수화물을 또한 사용하고 있다. 여기서의 데이터는 미세조류에 의한 연료가 전통적인 방법에 의한 바이오연료와 유리하게 비교된다는 사실을 나타내 주며 미세조류는 바이오연료의 공급원료로서 큰 잠재적 가능성을 갖지만 전반적인 생산공정에 걸친 불확실성을 감소시키는 것과 관련된 수많은 도전적 사항이 존재한다는 사실을 구체적으로 설명하기로 한다.

01 바이오연료 대(vs.) 화석연료

액체 수송용 연료의 상당한 양을 대체하기 위한 바이오연료에 있어서의 개발이면에는 두 가지의 일반적인 추진체가 존재한다. (ⅰ) 화석연료에 대한 의존성을 감소시키고, (ⅱ) 온실가스의 배출을 감소시킨다. 화석연료를 사용하는 것을 대체하는 것에 상당히 영향을 미치는 사항으로서 최근의 식품공급에 미치는 영향에 대한 가능성 때문에 바이오연료의 생산은 가치 있는 농경지의 사용을 침해해서는 안 된다. 미세조류는 많은 오일을 축적할 수 있으며 이들의 배양은 위의 제한에 의지하지 않기 때문에 미세조류는 향후 바이오연료의 풀(pool)에 추가하기 위한 이상적인 공급 원료이다. 미세조류 공급원료가 연료에 대한 세계적 수요에 대응하기 위해 요구되는 바이오연료의 양과 품질을 제공할 수 있는지에 관한 의문이 남게 된다.

액체 수송용 연료는 주로 가솔린, 제트유 그리고 디젤 엔진 사용분야에서 사용된다. 이들 적용분야 각각은 미국에서의 ASTM 표준 규격이나 EU에서의 CEN 표준규격에 대표적으로 그 개요가 약술되어져 있는 다른 성능과 품질 요구조건을 갖는다. 이들 표준은 석유계 탄화수소에 대해서 개발되어졌으며 바이오계 탄화수소에 대해서도 적당한 것으로 여겨진다. 에탄올, 부탄올이나 바이오디젤과 같은 바이오계 함산소 화합물에 대해서는 추가적인 요구조건을 충족시켜야 한다. 예를 들면, 에탄올과 바이오디젤은 순수한(100%) 블렌드스톡에 대해서 ASTM 표준규격을 갖는다. 오늘날 미국에서는 15%까지의 에탄올을 가솔린 표준(D4814)을 충족시키면서 전통적인 가솔린에 블렌딩시킬 수 있으며, 그리고 5%까지의 바이오디젤을 디젤연료 표준(D975)을 충족시키면서 전통적인 디젤연료에 블렌딩시킬 수 있다. 에스터와 지방산의 수소화에 의해 생산되는 신 재생 탄화수소를 50%까지 제트연료에 블렌딩시킬 수 있다. 조류의 지질을 포함한 지질 공급원료는 트랜스에스터화에 의해서 바이오디젤로 가장 보편적으로 전환될 수 있거나 혹은 수소화/탈 카르복실화/이성질화에 의해 탄화수소 신 재생 디젤이나 제트 연료로 전환된다.

1.1 바이오연료의 품질 파라미터

바이오디젤은 긴 사슬의 지방산의 모노알킬 에스터로서 정의되며 염기 촉매에 의한 트랜스에터화에 의해 트리아실글리세라이드(TAG)로부터 혹은 산 촉매 하에서의 에스터화에 의해 FFA(free fatty acids)로부터 상업적으로 생산된다. 사용되는 알코올은 가장 보편적으로 메탄올인데 이 알코올로부터의 생성물은 비록 수많은 불순물이 전형적으로 존재한다할지라도 우세하게 FAMEs(fatty acid methyl esters)로서 구성된다. 공급원료에 존재하는 지방산 사슬의 구조는 바이오디젤에 대한 많은 주요한 품질 파라미터에 결정적인 영향을 미친다. 바이오디젤 품질에 대한 두 가지의 가장 중요한 성질은 (i) 지방산 불포화도 그리고 (ii) 사슬길이이다.

불포화도는 요오드가(Ⅳ)로서 정량화될 수 있으며 이 값은 시료의 질량당 이중결합의 몰수이다(예를 들면, ASTM D1510 방법에 의해 측정). 전형적인 육서작물 오일과 동물지방은 거의 독점적으로 C16과 C18 지방산 사슬로서 구성된다. 이 좁은 범위의 물질에 대해서 Ⅳ는 세탄가, 점도, 밀도 그리고 몰 H/C 비율과 같은 많은 중요한 성질과 상관관계시킬 수 있다[2,3].

디젤연료에 대한 주요한 품질 파라미터는 세탄가인데 이것은 디젤엔진에서의 연료의 점화성능의 측정이다. 미국과 EU에서는 각각 최소 40과 50의 세탄가를 요구한다. 완전하게 포화된 FAME는 높은 세탄가를 가지며 그리고 지방산 사슬에 10개 혹은 더 많은 탄소원자를 갖는 모두 포화된 FAME는 40(최소 미국에서의 요구값)을 쉽게 능가한다[1]. 완전하게 포화된 FAME는 열분해와 산화분해에 대해서 저항적이다. 그러나 이들 포화된 물질은 높은 녹는점을 가지며 그리고 저온에서 바이오디젤 혹은 탄화수소 디젤연료 매트릭스에서 더 낮은 용해도를 갖는다. 그래서 포화된 FAME 함유량이 매우 높은 바이오디젤은 추운 겨울기후에서 한층 석유계 디젤연료와의 블렌드로서 유용하지 못하다. 매우 불포화된 FAME를 갖는 블렌드는 저온 유동성을 향상시키지만 연료의 산화안정성은 감소한다[23].

그러므로 단일 불포화 그리고 다중 불포화 FAME(PUFA)의 현저한 상당한 분율이 바이오디젤에서 바람직스럽다. PUFA는 한층 더 낮은 세탄가를 갖지만 또한 훨씬 더 낮은 녹는점을 갖는다(그리고 저온에서 한층 더 큰 용해도를 갖는다). PUFA는 산화에 대항해서 충분히 안정적이지 못하지만 이러한 문제점은 산화방지제의 사용으로 완화될 수 있다[4].

위에서 지적했던 바와 같이 바이오디젤의 성질과 성능에 미치는 FAME 메이컵의 영향에 관해서는 잘 이해된다. 한층 더 도전적인 분야는 불순물의 영향이다. 전통적인 육서작물 오일과 동물지방으로부터 만들어진 바이오디젤에 대해서 이들 불순물은 모노 및 디글리세라이드, 플랜트 스테롤과 스테릴 글루코사이드, FFAs 그리고 잔류 금속성분이다. 모노글리세라이드와 다른 불순물은 cold soak filterability test[5] 그리고 총 모노글리세라이드의 양에서의 제한의 도입을 초래하였던 저온 가동능력에 극적인 영향을 미치는 것으로 알려지고 있다[6,7]. 트랜스에스테화 촉매로부터의 Na 혹은 K, 흡착제로부터의 Mg, 혹은 경수로부터의 Ca과 같은 잔류 금속은 배기가스 배출 조절용 촉매와 필터를 오염시킬 수 있었다. 문제점에 대한 해결 잠재가능성을 그동안의 연구가 나타내었지만 더 많은 추가적인 연구가 요구된다[8].

탄화수소 재생 디젤 혹은 그린 디젤 (혹은 제트)은 불균일계 촉매 상에서의 수소화, 탈카르복실화 그리고 이성질화를 포함하는 공정에 의해서 TAG로부터 생산될 수 있다. 수소화는 이중결합을 포화시키기 위해 사용되며 산소를 제거하기 위하여 몇몇 공정에서 사용된다. 상대적으로 높은 비용의 수소 때문에 다른 공정 배치구조는 탈카르복실화에 의해서 산소의 큰 분율을 CO_2로서 제거한다. C16/C18 공급원료를 사용할 때 이들 반응으로부터의 생성물은 C15~C18 노말 알칸이며 실온에서 고체인 것 같다. 그러므로 가지화를 도입하기 위해 이성질화 촉매도 필요한데 이 가지화는 구름점(CP)의 극적인 낮추어 줌 그리고 세탄가에 있어서의 적절한 감소를 초래할 수 있다[9]. 이들 물질은 전형적으로 80% 이상의 이소알칸 그리고 −25°C의 CP를 갖는 연료로서 구성되며 70 이상의 세탄가를 갖는다[10]. 이들 연료는 석유계 연료와 매우 비슷하며 가동상의 문제점을 초래하는 적은 양의 불순물을 포함하는 유리한 점을 가진다. 취약점으로서는 현저하게 더 높은 자본비용, 가동비용 그리고 에너지 비용이다[11].

1.2 햇빛을 조류 바이오매스로의 전환

조류(Algae)는 유기세포성분으로 이산화탄소의 감소로부터 초래되는 많은 양의 오일을 축적할 수 있는 가능성을 갖는 광합성을 하는 미생물이다(그림1). 단세포 미세조류는 높은 오일 함유량과 높은 성장률(속도) 때문에 많은 바이오 연료에 관련해서 다룬 최근의 문헌 리뷰의 주제였다[12,13,14]. 세포는 그림 1.B와 1.D에 나타낸 바와 같이 세포 속에서의 지적된 방울에서 많은 양의 오일을 축적하고 있다.

조류(Algae)는 대두유 그리고 카놀라유로부터 유도되는 바이오연료와 같은 '전통적인' 바이오연료에 비해서 다른 차별화된 명확한 유리한 점을 갖는데 어떤 일정한 조류의 종(strains)은 약간 짠 물이나 염수에서 배양될 수 있으며 경작지를 침해할 필요가 없다. 전통적인 바이오연료의 공급원료가 되는, 예를 들면 대두유나 카놀라유는 보고된 높은 수율과 좋은 품질의 오일인 것으로 알려지고 있지만 이를 추출하기 위한 식물은 농경지에서 재배하여야 하며 오일은 식품시장에서 식품으로 거래되고 있다. 이러한 사실은 대두유 및 카놀라유로부터 유도된 바이오연료는 전통적인 농식품과 직접적인 경쟁을 하게 되며 식품 대(vs.) 연료라는 불편한 관계에 직접적으로 관여하게 된다[15].

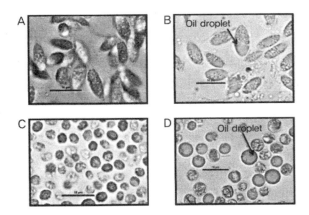

[Fig. 1] Microscopic images of *Scenedesmus* sp. grown under nutrient replete (A) and deplete conditions (B), and similarly, Chlorella sp. replete (C) and deplete (D). The deplete culture condition refers to nutrient limitation, which induces the accumulation of large oil droplets in the cells(as indicated in (B) and (D))

　　많은 양의 바이오매스를 생산하기 위한 조류에 대해서 배양 시스템은 충분한 일조량을 가질 필요가 있으며 적당한 대량의 바이오연료를 생산할 수 있는 크기규모로 확대시킬 필요가 있다. 다른 두 가지의 배양시스템이 존재하며 각각은 유리한 점과 불리한 점을 갖는다. 대규모 조류 배양을 위해 전형적으로 고려되는 두 가지의 일반적인 생산시스템은 open ponds와 PBR의 예는 그림2에 나타내었다.

[Fig. 2] Examples of two types of growth systems of microalgae; *(l)* open pond (100,000 L) and *(r)* photobioreactors. Facilities as presently set up at Arizona State University, Phoenix, AZ.

　　최근에 연료 생산규모에서 대규모 open ponds가 가장 경제적으로 견실한 바이오매스 생산시스템인 것으로 나타났다. 배양시스템의 비교는 햇빛의 유기 탄소로의 전환효율을 다루어서 바이오매스 생산율은 조류의 세포를 햇빛에 노출시키는 표면적과 관련된다. PBR의 주된 유리한 점은 더 높은 바이오매스 생산성이고 더 낮은 오염리스크이다. 바이오연료 생산비용의 최근의 비교에서는 PBR의 유리한 점은 추가적인 설비 자본비용을 더하지는 않는다는 사실을 나타내었다.

바이오매스 생산성에 기초할 때 오일의 생산은 대기로부터의 탄소를 지질, 탄수화물 그리고 단백질로 동화하기 위해 필요한 에너지를 햇빛이 제공하는 광합성 공정에 놓여 있다. 광합성 메커니즘에 관한 자세한 사항은 참고문헌[12]에서 찾을 수 있다. 바이오 매스 전환에서의 햇빛을 둘러싼 약간의 제한과 구속사항에 관해서 언급하고자 한다. 조류의 배양 시 도달하는 햇빛 모두가 바이오매스로 전환될 수 없다. 사실상 광합성 전환효율과 관련된 손실 때문에 이 전환효율은 ~12%이다(그림 3). PAR (photosynthetically active radiation)로서 주어지는 햇빛 스펙트럼의 절반 이하가 광합성을 위해 입수 가능하며 대기의 CO_2를 유기 탄소로의 환원을 위해 요구되는 신진대사 에너지(ATP로서) 그리고 환원 파워(NADPH로서)를 생산하기 위해 이것의 에너지의 단지 약 80%만이 광합성 전자전달 사슬로 들어간다. 이 유기탄소는 결국 탄수화물, 단백질 그리고 지질에 편입되어서 바이오연료에 대한 기초를 형성한다.

유기 생성물로 햇빛 에너지의 12%의 최대 전환효율은 호흡 때문에 발생하는 손실을 고려할 때 대략 10%로 더 이상 감소된다. 일차 광합성 생성물의 지질과 탄수화물과 같은 연료를 위한 생성물로의 신진대사에 의한 전환과 관련된 에너지 손실 때문에 이론적인 수율은 한층 더 감소된다. 그러나 4.6%와 6.0%(C3와 C4 플랜트 각각에 대해서)의 이론적 효율을 갖는 작물 플랜트와 비교하였을 때 미세조류는 상당히 더 효율적이다[12].

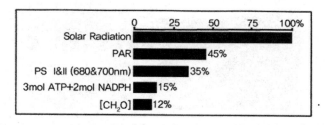

[Fig. 3] Illustration of stepwise losses associated with photosynthetic conversion of solar radiation to reduced carbon, which makes up the basis of algal biomass. PAR=photosynthetically active radiation, PSI &II = photosystem I & II making up the photosynthetic apparatus with their respective wavelength absorbance maxima, [CH₂O] = abbreviation for reduced organic carbon(adapted from reference(12)).

미세조류 바이오연료 공정에서의 실제적인 체크를 제공키 위해 공정의 기술과 더불어 이론적 수율과 실제적 수율에 관한 자세한 연구가 필요하다. 이론적 전환효율이 대규모 오일 생산을 어떻게 추정하는지에 관한 자세한 고찰은 참고문헌 17에 기술되어 있으며 여기서 저자들은 2000 그리고 5000gal. ac-1. yr-1 사이의 평균 표면적 수율을 달성할 수 있는 것으로 주장한다. 이 계산은 평균 10%의 광합성 전환효율, 33과 42g/m2/day 사이의 평균적인 하루 생산율, 그리고 30~50% 사이의 바이오매스의 오일 함유량을 가정하였다. 태양 복사선과 바이오매스 생산은 또한 온도와 일조량의 함수이어서 지리적 위치는 기술의 상업화에 중요한 주된 역할을 한다[17,18,19].

　이론적인 수율 외에 생산율과 오일수율은 생산 사이클의 코스에 걸쳐서 변화하게 될 것이다(아래에서 더 자세히 고찰). 앞서 미세조류 성장률과 평균 15가지의 다른 종에 대한 지질 함유량 사이의 네거티브 관계는 이미 언급하였다[12]. 이러한 사실은 영양분과 햇빛을 충분히 풍부하게 입수 가능할 때 가장 높은 바이오매스 생산성이 전형적으로 관찰된다는 사실을 의미한다(또한 자양분이 풍부한 조건으로서 주어진다). 그러나 이 생산율은 전형적으로 낮은 지질의 수율과 관련되는데, 즉 다시 말해서 바이오매스의 건조중량의 10% 이하가 바이오연료로 전환될 수 있는 지방산으로 구성된다. 영양분이 충분한 세포 속에 존재하는 이들 지방산의 대다수는 구조적인 지질과 관련되는데, 예를 들면 이들은 세포막을 구성한다. 영양분(특히 질소)이 조류의 성장배양을 위해 제한될 때 세포는 트리글리세라이드와 같은 더 많은 저장 지질을 축적하기 시작하는데 이들 지질은 세포에게 에너지 비축분을 제공한다. 영양분 제한은 또한 세포분열 중단을 초래하며 이 세포분열 중단은 전반적인 일시적인 생산율을 감소시킨다. 이러한 사실을 비록 수집되는 바이오매스가 활발하게 성장하는 배양으로부터의 바이오매스보다도 5배 더 많은 지질을 포함할 수 있다 할지라도 그렇게 될 수 있다. 이 장에서는 성장 사이클(자양분이 풍부한) 그리고 자양분이 고갈된 단계의 2개의 상 동안 3개의 다른 기간에 수확된 바이오매스의 조성과 각 연료 전구체 농도에 관해서 자세히 고찰코자 한다.

1.3 유기 탄소로부터의 바이오연료

　CO_2의 광합성적 환원으로부터 유도되어진 유기 탄소는 다른 물질대사 경로에 들어갈 수 있다. 환원된 물질대사에 필요한 물질(대사 산물)은 슈거로 환원되며 이들은 이후에 세포를 구성하는 단백질, 탄수화물 그리고 지질을 생사하기 위해 다른 생화학적 경로에 들어갈 수 있다. 이들 3가지의 다른 생화학 물질 사이에서의 유기 탄소의 분포는 조류의 종(strain)에 그리고 배양에서의 영양분의 상태(위에서 간략히 고찰한

바와 같이)에 의존한다. 신진대사 분포의 종에 대한 의존성은 그것의 에너지의 대부분을 녹말로서 저장하는 *Chlamydomonas reinhardttii*와 같은 종을 그것의 건조중량의 50% 이상을 지질로서 축적할 수 있는 *Chlorella vulgaris*와 같은 종과 비교하였을 때 명확히 드러난다[21]. 두 가지는 모두 지질로부터의 디젤타입 연료로서 혹은 녹말과 같은 발효 가능한 탄수화물로부터의 바이오에탄올로서 바이오연료의 생산공정에서 가치가 있다. 그러나 에너지론적으로 비교하였을 때 지질은 탄수화물(17.3kJ/g)과 비교하였을 때 더 높은 열량값(36.3kJ/g)을 갖는다. 그래서 지질은 우리들에게 더 큰 에너지 함유 공급기회를 주지만 이중의 바이오연료 공급원료로서 지질과 탄수화물을 모두 생성시킬 수 있는 바이오매스 소스는 한층 더 좋은 선택이 될지도 모른다.

02 바이오연료의 수율과 성질

2.1 조류로부터의 수율

생산되는 조류 바이오매스는 종에 따라서 변화하며 또한 한 종 내에서도 생장조건과 영양분 상태에 의존하여 변화한다. 이 장에서의 고찰은 한 가지 종에 (*Scenedesmus* sp.) 초점을 맞추기로 하며 다른 시기에 수확된 바이오매스의 조성과 연료 수율이 어떤지에 관해서 고찰키로 한다. 세포가 배양에서 초기에 활발하게 성장하고 있을 때 단백질 함유량이 높은(>30%) 반면 지질 함유량은 상대적으로 낮다(<10%의 총 지방산), 배양의 후반기에 영양분이 소모될 때 배양은 성장속도를 느리게 하며 단백질 함유량을 감소시키는(<10%로) 반면 지질 함유량을 증가시키게(>40%) 된다. 흥미롭게도 배양의 중간단계에서 배양물질은 바이오매스의 48%까지 탄수화물을 축적한다. 조류 한 종에 대한 각 바이오매스 조성에 관해서는 그림 4에 나타내었다. 전반적인 바이오매스 조성에 있어서의 이들의 변화는 전반적인 바이오연료의 생산공정에 크게 영향을 미칠 수 있다.

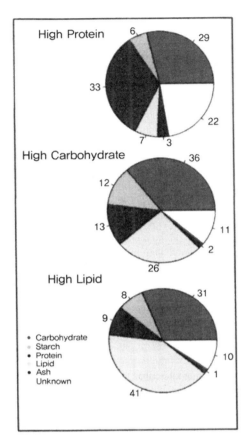

[Fig. 4] Composition of Scenedesmus sp. biomass harvested at three different growth stages(early, mid and late or High Protein, High Carbohydrate and High Lipid respectively), indicating large shifts in the composition.

2.2 조류의 지질로부터의 바이오연료의 성질

　살아있는 세포는 극성 그리고 중성 지질과 같은 많은 다른 타입의 지질을 만든다. 대표적인 극성 지질은 phospholipids이며 이들은 세포의 구조적인 내부막을 구성하며 세포에서 다른 신진대사 유니트의 구획구분을 돕는다. 트리글리세라이드을 포함하는 중성 지질은 그림 1에 나타낸 오일 방울의 대다수를 구성한다. 지질 사이의 생물학적 차이에 덧붙여서 다른 지질과 관련된 전환 효율과 수율에 있어서의 실제적인 관련성과 차이 또한 있다. 모든 지질이 바이오연료의 생산공정에서 동등하게 가치 있는 것은 아니다. 예를 들면, phospholipid는 바이오디젤 생산공정에서 그것의 무게의 대략 64%를 FAME으

로서 전환시키는 반면 트리글리세라이드는 그것의 무게의 100%를 FAME으로서 전환시
킨다[21]. Phospholipid와 트리글리세라이드 사이의 분자 구조적 차이에 관해서는 그림
5에 나타내었는데, 이 그림에서 phospholipid에서는 두 개의 지방산 사슬에 부착된 커다
란 친수기가 지적되는 반면 트리글리세라이드에서는 세 개의 지방산 사슬이 글리세롤
중추구조로 에스터화 된다.

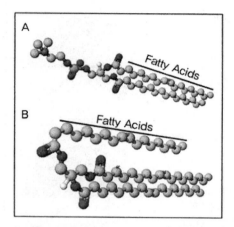

[Fig. 5] Illustration of the molecular structures of a phospholipid (A) and a
triglyceride (B) Images were built in Jmol based on data from
LipidMAPS.org structure database

지질타입에 덧붙여서 지질의 지방산 메이컵은 또한 연료성질에 매우 영향을 미친다.
특히 사슬길이는 초래되는 연료성질의 주된 결정인자 중 하나이다. 채종유로부터의 전
통적인 바이오디젤 연료는 palmitoleic(C16:1) acid로부터의 최소의 기여와 함께
oleic(C18:3), linoleic(C18:2), linolenic(C18:3) 그리고 palmitic(C16:0) acid로서 주로
구성된다[12]. 조류의 지방산 구성(profile)은 종 사이에서 현저하게 변화하며 일반적
으로 훨씬 더 다양하며 변화하는 불포화도와 함께 C14~C24 사슬로부터의 주된 기여
를 포함할 수 있다[12]. 이러한 사실은 바이오연료의 생산공정의 수요에 적합하도록
FAME 프로파일에 기초한 미세조류 종을 선택할 수 있는 기회를 나타낸다.

비록 지질이 조류에서 복잡할 수 있다 할지라도 이 복잡성은 용매계 추출 공정에서
수율에 영향을 미치게 될 것이다. 지질의 극성도에 있어서의 차이는 다른 용매에서의
용해도를 결정하게 될 것이다. 지질의 극성도에 있어서의 차이는 다른 용매에서의 용
해도를 결정하게 될 것이다. 생산공정 모델에서 사용되는 대표적인 용매는 헥산이며
이것은 중성 지질을 우선적으로 추출하게 될 것이다. 그러므로 지질조성에 있어서의

차이는 시간에 따라서 바이오매스에서 발생하고 있으며 이들 차이는 전체적인 수율에 큰 영향을 미칠 수 있다. 지질의 구성은 극성도를 변화시켜서 추출능력을 변화시킬 것이다. 비록 실제적으로 관련된다 할지라도 용매계 추출에 의해서 결정된 수율은 조류 바이오매스의 연료로의 가능성의 정확한 결정을 위해 적당하지 않다. 그러므로 일반적으로 바이오연료 수율과 지질의 구성을 정량적으로 결정하는 것과 관련해서 더 좋은 측정은 총 지방산의 정량이다[21,22]. 이것은 지질의 더 정확한 정량이며 연료성질에 대한 동시예측이 지방산 구성(프로파일)에 기초하여 이루어질 수 있다.

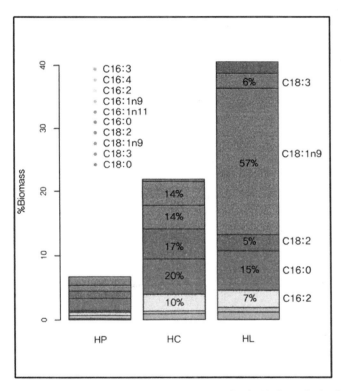

[Fig. 6] Total lipid content(as FAME) in high protein(HP), high carbohydrate(HC) and high lipid(HL) *Scenedesmus* sp. biomass, illustrating the individual relative contributions of fatty acids to the total lipids.

그림 6에 나타내어진 바와 같이 총 지질함유량이 증가할 때 지방산의 윤곽은 상당히 변화한다. 모든 3가지 바이오매스 타입에서 주요한 지방산은 oleic(C18:1), linoleic(C18:2), linolenic(C18:3), palmitic(C16:0) 그리고 hexadienoic(C16:2) acid이다. 가장 두드러진 현격한 변화는 oleic acid인데 HC 바이오매스에서의 14%로부터

HL에서의 총 지방산의 57%까지 증가한다.

　초래되는 연료품질은 불포화도의 수준에 있어서의 차이 때문에 주로 변화한다. 불포화를 갖지 않는 사슬 그리고 2개 이상의 불포화된 결합을 갖는 사슬의 기여는 하나의 불포화된 결합을 갖는 사슬에 있어서는 수반하는 증가에 따라서 감소한다. 불포화의 전체적인 수준은 현저하게 변화하지 않았다. 다중 불포화 물질의 제거는 산화 안정도를 향상시키는[24] 반면 완전하게 포화된 사슬의 제거는 저온 유동성을 향상 시킨다[25]. C16 사슬의 상대적인 기여는 C18 사슬의 증가에 유리하게 감소한다. 이것은 연료성질에 단지 작은 영향을 미친다.

2.3 이론적인 연료 수율

　지방산과 발효성 탄수화물은 바이오연료의 전구체이다. 그림 4에 나타낸 바와 같이 바이오매스의 총 탄수화물은 48%(건조중량)만큼 구성할 수 있으며 측정된 글루코오스 함유량은 바이오매스의 30%만큼 구성할 수 있다. 이러한 사실은 지질의 추출과 전환 이외에 연료소스로서 바이오에탄올을 생산하기 위한 전략의 개발이 유망할 수 있다. 그러나 성공적인 탄수화물 용해기술의 개발과 발효 효율성이 도전의 과제로 남게 된다.

　바이오연료로 전환될 수 있는 바이오매스의 총분율은 표 1에 나타내었는데 바이오매스 건조중량의 75%까지 그 분율을 나타내었다. 발효성 탄수화물의 분율이 배양상에서 약간 증가한다 할지라도 가장 높은 이론적 연료 수율은 HL 상에서의 바이오매스로부터 유도되는 것 같다.

[Table 1] Biofuel relevant biomass composition(% Dry Weight)

	Glucose	Fatty Acids	Total
HP	30.1	6.9	37.0
HC	23.5	26.5	61.3
HL	26	40.9	75.1

03 결론

조류는 향 후 바이오연료의 영역에서 중요한 기여인자가 될 가능성이 있다. 유기탄소 혹은 바이오매스로 햇빛의 이론적인 전환효율은 대략 12%이며 생산되는 바이오매스의 75%까지 바이오연료로 이론적으로 전환될 수 있었다. 그러나 이론적인 그리고 실제적인 수율은 추출 및 전환 공정과 관련된 손실 때문에 현저하게 다르다. 게다가 전체 공정을 경제적으로 생존 가능하기 위한 도전적 과제가 존재하여서 바이오연료 수율을 증가시키기 위한 탄수화물의 발효를 포함한 모든 루트를 고려해야 한다.

바이오연료의 생산을 위한 공급원료로서 조류의 생산성을 계산할 때 우리는 바이오매스의 배양속도(성장률)와 전체적인 조성을 고려해야 한다. 이 조성과 다른 성장(배양) 조건에 걸친 적응 메커니즘은 조류의 종 사이에서 변화한다. 여기서 고찰되어진 탄수화물과 지질의 수율은 각 시스템에 대한 최적의 수확과 전환 조건을 결정하기 위해 조류의 생산시스템에 적용될 수 있다.

■ References

01. Graboski, M.S., McCormick, R.L. "Combustion of Fat and Vegetable Oil Derived Fuels in Diesel Engines" Progress in Energy and Combustion Science, 24 125-163 (1998).

02. McCormick, R.L., Alleman, T.L., Graboski, M.S., Herring, A.M., Tyson, K.S. "Impact Of Biodiesel Source Material And Chemical Structure On Emissions Of Criteria Pollutants From A Heavy-Duty Engine" Environ. Sci. Technol. 35 1742 -1747 (2001).

03. Graboski, M.S., McCormick, R.L., Alleman, T.L., Herring, A.M. "Effect Of Biodiesel Composition On NOx And PM Emissions From A DDC Series 60 Engine" Final Report to National Renewable Energy Laboratory, NREL/SR-510 -31461, February 2003.

04. McCormick, R.L., Westbrook, S.R. "Storage Stability of Biodiesel and Biodiesel Blends" Energy&Fuels 24 690-698 (2010).

05. Coordinating Research Council. *Biodiesel Blend Low-Temperature Performance Validation*, CRC Report No. 650, 2008.

06. Voegele, E. "A New Standard for Quality" Biodiesel Magazine, October 25,

2011.

07. Chupka, G.M., Yanowitz, J, Chili, G., Alleriiall, T.A., McCormick, R.L. "Effect of Saturated Monoglyceride Polymorphism on Low-Temperature Performance of Biodiesel" Energy&Fuels 25 (1) 398-405 (2011).

08. Williams, A., Luecke, J., McCormick, R.L., Brezny, R., Geisselmann, A., Voss, K., Hallstrom, K., Leustek, M., Parsons, J., Abi-Akar, H. "Impact ofBiodiesel Impurities on the Performance and Durability of DOC, DPF and SCR Technologies "SAE Int. J. Fuels Lubr. 4(1) 110-124 (2011).

09. Kalnes, T., Marker, T., Shonnard, D.R. "Green Diesel: A second generation biofuel" Int. J. Chem. React. Eng. 5 A48 (2007).

10. Smagala, T,G., Christison, K.M., Mohler, R.E., Christiansen, E., McCormick, R.L. "Renewable and Synthetic Diesel Fuels: Composition and Properties" to be published.

11. Huo, H., Wang, M., Bloyd, C., Putsche, V. "Life-Cycle Assessment of Energy and Greenhouse Gas Effects of Soybean-Derived Biodiesel and Renewable Fuels" ANL/ESD/08-2, March 12, 2008.

12. Williams, F. J. le B., Laurens L. ML. "Microalgae as Biodiesel & Biomass Feedstocks: Review & Analysis of the Biochemistry, Energetics & Economics", 2010, Energy Environm. Sci, 3, 554-590

13. Greenwell, H.C., Laurens, L.ML., Shields, R.J., Lovitt, R.W., Flynn, K.J. "Placing mjcroalgae on the biofuels priority list: a review of the technological challenges", 2010, J. R. Soc. Interface, 7:46,706-726

14. Wijffels R.H., Barbosa M.J., "An outlook on microalgal bio-fuels", 2010, Science 329(5993):796-799

15. Chisti, Y., "Biodiesel from Microalgae" , 2007, Biotechnol. Adv., 25, 294-306.

16. Davis R, Aden A, Pienkos PT, "Techno-economic analysis of autotrophic microalgae for fuel production.", 2011, Appl. Energ. 88 (10):3524-3531

17. Weyer,K., Bush, D., Darzins, A., Willson, B. "Theoretical maximum algal oil production." Bioenergy Res 2010;3:204-13.

18. Wigmosta, M.S., Coleman, A.M., Skaggs, R.J., Huesemann, M.H., Lane, L.J. "National microalgae biofuel production potential and resource demand", 2011, Water Resources Research, 47: 1-13.

19. Pate R, Klise G, Wu B. "Resource demand implications for us algae biofuels production scale-up.", 2011, Appl. Energ. 88:3377-88.

20. Work, V.H., Radakovits, R., Jinkerson, R.E., Meuser, J.E., Elliott, L.G., Vinyard, D.J., Laurens, L.ML., Dismukes, C., Posewitz, M.C. "Increased lipid accumulation in the Chlamydomonas reinhardtii sta7-10 starchless Isoamylase mutant and increased carbohydrate synthesis in complemented strains", 2010, Eukaryotic Cell, 9:1251-1261

21. Laurens, L. ML., Quinn, M., Van Wychen, S., Templeton, D. T., Wolfrum, E., "Accurate and reliable quantification of total microalgal fuel potential as fatty acid methyl esters by in situ transesterification", 2012, Analytical and Bioanalytical Chemistry, DOI: 10.1007/s00216-012-5814-0

22. Nagle N, Lemke PR., "Production of methyl-ester fuel from microalgae", 1990, Appl Biochem Biotechnol 24(5):355-361

23. Knothe, G. H., "A technical evaluation of biodiesel from vegetable oils vs. algae. Will algae-derived biodiesel ;perform?", 2011, Green Chem, 13, 3048-3065

24. McCormick, RL, Ratcliff, M, Moens, L, Lawrence, R, 2007 "Several Factors Affecting The Stability Of Biodiesel In The United States" Fuel Proc. Techn. 88, 651-657.

25. Dunn, Rom 2009 Prog. Energy Comb. Sci. 35,481-489.

06장_

미세조류로부터 오일의 추출

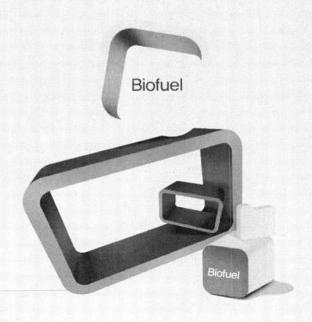

개요

미세조류는 산업적 응용을 위한 현저한 가능성을 갖는 다양한 생물체의 군이다: 지질, 카로테노이드 그리고 효소와 같은 가치 있는 바이오제품 뿐만 아니라 배양에서 생산에서 공급 원료로서 최근 분자생물학에서의 발전은 조류 바이오제품의 생산수율을 향상시켜서 그들의 산업적 적절성을 증가시켰다. 게다가 바이오프로세싱 인자에 있어서의 변화(다시 말해서 온도, pH, 빛 탄소 공급원, 염도, 자양분 등)은 바이오매스와 특유한 바이오제품의 생산성을 향상시키기 위해 사용되었다. 특히, 여러 건강상의 유익한 이점을 제공하는 것으로 문헌에 종종 보고되어진 arachidonic, eicosapentaenoic 그리고 docosahexaenoic acids와 같은 특별한 지질의 공급원으로서 미세조류는 연구의 관심을 점차로 끌어오고 있다. 또한 바이오연료로의 응용을 위한 오일 생산체로서 미세조류에 최근 다시 관심이 고조되고 있다. 세포 바이오매스와 오일을 생산하기 위한 upstream 처리에 있어서 현저한 발전이 또한 이루어졌다. 그러나 미생물 오일 추출은 상대적으로 에너지 집약적이며 비용이 많이 들기 때문에 미세조류로부터 오일을 추출하고 정제함은 미세조류 바이오제품과 바이오연료를 생산함에서 계속적으로 중요한 도전분야가 된다. 그래서 비용이 적게 들며 확고한 오일 추출과 정제 공정을 개발하는 것은 미세조류를 바이오제품으로 그리고 바이오연료로의 전환에서 직면하게 되는 주요한 도전분야이다. 이 장에서는 과거 10년간에 기초하여 미세조류 오일을 추출하고 정제하기 위한 기술에서 이루어진 향상에 관한 개요를 나타내었다. 기존 용매추출 기술과 기계적인 밀링과 프레싱, 효소에 의한 그리고 초임계 유체 추출과 같은 추출 대체기술을 비교하였다. 오일추출을 향상시키기 위한 미생물의 분자공학에 기초한 최근의 향상된 기술에 관해서 또한 고찰하였다. 미세조류 오일의 가능한 상업적 생산을 위한 downstream 처리는 경제적 비용을 고려해야 될 뿐만 아니라 또한 지속 가능한 생산 공정을 달성키 위하여 환경영향을 최소화시킴을 고려해야 한다.

01 서론

 미세조류는 이들을 구별하는 다수의 특징을 갖는 이종 미생물군이며 이들 특징은 세포크기, 색깔, 수중환경의 서식, 뿐만 아니라 단세포적이며 광합성적 독립영양이다 [1]. 미세조류는 또한 원핵 혹은 진핵 생물일 수 있으며 진화론적으로는 이들은 교대종이거나 혹은 근대종일 수 있다. 이 다양성은 미세조류가 식품(건강보조식품), 화장품, 제약 그리고 연료 산업을 뒷받침하는 다수의 제품들의 가치 있는 공급원이 될 수 있는 능력을 창출케 한다[1].

 최근에 미세조류는 대체연료 자원의 역할을 포함하는 그리고 사람들의 소비를 위해 쓰려고 하는 많은 바이오액티브 화합물의 가능한 공급원(즉, 보편적으로 어류의 오일로부터 공급되는 오메가-3 지방산)으로서 가능한 어류의 지속가능성에 대한 관심 때문에 미세조류는 오메가-3 지방산이 풍부한 오일을 얻기 위한 실행 가능한 대체물질이 될 수 있는 가능성을 갖는다. 미생물은 전통적인 에너지 작물에 비해서 여러 가지 유리한 점을 갖는다. 이들은 다른 작물보다도 더 높은 성장률, 더 짧은 성숙속도, 다른 환금 작물보다도 더 높은 바이오매스 생산율, 뿐만 아니라 전통적인 작물보다도 더 적은 농경지의 사용을 나타낸다[2].

 게다가 미세조류로서 식품작물을 위해 사용될 수 있었던 농경지에 대한 경쟁적인 면이 없다. 예를 들면 에탄올을 제조하기 위한 공급원료로서 옥수수를 사용함은 사람과 동물의 소비 혹은 연료생산 사이에서의 부정적인 경쟁을 유발한다[3]. 광합성을 통해서 미세조류는 산업 플랜트에 의해 생산되는 CO_2를 고정시킬 수 있는 능력을 갖기 때문에 미세조류는 온실효과의 일부와 수질 오염을 없앨 수 있는 잠재력을 갖는다. 몇몇 미세조류는 또한 질소를 고정시키며 중금속과 인(P)과 같은 다른 오염물질을 흡수한다[4,5].

 지질을 생산하는 미세조류를 완전하게 이용하는데 따른 주된 장애요인 중에서 하나는 셀 바이오매스로부터 오일을 성공적이고 효과적으로 추출할 수 있는 능력이다. 표 1은 최근의 추출방법과 그들의 오일 그리고 더 특유하게는 가치 있는 지방산을 회수할 수 있는 능력에 관해서 나타내었다.

[Table 1] Some common extraction methods explored in the last decade, and their effectiveness at recovering lipids and lipid products

Extraction method	Organism	Recovered oil(%)	Fatty acid (% in recovered oil)	References
Solvent/saponification	*Porphyridium cruentum*	59.5	EPA-79.5	[22]
			ARA-73.2	
Bligh and dyer (wet)	*Mortierella alpina*	27.6	N/A	[19]
Bligh and dyer (dry)		41.1	Oleic-49.3	
			Palmitic-15.3	
SC-CO$_2$	*Arthrospira (spirulina) maxima*	2.1	GLA-31.3	
Bligh and dyer		5.5	GLA-73.0	[26]
SC-CO$_2$	*Nannochloropsis sp.*	25	EPA-32.1	[48]
			Palmitic-17.8	
SC-CO$_2$	*Arthrospira (spirulina) maxima*	40	GLA-13.0	[30]
SC-CO$_2$	*Spirulina (arthrospira) platensis*	77.9	GLA-20.2	[29]
			Palmitic-40.0	[49]
Solvent	*Phaeodactylum tricornutum*	96.1	EPA-23.7	
			Palmitoleic-19.2	
UAE	*Crypthecodinium cohnii*	25.9	DHA-39.3	[6]
			Palmitic-37.9	
Soxhlet		4.8	DHA-39.5	
			Palmitic-38.0	
Bligh and dyer (dry)	*Chlorella vulgaris*	52.5	N/A	[50]
Solvent/transesterification	*Botryococcus braunii*	12.1	Oleic-56.3	[51]
			Linolenic-19.0	
	Synechocystis sp.	7.3	Palmitic-59.2	
			Oleic-16.7	
Wet milling	*Scenedesmus dimorphus*	25.3		
French press		21.2		
Sonnication		21.0		
Bead-beater		20.5		

Soxhlet		6.3		
Bead-beater	*Chlorella protothecoides*	18.8	N/A	[16]
French press		14.9		
Wet milling		14.4		
Sonnication		10.7		
Soxhlet		5.6		
SC-CO$_2$	*Crypthecodinium cohnii*	8.6	DHA-42.7	[52]
			Palmitic-25.3	
Bligh and dyer		19.9	DHA-49.5	
			Palmitic-22.9	

SC-CO$_2$ = supercritical carbon dioxide extraction, UAE=ultrasonic assisted extraction

EPA = eicosapentaenoil acid, C20:5(ω-3), ARA=arachidonic acid, C20:4(ω-6), oleic=oleic acid (C18:1), palmitic=palmitic acid (C16:0), GLA=γ-linolenic acid, C18:3(ω-6), DHA= docosahexaenoic acid, C22:6(ω-3), linolenic=linolenic acid (C18:3).

게다가 가장 안전하고 가장 환경적으로 지속 가능한 방법으로 오일을 추출하는 것에 대한 관심이 있기 때문에 용매추출이 항상 미세조류 바이오매스로부터 오일을 회수하기 위한 가장 좋은 방법은 아니다. 미세조류와 그것의 가능한 사용의 토픽에 관해서 입수 가능한 문헌은 방대한 양이 있으며 이 장에서의 고찰의 목표는 최근 10년 내에 보고된 가장 적절한 추출방법에 초점을 맞추는 것이다.

미세조류로부터 오일을 추출하기 위한 몇몇 잘 설명된 과정이 있는데 이들은 기계적인 프레싱, 균일화, 밀링, 용매추출, 초임계 용매추출, 효소에 의한 추출, 초음파를 이용한 추출 그리고 삼투압 충격이다. 이들 방법 모두는 그들의 개개의 유익한 이점과 결점을 갖는다(표 2).

프레싱과 균일화는 필수적으로 세포 내로부터 오일을 회수하기 위하여 세포벽을 파괴시키기 위하여 압력을 사용하는 것을 포함한다. 한편 밀링은 그라인딩 미디어(작은 구슬로 구성되는)와 세포를 분열하기 위한 교반을 사용한다. 이들 방법은 어떤 용매추출과의 결합으로서 보편적으로 사용된다. 용매추출은 유기용매에 의한 반복된 세척 혹은 여과에 의한 미세조류로부터의 오일의 추출을 수반한다. 헥산은 그것의 상대적으로 저렴함과 높은 추출효율 때문에 가장 자주 선택되는 용매이다.

초임계 유체 추출은 증가된 온도와 압력에 노출될 때 액체와 기체의 성질을 갖는(즉, CO$_2$) 물질의 사용을 수반한다. 이 성질은 그들을 추출용매로서 작용케 하며 시스템을 대기압과 RT로 되돌렸을 때 추출 뒤에 잔류물을 남기지 않게 된다.

[Table 2] Advantage and disadvantages of popular extraction methods for recovering oil from microalgae

Extraction method	Advantage	Limitations	References
Pressing	Easy to use, no solvent involved	Large amount of sample required, slow process	[53]
Solvent extraction	Solvent used are relatively inexpensive; results are reproducible	Most organic solvents are highly flammable and/or toxic; solvent recovery is expensive and energy intensive; large volume of solvent is required	[54,55]
Supercritical fluid extraction	Non-toxic(no orgnic solvent residue in extracts); 'green solvent'; non-flammable and simple operation	High power consumption; expensive/ difficult to scale up at this time	[56,57]
Ultrasonic-assisted	Reduced extraction time; reduced solvent consumption; greater penetration of solvent into cellular materials; improved release of cell contents into bulk medium	High power consumption; difficult to scale up	[58,59]

오일을 적당한 용매로 방출시키기 위해 세포벽의 가수분해를 촉진시키기 위해 효소를 사용할 수 있다. 효소를 단독으로 사용하거나 sonnication과 같은 물리적인 분열 방법과의 결합으로 효소의 사용은 추출을 더 빠르게 그리고 더 높은 수율로 만들기 위한 가능성을 갖는다. Sonnication 단독의 사용은 캐비테이션(공동화)으로 불리워지는 공정 때문에 또한 추출공정을 매우 향상시킬 수 있다. 초음파는 용매 속에 버블을 형성시키며, 버블은 미세조류의 세포벽 가까이에서 터지게 되며 이것은 충격파를 생성시키게 되며 이들 쇼크파는 내용물을 용매 속으로 방출되게 한다[6,7]. 덜 사용되는 과정인 삼투압 충격은 세포가 터지게 하며 그들의 내용물이 방출되게 하는 삼투압을 낮추기 위해 급격한 분열을 사용한다[8]. 그림 1은 미생물로부터 오일을 추출하는 데 사용되는 다운스트림 처리의 단계를 개략적으로 나타낸 것이다.

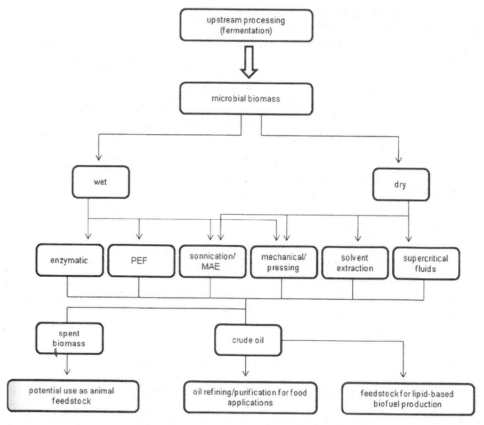

[Fig. 1] **Extraction/downstream processing of microbial oils. PEF = pulsed electric field, MAE = microwave-assisted extraction**

02 기계적인 세포분열

프레싱, 비드 밀링(그림 2) 그리고 균질화를 포함하는 기계적인 분열은 외부 공급 원으로부터의 오염을 최소화시키는 방법이며 동시에 원래 세포 내에 포함된 물질의 화학적 보전을 유지한다[9].

프레싱은 미세조류 바이오매스가 고압에서 처리되도록 하는 것을 수반하며 이것은 세포벽을 파괴하고 오일을 방출한다. 대신 균질화는 바이오매스를 오리피스를 거쳐서 통과시키게 하는 공정이며 이것은 신속한 압력변화뿐만 아니라 높은 마찰 작용을 초래한다. 비드 밀링은(그림 2) 높은 속도로 교반되는 매우 작은 구슬로 채워진 용기를 필요로 한다. 그라인딩 미디어(비드) 내에서의 바이오매스 교반은 손상된 세포를 초래하는데, 여기서 분열 정도는 주로 바이오매스와 비드 사이에서의 접촉에 그리고 미세조류의 세포벽의 세기에 의존한다. 또한 비드의 크기, 모양 그리고 조성[10]. 비드 밀링은 일반적으로 오일을 회수하기 위해 용매와 함께 사용되며 세포농도가 중요할 때 그리고 추출된 생성물이 분열 후 용이하게 분리될 때 가장 효과적이고 경제적이다. 전형적으로 이러한 타입의 세포분열은 100~200 g/L의 바이오매스 농도를 사용할 때 가장 효과적이고 에너지 절약적이다[9]. 세포를 분열시키는 효과적이고 효율적인 모우드를 발견함으로써 이러한 종류의 기술을 사용하게 될 때 여러 가지 옵션이 있다. 이들 중에서 몇몇은 전처리(즉, 산/알칼리, 그리고 효소에 의한)와 같은 기계적인 분열에 앞서 세포벽을 약화시키는 것을 가능하게 하는 생물체의 생물학적 특질의 확인을 포함하게 되어서 잠재적으로 용매의 사용을 최소화시킨다.

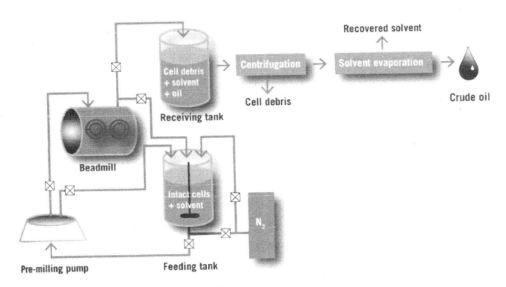

[Fig. 2] Bead-milling process for recovering oil

03 용매추출방법

벤젠, 사이클로 헥산, 헥산, 아세톤 그리고 클로로포름과 같은 유기용매는 미세조류 페이스트에서 사용하였을 때 효과적인 것으로 나타났다. 그들은 미세조류 세포벽을 파괴시키고 오일의 유기용매에 높은 용해도를 갖기 때문에 오일을 추출하게 된다 [4]. 그러나 용매가 세포에 유독하지 않는 한 세포벽을 손상시킴 없이 미세 조류 바이오매스로부터 오일을 추출하는 것이 가능하다(적어도 Botryococcus braunii를 사용할때)[11]. 만약 미세조류종이 오일을 활발하게 분비하는 것이라며 그리고 데칸과 같은 독성이 없는 생물학적으로 혼화 가능한 용매에 의해서 회수된다면[12] 이것은 가능하다. 소위 생물학적으로 혼화 가능한 용매를 사용한 미생물 세포(즉, 카로테노이드)로부터 성분의 그러한 착유의 경우는 Dunaliella salina를 사용한 Hejazi 등[13,14]의 연구에서 기술되어 있다. 게다가 알맞은 용매는 물에 불용성이어야 하며, 우선적으로 관심대상의 화합물을 용해시키고 추출 후 그것의 제거를 촉진시키기 위해 낮은 끓는점을 가지며, 그리고 물보다도 상당히 다른 밀도를 가져야 한다. 또한 비용 효과적인 추출공정을 위해서는 추출용매는 용이하게 공급되어져야 할 뿐만 아니라 값싸고 재사용 가능해야 한다[11]. 이들 추출 용매에 대한 선택 요구사항 때문에 n-헥산은 대규모 추출을 위해 전형적으로 선택되는 용매이다.

효과적인 추출은 바이오매스를 완전하게 통과시키고 목표 화합물의 극성에 조화를 이루는 용매(즉, 비극성 지질을 추출하기 위한 헥산과 같은 비극성 용매)를 필요로 한다. 지질물질과 물리적 접촉을 할 수 있으며 지질을 용해시킬 수 있는 능력에 관련해서 이것은 성공적인 추출용매가 된다. 이것을 촉진하기 위한 한 가지 방법은 세포를 용매에 노출시키기 전에 세포를 기계적으로 파괴하는 것이다[15]. Shen 등[16]은 세포파괴 기술과 용매추출 시스템 사이의 차이를 설명하였다. 그들의 실험에서 그들은 Scenedesmus dimorphus(광합성적 독립 영양 미세조류)에 대해서 헥산 추출을 수반하는 습식 밀링 soxhlet 추출을 사용한 6.3%와 비교되는 25.3%의 가장 좋은 회수를 주었다. 그들은 Chlorella protothecoides(종속영양 미세조류)에 대해서 헥산추출을 수반하는 bead-beater는 soxhlet 추출을 사용한 5.6%와 비교되는 18.8%의 오일회수로서 가장 효과적이었다. 오일 회수 효과에 있어서의 차이는 두 개의 미세조류종의 세포 모양과 구조에 있어서의 차이 때문일 수 있었다.

용매추출은 그들의 끓는점 이상의 온도와 압력에서 유기용매를 사용함으로써 향상될 수 있다. 이것은 ASE(accelerated solvent extraction)라 불리며 고체 그리고 반고체 매트릭스에 적용될 수 있어서 추출 전에 시료를 건조시킴을 요구한다[15]. 용매로서 물에 의해 이 과정을 사용할 때 그것은 가압된 낮은 극성의 물 추출(pressurized low polarity water extraction)이라 부른다. 압력을 증가시킴은 물의 극성을 감소시켜서 그것의 용매파워(용해력)를 변형시키게 되며, 물에 정상적으로 용해되지 않는 화합물의 추출을 가능케 한다.

전통적으로 지질은 클로로포름($CHCl_3$), 메탄올 그리고 물의 혼합물을 사용하여 생물학적 매트릭스로부터 추출되었다[17]. 원래 어류조직으로부터 지질을 추출하기 위해 디자인된 "Bligh와 Dyer방법"으로 알려진 이 과정은 용매추출 방법의 비교를 위한 기준척도로서 사용되었다. 이 방법을 사용함에 따른 불리한 점은 대규모 추출과정에서 많은 양의 폐 용매가 발생하게 되고 용매의 리사이클링이 비용이 많이 들게 되며, 뿐만 아니라 많은 양의 유기용매의 취급 때문에 안전에 관한 관심을 증가시키게 된다[18]. 비록 Bligh와 Dyer 방법이 습한 물질에 사용될 때 효과적인 것으로 밝혀졌다 할지라도 그것에 반대되는 한 예가 있다. Zhu 등[19]은 습한 바이오매스로부터의 오일추출수율과 비교되는 건조된 미생물 바이오매스로부터 현저하게 더 많은 오일을 추출하였다(각각 41.1%와 27.6%). 이들의 한 가지의 가능한 설명은 그들의 연구는 유성의 fungus인 Mortierella alpina를 사용하여 실시되었으며 Bligh와 Dyer 방법은 fungus의 균사와 같은 특정한 종류의 습한 바이오물질에 적용될 수 없다는 사실을 나타낸다는 것이다. 게다가 유기용매는 최종 생성물에 존재하는 용매 잔류물의 형태로 오염을 초래할 수 있다. 이것은 대부분의 유기용매가 식품처리과정에서의 제한된 적용을 나타내는 이유이다. 다른 추출과정과 비슷하게 수분은 용매에 대해서 다루기 힘든 것으로 밝혀졌으며 이것은 용매와 세포 사이의 장애물로서 작용함으로써 세포에 대한 용매의 접근을 제한하게 된다.

여러 가지 추출방법이 있는데 이들 방법에는 지방산을 회수하기 위한 미세조류 바이오매스의 동시적인 추출과 트랜스 에스터화가 포함된다[20,21]. 미세조류 바이오매스의 직접 트랜스에스터화는 용매가 증가하는 극성도의 순서로 첨가될 때 그리고 반응이 최적화된 시간동안 진행되도록 할 때 더 효과적이고(추출-트랜스에스터화 실험에 비해서 적어도 15-20%) 더 좋은 오일 수율을 생성시키는 것으로 밝혀졌다. 예를 들면, 15분으로부터 120분까지의 반응시간(그러나 120분 이상은 아님)에서 포화된, 단일불포화된 그리고 다중 불포화된 지방산 농도에 있어서의 현저한 증가가 있었다[21]. 게다가 지방산은 또한 동시적인 용매추출과 비누화를 거쳐서 또한 회수될 수 있다[22]. Guil-Guerrero 등[22]에 의한 실험에서 96% v/v 레탄올을 사용한 용매추출과 KOH에 의한 동시 비누화에서 추출물의 지방산 내역(내용물)은 직접적인 메틸화 이후에 초기 바이오매스의 지방산 내용물과 비슷하였다. 뒤이은 KOH에 의한 비누화와 헥산에 의한 추출에 앞서 bead mill(ball mill)을 통한 기계적인 세포파괴를 사용한 비슷한 실험이 실행되어졌다[23]. 이 실험은 기계적인 세포파괴가 오일의 수용가능한 수율을 달성키 위하여 필요하였으며 뿐만 아니라 산업적 수준으로 적용될 가능성을 갖는 규모조절 가능한 공정이라는 사실을 나타내었다.

04 초임계 유체 추출

최근에 수용된 추출방법은 미세조류로부터의 고급 생성물을 추출하기 위한 초임계 유체의 이용이다. 이 방법은 잠재적으로 유해한 용매 잔류물이 없는 매우 잘 정제된 추출물을 생산하기 때문에 추출과 분리가 빠를 뿐만 아니라 열적으로 민감한 생성물에 대해서 안전하다[18,24,25]. 또한 특정한 화합물의 분별분리가 실행가능하며 이것은 분리비용을 감소시킬 뿐만 아니라 아마도 산업으로부터 발생되는 폐 CO_2를 사용함으로써 GHG 효과를 감소시키게 된다[24-27]. Sahena 등[18]의 연구에 기초한 표 3의 내용은 전통적인 용매추출 방법과 초임계 유체 추출 방법을 비교해 놓은 것이다.

초임계 유체 추출은 몇몇 화학물질이 액체와 기체로서 행동하며 이들이 그들의 임계온도와 임계압력 이상으로 증가될 때 증가된 용해력을 갖는다는 사실을 이용한다. CO_2는 그것의 상대적으로 낮은 임계온도(31.1°C)와 임계압력(72.9atm) 때문에 선호된다[15]. 초임계 CO_2 추출효율은 4가지의 주된 인자에 의해서 영향을 받는다. 압력, 온도, CO_2 유속 그리고 추출시간[4,18,28,29] 변형제의(공통용매로서 가장 보편적으로 사용되는 것은 에탄올이다) 사용과 함께 이들 인자는 변화될 수 있으며 추출을 최적화시키기 위해서 조절될 수 있다. 에탄올을 공통용매로서 사용할 때 추출용매(이 경우에서는 CO_2)의 극성도는 증가되며 유체의 점도가 뒤이어 변화된다. 초래되는 효과는 CO_2의 용해력의 증가이며, 추출은 더 낮은 온도와 압력을 필요로 하게 되고 그것을 더 효과적으로 만든다[24,26,27,30]. 공통용매로서 낮은 농도의 에탄올과 함께 초임계 CO_2 추출은 *Arthrospira maxima* 그리고 *Spirulina platensis*로부터 오일을 추출할 때 클로로포름, 메탄올 그리고 물의 지표가 되는 Bligh와 Dyer 용매 시스템에 필적할 수 있는 지질 추출 수율을 나타내었다. *Spirulina platensis* 그리고 *Hippophaë thamnoides L.*에 적용하였을 때 초임계 유체 추출은 건조된 바이오매스의 전통적인 용매 추출에 의해서 추출된 지방산 내용물과 동등한 것을 생성시켰다[28,29].

CO_2는 실온에서 기체이므로 추출이 완료될 때 그것은 식품적용에 대해서 안전하며 [18,30], 그리고 그것은 안전하게 리사이클 될 수 있으며, 그것은 환경적인 유익함이다[18]. 초임계 CO_2 추출에 대한 한 가지 제약은 시료에서의 수분함유량이다. 높은 수분 함유량은 용매와 시료 사이의 접촉시간을 감소시킬 수 있다. 이것은 미세조류 시료는 진한 농도를 취하게 되는 경향이 있으며 수분은 시료 속으로의 CO_2의 확산에 그리고 세포 밖으로 지질의 확산에 대한 장애로서 작용하기 때문이다. 이것은 시료를 초임계 유체 추출 전에 건조시켜야 되는 이유이다[18]. 최종 생성물이 무엇이며 그것의 관심대상의 사용에 의존하여 더 이상의 다운 스트림 처리 혹은 정제가 필요하다(즉, 다시 말해서 식품 등급 오일은 bleaching과 deodorization을 필요로한다.)

05 초음파

케비테이션을 통한 초음파에 의한 추출은 미세조류 세포로부터 오일을 회수할 수 있다. 캐비테이션은 액체의 기체버블은 액체의 압력이 그것의 증기압보다도 더 낮은 영역에서 형성될 때 일어난다. 이들 버블은 압력이 네거티브일 때 자라게 되고 포지티브 압력 하에서 압축되며 이로써 버블의 격렬한 붕괴를 초래하게 된다. 만약 버블이 세포벽 가까이에서 붕괴된다면 손상이 발생될 수 있으며 세포 내용물이 방출되게 된다[4,7]. Origin Oil사는 초음파와 전자기 펄스의 결합은 미세조류 세포벽을 붕괴시키기 위해 사용되는 공정을 개발함으로써 초음파의 이러한 성질을 이용하였다. CO_2는 pH를 더 낮추기 위해 미세조류 바이오매스의 초래되는 슬러리로 주입되며 이것은 세포 조각은 바닥으로 가라앉게 되며 오일은 수용액 층의 꼭대기로 상승하게 될 때

분리를 촉진하게 된다[32].

더 높은 효율, 감소된 추출시간과 증가된 수율, 뿐만 아니라 적당한 비용으로의 낮춤과 무시 가능한 추가된 독성을 갖는 초음파와 마이크로파가 이용된 방법은 미세조류의 추출을 현저하게 향상시킨다. 이것의 한 예는 Crypthecodinium cohnii을 사용하여 실행된 실험에 의해서 설명된다. 여기서 초음파는 세포벽의 붕괴에서 가장 효과적이었으며 헥산에 의한 soxhlet 추출을 사용하여 얻어진 4.8% 수율로부터 25.9%로 오일추출 수율을 증가시켰다[6]. 만약 초음파방법이 오일품질 그리고/혹은 다중 불포화 지방산이 풍부한 오일의 안정도에 부정적으로 영향을 미친다면 이 방법으로는 지금까지 실행되고 있지 않으며 이 방법은 가치가 없다. 결국 이 기술은 산업적으로 사용하기 어렵다.

06 생명공학 및 유전공학 방법

더 최근에 특별한 오일 생성물뿐만 아니라 바이오연료의 최적화된 생산성을 갖는 미세조류를 생성시키기 위한 물질대사 공학의 적용에 연구의 초점이 맞추어졌다. 여러 가지 알려진 미세조류종은 현저한 양의 지질을 축적할 수 있으며[33] 이론적으로 오일을 생산하는 미세조류종의 질을 향상시키기 위하여 물질대사 공학을 통해서 최적화된다. 평균적인 미세조류는 약 1%~70%의 지질을 생산한다(건조한 세포 무게에 상대적인). 한편 다른 미세조류종은 어떤 일정한 조건에 노출될 때 지질로서 그들의 건조한 무게의 90%까지 생산할 수 있다[34-37]. Steen 등[38]은 지방산을 생산하기 위해 Escherichia coli를 생명 공학적으로 처리하였다. 이것은 여러 thioesterases를 코드화한 유전자로부터 유도된 식물의 유전자 단백질 합성과정을 통해서 이루어졌다. 이들은 변화된 사슬길이 지방 아크릴-ACP's(acyl carrier proteins)를 선호하는 것으로 나타났다[39]. 또한 Ribeiro 등[40]은 Saccharomyces cerevisiae에서의 FFAs 배출의 간단한 개념을 설명하였다. 이 유전자 방법은 연료 혹은 화학제품을 목적으로 한 자유 지방산 생산을 가능케 한다. 이것은 박테리아와 이스트 멤브레인을 통한 지방산의 배출의 개념을 입증하였다. 비록 수율이 낮았으며 아직 경제적으로 실행 가능한 것은 아니라 할지라도 이러한 방법은 이것이 미생물의 FFAs의 배출에서의 향후 향상을 위한 기초가 되기 때문에 중요하다. FFAs는 지방독성(lipotoxicity) 때문에 미생물 세포에 유해할 수 있기 때문에 이들 화합물은 세포내적으로 높은 농도로 존재할 때 미생물은 FFAs를 배출하게 된다[9].

미생물 세포가 오일을 분배할 수 있는 능력은 세포붕괴를 위한 감소된 에너지 필요량 때문에 오일의 다운스트림 처리를 촉진시킬 수 있었다. 이것은 오일을 회수하기 위한 원심분리와 같은 훨씬 더 간단한 기술의 사용을 가능케 한다.

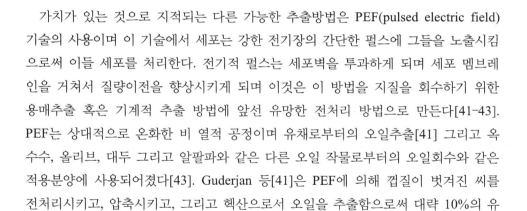

07 다른 오일 추출 기술

가치가 있는 것으로 지적되는 다른 가능한 추출방법은 PEF(pulsed electric field) 기술의 사용이며 이 기술에서 세포는 강한 전기장의 간단한 펄스에 그들을 노출시킴으로써 이들 세포를 처리한다. 전기적 펄스는 세포벽을 투과하게 되며 세포 멤브레인을 거쳐서 질량이전을 향상시키게 되며 이것은 이 방법을 지질을 회수하기 위한 용매추출 혹은 기계적 추출 방법에 앞선 유망한 전처리 방법으로 만든다[41-43]. PEF는 상대적으로 온화한 비 열적 공정이며 유채로부터의 오일추출[41] 그리고 옥수수, 올리브, 대두 그리고 알팔파와 같은 다른 오일 작물로부터의 오일회수와 같은 적용분양에 사용되어졌다[43]. Guderjan 등[41]은 PEF에 의해 껍질이 벗겨진 씨를 전처리시키고, 압축시키고, 그리고 헥산으로서 오일을 추출함으로써 대략 10%의 유채유 수율에 있어서의 향상을 설명하였다. 이 기술은 이러한 타입의 적용에 대해서 상대적으로 새로우며 뚜렷한 향상과 최적화를 위한 기회이다.

상대적으로 안전하고 환경친화적인 방법은 세포 내용물을 배출하기 위한 미세조류 종의 세포벽을 파괴시키기 위해 효소를 사용하는 것이다. 미생물 바이오매스의 효소에 의한 처리는 세포 내용물(즉, 오일)에 최소의 손상으로 부분적으로 혹은 완전하게 세포를 붕괴시킬 수 있는 가능성을 갖는다. 효소에 의한 처리는 오일회수의 물리적 수단으로서 저온 프레싱을 사용하여[45] 자트로파 혹은 지치(borage)씨와 같은 식물 씨앗으로부터 오일을 성공적으로 추출할 수 있는 것으로 입증되었다[44]. 효소에 의한 방법에 대한 한 가지 뚜렷한 도전적 사항은 미생물 세포을 가수분해 시키기 위한 효과적인 효소에 의한 처리과정을 디자인하기 위하여 연구대상인 세포의 조성을 측정하는 것이 필요하다는 것이다. 그래서 가장 적당한 효소는 오일 수율의 향상을 위한 추출조건을 최적화시키기 위해 선택될 수 있다.

마이크로파 기술은 마이크로파 가열은 매우 선택적이며 주변 환경에 매우 적은 열을 방출한다는 원리에 기초한다. 마이크로파는 극성 용매와 물질에 직접적으로 영향을 미쳐서 그들을 한층 건조된 식물 물질에서 사용될 때 세포 내의 흔적양의 수분이 영향을 받는다. 수분은 기화되어 미생물의 세포벽을 압박하는 현저한 양의 압력을 발생시키게 되고 결국 세포벽을 파괴시키고 세포내부로부터 요구되는 내용물(오일)을 방출하게 된다[46]. 이것은 잠재적으로 효과적인 오일추출과정을 초래하지만 현재까지 마이크로파는 제한된 사용전망을 나타낸다. 그럼에도 불구하고 마이크로파는 바이오매스의 초기 탈수를 요구하지 않는 지질 추출을 위한 빠르고 안전하며, 그리고 잠재적으로 값싼 방법의 개발을 촉진시켰다. 이것의 한 예는 soxhlet 추출에 의해서 얻어진 4.8%와 비교되는 17.8%의 오일수율을 얻게 되는 Cryptecodiniumcohnii 미세조류로부터 오일을 추출하기 위해 마이크로파 그리고 더 소량의 용매에 의한 추출(즉 마이크로파-용매추출 복합방법)의 복합을 사용하는 방법들이다[6].

마이크로파를 사용함에 따른 한 가지 분명한 결점은 가치 있는 지질에서의 산화적 손상에 대한 가능성이다[18]. 게다가 미생물 오일의 마이크로파 추출은 산업적인 대규모 확장이 어려운 것으로 밝혀질 수 있었다. Balasubramanian 등[47]은 Scenedesmus obliquus의 MAE(microwave assisted extractions)는 조절된 soxhlet 추출에 대한 67%와 비교되는 77%의 오일회수를 줄 수 있다.

이러한 타입의 추출의 주된 유리한 점은 지표가 되는 soxhlet 추출의 10시간과 비교되는 30분으로의 20배의 처리시간의 감소이다. 그 위에 게다가 초래되는 오일의 품질은 조절된 혹은 soxhlet 추출의 그것보다도 더 좋았으며 더 많은 불포화된 지방산뿐만 아니라 더 많은 오메가-3 그리고 오메가-6 지방산을 포함하였다[47].

08 결론

현재까지 미생물 오일의 추출은 주로 기계적인 붕괴 기술과 결합된 헥산과 같은 용매에 의해서 실시되었다. 작고 큰 규모에서 테스트된 기계적인 세포파괴 방법은 bead milling이다. 미생물 오일을 추출하기 위한 다운스트림 처리에 있어서의 가장 최근의 개발된 방법은 유망한 비용매적 방법들이다. 그럼에도 불구하고 산화되기 쉬운 가치 있는 화합물의 화학적 안정성에 미치는 이들 방법들의 영향에 관해서 조사 연구되고 있다. 이들 비용매 추출 기술에는 펄스 전기장, 효소, 마이크로파, 초음파에너지 그리고 기계적인 붕괴의 사용이 포함된다. 이들 방법 중에서 몇몇은 실험실적 벤치 스케일에서 현저한 오일 추출 수율을 나타내었다. 그러나 파일럿 혹은 대규모에서의 테스트(생산)는 실행되지 않았다. 이것은 이들 추출 방법이 실험실을 벗어난 대규모로 테스트될 필요가 있기 때문에 미세조류로부터 오일을 추출하기 위한 효과적인 기술을 명확히 하기 위한 연구기회를 나타낸다.

■ References

01. Olaizola, M., Commercial development of microalgal biotechnology: From the est tube to the marketplace. *Biomol. Eng.* 2003, 20, 459-466.

02. Lee, J.-Y., Yoo, C., Jun, S.-Y., Ahn, C.-Y., Oh, H.-M., Comparison of several methods for effective lipid extraction from microalgae. *Biores. Technol.* 2009, 101, S75-S77.

03. Huang, G., Chen, F., Wei, D., Zhang, X., Chen, G., Biodiesel production by microalgal biotechnology. *Appl. Energ.* 2010, 87, 38-46.

04. Harun, R., Singh, M., Forde, G. M., Danquah, M. K., Bioprocess engineering of microalgae to produce a variety of consumer products. *Renew. Sust. Energ. Rev.* 2010, 14, 1037-1047.

05. Gouveia, L., Oliveira, A. C., Microalgae as a raw material for biofuels roduction. *J. Ind. Microbial. Biot.* 2009, 36, 269-274.

06. Cravotto, G., Boffa, L., Mantegna, S., Perego, P., et al. Improved extraction of vegetable oils under high-intensity ultrasound and/or microwaves. *Ullrason. Sonochem.* 2008, 15, 898-902.

07. Wei, F., Gao, G.-Z., Wang, X.-F., Dong, X.-Y., et al. Quantitative

determination of oil content in small quantity of oilseed rape by ultrasound-assisted extraction combined with gas chromatography. *Ulcrason. Sonochem.* 2008, 15, 938–942.

08. Mario, C. L., US Patent US2009/060722 (2010).

09. Greenwell, H. C., Laurens, L. M. L., Shields, R. J., Lovitt, R. W., Flynn, K. J., Placing microalgae on the biofuels priority list: A review of the technological challenges. *J. R. Soc. Interface.* 2010, 7, 703–726.

10. Doucha, J., Livanseý, K., Influence of processing parameters on disintegration of *Chlorella* cells in various types of homogenizers. *Appl. Microbial. Biot.* 2008, 81, 431–440.

11. Banerjee, A., Sharma, R., Chisti, Y., Banerjee, U. C., *Botrycocus braunii*: A renewable source of hydrocarbons and other chemicals; *Ciu.Rev. Biotechnol.* 2002, 22, 245.

12. Mojaat, M., Foucault, A., Pruvost, J., Legrand, J., Optimal selection of organic solvents for biocompatible extraction of β-carotene from *Dunaliella salina. J. Biotechnol.* 2008, 133, 433–441.

13. Hejazi, M.A., Holwerda, E., Wijffels, R. H., Milking microalga *Dunaliella salina* for β-carotene production in two-phase bioreactors. *Biotechnol. Bioeng.* 2004, 85, 475–481.

14. Hejazi, M. A., Wijffels, R. H., Milking of microalgae. Trends *Biotechnol.* 2004, 22, 189–194.

15. Cooney, M., Young, G., Nagle, N., Extraction of bio-oils from microalgae. *Sep. Purif Rev.* 2009, 38, 291–325.

16. Shen, Y., Pei, Z., Yuan, W., Mao, E., Effect of nitrogen and extraction method on algae lipid yield. *Int. J. Agric. Bioi. Eng.* 2009, 2.

17. Bligh, E. G., Dyer, W. J., A rapid method of total lipid extraction and purification. *Can. J. Biochem. Phys.* 1959, 37, 7.

18. Sahena, F., Zaidul, I. S.M., Jinap, S., Karim, A. A., et al. Application of supercritical CO_2 in lipid extraction – A review. *J. Food Eng.* 2009, 95, 240–253.

19. Zhu, M, Zhou, P. P., Yu, L. J., Extraction of lipids from *Mortierella alpina* and enrichrrierii: of anichidonic acid from the fungal lipids. *Bioresour. Technol.* 2002, 84, 93–95.

20. Belarbi, E. H., Molina, E., Chisti, Y., A process for high yield and scaleable recovery of high purity eicosapentaenoic acid esters from microalgae and fish oil. *Enzyme Microb. Technol.* 2000, 26, 516–529.

21. Lewis, T., Nichols, P. D., McMeekin, T. A., Evaluation of extraction methods for recovery of fatty acids from lipidproducing microheterotrophs. *J. Microbiol. Method* 2000, 43, 107–116.

22. Guil-Guerrero, J. L., Belarbi, E. I. H., Rebolloso-Fuentes, M. M., Eicosapentaenoic and arachidonic acids purification from the red microalga *Porphyridium cruentum. Bioseparation.* 2000, 9, 299-306.

23. Cerón, M. C., Campos, I., Sánchez, J. F., Acién, F. G., et al. Recovery of lutein from microalgae biomass: Development of a process for *Scenedesmus almeriensis* biomass. *J. Agric. Food Chem.* 2008, 56, 11761-11766.

24. Mendiola, J. A., Jaime, L., Santoyo, S., Reglero, G., et al. Screening of functional compounds in supercritical fluid extracts from *Spintlina platensis. Food Chem.* 2007, 102, 1357-1367.

25. Mendes, R. L., Nobre, B. P., Cardoso, M. T., Pereira, A. P., Palavra, A. F., Supercritical carbon dioxide extraction of compounds with pharmaceutical importance from microalgae. *Inorg. Chim. Acta* 2003, 356, 328-334.

26. Mendes, R. L., Reis, A. D., Pereira, A. P., Cardoso, M. T., et al. Supercritical CO_2 extraction of -γ-linolenic acid (GLA) from the cyanobacterium *Arthrospira (Spirulina)maxima*: Experiments and modeling. Chem. Eng. J. 2005, 105, 147-151.

27. Herrero, M., Cifuentes, A., Ibañez, E., Sub- and supercritical fluid extraction of functional ingredients from different natural sources: Plants, food-by-products, algae and microalgae: A review. *Food Chem.* 2006, 98, 136-148.

28. Xu, X., Gao, Y., Liu, G., Wang, Q., Zhao,J., Optimization of supercritical carbon dioxide extraction of sea buckthorn (*Hippophaë thamnoides* L.) oil using response surface methodology. *LWT- Food Sci. Technol.* 2008, 41,1223-1231.

29. Andrich, G., Zinnai, A., Nesti, U., Venturi, F., Fiorentini, R., Supercritical fluid extraction of oil from microalga *Spirulina (Arthrospira) platensis. Acta Aliment. Hung.* 2006, 35, 195-203.

30. Mendes, R. L., Reis, A. D., Palavra,A. F., Supercritical CO_2 extraction of -γ-linolenic acid and other lipids from *Arthrospira (Spindina) maxima*: Comparison with organic solvent extraction. *Food Chem.* 2006, 99, 57-63.

31. Sajilata, M. G., Singhal, R. S., Kamat, M. Y., Supercritical CO_2 extraction of -γ-linolenic acid (GLA) from Spirulina, platensis ARM 740 using response surface methodology. *J. Food Eng.* 2008, 84, 321-326.

32. A New Processing Scheme for Algae Biofuels [http://www. technologyreview .corn/energy/22572/page 1/] , May 2009.

33. Sheehan, J., Dunahay, T., Benemann, J., Roessler, P.,A look back at the U.S Department of Energy's aquatic species program: Biodiesel from algae. In. Golden, CO, U.S: National Renewable Energy Laboratory; 1998.

34. Li, Y., Horsman, M., Wang, B., Wu, N., Lan, C., Effects of green alga Neochloris oleoabundans. Appl. Microbial.. Biot. 20os; 81, '629-636.

35. Li, Y., Horsman, M., Wu, N., Lan, C. Q., Dubois-Calero, N., Biofuels from microalgae. Biotechnol. Prog. 2008, 24, 815-820.

36. Chisti, Y., Biodiesel from microalgae. Biotechnol. Adv. 2007, 25, 294-306.

37. Spolaore, P., Joannis-Cassan, C., Duran, E., Isambert, A., Commercial applications of microalgae. J. Biosci. Bioeng. 2006, 101, 87-96.

38. Steen, E.J., Kang, Y., Bokinsky, G., Hu, Z., et al. Microbial production of fatty-acid-derived fuels and chemicals from plant biomass. Nature. 2010, 463, 559-562.

39. Dehesh, K., Jones, A., Knutzen, D. S., Voelker, T. A., Production of high levels of 8:0 and 10:0 fatty acids in transgenic canola by overexpression of Ch FatB2, a thioesterase eDNA from *Cuphea hookeriana*. *Plant J.* 1996, 9, 167-172.

40. Ribeiro, G., Corte-Real, M., Johansson, B., Engineering of fatty acid production and secretion in Saccharomyces cerevisiae. In: FEES Workshop Microbial Lipids: From Genomics to Lipidomics. Vienna, Austria: European Federation for the Science and Technology of Lipids; 2010, 1.

41. Guderjan, M., Elez-Martinez, P., Knorr, D., Application of pulsed electric fields at oil yield and content of functional food ingredients at the production of rapeseed oil. Innovations Food Sci. Emerg. 2007, 8, 55-62.

42. Ramaswamy, R., Jin, T., Balasubramaniam, V. M., Zhang, H., in: Extension FactSheet, Ohio State University, Columbus 3.

43. Guderjan, M., Töpfl, S., Angersbach, A., Knorr, D., Impact of pulsed electric field treatment on the recovery and quality of plant oils. J. Food Eng. 2005, 67, 281-287.

44. Shah, S., Sharma, A., Gupta, M. N., Extraction of oil from Jatropha curcas L. seed kernels by enzyme assisted three phase partitioning. Ind. Crop. Prod. 2004, 20, 275-279.

45. Sow, C., Chamy, R., Zúñiga, M. E., Enzymatic hydrolysis and pressing conditions effect on borage oil extraction by cold pressing.. Food Chem 2007, 102, 834-840.

46. Mandal., V., Mohax, Y., Heamalatha, S., Microwave assisted extraction – An innovative and promising extraction tool for medicinal plant research. Pharmacognosy Rev. 2007, 1, 7-18.

47. Balasubramanian, S., Allen, J. D., Kanitkar, A., Bolder, D., Oil extraction from Scenedesmus obliquus using a continuous microwave system-design, optimization, and quality characterization. Biores. Technol. 2010, 102, 3396-3403.

48. Andrich, G., Nesti, U.,, Venturi, F., Zinnai, A., Fiorentini, R., Supercritical fluid extraction of bioactive lipids from the microalga N*annochloropsis sp.* *Eur. J. Lipid Sci. Technol.* 2005, 107, 381-386.

49. Fajardo, A. R., Cerdán, L. E., Medina, A. R., Fernández, F. G. A., et al. Lipid extraction from the microalga *Phaeodactylum tricomutum. Bur. J. Lipid Sci.*

Technol. 2007, 109, 120-126.

50. Widjaja, A., Chien, C.-C.,Ju, Y.-H., Study of increasing lipid production from fresh water microalgae *Chiarella vulgaris. J. Taiwan Inst. Chem. Eng.* 2009, 40, 13-20.

51. Tran, H.-L., Hong, S.-J., Lee, C.-G., Evaluation of extraction methods for recovery of fatty acids from *Botryococcus braunii* LB 572 and *Synechocystis* sp. PCC 6803. *Biotechnol. Bioproc. Eng.* 2009, 14, 187-192.

52. Couto, R. M., Simoes, P. C., Reis, A., Silva, T. L. D., et al. Supercritical fluid extraction of lipids from the heterotrophic microalga *Crypthecodinium cohnii. Eng. Life Sci.* 2010, 10.

53. Popoola, T. O. S., Yangomodou, O. D., Extraction, properties and utilization potentials of cassava seed oil. *Biotechnology* 2006, 5, 38-41.

54. Herrero, M., Ibanez, E., Seiiorans, J., Cifuentes, A., Pressurized liquid extracts from *Spirulina platensis* microalga: Determination of their antioxidant activity and preliminary analysis by micellar electrokinetic chromatography. *J. Chromatogr.,* A 2004, 1047, 195-203.

55. Galloway, J. A., Koester, K. J., Paasch, B. J., Macosko, C. W., Effect of sample size on solvent extraction for detecting cocontinuity in polymer blends. *Polymer* 2004, 45, 423-428.

56. Macias-Sánchez, M.D., Mantell, C., Rodriguez, M., Ossa, E. Mdl., et al. Supercritical fluid extraction of carotenoids and chlorophyll a from *Nannochloropsis gaditana. J. Food Eng.* 2005, 66, 245-251.

57. Pawliszyn, J., Kinetic model of supercritical fluid extraction. *J. Chromatogr. Sci.* 1993, 31, 31-37.

58. Luque-García J. L,. Castro. M. D. Ld., Ultrasound: A powerful tool for leaching. *TrAG-Trend. Anal. Chem.* 2003, 22, 41-47.

59. Martin, P. D., Sonochemistry in industry. Progress and prospects. *Chem. Ind-London.* 1993, 1993, 233-236.

07장_

바이오디젤 분석을 위한
인공신경망(ANN)기법

_근 적외선 분광학(NIR)에 의한 바이오디젤의 밀도, 동점도, 메탄올과 수분 함유량의 분석

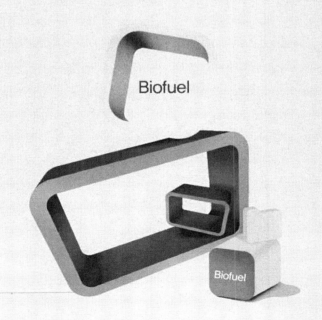

Biofuel

개요

대체연료 혹은 바이오연료인 에탄올과 바이오디젤의 사용은 최근에 점차로 증가해 오고 있다. 바이오디젤 품질을 검정하기 위해 측정되어져야 하는 25개 파라미터를 ASTM과 EM에서의 규격은 규정해 놓고 있다. 이들에 관한 분석은 비용이 많이 들며 시간이 많이 소비된다. NIR분광학(4000-12,820cm^{-1})은 적외선, 라만 혹은 NMR 방법과 비교하였을 때 비용이 저렴하며 바이오디젤 품질을 분석하기 위한 빠른 대체방법이며 그리고 품질관리는 실시간(on-line) 이루어질 수 있다.

이 장에서는 NIR 스펙트라로부터 바이오디젤 성질의 예측을 위한 MLR (multiple linear regression), PCR(principal component regression), PLS(partial least squares regression), polynomial and Spline-PLS versions, and ANN(artificial neural networks)과 같은 선형 그리고 비선형 calibration techniques의 성능을 비교하였다. 4개의 중요한 바이오디젤 성질에 대한 모델이 창출되었다: 밀도(15°C에서), 동점도(40°C에서), 수분 함유량 그리고 메탄올 함유량. 또한 모델 예측 능력에 미치는 다른 전처리 방법 (Savitzky-Golay derivatives, orthogonal signal correction)의 영향에 관해서도 조사하였다. 밀도, 점도, 수분 % 그리고 메탄올 함유량에 대한 ANN의 RMSEP(가장 낮은 root mean squared errors of prediction)는 각각 0.42kgm^{-3}, 0.068mm^{2}s^{-1}, 45ppm 그리고 51ppm이었다. ANN기법은 linear(MLR, PCR, PLS)그리고 "quasi"-non-linear(Poly-PLS, Spline-PLS) calibration methods보다도 우수하였다.

01　서론

발전된 센싱 기술의 개발은 발전된 통계적 방법을 매우 효과적인 전산과 결합시킨 많은 연구분야에서 종종 발견되는 스펙트라 데이터의 양을 증가시켰다[1].

스펙트라 데이터는 NIR 분광학[2.3], 질량분광법(MS)[4] 그리고 NMR(^{1}H-/^{13}C-NMR) 분광학[5]의 성분들이다. 이들 중에서 NIR 분광학은 그것이 비파괴적이며, 최소 시료제조를 필요로 하며, 그리고 실시간에서[1] 감응을 생성시킬 수 있다(공정분석화학(PAC)에[6] 대한 중요한 유리한 점) NIR 분광학은 780~2500nm(12,820–4000cm^{-1}) 영역에서 전자기 복사선의 흡수에 기초한다[7].

NIR 스펙트라의 여러 분석은 과거 20년간에 걸쳐서 실행되어져 오고 있다. NIR 분광학적 데이터의 응용분야들은 의학과 바이오 의학 연구, 식품과학, 산림 그리고 약학 및 석유산업에서 찾을 수 있다[2,5](추가적인 참고문헌을 위해서 [1]을 보시오). MDA(multivariate data analysis)와 관련시켰을 때 진동 분광기술(IR, NIR 그리고 Raman)[8-11]은 가솔린, 디젤, 알코올 연료(에탄올–가솔린 혼합물[12,13]) 그리고 등유(제트연료)[1]와 같은 연료시료의 분석에서 강력한 도구인 것으로 밝혀졌다. 석유정제와 석유화학 제품을 분석하기 위한 이들 분광학적 방법은 일반적인(ASTM) 기술보다도 더 빠르며 좋은 정확성과 정밀성을 나타내고 비파괴적이며 원격 QC에 사용될 수 있다[14].

연료 수요는 지수적으로 증가하여서[14] 더 낮은 환경적 영향을 갖는 신 재생(대체)에너지 공급원에 대한 일반적인 관심이 증가하고 있다[14]. 이들 대체연료는 경제적으로 경쟁적이어야 하고 기술적으로 달성 가능해야 하며, 환경적으로 수용 가능해야 한다[7]. 신 재생 에너지의 사용은(바이오연료, 바이오매스 그리고 조력, 수력, 풍력 그리고 태양에너지) 화석연료에 대한 의존성을 감소시키기 위하여 폭넓게 진행되어야 한다[7].

대체연료 혹은 바이오연료로 불리는 에탄올과 바이오디젤에 대한 수요는 환경적, 경제적, 정책적 그리고 사회적 이슈 때문에 과거 몇 년간에 걸쳐서 증가하였다[5,15-17].

바이오디젤은 다양한 공급원료으로부터 생산될 수 있으며 [20-25] 바이오디젤 생산을 위해 다른 기술이 적용될 수 있다[26-31]. 따라서 그 결과로서 최종 생성물은 다른 성질을 가질 수 있으며 그래서 바이오디젤의 품질관리는 매우 중요하다. EN 14214는 바이오디젤 품질을 보증하기 위해서 분석되어져야 하는 25 파라미터를 요구하고 있으며[7] 이들 분석을 비용이 많이 들며 시간이 많이 소비된다[5]. NIRS[2]는 바이오디젤 QC에서의 사용을 위한 저렴한 비용이 소요되며 빠른 대체방법이다[7,32-37].

2007년에 Correia와 공동 연구자는 [37] PLS(partial least squares)와 PCR(principal components regressions)에 앞서 적용된 일반적으로 사용되는 전처리 기술의 효과에 대한 그들의 분석을 발표하였다. 그들은 바이오디젤의 NIR 스펙트럼과 그것의 메탄올과 수분함유량을 관련시키기 위한 개발된 calibration models의 질을 비교하였다. 연구된 50개의 시료로부터 38개는 calibration을 위해 사용되었으며 12개는 테스팅을 위해 사용하였다. LOOCV(Leave-one-out cross-validation)이 적용되었다 [37].

2008년에 Correia와 공동 연구자[7]는 4가지의 바이오디젤 성질을 측정하기 위한 NIR 분광학의 사용을 보고하였다. VI(iodine value), CFPP(cold filter plugging point), 동점도(40℃에서) 그리고 밀도(15℃에서). PCA(Principal component analysis)는 스펙트라의 정성분석을 실행하기 위해서 사용되었으며 PLS regression은 분석 데이터와 스펙트라 데이터 사이의 Calibretion models을 개발하기 위해 사용되었다. 144개와 91개의 산업 및 실험실적 바이오디젤 시료는 연료 점도와 밀도를 예측하기 위해서 각각 사용되었다[7].

2007년에 Oliveira 등[14]은 B2와 B5 바이오디젤 블렌드의 혼합물을 확인하기 위한 진동분광학-FT-NIR과 FT-Raman 분광학-의 적용에 관해서 조사하였다. PLS, PCR 그리고 ANN calibration models를 디자인하였으며 그들의 상대적인 성능은 F-tests를 사용한 external validation에 의해서 평가되었다. 120개의 시료는 calibration을 위해 사용하였으며 다른 62개의 시료는 validation과 external validation을 위해 사용하였다. 이 연구의 결과는 ANN/FT-Raman calibration은 테스트 시료에 대한 가장 좋은 정확성(0.028% w/w)을 생성시켰다[14].

NIR 스펙트라의 분석은 다중시료의 결합을 포함하는데 이들의 각각은 수많은 상관된 특질을 갖는다[1,3,33,38,39]. NIR 스펙트라에서의 의미심장한 패턴을 확인하기 위한 목적으로 그러한 많은 양의 데이터를 수반하는 복잡성을 감소시키기 위해 다양한 data mining algorithms을 도입하였다. 복잡한 시료의 분석물의 농도를 혹은 성질을 예측하기 위해서 스펙트라 데이터의 다른 타입으로부터 관련된 적절한 정보를 추출하기 위해 다변량 calibration methods가 점차로 사용되었다[1,38,39]. 그러나 이들 방법과 관련된 주된 문제점은 데이터의 비선형성이다[38,39].

데이터 전처리(데이터 변환 그리고 변수선택과 같은), 선형방법(단지 약간의 비 선형성에 대해서), local modelling, 여분의 변수의 추가, 그리고 비선형 calibration techniques와 같은 비선형 데이터를 위해 여러 전략이 사용되었다. 이들 접근 방법 중에서 비선형 calibration techniques가 확고한 calibration models를 구축할 수 있는 유일한 것이다[40]. 그러한 calibration models는 자연적인 《정교한》 다성분 시스템 (예, 바이오디젤 연료[7])에서 발견될 수 있는 가혹한 본질적인 비선형성을 모델링하기 위한 가능성을 갖는다.

가장 중요한 선형 calibration method는 partial least squares/ projection on latent structures(PLS) regression [10,39]. 두 가지의 가장 중요한 비선형 calibration methods는 PLS의 비선형 변형체(예, polynomial PLS) 그리고 ANNs(artificial neural networks)이다[39]. 이들 두 가지 기술에서의 여러 비교연구는 여러 데이터 세트를 사용하여 실행되었다. 몇몇 어떤 연구에서는 데이터가 비선형이었을 때 NNs는 PLS 보다도 더 잘 실행되었다[10,38,39,41]. 다른 상황에서 ANN과 비선형 PLS가 동등하게 좋은 결과를 주었다[42]. 여러 연구들로부터 얻어진 다른 결론은 비선형성의 성질에서의 차이로부터 초래되었다[38,39].

이 장에서는 근 적외선 스펙트라로부터 바이오디젤 성질의 예측을 위한 선형 (MLR, PCR, 그리고 PLS) 그리고 비선형 calibration 기술(polynomial 그리고 spline −PLS[38], ANN)의 성능을 비교하였다. 4가지의 중요한 바이오디젤 성질에 대한 모델이 창출되었다: 밀도(15℃에서), 동점도(40℃에서), 수분 함유량 그리고 메탄올 함유량, 또한 모델 예측 능력에 미치는 다른 전처리 방법(mean centring, mean scattering correction, standard normal variate scaling, first- and second-order Savitzky-Golay derivatives, orthogonal signal correction, range scaling, etc)의 영향에 관해서도 조사하였다. 그 중에서도 특히 ANNs는 스펙트라 데이터로부터 바이오디젤 품질 계수를 예측하기 위해 사용되었다.

02 실험방법

2.1 바이오디젤 제조

반응기는 요구되는 메탄올/채종유 몰비율(5:1~9:1)을 이루기 위하여 요구되는 양의 오일을 초기에 투입시킨 후 25-46℃의 온도로 가열시켰다. 촉매(채종유의 무게로서, KOH의 0.4-2.0% w/w)는 저어주면서 메탄올에 완전히 용해시킨 후 반응은 KOH/MeOH 용액을 첨가시키자마자 곧 시작하였으며 1~8시간 동안 계속되었다. 임펠러 속도는 600rpm이었다. 반응이 모두 진행된 후 혼합물은 분리퍼넬로 옮긴 후 2-3시간 동안 비중에 의해서 글리세롤을 분리시켰다. 글리세롤층을 제거시킨 후 메틸에스터상에 있는 과량의 메탄올은 70℃에서 기화장치에 의해서 제거시켰다. 밝은 상

(메틸 에스터)을 얻을 때까지 메틸 에스터는 인산 수용액과 염수로서(5%v/v/) 두 번 세척시켰다.

제조과정은 광범위한 성질을 갖는 바이오디젤 연료의 세트를 얻기 위하여 크게 변화하였다. 카멜리나유로부터의 바이오디젤 제조는 촉매로서 BaO로서 참고문헌[43]에 따라서 이루어졌다.

최종 바이오디젤 시료세트는 612개이었다.

2.2 관련 참고데이터

관련 참고데이터는 ASTM D6751과 EN 14214에 따라서 수집되었다.

2.2.1 밀도(비중)

시료의 밀도는 ASTM D4052[45]에 따라서 측정하였다. 측정은 5회 반복하였다. 평균값을 사용하였다. ASTM D6751 표준에 따라서 바이오디젤 밀도는 860~900 kgm^{-3}의 범위였다.

2.2.2 동점도

시료의 점도는 ASTM D445에 따라서 측정하였다. 측정은 3회 반복되었다. 평균값이 사용되었다. ~1%의 재현성에 도달하였다. ASTM D6751 표준에 따라서 바이오디젤 연료의 동점도는 1.9~6.0mm^2s^{-1}이었다(1mm^2s^{-1}= 10^{-2}St = 1cSt).

2.2.3 수분 함유량

수분 함유량은 Karl Fisher 적정에 의해서 측정하였다. 측정은 3회 반복하였다. 평균값을 사용하였다. ASTM D6751에 따라서 바이오디젤 속의 수분함유량은 0.050% v/v을 초과하지 않아야 한다.

2.2.4 메탄올 함유량

메탄올 함유량은 HP 5890 Series Ⅱ GC시스템에 의해서 분석되었다. 측정은 3회 반복되었으며 평균값이 사용되었다. ASTM D6751 표준에 따라서 바이오디젤 속의 메탄올 함유량은 0.20% mol/mol을 초과해서는 안 된다.

바이오디젤 연료성질의 범위-밀도, 점도, 수분량 그리고 메탄올 함유량-은 각각 $[858;928]kgm^{-3}$, $[2.8;9.2]mm^2s^{-1}$, [159;2200]ppm 그리고 [101;1513]ppm이었다.

2.3 근 적외선 (NIR) 분광학

스펙트라는 실온(20-23℃)에서 구하였다. NIR 분광계는 변화하는 실험실 조건의 영향을 최소화하기 위해서 C_6H_6와 $c-C_6H_{12}$로서 보정하였다. $9000-4500cm^{-1}$(1110-2500nm) 사이의 스펙트라 범위는 $8cm^{-1}$마다 스캔하였다. 정확도는 ~0.05%이었다[8-11]. 8mm 통과길이의 유리셀(실린더 타입)이 사용되었다. 대략 1mL의 바이오디젤 시료가 각 NIR 측정을 위해 필요하였다. NIR 측정은 5분 이하가 소요되었다.

2.4 NIR 스펙트라 전처리

데이터 전처리는 참고문헌[37]에 따라서 행해졌다. Calibration model을 구축하기 전에 여러 가지 폭넓게 사용된 전처리기술이 데이터에 적용되었다. 9 데이터 전처리 방법이 테스트되었다:

* MC : Mean Centring.
* MSC-MC : Mean Scattering correction followed by Mean Centring.
* SNV-MC : Standard Normal Variate scaling plus Mean Centring.
* SGD1-MC : 1st order Savitzky-Golay Derivative followed by Mean Centring.
* SGD2-MC : 2nd order Savitzky-Golay Derivative followed by mean Centring.
* MC-OSC : Mean Centring followed by the Orthogonal Signal Correction method.
* SGD1-MC-OSC : SGD1 -MC followed by the Orthogonal Signal Correction method.

- SGD2-MC-OSC : SGD2 -MC followed by the Orthogonal Signal Correction method.
- RS (for ANN only) : range scaling in different intervals: [0.0;1.0], [01.;0.9], [0.2;0.8], and [0.3;0.7].

바이오디젤 연료의 NIR 스펙트라에 대한 다른 전처리 방법에 관한 자세한 고찰은 참고문헌[37]에서 다루어져 있다. SGD1-MC-OSC와 SGD2-MC-OSC 방법은 가장 좋은 결과를 생성시켰으며(아래를 보시오) 데이터 전처리를 위해 사용되었다.

2.5 데이터 분석

2.5.1 S/W 그리고 컴퓨팅

초기 스펙트라는 특별한 s/w complex를 사용하여[38] 디지털화 시켰다. 디지털화 시킨 후 각 스펙트럼은 1×563vector로서 나타내었다; 벡터의 길이는 분광계 분해능에 의해서 정의된다. s/w 패키징 MATLAB 20086(Mathworks Inc., Natick, MA) (Statistics Toolbox Neural Network Toolbox) 다변량 과정을 디자인하고 실행하는 데 광범위하게 사용되었다.

2.5.2 모델 효율성(calibration error) 추정

Calibration model 최적화와 트레이닝을 위해 490개의 바이오디젤 시료를 사용하였다. RMSECV(root mean squared error of cross-validation)는 창출된 모델의 예측능력을 특성화시키기 위해 그리고 그것의 파라미터를 최적화시키기 위해 사용되었다[38,39]. CV(ten-fold cross-validation) 과정이 적용되었다[37-39]. RMSEP(root mean squared error of prediction)는 독립 데이터 세트에서의 다변량 모델 정확성을 체크하기 위해서 사용되었다(모든 21개의 오일로부터 생산된 122개의 바이오디젤 시료).

2.5.3 모델 최적화

다른 multivariate regression methods를 비교하기 위하여 가장 좋은 가능한 모델의 효율성을 발견해야 한다. 그것의 파라미터에 대한 calibration model 효율성의 의존성

때문에 다음과 같은 파라미터를 변화시켰다(최적화시켰다)[38]:

- MLR : no parameters.
- PCR : number of principal components(PC=1-20).
- PLS : (or Linear-PLS): number of latent variables(LV=1-20).
- Poly-PLS : number of latent variables(LV=1-20) and degree of polynomial (n=1-7;10).
- Spline-PLS : number of latent variables(LV=1-20), number of knofs(=1-7;10), and degree of polynomial (n=1-7;10).
- ANN : number of latent variables/ input neurons (LV/ IN=1-18), number of hidden neurons (HN=1-18), and transfer function of hidden layer (f(x)= {logsig; tansig}). ANN training parameters are shown in Table 1.

[Table 1] The training parameters of artificial neural networks(ANNs) used for biodiesel propeties prediction based on near infrared(NIR) spectroscopy data

Algorithm	Levengerg-Marquardt
Minimised error function	Mean Squared Error(MSE)
Learning	Supervised
Initialisation method	Nguyen-Widrow
Transfer function	
Input layer(IN)	None[a]
Hidden layer(HN)	Hyperbolic tangent(tanh)
Output layer(ON)	Hyperbolic tangent(tanh)[b]
Number of training iterations	150
Number of best iterations, used for averaging	5010,000
Maximal number of epoch	10-fold cross-validation(CV)
Early stopping	1-18
Number of input neurons(principal components)	
Number of hidden neurons	1-18

[a] NO transfer function is used.

[b] Network output was ranged in a [-0.9;0.9] interval.

one MLR, 20 PCR, 20 PLS, 160 Poly-PLS, 1280 Spline-PLS 그리고 648 ANN models가 확립되었으며 각 바이오디젤 성질에 대하여 비교되었다. 만약 전처리 방법이 포함된다면 각 바이오디젤 성질에 대한 19,624 다른 다변량 모델이 가장 좋은 모델을 찾기 위해서 사용되었다[38].

03 결과 및 고찰

3.1 MLR(Multiple linear regression) 모델: 벤치마크 데이터

MLR(Multiple linear regression)은 calibration models의 창출을 위한 가장 간단한 방법이다. 선형 "시그널-성질" 연결의 가정에 기초할 때 이 방법은 분석화학에서의 실험데이터 처리에 대한 기본적인 방법이다[47]. 연구원의 일은 선형성이 최대 범위에 걸쳐서(예, 농도범위) 최대 정확도로서 충족되는 시그널을 선택하는 것이다[38,47]. 가장 간단한 경우에 하나의 시료성질은 하나 혹은 두 개의 상수로서 단일 시그널(예, 어떤 주어진 파장에서 스펙트라 피이크 높이 혹은 광밀도)과 관련된다.

MLR 방법은 수많은 "간단한" 시스템에 대해서 효과적인 것으로 밝혀졌지만[38,47] 수많은 자유도를 갖는 시스템에 대한 그것의 응용은 항상 성공적이지 못하다. 자유 파라미터의 수를(수백 개까지) 변화시킴으로써 calibration error를 감소시키는 것이 가능하다. 그러나 cross-validation 그리고 예측에러는 보편적으로 높게 남게 된다[38].

바이오디젤 NIR 스펙트라 데이터에 MLR 적용의 결과는 표 2에 나타내었다. 다른 파장에서 282개의 광밀도값은 변수로서 사용되었다. 표 2에 나타낸 바와 같이 이 방법은 바이오디젤 성질 예측을 위한 calibration model의 구축을 위해 효과적이지 못하였다. 바이오디젤의 밀도, 점도, 수분함량 그리고 메탄올 함유량에 대해서 각각 $0.21 \mathrm{kgm}^{-3}$, $0.011 \mathrm{mm}^2 \mathrm{s}^{-1}$, 19ppm 그리고 17ppm의 상대적으로 낮은 calibration errors(RMSECs)임에도 불구하고 예측 에러들(RMSEPs)은 매우 높았다(표2). MLR

에러는 calibration model 구축의 다른(더 효과적인) 방법에 대한 "벤치마크(제로포인트)"로서 사용될 수 있다. 그러므로 이들 에러는 한층 더 많은 효과적인 방법이 입수 가능하기 때문에 단지 비교를 위해 제공된다.

특히 MC/SNV-MC 전처리 방법은 가장 낮은 MLR에러를 생성시켰으며 더 정교한 전처리 알고리즘은 어떤 감소된 에러를 초래하지 않았다. 그러므로 이들 방법에 의해 추출된 여분의 정보는 MLR 모델 구축을 위해 실제적으로 사용되지 못하였다.

[Table 2] Result of multiple linear regression(MLR) approach for biodiesel properties prediction: density, kinematic viscosity, water content and methanol percentage

Biodiesel property	Unit	Best pre-processing method for near infrared (NIR) data	Prediction error (RMSEP)
Density(specific gravity)	$Kg\ m^{-3}$	MC	3.9
Kinematic viscosity	$mm^2 s^{-1}$	SNV-MC	0.74
Water content	ppm	SNV-MC	306
Methanol content	ppm	MC	316

3.2 선형방법: PCR 그리고 PLS

이 절에서는 바이오디젤 성질 예측을 위한 두 가지의 선형 다변량 방법의 효과를 고찰하였다: PCR(principal component regression) 그리고 PLS(partial least squares) regression.

3.2.1 PCR(principal component regression)

PCR은 MLR보다도 스펙트라 데이터의 다변량 분석을 위한 더 발전된 방법이다. 변수의 수(수백으로부터 수십에 이르기까지)를 감소시키고 노이즈 제거에 의해서 이 방법에서 더 큰 예측 정확성이 이루어졌다[48].

"시료/변수"(자유 파라미터) 비율은 100까지 증가하기 때문에(여기서는 55-110, 표 3을 보시오) PCR calibration model은 정확하고 확고한 것으로 가정될 수 있다. 그러한 "시료/변수" 비율은 수천 개의 시료가 필요하기 때문에 MLR model로서는 거의 불가능하다. 10 이상의 시료/변수 비율은 PCR 방법으로서 쉽게 이루어질 수 있다.

동시에 PCR의 기초(MLR뿐만 아니라)는 "시그널-성질" 관계에서의 선형성의 가정이다. 폭넓은 성분농도를 갖는 수많은 간단한 시스템에 대해서 조차도 분석물 농도에 대한 광밀도(OD)의 선형성(Bouguer-Lambert-Beer law)은 관찰되지 않았다 [11,41-43]. 그러므로 위에서 언급된 선형성은 디젤/바이오디젤 연료와 같은 다성분계에서 관찰되어지는 것을 기대하기는 어렵다[1].

표 3은 바이오디젤 NIR 결과와 비교하였을 때(비교를 위해 표 2를 보시오) 모든 바이오디젤 성질에 대해 상당히 감소되었다. 비록 에러 자체는 높다 할지라도(실험실/참고 방법의 기대되는 부정확성과 비교하였을 때) PCR 모델은 적어도 시료성질의 정성적으로 올바른 값을 제공할 수 있었다. 이 결과는 바이오디젤 NIR 스펙트라에 대한 MDA(multivariate data analysis) 적용가능성을 나타낸다. 불행히도 그것의 높은 부정확성 때문에 PCR 방법은 NIR 데이터를 사용한 바이오디젤 분석을 위해 추천될 수 없다.

[Table 3] Results of principal component regression (PCR) approach for biodiesel properties prediction: density, kinematic viscosity, water content and methanol percentage

Biodiesel property	Unit	Best pre-processing method for near infrared(NIR) data	Number of principal components(PC)	Prediction error (RMSEP)
Density(specific gravity)	$Kg\ m^{-3}$	SGD1-MC-OSC	8	0.77
Kinematic viscosity	$mm^2 s^{-1}$	SGD2-MC-OSC	4	0.17
Water content	ppm	SGD2-MC-OSC	5	90
Methanol content	ppm	SGD2-MC-OSC	8	75

SGD1-MC-OSC/SGD2-MC-OSC 전처리 방법은 가장 낮은 RMSECV/ RMSEP 값을 나타내었다. 이들 정교한 알고리즘에 의해서 추출된 추가적인 정보는 PCR 모델 구축을 위해 성공적으로 사용되었다.

3.2.2 PLS(Partial Least squares) regression

PLS regression은 PCR과 밀접한 관계를 갖는 통계적인(다변량) 방법이다[38]. PLS 방법의 주요한 주된 차이는 input(X) 그리고 output(Y)이 새로운 공간으로 이해된다는 것이다. 바이오디젤 분석의 경우에 X와 Y는 각각 스펙트라와 성질이다.

PLS 방법은 calibration model 구축을 위한 가장 인기 있는 chemometric algorithms 중 하나이다. 그것의 단순성과 연산자료에 대한 더 낮은 요구 때문에 그것은 매우 다른 데이터 세트의 분석에서 폭넓게 사용된다(위를 보시오). 덧붙여서 PLS 방법은 NIR 데이터처리를 위한 표준방법으로서 생각될 수 있으며 데이터 분석을 위한 선형방법이다(위를 보시오).

표 4는 바이오디젤 NIR 스펙트라에 대한 PLS 방법 적용의 결과를 나타낸다. PLS 결과는 PCR로부터의 결과와 비슷하거나 혹은 이보다도 약간 더 좋았다(RMSEP는 평균 3±3%(±σ)까지 감소되었다). 가장 좋은 결과는 수분 함유량에 대해서 이루어졌다. 효과적인 PLS 모델 구축을 위해 요구되는 더 작은 수의 변수와 함께(표 3으로부터의 PC와 표 4로부터의 LV를 비교) PLS regression은 바이오디젤 성질과 품질계수의 선형 모델링을 위한 선택방법이다. 더 작은 수의 입력값은 PLS 모델을 PCR 모델보다도 더 강하고 확고하게 만든다.

[Table 4] Results of partial least squares regression (PLS) approach for biodiesel properties prediction: density, kinematic viscosity, water content and methanol percentage

Biodiesel property	Unit	Best pre-processing method for near infrared(NIR) data	Number of principal components(PC)	Prediction error (RMSEP)
Density (specific gravity)	Kg m^{-3}	SGD2-MC-OSC	6	0.85
Kinematic viscosity	mm^{2}s^{-1}	SGD2-MC-OSC	4	0.20
Water content	ppm	SGD2-MC-OSC	6	99
Methanol content	ppm	SGD2-MC-OSC	8	111

SGD2-MC-OSC 전처리 기술은 PLS calibration model에 의해 모든 성질을 예측하기 가장 좋은 방법인 것으로 나타났다.

3.3 "Quasi" 비선형 PLS 변형: Poly-PLS 그리고 Spline-PLS

3.2절은 선형 calibration models은 기준방법의 그것과 가까운 정확도를 갖는 바이오디젤 파라미터를 재생성시킬 수 없다는 사실을 뚜렷이 나타내었다. 선형 NIR 데이터 처리 에러는 높다.

Poly-PLS[50,51] 그리고 Spline-PLS[52]를 포함하는 PLS 방법의 여러 가지 비선형 변형체가 있다. 이들 두 가지 방법과 "선형" PLS 사이의 유일한 차이는 하나의 알고리즘 단계인데 이 단계에서 선형 PLS 함수는 polynomial(Poly-PLS) 혹은 spline 함수(구분적 다항식 함수: Spline-PLS)로 변화된다. 다항식 함수와 spline 함수는 어떤 차수를 가질 수 있다. 고전적 데이터 분석과 다변량 데이터 분석 사이의 유사는 데이터 세트가 선형 fitting function에 의해서 잘 기술되지 않을 때 더 높은 차수의 다항식 함수(n=2, 3 등) 혹은 spline function을 사용해야 한다. 다변량 데이터 분석에 대해서 같은 차례가 효과적이다. 비선형 PLS 알고리즘에 관한 자세한 내용은 참고문헌[40,50-52]에서 고찰되어져 있다. 선형-PLS의 단순함(간결성)을 갖는 위에서 언급된 방법은 계산에서 상당히 더 복잡하다는 사실을 주목하라. 실현을 위한 시간은 신경망(NN) 트레이닝 시간과 비교될 수 있다(특히 Spline-PLS와)[38,40].

표 5와 6의 바이오디젤 NIR 데이터에 Poly-PLS 방법과 Spline-PLS 방법의 적용 결과를 나타낸다. 가솔린 데이터[38]와는 대조적으로 변형된 PLS 방법은 그들의 효과에 대해서 다음과 같은 차례로 정리된다. PLS, Poly-PLS 그리고 Spline-PLS(메탄올 함유량 예측은 예외로 하고, 여기서 Poly-PLS regression model이 Spline-PLS의 그것보다도 더 효과적이었다) Poly-PLS와 Spline-PLS calibration models 사이의 차이는 참으로 실제로 작아서(~1%) 그들은 동등하게 효과적이다.

[Table 5] Results of polynomial partial least squares regression(poly- PLS) approach for biodiesel properties prediction: density, kinematic viscosity, water content and methanol percentage

Biodiesel property	Unit	Best pre-processing method for near infrared (NIR) data	Lv-n	Prediction error (RMSEP)
Density (specific gravity)	$Kg\ m^{-3}$	SGD2-MC-OSC	7-4	0.85
Kinematic viscosity	$mm^2 s^{-1}$	SGD2-MC-OSC	5-3	0.20
Water content	ppm	SGD2-MC-OSC	7-2	99
Methanol content	ppm	SGD2-MC-OSC	8-3	111

[Table 6] Results of spline partial least squares regression (spline-PLS) approach for biodiesel properties prediction: density, kinematic viscosity, water content, and methanol percentage

Biodiesel property	Unit	Best pre-processing method for near infrared (NIR) data	Number of principal components (PC)	Prediction error (RMSEP)
Density (specific gravity)	$Kg\ m^{-3}$	SGD1-MC-OSC	6-2-2	0.76
Kinematic viscosity	$mm^2 s^{-1}$	SGD2-MC-OSC	6-4-2	0.16
Water content	ppm	SGD2-MC-OSC	10-4-2	87
Methanol content	ppm	SGD1-MC-OSC	10-4-2	78

선형함수 대신에 polynomial/spline approximation의 사용은 예측에러를 17±11% 까지(가솔린 NIR 데이터에 대한 8±5%와 비교[38]) 감소시켰다. 이들 차이는 상당하 며 특히 메탄올 함유량에 대해서 이들은 32%까지 감소하였다. 이들 데이터는 바이오 디젤은 "비선형" 시스템(혹은 가솔린보다는 "덜 선형"적[38])으로 불릴 수 있다는 사 실을 나타내었다.

큰(더 높은 분자량) 바이오디젤 분자[9,53-55]에서의 더 강한 분자 간 상호작용은 이 특별한 시스템에 대한 비선형 calibration의 적용을 정당화한다.

SGD2-MC-OSC 알고리즘에 의한 NIR 데이터 전처리는 6 경우에서 가장 효과적 인 방법인 것으로 나타났다. 그러므로 바이오디젤 NIR 스펙트라 전처리에 대해서 추 천될 수 있다[40]. "quasi" - 비선형 PLS 방법은 더 잠재적인 변수를 필요로 한다는 사실은 비선형 기술이 바이오디젤 NIR 스펙트럼으로부터 여분의 정보를 추출하기 위해 필요하다는 것을 나타낸다.

3.4 비선형 calibration model: ANN(인공신경망) 방법

위에서 고찰한 바와 같이 Poly-PLS와 Spline-PLS models는 이들의 비선형성은 이론적으로 정당화되지 않기 때문에 단지 "quasi" 비선형 MDA 방법으로서 생각될 수 있다. 그러나 이들 모델은 이들의 실제적인 적용(예를 들면, 석유정제 생성물과 석유화학 제품의 분석)을 정당화하는 좋은 결과를 생성시킬 수 있다. 비록 MLR이 과거 300년 동안 화학에서의 현대적인 데이터 분석의 "초석"이었다 할지라도 그것은 완전하지 않다[56]. 입력-출력 의존의 선형에 대한 가정은 대부분의 화학시스템에 대한 대략적인 근사이다(일반적으로 값의 작은 간격에 대해서 타당한). 현대 응용수학은 보편적으로 널리 사용된 ANN 방법을 포함하는 회귀문제에서의 다양한 다른 해를 제공한다[38,39,56].

Kolmogorov의 이론에 기초할 때 한정된 수의 신경단위를 포함하는 단일 숨겨진 층을 갖는 표준 multilayer feedforward neural network(MLP, multilayer perceptron)는 보편적인 근사체로서 생각될 수 있다. 원칙적으로 ANN은 그것의 구조와 자유 파라미터(무게)의 적당한 선택으로서 입력과 출력 데이터 사이의 어떤 선형 혹은 비선형 의존에 접근할 수 있다. 그러므로 ANN은 양자이론[56]으로부터 석유화학[38] 분야에 이르기까지의 화학의 거의 모든 분야에서의 비선형 데이터 분석에 대한 가장 효과적인 기술 중에서 하나이다. ANN 방법의 주된 불리한 점은 그것의 연산 복잡성과 확률론적 성질이다(ANN 트레이닝의 결과는 초기 파라미터에 의존한다). 그것은 또한 트레이닝에 대한 훨씬 더 큰 데이터 세트를 요구한다[56].

표 7은 예측의 RMSE 뿐만 아니라 바이오디젤 연료성질 예측을 위한 다른 ANN 파라미터에 관해서 요약해 놓았다. PLS regression에 의한 에러값과의 비교에서 더 낮은 에러값은 모든 경우에서 관찰되어졌다(평균적으로 -56±7%). 특별히 RMSEP는 동점도의 예측에 대해 2/3까지 감소되어졌다. 그래서 점도는 바이오디젤 연료(물론, 4가지 성질 세트로부터)의 가장 "비선형" 성질로 불릴 수 있다.

[Table 7] Results of artificial neural network(ANN) approach for biodiesel properties prediction: density, kinematic viscosity, water content, and methanol percentage

Biodiesel property	Unit	Best pre-processing method for near infrared (NIR) data	Network structure (PC/IN-HN-ON)	Prediction error (RMSEP)
Density (specific gravity)	$Kg\ m^{-3}$	SGD1-MC-OSC	9-5-1	0.42
Kinematic viscosity	$mm^2 s^{-1}$	SGD2-MC-OSC	11-6-1	0.068
Water content	ppm	SGD2-MC-OSC	9-5-1	45
Methanol content	ppm	MC-OSC/SGD2-MC-OSC	12-4-1	51

[a] Refs.[7,37].

그림 1은 바이오디젤 NIR 데이터에서의 NN 방법의 우수성을 강조한다(다변량 데

이터 분석의 "전통적인" 방법과의 비교에서).

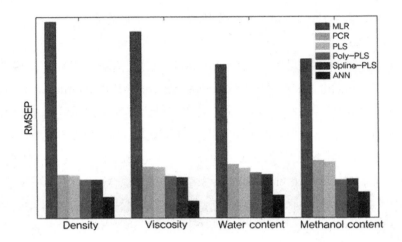

[Fig 1] The comparison of the performance of linear and non-linear calibration techniques – namely, multiple linear regression(MLR), principal component regression(PCR), partial least squares regression(PLS), polynomial and spline-PLS versions, and artificial neural networks(ANN) – for prediction of biodiesel properties from near infrared(NIR) spectra. The model was created for four biodiesel properties: desity(at 15°C), kinematic viscosity(at 40°C), water(H_2O) content, and methanol content, and methanol content. The root mean squared errors of prediction(RMSEP) are reported. The density and viscosity errors are multiplied by 100 and 500, respectively, for comparison with other ones.

Calibration model 구축을 위한 ANN 방법과 SGD2-MC-OSC 알고리즘에 의한 스펙트라 전처리와의 결합은 가장 좋은 결과를 초래하였다.

3.5 입수 가능한 문헌 데이터와의 비교

2007년에 Correia 등[37]은 PLS와 PCR에 앞서 적용된 일반적으로 사용된 전처리 기술의 영향에 관한 이들의 분석에 관해서 발표하였다. 이들은 바이오디젤의 근 적외선 스펙트럼과 그것의 메탄올과 수분 함유량을 서로 관련시키기 위한 개발된 calibration models의 질을 비교하였다. 연구된 50개의 시료로부터 38개는 calibration을 위해 그리고 12개는 테스팅을 위해 사용되었다. LOOCV(Leave-one-out cross-validation)가 적용되었다[37].

2008년에 Correia 등[7]은 4가지 바이오디젤 성질을 결정키 위한 NIR 분광학의 사용에 관해서 보고하였다. 요오드가(IV), CFPP, 동점도(40℃) 그리고 밀도(15℃), PCA(Principal component analysis)는 스펙트라의 정성분석을 실행하기 위해 사용되었으며 PLS regression은 분석 데이터와 스펙트라 데이터 사이의 calibration models를 개발하기 위해 사용되었다. 144개와 91개의 산업과 실험실적 바이오디젤 시료가 연료의 점도와 밀도를 예측하기 위해서 각각 사용되어졌다[7].

참고문헌[7,37]으로부터의 결과와 이 장에서의 결과의 비교를 표 8에 나타내었다. 밀도를 제외하고서 여기서의 calibration models(PCR 그리고 PLS)는 3가지의 이유 때문에 Correia 등[7,37]의 결과보다도 더 나쁜(덜 정확한) 결과를 생성시켰다: (ⅰ) 시료 수에 있어서의 차이(612 vs. 50-144), (ⅱ) 바이오디젤 공급원료수에 있어서의 차이 (21 vs. 3-4), 그리고 (ⅲ) 바이오디젤 성질 범위에 있어서의 차이.

[Table 8] Comparison of ANN results with acailable literature data: model prediction errors (RMSEP)

	Correia and co-workers[a]		Balabin et al. (current study)						
			All (612 samples)			ES1-F		ES2-R(110 sample)	
	PCR	PLS	PCR	PLS	ANN	PCR	PLS	PCR	PLS
Density (specific gravity), $Kg\ m^{-3}$	–	0.9	0.86	0.85	0.42	0.81	0.80	0.84	0.83
Kinematic viscosity, $mm^2 s^{-1}$	–	0.09	0.20	0.20	0.068	0.088	0.088	0.093	0.092
Water content, ppm	77	75	107	99	45	74	74	71	69
Methanol content, ppm	67	61	114	111	51	70	65	69	58

[a] Refs. [7,37].

만약 바이오디젤 공급원료의 수가 calibration 에러에 영향을 미친다면 쉽게 체크할 수 있었다. 5가지를 제외하고서 공급원료 타입 모두를 제외시켰다: 유채유, 해바라기 유, 코코넛 오일, 대두유 그리고 사용된 프라잉 오일(289개의 바이오디젤 시료). 이 여분의 세트(ES1-F)는 위에서 고찰된 같은 파라미터에 의한 calibration model 구축을 위해 사용되었다. 이들 결과는 표 8에 나타내었다. ES1-F 시료세트의 사용은 여기서의 결과와 Correia 등의 결과 [7,37] 사이의 차이를 크게 감소시켰다. 이것은 바이오디젤 제조를 위한 공급원료의 수는 다른 calibration models을 비교할 때마다 고찰되어져야 하는 중요한 파라미터라는 사실을 제안해 준다. 다른 공급원료의 사용은 더 정교한(다성분) 시스템에 대한 필요 때문에 증가된 예측 에러를 초래한다.

그 중에서도 특히 PLS/PCR 결과는 시료세트 크기에 관하여 포화되어진다-양자화학에서 CBS/BSL(complete basis set/basis set limit)와 비슷한 현상[59-62]. 50-144로부터 289까지 시료의 수를 증가시킴은 현저하게 감소된 에러를 초래하지 않는다. 연료밀도는 시료세트 크기에 의해서 영향을 받는 유일한 성질이었다(표 8). 여기서는 발표된 결과에 또한 영향을 미칠 수 있었던 밀도 측정을 위한 더 정밀한 방법(ASTM D4052 vs. EN ISO 3675)을 사용하였다.

여기서의 시료세트와 Correia 등[7,37]의 그것 사이에서 바이오디젤 성질의 범위 내에서 현저한 차이가 있다. 밀도, 점도, 수분함량 그리고 메탄올 함유량에 대한 범위는 각각 [877;922] [858;928]kgm^{-3}, [3.6;4.9] vs. [2.8;9.2]mm^{2}s^{-1}, [218;1859] vs. [159;2000]ppm 그리고 [106;1283] vs. [101;1513]ppm이다. 이 장에서의 시료세트는 연료 성질의 훨씬 더 큰 범위를 다룬다. 세 번째 가설(성질범위 영향)을 체크하기 위하여 여분의 시료세트(ES2-R)를 오리지널 세트로부터 준비되었다. 이 세트에서의 시료는 Correia 등[7,37]에 의해 보고된 범위 내에서 성질값을 갖는다. ES2-R 시료세트는 PCR 그리고 PLS calibration model 구축을 위해 사용되었다.

표 8은 근 적외선 분광학(다변량 데이터 분석과의 결합에서)은 바이오디젤 성질의 빠르고 정확한 추정을 위한 효과적인 도구로서 사용되어질 수 있다는 사실을 지적해 주는 Correia 등의 결과[7,37] ($\Delta \approx 6\%$)를 재생성시킬 수 있었다는 사실을 나타낸다. 성질범위는 calibration model 구축을 위한 중요한 파라미터이다. 선형회귀 모델은 넓은 범위에 걸쳐서 출력값을 재생성시키기 위해 불충분하다는 사실을 나타낸다.

"스펙트럼-성질" 의존의 PCR/PLS 근사는 ANN에 의한 그것보다도 더 "국소적"이다(비록 ANN 트레이닝을 위한 충분한 데이터가 필요하다 할지라도)[63-68].

바이오디젤 ES1-F와 ES2-R 시료세트는 완전한 시료세트로서 얻어진 결과인 이 장에서의 결과와 입수 가능한 문헌 데이터 사이의 차이를 명료하게 한다.

디젤연료 성질(세탄지수, 밀도, 점도, 50%와 85% 회수를 위한 증류 온도, 그리고 총 황함유량)은 2005년에 PLS와 ANN 스펙트라 분석을 사용한 FTIR-ATR, FT-NIR 그리고 FT-Raman 분광학에 의해서 모델화 되었다[69]. PLS models에서 45개의 디젤시료는 트레이닝 그룹에서 사용되어졌으며 다른 45개의 시료는 확인에서 사용되었다. ANN 분석에서 modular feedforward network이 사용되었다. 60개의 디젤시료는 NN 트레이닝에서 사용되어졌으며 다른 30개 시료는 확인에서 사용되어졌다. 분광학적 기술은 어느 것도 황함유량의 결정을 위한 적당한 PLS calibration models

를 생성시킬 수 없었다.

ANN/FT-Raman models는 가장 좋은 성능을 나타내었다. 트레이닝/확인 시료수에 있어서의 차이 때문에 PLS와 ANN 결과를 직접적으로 비교한다는 것은 거의 불가능하다.

NIR과 IR 분광학을 사용한 PLS models는 2010년에 디젤/바이오디젤 블렌드(밀도, 황함유량과 증류온도(유출온도))의 품질 파라미터를 예측하기 위해 개발되었다[70]. 영역과 장치를 사용하는 RMSEP는 조사된 성질에 대한 대응되는 표준방법의 재현성과 비교될 수 있는 것으로 나타났다. 직접적인 표준화(DS)를 사용한 2개의 기기 사이에서의 calibration transfer는 이차적인 기기의 완전한 recalibration으로서 얻어진 그것과 비교될 수 있는 예측에러를 생성시켰다. 단지 PLS 회귀 방법만이 이 장에서 사용되어졌다는 사실을 주목하라[70].

짧은 파장의 NIR 스펙트라 영역(850~1050nm)에 대한 저렴한 흡수 분광광도계는 2010년에 Gonzaga와 Pasquini에 의해서 기술되었다[71].

분광광도계는 전통적인 dichroic lamp, long-pass filter, 시료셀과 Czerny-Turner type polychromator coupled to a 1024 pixel non-cooled photodiode array로 기본적으로 구성되어졌다. 분광광도계의 예비평가에서는 일정한 실온에서 스펙트라의 1차 도함수의 좋은 반복성과 몇몇 스펙트라 영역을 다른 C-H stretching 3rd overtones로 할당가능성을 나타내었다. 결국 분광광도계는 PLS calibration models만을 사용한 디젤(바이오디젤이 아닌)시료의 분석 그리고 그들의 품질 파라미터의 측정을 위해 성공적으로 적용되어졌다. 외부확인을 사용한 RMSEP에 대해서 발견된 값은 각각 세탄지수에 대해서 0.5 그리고 증류된 시료의 10%, 50%, 85% 그리고 90%(v/v)를 얻을 때 증류과정 동안 이루어진 온도에 대해 2.5℃로부터 5.0℃까지였다.

PLS, interval PLS 그리고 synergy PLS regressions는 바이오디젤/디젤 블렌드의 품질 파라미터의 동시측정에 Ferrao 등[72]에 의해서 사용되었다. 바이오디젤 양, 비중, 황함유량 그리고 인화점은 HATR(horizontal attenuated total reflectance) 액세서리로서 얻어진 IR 영역에서의 분광학적 데이터를 사용하여 평가되어졌다. 바이오디젤과 2가지 타입의 디젤을 사용하여 0.2%로부터 30%(v/v)까지의 농도로 85개의 이성분(바이오디젤/디젤) 블렌드가 제조되어졌다. 57개의 시료는 calibration set로서 사용되어졌으며 반면 28개 시료는 외부 확인세트로서 사용되어졌다. iPLS와 siPLS의 알고리즘은 연구된 각 성질에 대한 가장 적합한 스펙트라 영역을 선택할 수 있었다. 연구된 모든 성질에 대해서 가장 중요한 밴드를 선택하여 siPLS 알고리즘은 완전한 스펙트럼보다도 더 좋은 모델을 생성시켰다.

3.6 방법 비교: 일반적인 견해

그림 1은 바이오디젤 성질 예측의 다른 다변량 방법에 의해서 얻어진 결과를 요약해 놓았다. 예측에러에 관해서 그들 방법은 다음과 같이 순서로 나열될 수 있다:

ANN > Spline–PLS ≈ Poly–PLS > PLS ≈ PCR >> MLR

NN방법은 NIR 분광학적 데이터에 기초하여 가솔린 분석을 위한 빠른 방법의 창출을 위해 가장 효과적이다(그림 1). 선형 모델에 대한 그것의 유리한 점은 특히 선형 방법(MLR, PCR 그리고 PLS)과의 비교에서 합성 데이터 세트를 사용할 때 현저하다. ANN 방법은 MLR보다도 8.3±2.2배 더 효과적이고 PLS보다도 2.3±0.4배 더 효과적이었다(RMSEP 비율에 따라서).

Calibration 방법은 연구자에 대한 그것의 단순성에 의해서 그리고 요구되는 계산의 양에 의해서 특징지워진다[63]. 이들 파라미터에 관해서 위에서 기술된 방법은 다음과 같은 순서로 배열될 수 있다(또한 참고문헌[40]을 보시오).

연산시간 : MLR ≈ PCR ≈ PLS < Poly–PLS << ANN < Spline–PLS
사용 용이성 : MLR ≈ PCR ≈ PLS ≈ Poly–PLS > Spline–PLS >> ANN

ANN 트레이닝은 PCR 혹은 PLS 모델-구축 방법보다도 ~10^3배 더 많은 시간을 소비한다[38]. 여분의 복잡성은 모델 파라미터 최적화에 대한 필요성으로부터 온다. 이것은 3개의 독립파라미터를 최적화시킬 필요가 있는 Spline–PLS 모델에 대해서 특히 중요하다. 3D 공간의 이러한 타입의 연구는 매우 시간 소비적일 수 있다. 스펙트라/참고(기준) 데이터 처리를 위한 방법을 선택할 때 요구되는 연산시간(CPU)과 방법의 단순성("사용자-친근성")에 관한 데이터를 또한 고려해야 한다.

04 결론

다음과 같은 결론이 도출될 수 있다.

01 NIR 분광학적 데이터에 기초한 바이오디젤 연료성질의 예측의 효과적인 모델

이 구축되었다. 밀도, 점도, 수분 퍼센트 그리고 메탄올 함유량에 대한 독립 시료세트에서의 RMSEP는 각각 $0.42kgm^{-3}$, $0.068mm^2S^{-1}$, 45ppm 그리고 51ppm 이었다. 그러므로 실제적인 이행을 위해 이 모델이 추천된다.

02 MLR, PCR, PLS regression, Poly-PLS와 Spline-PLS 그리고 ANN은 바이오 디젤 성질의 예측을 위해 비교되었다. 데이터 전처리기술과 calibration model 파라미터는 각 경우에 대해서 독립적으로 최적화되었다.

03 ANN 방법은 선형(MLR, PCR 그리고 PLS) 그리고 "quasi"-비선형(Poly-PLS 그리고 Spline-PLS) calibration 방법에 비해서 우수하였다. 이 장에서는 바이오 디젤은 "비선형"적이라는 사실을 확인하였다. ANN 방법은 효과적인 calibration model 구축을 위해 사용되었다(위를 보시오).

04 입수 가능한 문헌 데이터와의 비교는 calibration model 효율에서의 바이오디젤 공급원료 타입의 수 그리고 (출력) 성질 범위의 중요성을 나타내었다.

05 1차/2차 Savitzky-Golay 도함수와 뒤이은 SGD1/2-MC-OSC(Mean Centring plus Orthogonal Signal Correction)[7]에 의한 Correia 등[7,37]에 의해서 추천된 전처리 과정은 바이오디젤 NIR 데이터 전처리를 위해 효과적이었다.

다른 바이오디젤 성질을 모델링하기 위한 NN 방법의 효율성을 명료하게 하기 위하여 추가적 연구가 필요하다. 채종유는 다른 복잡한 시료이며 이들은 NIR 분석을 위해 흥미로운 대상이다. 여기에 나타낸 결과는 다른 바이오연료(예를 들면, 바이오 알코올/알코올 연료, 에탄올-가솔린 연료, 섬유질계 에탄올, 바이오에테르, 조류연료), 석유정제 제품(LPG, 가솔린, 나프타, 등유/제트 항공기 연료, 디젤연료, 선박용 연료유, 윤활유, 파라핀 왁스, 아스팔트와 타르 그리고 석유 코오크) 그리고 석유화학 제품(올레핀과 그들의 전구체, 방향족 탄화수소: 예, 벤젠 혹은 혼합된 자일렌)의 빠르고 정확한 분석을 용이하게 할 수 있다. 제약 QC, 식품 QC와 같은 분석화학의 다른 분야에서의 NIR 분광학의 사용은 Bayesian 통계학의 축내에서 ANN 뿐만 아니라 다른 기계적 방법(데이터 마이닝, 패턴인식, AC)을 포함하는 다변량 데이터 분석의 현대적 방법의 적용에 의해서 향상될 수 있다.

■ References

01. Kim SB, Temiyasathit C, Bensalah K, Tuncel A, Cadeddu J, Kabbani W, et a!. Expert Syst Appl 2010;37:3863.
02. Balabin RM, Safieva RZ. J Near Infrared Spectrosc 2007;15:343.
03. Balabin RM, Safieva RZ. Fuel 2008;87:2745.
04. Jiye A, Trygg J, Gullberg J, Johansson AI, Jonsson P, Antti H, et al. Anal Chem 2005;77:8086.
05. Monteiroa MR. Ambrozin ARP, Santos MS, Boffo EF, Pereira-Filho ER, Lião LM, et al. Talanta 2009;78:660.
06. Workman Jr J, Koch M, Lavine B. Chrisman R. Anal Chem 2009;81:4623.
07. Baptista P, Felizardo P, Menezes jC, Correia MJN. Talanta 2008;77:144.
08. Balabin RM. J Phys Chem A 2009;113:4910.
09. Balabin RM. J Phys Chem 2009;A113:1012.
10. Balabin RM. J Phys Chem Lett 2010;1:20.
11. Hallas JM. Modern spectroscopy. 4th ed. Wiley; 2004.
12. Balabin RM, Syunyaev RZ, Karpov SA. Fuel 2007;86:323.
13. Balabin RM, Syunyaev RZ, Karpov SA. Energy Fuels 2007;21:2460.
14. Oliveira FCC, Brandao CRR, Ramalho HF, Costa LAF, Suarez PAZ, Rubim JC. Anal Chim Acta 2007;587:194.
15. Agarwal AK. Prog Energy Combust Sci 2007;33:233.
16. Demirbas A. Prog Energy Combust Sci 2007;33:1.
17. Balabin RM. J Dispers Sci Technol 2008;29:457.
18. Monteiro MR. Ambrozina ARP, Lião LiVi, Ferreirac AG. Talanra 2008;77:593.
19. Knothe G. J Am Oil Chem Soc 2001;78:1025.
20. Sarin R, Sharma M, Sinharay S, Malhotra R. Fuel 2007;86:1365-71.
21. Oliveira L, Franca A, Camargos R, Ferraz V. Bioresour Technol 2008;99: 3244-50.
22. Berchmans H, Hirata S. Bioresour Technol 2008;99:1716-21.
23. Chisti Y. Biotechnol Adv 2007;25:294-306.
24. Rashid U, Anwar F. Fuel 2008;87:265-73.
25. Liu X, Piao X, Wang Y, Zhu S, He H. Fuel 2008;87:1076-82.
26. Meher L, Sagar D, Naik S. Renew Sust Energy Rev 2006;10:248-68.
27. Demirbas A. Energy Convers Manage 2008;49:125-30.
28. Canakci M, VanGerpen J. Trans ASAE 1999;42:1203-10.
29. Abreu F, Lima D, Hamú E, Wolf C, Suarez P. J Mol Catal A-Chem 2004;209:29-33.
30. Bournay L, Casanave D, Deifort B, Hillion G, Chodonge JA, Catal Today 2005;106:190-2.
31. Ranganathan SV, Narasimhan SL, Muthukumar K. Bioresour Technol 2008;99:3975-81.
32. Balabin RM, Syunyaev RZ. J Colloid lnterf Sci 2008;318:167.

33. Balabin RM, Safieva RZ. Fuel 2008;87:1096.

34. Lillhonga T, Geladi P. Anal Chim Acta 2005;544:177.

35. Syunyaev RZ, Balabin RM, Akhatov IS, Safieva JO. Energy Fuels 2009;21:2460.

36. Pimentel MF, Ribeiro GMGS, da Cruz RS, Stragevitch L, Pacheco JGA, Teixeira LSG. Microchem J 2006;82:201.

37. Felizardo P, Baptista P, Menezes JC, Correia MJN. Anal Chim Acta 2007;595:107.

38. Balabin RM, Safieva RZ, Lomakina EI. Chemometr Intell Lab 2007;88:183.

39. Balabin RM, Safieva RZ, Lomakina EI. Chemometr Intell Lab 2008;93:58.

40. Yang H, Griffiths PR, Tate JD. Anal Chim Acta 2003;489:125.

41. Li Y, Brown CW, Lo S-C. J Near Infrared Spectrosc 1999;7:55.

42. Sekulic S, Seasholtz MB, Wang Z, Kowalski BR. Anal Chem 1993;65:835.

43. Patil PD, Gude VG, Deng Shuguang. Ind Eng Chem Res 2009;48:10850.

44. ASTM D6751 - 09. Standard specification for biodiesel fuel blend stock (B100) for middle distillate fuels. doi:10.1520/D6751-09.

45. ASTM D4052 - 09. Standard test method for density, relative density, and API gravity of liquids by digital density meter. doi:10.1520/D4052-09.

46. ASTM D445- 09. Standard test method for kinematic viscosity of transparent and opaque liquids (and calculation of dynamic viscosity). doi:10.1520/ D0045-09.

47. Ni Y, Wang L, Kokot S. Anal Chim Acta 2001;439:159.

48. Naes T, lsaksson T, Fearn T, Davies T. A user-friendly guide to multivariate calibration and classification. Chichester. UK: NIR Publications: 2002.

49. Reinikainen JKS-P, Aaljoki K. Höskuldsson A. Chemometr Intell Lab 2009;97:159.

50. Frank IE. Chemometr Intell Lab 1990;8:109-19.

51. Wold S, Kettaneh-Wold N, Skagerberg B. Chemometr Intell Lab 1989;7:53-65.

52. Wold S.Chemometr Intell Lab 1992;14:71-84.

53. Balabin RM. Chem Phys 2008;352:267.

54. Balabin RM. J Chem Phys 2008;129:164101.

55. Syunyaev RZ, Balabin RM. J Dispers Sci Technol 2007;28:419.

56. Balabin RM, Lomakina EI. J Chem Pbys 2009;131:074104.

57. Kurkova V. Neural Net 1992;5:501.

58. Andrejkova G, Mikulova M. Neural Net World 1998;8:501.

59. Császár AG, Allen WD, Schaefer III HF. J Chem Phys 1998;108:9751.

60. Balabin RM. Chem Phys Lett 2009;479:195.

61. Balabin RM. J Chem Phys 2009;131:154307.

62. Balabin RM. J Phys Chem A 2010;114:3698.

63. Kent JT, Bibby JM, Mardia KV. Multivariate analysis (probability and

mathematical statistics). Elsevier; 2006.

64. Syunyaev RZ. Balabin RM. J Dispers Sci Technol 2008;29:1505.

65. Balabin RM, Safieva RZ, Lomakina El. Neural Comput Appl 2009;18:557.

66. Blanco M. Peguero A. J Pharmaceut Biomed 2010;52:59.

67. Cruz J, Bautista M. Amigo JM, Blanco M. Talanta. 2009;80:473.

68. Devos O, Ruckebusch C, Durand A. Duponchel L, Huvenne J-P. Chemometr Intell Lab 2009;96:27.

69. Santos VO, Oliveira FCC, Lima DG, Petry AC, Garcia E, Suarez PAZ, et al. Anal Chim Acta 2005;547:188.

70. de Lira LFB, de Vasconcelos FVC, Pereira CF, Paim APS, Stragevitch L, Pimentel MF. Fuel 2010;89:405.

71. Gonzaga FB, Pasquini C. Anal Chim Acta 2010;670:92.

72. Ferrão MF, de Souza Viera M, Pazos REP, Fachini D. Gerbase AE, Marder L. Fuel 2011;90:701.

08장_

바이오디젤 분석을 위한 NIR 분광학

_하나의 진동 스펙트럼으로부터의 분류성상, 요오드가 그리고 CFPP

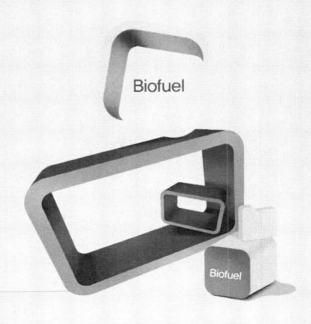

Biofuel

Biofuel

개요

NIR 분광학적 데이터와 ANN에 기초한 바이오디젤 연료성질 예측의 효과적인 calibration model이 구축되었다. 분별조성을 포함하는 4가지의 다른 연료성질이 정확하게 예측되었다. T_{50}(v/v), T_{90}(v/v), 요오드가(IV) 그리고 CFPP에 대한 독립 시료세트에서의 RMSEPs는 각각 1.73℃, 1.78℃, 0.90gI$_2$/100g 그리고 0.77℃이었다. MLR, PCR, PLS regression, Poly–PLS와 Spline–PLS 그리고 ANNs는 바이오디젤 성질의 예측을 위해 비교되었다. 데이터 전처리 기술과 calibration model 파라미터는 각 경우에 대해서 독립적으로 최적화되었다. ANN 방법은 선형(MLR, PCR 그리고 PLS) 그리고 "quasi"-비선형(Poly–PLS 그리고 Spline–PLS) calibration methods에 비해서 우수하였다. ANN 방법은 MLR보다도 7.5±1.9 더 효과적이며 PLS보다도 2.6±0.9 더 효과적이었다 (RMSEP 비율에 따라서). 바이오디젤은 매우 "비선형"적 객체이다.

9가지의 데이터 전처리 방법(mean centering, mean scattering correction, standard normal variate, Savitzky–Golay derivatives, range scaling 등)이 테스트되었다. Mean Centering plus Orthogonal Signal Correction을 수반한 1차 및 2차 Savitzky–Golay 도함수는 바이오디젤 NIR 데이터 전처리를 위해 효과적인 것으로 나타났다.

01 서론

여기서는 최근의 연구에 대하여 중요한 3가지 이슈에 관해서 고찰하게 될 것이다:

(ⅰ) 현대 분석화학에서의 NIR 분광학과 그것의 역할[1-13].

(ⅱ) 전통적인 디젤연료에 대한 대체연료로서의 바이오연료[14-32], 그리고 데이터 분석의 현대적 방법[33-80]. 자세한 고찰에 대한 참고문헌이 제공되게 될 것이다.

신 재생 에너지의 사용은 화석연료에의 의존성을 감소시키기 위해서 폭넓게 진행되어져야 한다[7].

에탄올과 바이오디젤(대체 연료 혹은 바이오연료로 불리는)에 대한 수요는 환경적, 경제적, 정책적 그리고 사회적 이슈 때문에 과거 수년에 걸쳐서 증가하였다[5,15-

17]. 바이오디젤은 지방산 모노알킬 에스터로서 구성되며 이들은 메탄올(MeOH) 혹은 에탄올(EtOH)과 같은 짧은 사슬의 알코올에 의한 채종유 혹은 동물성 지방의 염기 촉매 하의 트랜스에스터화를 거쳐서 얻어진다[5,18]. 이 바이오연료는 석유계 디젤에 대한 주요한 대체연료이다[5,18]. 그것의 물리적 성질은 석유계 디젤의 그것들과 매우 비슷하기 때문에 순수한 혹은 블렌드 된 바이오디젤의 사용은 디젤엔진에서의 어떤 변형을 필요로 하지 않는다.

증가된 바이오디젤 사용은 GHG, PM 그리고 황성분의 배출의 감소를 초래한다. 게다가 WFO는 바이오디젤 생산에서 원재료로서 사용될 수 있어서 산업 및 가정 폐기물의 감소 및 재사용을 초래할 수 있다[7]. 최근에 바이오디젤과 석유계 디젤의 블렌드는 전세계적으로 상업화되었다[5,19].

지리적 제한과 오일 가격에 기초하여 바이오디젤은 다양한 공급원료으로부터 생산될 수 있으며[20~25] 바이오디젤 생산을 위해 다른 기술을 적용할 수 있다[26~31]. 따라서 최종 생성물은 다른 성질을 가질 수 있어서 바이오디젤의 QC는 매우 중요하다. EN 14214는 바이오디젤 품질을 보증키 위해서 분석되어져야 하는 25개의 파라미터를 규정해 놓고 있으며 이들 분석은 비용이 많이 들고 시간을 많이 소비한다.

발전된 센서기술의 개발은 발전된 통계 방법이 매우 효과적인 전산시스템과 결합하는 많은 연구분야에서 종종 발견되는 스펙트라 데이터의 양을 증가시켰다[1]. 스펙트라 데이터는 NIR 분광학, MS 분광학 그리고 NMR(^{1}H-NMR/^{13}C-NMR) 분광학을 포함하는 기술로부터의 데이터의 성분이다. 이들 중에서 NIR 분광학은 다른 분석 도구에 비해서 유리한 점을 갖는데 그것은 이것이 비파괴적이며 최소 시료제조를 요구하며 실시간에서의 감응을 생성시킬 수 있다(이것은 공정분석화학, PAC에 대해서 중요한 유리한 점이다: NIR 분광학은 780-2500nm(12820-4000cm^{-1})의 파장범위에서 전자기 복사선의 흡수에 기초한다[7].

NIR 스펙트라의 여러 분석 연구들은 과거 20년간에 걸쳐서 실행되어졌다. NIR 분광학적 데이터의 응용은 의학, 약학, 식품, 석유 및 석유화학, 생명공학 분야에서 찾아볼 수 있다[2,5]. MDA(multivariate data analysis)와 관련시킬 때 진동 분광학 기술들(IR, NIR 그리고 Raman)[8-11]은 연료시료의 분석에서 강력한 도구인 것으로 밝혀졌다. 석유정제 및 석유화학 제품을[2,5] 분석하기 위한 이들 분광학적 방법은 좋은 정확도와 정밀성을 나타내는 보편적인 ASTM 기술보다도 더 빠르다. 그리고 이것은 비파괴적이며 실시간으로 원격 QC에서 사용될 수 있다[14]. NIR 분광학은 바이오디젤 QC에서의 사용을 위한 빠르고 값싼 대체방법이다[7,32-37].

Correia 등[7]은 4가지 바이오디젤 성질을 결정키 위한 NIR 분광학의 사용에 관해

서 보고하였다: 요오드가(IV), CFPP, 동점도(40℃에서) 그리고 밀도(15℃에서), PCA 는 스펙트라의 정성분석을 실행하기 위해 사용되었으며 PLS regression은 분석 그리 고 스펙트라 데이터 사이에서의 calibration models를 개발하기 위해서 사용되었다.

Oliveira 등[10]은 채종유와의 B2와 B5 바이오디젤 블렌드의 혼합을 확인하기 위해서 FT-Raman calibration이 가장 좋은 정확도를 생성시켰다(0.028% w/w)[10]. 분석물 농도 혹은 복잡한 시료의 성질을 예측하기 위해 다른 타입의 스펙트라 데이터로부터의 적절한 관련된 정보를 추출하기 위해 multivariate calibration methods가 점차적으로 사용되어 오고 있다[1,38,39]. 그러나 이들 방법과 관련된 주된 문제점은 데이터 비선형이다.

데이터 전처리(데이터 변환과 변수 선택과 같은), 선형방법(단지 약간 비선형성에 대하여), 로컬 모델링, 여분의 변수의 추가 그리고 비선형 calibration 기술과 같은 비선형 데이터 시스템의 calibration 기술은 확고한 calibration models는 천연적인 "정교한" 다성분 시스템(예를 들면, 바이오디젤 연료[7])에서 발견될 수 있는 가혹한 고유의 본질적인 비선형성을 모델링하기 위한 가능성을 갖는다.

가장 중요한 선형 calibration method는 PLS/ projection on latent structures(PLS) regression[10,39]이다. 2가지의 가장 중요한 비선형 calibration methods는 PLS의 비선형 변형체(예를 들면, Poly-PLS) 그리고 ANNs[39]이다. 이들 두 가지 기술에서의 여러 비교 연구들은 여러 데이터세트를 사용하여 실행되어졌다. 몇몇 연구에서 데이터가 비선형이었을 때 NN은 PLS보다도 더 잘 실행되었다(또한 위를 보시오)[10,38,39,41]. 다른 상황에서 ANN과 비선형 PLS 분석은 동등하게 좋은 결과를 주었다[42]. 여러 연구로부터 얻어진 다른 결론은 비선형성의 성질에서의 차이로부터 초래되었다는 사실은 가능하다[38,39].

이 장에서는 NIR 스펙트라로부터 바이오디젤 성질의 예측을 위한 선형(MLR, PCR 그리고 PLS) 그리고 비선형 calibration 기술(Poly-PLS와 Spline-PLS[38], ANN)의 성능을 비교하였다. 4가지의 중요한 바이오디젤 성질을 위한 모델이 창출되었다: T50(50% v/v), T90(90%v/v), 요오드가(IV) 그리고 CFPP. 또한 모델 예측 능력에 미치는 다른 전처리 방법의 영향에 관해서 조사하였다. 그 중에서도 ANNs는 단지 한 번 스펙트라 데이터로부터의 바이오디젤 품질계수를 예측하기 위해 사용되어졌다[78].

02 실험

2.1 기준데이터 수집

기준데이터는 ASTM D6751과 EN 14214에 따라서 수집되었다.

2.1.1 분별분리 조성(증류온도)

바이오디젤 연료의 분류성상(유출온도) ASTM D1160[45]에 따라서 측정되었다. 연료는 2가지의 증류온도[T50, T90]에 의해서 특성화시켰다. 측정은 3회 반복하였다. 평균값이 기준값(문성 측정값)으로서 사용되었다. ASTM D6751에 따라서 바이오디젤 T90은 360℃(680℉)를 초과해서는 안 된다. 기준방법의 정확도(반복성)는 1-5℃ [45,79]이었다.

2.1.2 요오드가(IV)

시료의 요오드가(IV)는 EN 14111(Wijs 방법을 사용한)에 따라서 측정되었다. 측정은 3회 반복되었다; 평균값이 기준값으로 사용되었다. 기준방법의 정확도는(반복성) 1℃이었다[46].

바이오디젤 연료 성질의 범위는-T50, T90, IV 그리고 CFPP-각각 [266;310]℃, [295;367]℃, [61;148]gI$_2$ 그리고 [-15;12]℃이었다.

2.2 NIR분광학

NIR 스펙트라는 실온에서(20-23℃) 얻어졌다. 9000cm^{-1} 그리고 4500cm^{-1}(1110-2500nm)사이의 스펙트라 범위를 8cm^{-1}의 분해로서 스캔하였다. 각 시료 스펙트럼에 대해서 평균 64 스캔이 이루어졌다. 분광광도계 정확성은 ~0.05%이었다[8-11].

2.3 NIR 스펙트라 전처리

데이터 전처리는 참고문헌 37과 78에 따라서 이루어졌다. 간략히 calibration model 구축 전에 여러 가지 폭넓게 사용되는 전처리 기술이 스펙트라 데이터에 적용되었다. 9가지의 데이터 전처리 방법이 테스트되었다:

- MC : Mean Centering.
- MSC-MC : Mean Soattering Correction, 수반되는 MC.
- SNV-MC : Standard Normal Variate scaling plus Mean Centering.
- SGDs-MC : s-order Savitzky-Golay derivative, 수반되는 MC(s=1-3).
- MC-OSC : Orthogonal Signal Correction method을 수반하는 MC.
- SGDs-MC-OSC : Orthogonal Signal Correction method(s=1-3)을 수반하는 SGDs-MC.
- RS(for ANN only): 다른 간격으로 스케일링하는 범위: [0.0;1.0], [0.1;0.9], [0.2;0.8], 그리고 [0.3;0.7].

바이오디젤 연료의 NIR 스펙트라에 대한 다른 전처리 방법에 관한 자세한 고찰은 참고문헌 37과 78에 나타나 있다. SGD2-MC-OSC 방법은 가장 좋은 결과를 생성시켰으며 데이터 전처리를 위해 사용되었다.

2.4 모델 효율성(Calibration Error) 추정

창출된 모델의 예측 능력을 특징짓기 위해 그리고 그것의 파라미터를 최적화시키기 위해 RMSECV(root-mean-square(rms) error of cross-validation)를 사용하였다 [38,39]. 10-fold cross-validation(CV) 과정이 적용되었다[37-39]. 다른 CV variants(예, LOOCV, leave-one-out cross validation)는 거의 동등한 결과를 초래하였다. 독립 데이터 세트에서 다변량 모델 정확성을 체크하기 위해 RMSEP[37]가 사용되었다. Nested-CV 과정이 또한 이 데이터세트에 대해서 적용될 수 있었다.

2.5 모델 최적화

다른 다변량 회귀 방법을 비교하기 위하여 가장 좋은 가능한 모델의 효율성을 찾아야 한다. 그것의 파라미터에 대한 calibration model 효율성의 의존성 때문에 다음과 같은 파라미터를 변화시켰다(최적화시켰다)[38].

- MLR : no parameters.
- PCR : number of principal components(PC=1-20).
- PLS(or Linear-PLS) : number of latent variables(LV=1-20).
- Poly-PLS : number of latent variables(LV1-20), number of knots(k=1-8), and degree of polynomial(n=1-8).
- ANN : number of latent variables / input neurons (LV/IN=1-20), number of hidden neurons(HN=1-20), and transfer function of hidden layer: $f(x)=\{log\ sig;\ tan\ sig\}$[38]. ANN 트레이닝 파라미터는 표 1에 나타내었다.

[Table 1] Training Parameters of Artificial Neural Networks(ANNs) Used for Biodiesel Propeties Prediction Based of Near-Infrared(NIR) Spectroscopy Data

property	value/comment
algorithm	Levenberg-Marquardt
minimized error function	Mean Squared Error(MSE)
learning	supervised
initialization method	Nguyen-Widrow
transfer functions	
input layer(IN)	[a]
hidden layer(HN)	hyperbolic tangent(tanh)
output layer(ON)	hyperbolic tangent(tanh)[b]
number of training iterations	150
number of best iterations,	5
used for averaging	
maximal number of epoch	10000
early stopping	10-fold cross validation(CV)
number of input neurons(principal components)	1-20
number of hidden neurons	1-20

[a] No transfer function is used. [b] Network output was ranged in a [-0.9;0.9] interval.

모델 파라미터의 최적화의 한 예는 그림 1에 나타내었다. 잠재변수의 최적수는 15로 설정되었다(RMSECV=1.3gI$_2$/100g: 그림 1을 보시오).

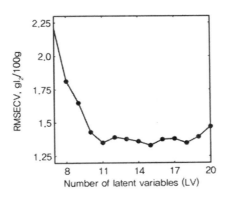

[Fig 1] Dependence of the root-mean-square error of cross-valida-tion(RMSECV) of the biodiesel iodide value (IV) prediction on the number of latent variables (LV) used for the model building. The gloval minimum is observed at 15LV and RMSECV = 1.3gI$_2$/100g. The local minimum produced using smaller numbers of latent variables can still indicate good modeling(for example, may be more robust to over-fitting). We use the 10-fold CV procedure accounted for model over-fitting, so local minima are not considered for further analysis.

각 바이오디젤 성질에 대하여 1 MLR, 20 PCR, 20 PLS, 160 Poly-PLS, 1280 Spline-PLS 그리고 800 ANN 모델이 구축되었으며 비교되었다. 만약 전처리 방법이 포함된다면 각 바이오디젤 성질에 대한 20,000 이상의 다른 다변량 모델이 가장 좋은 것을 찾기 위해서 사용되었다.

03 바이오디젤 성질에 대한 calibration models와 근 적외선 분광 스펙트라에 의한 예측

3.1 MLR 모델. Benchmark Data

MLR은 calibration models의 창출을 위한 가장 간단한 방법이다. 선형 "시그널-성질" 연결(관련)의 가정에 기초할 때 이 방법은 분석화학에서 실험데이터 처리를 위한 기본적인 방법이다. 선형성이 최대 정확도로서 충족시켜지는 시그널을 선택하는 것이 중요하다. 가장 간단한 경우에서 하나의 시료 성질은 하나 혹은 두 개의 상수에 의해서 단일 시그널과 연결된다(예, 어떤 주어진 파장에서 스펙트라 피이크 높이 혹은 광밀도).

MLR 방법은 여러 "간단한" 시스템[38,47]에 대하여 효과적인 것으로 밝혀졌지만 더 큰 수의 자유도를 갖는 시스템에 대한 그것의 적용은 항상 성공적이지는 않다. 자유 파라미터의 수를 변화시킴으로써 (수백 개까지) calibration error를 감소시키는 것이 가능하다; 그러나 CV와 예측 에러는 일반적으로 높게 남는다[38].

바이오디젤 NIR 스펙트라 데이터에 MLR 적용의 결과는 표 2에 나타내었다. NIR 영역에서 다른 파장에서 282개의 광밀도 값이 변수(X)로서 사용되었다. 표 2에 나타낸 바와 같이 MLR 방법은 calibration model 구축을 위해 효과적이지 못하였다. 바이오디젤 성질예측의 부정확성은 매우 높았다(기준방법의 그것보다도 훨씬 더 높은). 바이오디젤의 T50, T90, IV 그리고 CFPP 각각에 대한 그것의 상대적으로 낮은 calibration errors가 0.71℃, 0.71℃, 0.30gI$_2$/100g 그리고 0.33℃에도 불구하고 RMSEPs는 매우 높았다(표 2를 보시오).

입력값으로서 전체 스펙트럼을 사용할 때 MLR 에러는 calibration 모델 구축의 다른 방법(더 효과적인)에 대한 benchmark("zero point")로 사용될 수 있다. 그러므로 훨씬 더 효과적인 방법들이 입수 가능하기 때문에 이들 에러는 단지 비교를 위해 제공된다.

[Table 2] Results of Multiple Linear Regression(MLR) Approach for Biodiesel Properties Prediction: Fractional Composition(Distillation Temperatures), Iodine Value, and Cold Filter Plugging Point

biodiesel property	units	best preprocessing method for near-infrared (NIR) data	prediction error, RMSEP
end boiling point 50% v/v), T50	℃	MC	14.9
end boiling point(90% v/v), T90	℃	MC	17.1
iodide value, IV	g I$_2$/100g	MC	4.91
cold filter plugging point, CFPP	℃	MC	4.96

특히 그 중에서도 MC 전처리 방법이 가장 낮은 MLR 에러를 생성시켰다(데이터

는 나타내어져 있지 않다). 더 정교한 전처리 알고리즘은 어떤 에러 감소를 초래하지 않았다. 그러므로 이들 방법에 의해 추출된 여분의 정보는 MLR 모델 구축을 위해 실제로 사용되지 않았다.

3.2 선형방법: PCR 그리고 PLS

이 절에서는 바이오디젤 성질 예측을 위한 2개의 선형 다변량 방법의 효과에 관해서 고찰키고 한다. PCR(principal component regression) 그리고 PLS regression.

3.2.1 PCR(Principal Component Regression)

PCR은 MLR보다도 스펙트라 데이터의 다변량 분석을 위한 더 발전된 방법이다. 변수의 수를 감소시키고 노이즈 제거에 의해서 이 방법에서 더 큰 예측 정확성이 이루어진다[48].

"시료/변수"(자유 파라미터) 비율을 100까지(여기서는 55-110, 표 3을 보시오) 증가하기 때문에 PCR calibration model은 정확하고 확고한 것으로 가정될 수 있다. 그러한 "시료/변수" 비율은 MLR 모델로서 거의 가능하지 않은데, 그것은 수천 개의 시료가 필요하기 때문이다. 10 이상의 "시료/변수" 비율이 PCR 방법으로서 쉽게 이루어질 수 있다.

동시에 PCR(뿐만 아니라 MLR)의 기초는 "시그널-성질" 관계에서의 선형성의 가정이다. 넓은 범위의 성분 농도를 갖는 여러 간단한 시스템에 대해서조차도 분석물 농도에 관해서 OD(광밀도)의 선형성은(Bouguer-Lambert-Beer Law) 관찰되지 않았다[11,41-43]. 그러므로 위에서 언급된 선형성은 디젤/바이오디젤 연료와 같은 다성분 시스템에 관찰되어지는 것을 기대하는 것은 어렵다[1].

표 3은 바이오디젤 NIR 데이터에 PCR 적용의 결과를 요약해 놓았다. MLR 결과와 비교하였을 때 CV 에러는 모든 바이오디젤 성질에 대해서 상당히 감소되었다. 예측 에러에 대해서도 같은 현상이 언급될 수 있다(비교를 위해서 표 2를 보시오). 비록 에러 자체가 상대적으로 높다 할지라도 PCR 모델은 적어도 시료 성질의 정성적으로 올바른 값을 제공할 수 있었다. 예를 들면, PCR 방법은 낮은 끓는점의 시료로부터 높은 끓는점을 갖는 바이오디젤 시료를 올바르게 구별한다. IV와 CFPP 성질에 관해서도 동일한 현상이 언급될 수 있다.

[Table 3] Result of Principal Component Regression(PCR) Approach for Biodiesel Properties Prediction: Fractional Composition(Distillation Temperatures), Iodine Value, and Cold Filter Plugging Point

biodiesel property	units	best preprocessing method for near-infrared (NIR) data	number of principal components, PC	prediction error, RMSEP
end boiling point (50% v/v), T50	℃	SGD2-MC-OSC	6	5.9
end boiling point (90% v/v), T90	℃	SGD2-MC-OSC	6	6.3
iodide value, IV	g I_2/100 g	SGD2-MC-OSC	16	1.63
cold filter plugging point, CFPP	℃	SGD1-MC-OSC	14	1.63

이 결과는 바이오디젤 NIR 스펙트라에 MDA(multivariate data analysis) 적용의 가능성을 나타낸다. 불행히도 그것의 높은 부정확성 때문에 PCR 방법은 NIR 데이터를 사용한 바이오디젤 분석을 위해 추천될 수 없다.

SGD2-MC-OSC 전처리 방법은 T50, T90, IV, 바이오디젤 성질에 대한 가장 낮은 RMSECV/RMSEP 값을 나타내었다. SGD1-MC-OSC 전처리 방법은 CFPP에 대해서 가장 좋은 결과를 나타내었다. 데이터 전처리의 이들 한층 정교한 알고리즘에 의해서 추출된 추가적인 정보는 PCR 모델 구축을 위해 성공적으로 사용되었다[2].

3.2.2 PLS Regression

PLS regression은 PCR과 가까운 관계를 갖는 통계적(다변량) 방법이다[38]. PLS 방법의 주된 차이는 input(X)와 output(Y) 데이터가 새로운 공간으로 이해된다는 것이다. 바이오디젤 분석의 경우에 X와 Y는 각각 스펙트라와 성질이다.

PLS 방법은 calibration model 구축을 위한 가장 인기 있는 chemometric 알고리즘 중에서 하나이다. 게다가 PLS 방법은 NIR 데이터 처리를 위한 표준방법으로서 생각될 수 있으며 데이터 분석을 위한 선형방법이다(위를 보시오).

표 4를 다른 바이오디젤 시료의 NIR 분광학 데이터에 PLS 방법의 적용결과를 나타낸다. PLS 결과는 PCR 결과와 비슷하였지만 이보다도 약간 더 좋았다: RMSECYV 값은 평균적으로 3±5%까지 감소되었다. 가장 좋은 결과는 IV에 대해 이루어졌다(-11%). PLS 회귀는 바이오디젤 성질과 품질계수의 선형 모델링을 위한 선택방법이다[2,3,38]. 더 작은 수의 input 값은 PCR model보다도 PLS model을 더 확고하게 만든다.

[Table 4] Result of Partial Least Squares(PLS) Regression Approach for Biodiesel Properties Prediction: Fractional Composition(Distillation Temperatures), Iodine Value, and Cold Filter Plugging Point

biodiesel property	units	best preprocessing method for near-infrared (NIR) data	number of principal components, PC	prediction error, RMSEP
end boiling point (50% v/v), T50	℃	SGD1-MC-OSC	5	5.9
end boiling point (90% v/v), T90	℃	SGD1-MC-OSC	6	6.1
iodide value, IV	g I$_2$/100 g	SGD2-MC-OSC	15	1.46
cold filter plugging point, (CFPP)	℃	SGD2-MC-OSC	11	1.64

SGDs-MC-OSC, s={1,2}전처리 기술은 PLS calibration model에 의한 모든 바이오디젤 성질은 예측하기 위한 가장 좋은 방법인 것으로 나타났다. 그것은 전처리 기술의 SGDs-MC-OSC 패밀리는 바이오디젤 NIR 스펙트라로부터 여분의 정보를 추출할 수 있다는 사실을 확인한다. 이 결론의 일반론은 다른 (바이오)디젤 시료세트에 이들 기술의 적용에 의해서 체크될 수 있다.

3.3 "Quasi"-비선형 PLS 변형방법: Poly-PLS 그리고 Spline-PLS

3.2절은 선형 calibration models는 기준 방법의 정확성에 가까운 정확성을 갖는 바이오디젤 파라미터를 생성시킬 수 없다는 사실을 분명히 나타내었다: 선형 NIR 데이터 처리의 에러는 높다.

Poly-PLS[50,51] 그리고 Spline-PLS[52]를 포함하는 PLS 방법[49]의 여러 비선형 변형 방법이 있다. 이들 두 가지 방법과 "선형" PLS 사이의 유일한 차이는 하나의 알고리즘 단계이며 이것에서 선형 PLS 함수가 polynomial(Poly-PLS) 혹은 spline function(구분적 다항식 함수: spline-PLS)로 변화되어진다는 것이다. Polynomial function과 spline function은 어떤 차수를 가질 수 있다. 고전적 데이터 분석과 다변량 데이터 분석 사이의 유사는 데이터 세트가 선형 fitting function에 의해서 잘 기술되지 않을 때 더 높은 차수의 다항식 함수(n=2, 3 등) 혹은 spline function을 사용해야 한다. 다변량 데이터분석에 대해서 같은 차례가 효과적이다. 비선형 PLS 알고리즘에 관한 자세한 내용은 참고문헌[40,50-52]에서 고찰되어져 있다. 선형-PLS의 단순함(간결성)을 갖는 위에서 언급된 방법은 계산에서 상당히 더 복잡하다는 사실을 주목하라. 실현을 위한 시간은 신경망(NN) 트레이닝 시간과 비교될 수 있다(특히 Spline-PLS)[38,40].

표 5와 6은 바이오디젤 NIR 데이터에 Poly-PLS 방법과 Spline-PLS 방법의 적용결과를 나타낸다. 가솔린 데이터[38]와는 대조적으로 변형된 PLS 방법은 그들의 효과에 관해서 어떤 차례로 배열되지는 않는다. 분류성상(유출온도)(T50과 T90)의 경우에 Poly-PLS는 Spline-PLS calibration model보다도 더 효과적인 것 같다(참고문헌 38의 결과와 비교). Ⅳ와 CFPP 성질의 경우에 반대상황이 관찰된다. Spline-PLS 기술은 Poly-PLS 기술보다도 더 효과적이다. Poly-PLS와 Spline-PLS calibration models의 결과 사이에서의 차이는 어느 정도 다소 작았으며($8\pm5\%$) 그래서 그들은 거의 동등하게 효과적인 것으로 생각될 수 있다(또한 아래에서의 고찰을 보시오).

선형함수 대신에 Poly-PLS/Spline-PLS의 사용은 예측에러를 $32\pm19\%$까지 감소시켰다(가솔린 NIR 데이터[38]에 대한 $8\pm5\%$와 비교). 이들 차이는 특히 분류성상데이터에 대해서 상당하며 47%-48%까지 감소하였다. 이들 데이터는 바이오디젤은 "비선형" 시스템이라고 불릴 수 있다는 사실을 나타내었다(혹은 가솔린[38]보다도 "덜 선형적" 이다). 바이오디젤 연료의 큰 분자(더 높은 분자량)에서의 더 강한 분자 간 상호작용은 이 특별한 시스템에 대한 비선형 calibration의 적용을 정당화한다[9,53-55].

[Table 5] Result of Polynomial Least Squares(Poly-PLS) Regression Approach for Biodiesel Properties Prediction: Fractional Composition(Distillation Temperatures), Iodine Value, and Cold Filter Plugging Point

biodiesel property	units	best preprocessing method for near-infrared (NIR) data	LV-n	prediction error, RMSEP
end boiling point (50% v/v), T50	℃	SGD1-MC-OSC	7-2	3.1
end boiling point (90% v/v), T90	℃	SGD2-MC-OSC	6-3	3.2
iodide value, IV	g I$_2$/100 g	SGD2-MC-OSC	15-2	1.22
cold filter plugging point, CFPP	℃	SGD2-MC-OSC	16-2	1.61

[Table 6] Result of Spline Least Squares(Spline-PLS) Regression Approach for Biodiesel Properties Prediction: Fractional Composition(Distillation Temperatures), Iodine Value, and Cold Filter Plugging Point

biodiesel property	units	best preprocessing method for near-infrared (NIR) data	Ln-k-n	prediction error, RMSEP
end boiling point (50% v/v), T50	℃	SGD2-MC-OSC	7-2-2	3.2
end boiling point (90% v/v), T90	℃	SGD2-MC-OSC	7-3-3	3.6
iodide value, IV	g I$_2$/100 g	SGD2-MC-OSC	12-4-2	1.17
cold filter plugging point, CFPP	℃	SGD2-MC-OSC	11-4-2	1.45

SGD2-MC-OSC 알고리즘에 의한 NIR 데이터 전처리는 가장 효과적인 방법인 것으로 나타났다. 그러므로 이 알고리즘은 바이오디젤 NIR 스펙트라 전처리를 위해 추천될 수 있다[40]. "quasi-" 비선형 PLS 방법은 더 많은 잠재변수를 필요로 한다는 사실을 비선형 기술이 바이오디젤 NIR 스펙트럼으로부터의 여분의 정보를 추출하기 위해 필요하게 된다는 사실을 나타낸다. 그래서 바이오디젤 NIR 스펙트라의 15~17 주된 주요 성분(잠재변수)는 연료 조성/성질에 대한 중요한 정보를 제공해주는 것으로 기대된다. 바이오디젤 연료는 다성분 혼합물이라는 사실은[12,13] 다변량 기술의 적용의 결과에 분명히 영향을 미친다.

3.4 비선형 calibration model: ANN 방법

위에서 고찰한 바와 같이 Poly-PLS와 Spline-PLS models는 그들의 비선형성이 이론적으로 정당화되지 않기 때문에 단지 "quasi"- 비선형 MDA 방법으로서 생각될 수 있다. 그러나 이들 models는 그들의 실제적인 적용을(예, 석유정제 생성물과 석유화학 제품의 분석) 정당화하는 좋은 결과를 생성시킬 수 있다.

비록 MLR은 과거 300년 동안 화학에서의 현대적 데이터 분석의 "초석"이라할 지라도 그것은 완전하지 않다[56]. 압력-출력 의존의 선형성에 대한 가정은 대부분의 화학시스템에 대한 대략적인 근사이다(일반적으로 값의 작은 간격에 대해서 타당한). 현대 응용수학은 일반적으로 사용되는 ANN 방법을 포함하는 회귀문제에서의 다양한 다른 해를 제공한다[38,39,56].

Kolmogorov의 이론에 기초할 때 한정된 수의 신경단위를 포함하는 단일 숨겨진 층을 갖는 표준 multilayer feedforward neural network(MLP, multilayer perceptron)는 보편적인 근사체로서 생각될 수 있다. 원칙적으로 ANN은 그것의 구조와 자유 파라미터(무게)의 적당한 선택으로서 입력과 출력 데이터 사이의 어떤 선형 혹은 비선형 의존에 접근할 수 있다. 그러므로 ANN은 양자이론[56]으로부터 석유화학[33]분야에 이르기까지의 화학의 거의 모든 분야에서의 비선형 데이터 분석에 대한 가장 효과적인 기술 중에서 하나이다. ANN 방법의 주된 불리한 점은 그것의 연산 복잡성과 확률론적 성질이다(ANN 트레이닝의 결과는 초기 파라미터에 의존한다). 그것은 또한 트레이닝에 대해 훨씬 더 큰 데이터 세트를 요구한다[56].

표 7은 예측의 RMSE뿐만 아니라 바이오디젤 연료성질 예측을 위한 다른 ANN 파라미터에 관해서 요약해 놓았다(또한 표 1을 보시오). PLS regression에 의한 에러 값과의 비교에서 더 낮은 에러값은 모든 경우에서 관찰되어졌다(평균적으로 −58±16%). 특별히 RMSEP값은 T90(v/v)의 예측에 대해서 71%까지 감소되어졌다. 그래서 T90은 바이오디젤 연료의 가장 "비선형" 성질로 불릴 수 있다[38]. 이 바이오디젤 성질은 가장 높은 분자량의 화합물에 의해서 크게 영향을 받기 때문에 이 결과는 혼합물에서의 분자 간 상호작용 때문이라는 사실을 주장할 수 있다[53~56].

그림 2는 바이오디젤 NIR 데이터에 대한 NN 방법의 우수성을 강조한다(다변량 데이터 분석의 "전통적" 방법과의 비교에서). RMSEP값의 보고된다. IV와 CFPP에러는 다른 것과의 비교를 위해 3을 곱하게 된다.

[Table 7] Result of Artificial Neural Network(ANN) Approach for Biodiesel Properties Prediction: Fractional Composition(Distillation Temperatures), Iodine Value, and Cold Filter Plugging Point

biodiesel property	units	best preprocessing method for near-infrared (NIR) data	Ln-k-n	prediction error, RMSEP
end boiling point (50% v/v), T50	℃	SGD2-MC-OSC	12-5-1	1.7
end boiling point (90% v/v), T90	℃	SGD2-MC-OSC	10-5-1	1.8
iodide value, IV	g I$_2$/100 g	SGD2-MC-OSC	13-4-1	0.90
cold filter plugging point, CFPP	℃	SGD1-MC-OSC	16-4-1	0.77

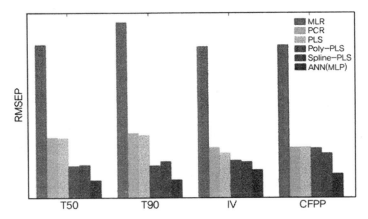

[Fig 2] Comparison of the performance of linear and nonlinear calibration techniques-
namely, multiple linear regression(MLR), prin-cipal component regression(PCR),
partialleast-squares(PLS) regression polynomial and spline PLS versions, and
artificial neural networks(ANNs)-for prediction of biodiesel properties from near
-infraed(NIR) spectra. The model was created for four biodiesel properties: the
end boiling point(50% v/v) (T50), the end boiling point(90% v/v)(T90), the
iodide value(IV), and the cold filter plugging point(CPFF).

Calibration model 구축을 위한 ANN 방법과 SGD2-MC-OSC 알고리즘에 의한 스펙트라 전처리의 결합은 가장 좋은 결과를 생성시켰다.

모든 예측 결과는 같은 calibration dataset와 같은 validation dataset에 기초한다. 이들 두 가지의 데이터세트 각각은 모든 가능한 오일로부터 대표적인 바이오디젤 연료를 갖는다. 다른 오일로부터 유도된 바이오디젤 연료의 각 타입은 어떤 주어진 모델에 의해서 적응되어져야 하는 다른 분광학적 특질을 갖는다. 참고문헌 74에 나타낸 바와 같이 NIR 분광학은 정교한 분류 알고리즘(예, support vector machines. SVM)과 결합될 때 그들의 공급원료에 의해 이 특별한 시료세트에서 바이오디젤 시료를 성공적으로 분류할 수 있다. 또한 많은 잠재변수가 calibration model 구축을 위해 사용되었다는 사실을 주목하라. 생성되는 선형과 비선형 models는 많은 잠재변수을 갖는 가능한 이유 중에서 하나는 이들이 다중 연속적 "미니-모델"로서 실제적으로 구성되기 때문이다.

3.5 입수 가능한 문헌 데이터와의 비교

Correia 등[7]은 4가지의 바이오디젤 성질을 측정하기 위한 NIR 분광학의 사용에

관해서 보고하였다: 요오드가(IV), CFPP, 동점도(40℃에서) 그리고 밀도(15℃에서) 스펙트라의 정성분석을 실행하기 위해 PCA(principal component analysis)를 사용하였으며 PLS regression을 분석데이터와 스펙트라 데이터 사이의 calibration models를 개발하기 위해 사용하였다.

Pimentel 등[59]은 NIR과 IR 분광학을 사용한 바이오디젤 분석을 위한 PLS multivariate model을 적용하였다. 연구에서 고려된 성질은 다음과 같다: 밀도(P), 황성분양(S) 그리고 2개의 유출온도(T50과 T85). T85는 최근의 연구에서 T90과 거의 직접적으로 비교될 수 있다.

이 장에서의(ANN-계) 예측에러는 이들 앞서의 연구의 결과와 동등하거나 혹은 이보다도 더 낮다. T50에 대해서 1.73 vs 2.35℃; T90/T85에 대해서 1.78 vs 2.01℃; IV에 대해서 0.77 vs 0.7gI_2/100g; 그리고 CFPP에 대해서 0.90 vs 1.0℃. IV에 관해서 ANN계 방법은 선형 MDA 방법에 비해서 우수하였다. PLS와 ANN 방법은 기준방법(ASTM)의 (1℃)[59]의 그것과 비슷한 정확도로서 IV값을 재생성시킴에서 성공적이었기 때문에 두 가지의 결과는 성공적인 것으로 불릴 수 있다. 다른 공급원료의 사용은 더 정교한(더 "다성분") 시스템의 분석 때문에 증가된 예측에러를 초래한다 [15,16].

그 중에서도 특히 PLS/PCR 결과는 시료세트 크기에 관해서 포화된다. 이것은 양자화학에서 CBS/BSL과 비슷한 현상이다[60-63]. 200개로부터 600개로까지 시료수를 증가시킴은 현저하게 감소된 에러를 초래하지는 않는다. 그래서 "CBS-type" 값은 다른 방법에 대해서 계산될 수 있다.

3.6 방법비교: 일반적인 견해

그림 2는 바이오디젤 성질 예측의 다른 다변량 방법에 의해서 얻어진 결과를 요약해 놓았다. 예측에러에 관해서 다음과 같은 순서로 나열할 수 있다:

ANN>Spline-PLS ≈ Poly-PLS>PLS ≈ PCR ≫ MLR.

NN 방법은 NIR 분광학적 데이터에 기초할 때 바이오디젤 분석을 위한 빠른 방법이다(그림 2를 보시오). 선형 models에 비한 ANN의 유리한 점은 특히 선형방법(MLR, DCR 그리고 PLS)과의 비교에서 현저하다. ANN 방법은 MLR보다도 7.5±1.9 더 효과적이며 PLS보다도 2.6±0.9 더 효과적이다(RMSEP 비율에 따라서).

비록 가장 정확한 방법은 아니라 할지라도 calibration 방법은 연구자에 대한 그것의 간결성에 의해서 그리고 요구되는 계산의 양에 의해서 특징지워진다[64]. 이들 파라미터에 관해서 위에서 기술된 방법은 다음과 같은 순서로 나열할 수 있다(참고문헌 40).

computation time:

$MLR \approx PCR \approx PLS < Poly\text{-}PLS \ll ANN < Spline\text{-}PLS$

Ease of use:

$MLR \approx PCR \approx PLS \approx Poly\text{-}PLS > Spline\text{-}PLS \gg ANN$

ANN 트레이닝은 PCR 혹은 PLS 모델 구축방법보다도 $\sim 10^3$배의 더 많은 시간을 소비한다[38]. Extra complications는 모델 파라미터 최적화에 대한 필요성으로부터 오게 되며 이것은 특히 Spline-PLS models에 대해서 중요하며 여기서 3개의 독립 파라미터가 최적화되어져야 한다. 3D space의 이러한 타입의 연구는 매우 시간을 많이 소비할 수 있다.

스펙트라/기준 데이터 처리를 위한 방법을 선택할 때 요구되는 연산시간과 방법의 간결성에 관한 데이터가 또한 고려되어져야 한다. 예측에러는 고려되어져야 하는 유일한 인자는 아니다.

04 결론

다음과 같은 결론을 이끌어 낼 수 있다.

01 NIR 분광학적 데이터와 ANNs에 기초한 바이오디젤 연료성질의 예측을 위한 효과적인 모델을 구축하였다.

02 T50, T90, IV 그리고 CFPP에 대한 독립적인 시료세트에서의 RMSEP값은 각각 1.73℃, 1.78℃, 0.90gI$_2$/100g 그리고 0.77℃이었다. 그러므로 ANN계 모델은 실제적용을 위해 추천될 수 있다.

03 "uncalibrated" 연료타입으로서 연구를 진행할 때 주의해야 한다. 다른 machine learning technique을 사용함으로부터의 에러는 3까지 증가할 것이다.

04 MLR, PCR, PLS, Poly-PLS, Spline-PLS 그리고 ANN은 바이오디젤 성질의 예측을 위해 비교되었다. 데이터 전처리 기술과 calibration model 파라미터는 각 경우에 대해서 독립적으로 최적화되었다.

05 ANN 방법은 선형(MLR, PCR, 그리고 PLS) 그리고 "quasi"-비선형 (Poly-PLS 와 Spline-PLS) calibration models보다도 우수하였다. 바이오디젤은 "비선형" 대상물이다. ANN 방법은 효과적인 calibration model 구축을 위해 사용되었다.

06 전처리과정(Correia와 공동연구자에 의해서 추천된 바와 같은)인 1st/2nd Savitzky-Golay derivative와 수반된 SGD1-MC-OSC(Mean Centering plus Orthogonal Signal Correction) 그리고 SGD2-MC-OSC는 바이오디젤 NIR 스펙트라 데이터 전처리를 위해 효과적이었다.

GC, NMR, UV-Vis, IR 그리고 Raman 분광학과 같은 다른 분석방법은 ANNs과의 결과로부터 분석 데이터로부터 물성의 예측을 크게 향상시킬 수 있다. SVM(Support vector machine)과 SVM 관련된 기술(SVR/LS-SVM)[791-81]은 또한 PAC의 구조에서 분광학적 방법과 분석도구의 정확도를 향상시킬 수 있다.

■ **References**

01. Kim, S. B.; Temiyasathit, C.; Bensalah, K; Tuncel, A; Cadeddu, J.; Kabbani, W.; Mathker, A V.; Liu, H. *Expert Syst. Appl.* 2010, 37, 3863-3869.
02. Balabin, R. M.; Safieva, R Z. *J. Near Infrared Spectrosc.* 2007,15, 343-349.
03. Balabin, R. M.; Safieva, R Z. *Fuel* 2008, 87, 2745-2752.
04. Jiye, A; Trygg, J.; Gullberg, J.; Johansson, A.I.;Jonsson, P.; Antti, H.; Marklund, S. L; Moritz, T. *Anal. Chem.* 2005, 77, 8086-8094.
05. Monteiroa, M. R.; Ambrozin, A. R. P.; Santos, M. S.; Boffo, E. F.; Pereira-Filho, E. R; Liio, Lião, L. M.; Ferreira, A. G. *Talanta* 2009, 78,660-664.
06. Workman, J., Jr.; Koch, M; Lavine, B.; Chrisman, R. *Anal. Chem.* 2009,8 1,4623-4643.
07. Baptista, P.; Felizardo, P.; Menezes, J. C.; Correia, M. J. N. *Talanta* 2008, 77, 144-151.
08. Balahin, R. M. *J. Phys. Chem. A* 2009, 113,4910-4918.
09. Balabin, R. M. *J. Phys. Chem. A* 2009, 113, 1012-1019.
10. Balabin, R. M. *J. Phys. Chem. Lett.* 2010, 1, 20-23.

11. Hollas, J. M *Modern Spectroscopy*, 4th ed.; Wiley: New York, 2004.
12. Balabin, R. M.; Syunyaev, R Z.; Karpov, S. A. *Fuel* 2007, 86, 323-327.
13. Balabin, R. M.; Syunyaev, R Z.; Karpov, S. A. *Energy Fuels* 2007, 21, 2460-2465.
14. Oliveira, F. C. C.; Brandao, C. R. R; Ramalho, H. F.; Costa, L. A. F.; Suarez, P. A. Z.; Rubirn, J. C. *Anal. Chim. Acta* 2007, 587, 194-199.
15. Agarwal, A. K. *Prog. Energy Combust. Sci.* 2007, 33, 233-271.
16. Demirbas, A. *Prog. Energy Combust. Sci.* 2007, 33, 1-18.
17. Balabin, R. M. *J. Dispers. Sci. Technol.* 2008, 29, 457-463.
18. Monteiro, M. R.; Ambrozina, A. R. P.; Lião, L. M.; Ferreirac, A. G. *Talanta* 2008, 77, 593-605.
19. Knothe, G. *J. Am. Oil Chem. Soc.* 2001, 78, 1025-1028.
20. Sarin, R.; Snarma, M.; Sinharay, S.; Miainhotra, R. *Fuel* 2007, 86, 1365-1371, 86, 1365-1371.
21. Oliveira, L.; Franca, A; Camargos, R.; Ferraz, V. *Bioresource Technol.* 2008, 99, 3244-3250.
22. Berchmans, H.; Hirata, S. *Bioresource Technol.* 2008,99,1716-1721.
23. Chisti, Y. *Biotechnol. Adv.* 2007, 25, 294-306.
24. Rashid, U.; Anwar, F. *Fuel* 2008, 87, 265-273.
25. Liu, X.; Piao, X; Wang, Y; Zhu, S.; He, H. *Fuel* 2008, 87, 1076-1082.
26. Meher, L.; Sagar, D.; Naik, S. *Renewable Sustainable Energy Rev.* 2006, 10, 248-268.
27. Demirbas, A *Energy Convers.* Manage. 2008, 49, 125-130.
28. Canakci, M.; VanGerpen, J. Trans. *ASAE* 1999, 42, 1203-1210.
29. Abreu, F.; Lima, D.; Hamú, E.; Wolf, C; Suarez, P. J. Mol. Catal. A 2005, 209, 29-33.
30. Bournay, L.; Casanave, D.; Delfort, B.; Hillion, G.; Chodorge, J. A Catal. Today 2005, 106, 190-192.
31. Ranganathan, S. V.; Narasimhan, S. L.; Muthukumar, K. *Bioresource Technol.* 2008, 99, 3975-3981.
32. Balabin, R. M.; Syunyaev, R. Z. J. *Colloid Interface Sci.* 2008, 318, 167-174.
33. Balabin, R. M.; Safieva, R. Z. *Fuel* 2008, 87, 1096-1101.
34. Lillhonga, T.; Geladi, P. *Anal. Chim. Acta* 2005, 544, 177-183.
35. Syunyaev, R. Z.; Balabin, R. M.; Akhatov, I. S.; Safieva, J. 0. *Energy Fuels* 2009, 23, 1230-1236.
36. Pimentel, M. F.; Ribeiro, G. M. G. S.; da Cruz, R. S.; Stragevitch, L; Pacheco, J. G. A.; Teixeira, L. S. G. *Microchem. J.* 2006, 82,201-206.
37. Felizardo, P.; Baptista, P.; Menezes: J. C.; Correia, M. J. N. Anal. *Chim Acta* 2007, 595,107-113

38. Balabin, R. M.; Safieva, R. Z.; Lomakina, E. I. *Chemometr. Intell.* Lab. 2007, 88, 183-188.

39. Balabin, R M.; Safieva, R. Z.; Lomakina, E. I. *Chemometr. Intell.* Lab. 2008, 93, 58-62.

40. Yang, H.; Griffiths, P. R; Tate, J. D. *Anal. Chim.* Acta 2003, 489, 125-136.

41. Li, Y.; Brown, C. W.; Lo, S.-C. J. *Near Infrared Spec.* 1999, 7, 55-62.

42. Sekulic, S.; Seasholtz, M. B.; Wang, Z.; Kowalski, B. R. *Anal. Chem.* 1993, 65, 835-845.

43. Patil, P. D.; Gude, V. G.; Deng, S. *Ind. Eng. Chem. Res.* 2009, 48, 10850-10856.

44. ASTM Standard D67Sl-09, *Standard Specification for Biodiesel Fuel Blend Stock* (B100) *for Middle Distillate Fuels*; American Standards for Testing and Materials (ASTM): West Conshohocken, PA, 2009(DOI:10.1520/D6751-09, www.astm.org).

45. ASTM Standard D1160-06, *Standard Test Method for Distillation of Petroleum Products at Reduced Pressure*; American Standards for Testing and Materials: West Conshohocken, PA, 2006(DOI:10.1520/D1160-06, www.astm.org).

46. European Standard CEN EN 116, *Diesel and Domestic Heating Fuels-Determination of Cold Filter Plugging Point*, 1998.

47. Ni, Y.; Wang, L.; Kokot, S. *Anal. Chim. Acta* 2001, 439, 159-168.

48. Naes, T.; Isaksson, T.; Fearn, T.; Davies, T. A *User-Friendly Guide to Multivariate Calibration and Classification*; NIR Publications: Chichester, U.K., 2002.

49. Kohonen, J.; Reinikanen, S.-P.; Aaljoki, K.; Höskuldsson, A. *Chernometr. Intell. Lab. Syst.* 2009, 97, 159-163.

50. Frank, I. E. *Chemometr. Intell. Lab. Syst.* 1990, 8, 109-119.

51. Wold, S.; Kettaneh-Wold, N.; Skagerberg, B. *Chemometr. Intell. Lab. Syst.* 1989, 7, 53-65.

52. Wold, S. *Chemometr. Intell. Lab. Syst.* 1992, 14, 71-84.

53. Balabin, R. M. *Chem. Phys.* 2008 , 352, 267-275.

54. Balabin, R. M. J. *Chem. Phys.* 2008, 129, 164101.

55. Syunyaev, R. Z.; Balabin, R. M. J. *Dispers. Sci. Technol.* 2007, 28, 419-427.

56. Balabin, R. M.; Lomakina, E. I. J. *Chem. Phys.* 2009,131,074104.

57. Kurkova, V. *Neural Networks* 1992, 5, 501-506.

58. Andrejkova, G.; Mikulova, M. *Neural Network World* 1998, 8, 501-510.

59. de Lira, L. F. B.; de Vasconcelos, F. V. C.; Pereira, C. F.; Paim, A. P. S.; Stragevitch, L.; Pimentel, M. F. *Fuel* 2010, 89, 405-409.

60. Császár, A. G.; Allen, W. D.; Schaefer, H. F., III. *J. Chem. Phys.* 1998, 108, 9751-9764.

61. Balabin, R. M. *Chem. Phys. Lett.* 2009, 479, 195-199.
62. Balabin, R. M. *J. Chem. Phys.* 2009, 131, 154307.
63. Balabin, R. M. *J. Phys. Chem A* 2010, 114, 3698-3702.
64. Kent, J. T.; Bibby, J. M.; Mardia, K. V. *Multivariate Analysis (Probability and Mathematical Statistics)*; Elsevier: Amsterdam, 2006.
65. Syunyaev, R. Z.; Balabin, R. M. *J. Dispers. Sci. Technol.* 2008, 29, 1505-1514.
66. Balabin, R. M.; Safieva, R. Z.; Lomakina, E. I. *Neural Comput. Appl.* 2009, 18, 557-565.
67. Blanco, M.; Peguero, A. *J. Pharmaceut. Biomed.* 2010, 52, 59-65.
68. Cruz, J.; Bautista, M; Amigo, J. M; Blanco, M. *Talanta* 2009, 80, 473-478.
69. Devos, O.; Ruckebusch, C.; Durand, A; Duponchel, L.; Huvenne, J.-P. *Chemometr. Intell. Lab.* 2009, 96, 27-33.
70. Cramer, J. A.; Morris, R. E.; Rose-Pehrsson, S. L. *Energy Fuels* 2010, 24, 5560-5572.
71. Cramer, J. A.; Morris, R. E.; Giordano, B.; Rose-Pehrsson, S. L. *Energy Fuels* 2009, 23, 894-902.
72. de Peinder, P.; Visser, T.; Wagemans, R.; Blomberg, J.; Chaabani, H.; Soulirnani, F.; Weckhuysen, B. M. *Energy Fuels* 2010, 24, 557-562.
73. Bueno, A.; Baldrich, C. A.; Molina, D. V. *Energy Fuels* 2009, 23, 3172-3177.
74. Balabin, R. M.; Safieva, R. Z. *Anal Chim Acta* 2011, 689, 190.
75. Balabin, R. M.; Lomakina, E. I. Support vector machine regression (LS-SVM)-An alternative to artificial neural networks (ANNs) for the analysis of quantum chemistry data?. *Phys. Chem. Chem. Phys.* 2011, in press.
76. Bishop, C. M. *Pattern Recognition and Machine Learning*, 2nd printing ed.; Springer: Berlin, 2007.
77. Lappas, A. A.; Bezergianni, S.; Vasalos, I. A. *Catal Today* 2009, 145, 55-62.
78. Balabin, R. M.; Lomakina, E. I.; Safieva, R. Z. *Fuel* 2011, 90, 2007.
79. Balabin, R. M.; Lomakina, E. I. *Analyst* 2011, 136, 1703.
80. European Standard EN 14111, *The Analysis of Iodine Value in Biodiesel*, 2003.
81. Balabin, R. M.; Smirnov, S. V. *Anal. Chim. Acta* 2011, 692, 63-72.

09장_

NIR 분광학적 데이터를 사용한 공급원료 타입(채종유)에 의한 바이오디젤 분류

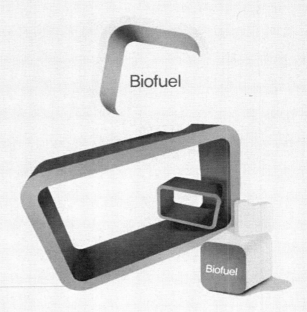

개요

바이오에탄올 혹은 바이오디젤과 같은 바이오연료의 사용은 최근 몇 년간 빠르게 증가해오고 있다. NIR 분광학(>4000cm^{-1})은 IR, Raman 혹은 NMR 방법과 비교하였을 때 바이오디젤 QC를 위한 빠른 대체 방법이다; 게다가 NIR은 실시간(온라인)으로 쉽게 이루어질 수 있다. 바이오디젤 시료 그리고 그것의 공급원료의 NIR 스펙트럼 사이에서의 상호관계를 찾고자 하였다. 이 상호관계는 연료시료를 그들의 (채종유) 공급원료에 따라서 10개의 그룹으로 분류하기 위해 사용된다. 해바라기유, 코코넛, 팜, 유채, 대두, 면실유, 피미자, 자트로파, 아바인, 사용된 프라잉 오일. PCA(Principal Component Analysis)는 NIR 스펙트라 데이터의 outlier detection과 dimensionality reduction을 위해 사용된다. RDA(reqularized discriminant analysis), PLS-DA(partial least squares method/projection on latent structure), K-nearest neighbors(KNN) techniques 그리고 SVMs(support vector machines)를 포함하는 4가지의 다른 다변량 데이터 분석 기술은 분류문제를 풀기 위해 사용된다. 공급원료 타입에 의한 바이오디젤의 분류는 현대 machine learning techniques 그리고 NIR 분광학적 데이터로서 성공적으로 해결될 수 있다. KNN 그리고 SVM 방법들은 공급원료 오일 타입에 의한 바이오디젤 분류에 대해 매우 효과적인 것으로 나타났다. 5%이하의 분류에러(E)는 SVM-계 방법을 사용하여 도달될 수 있다. 만약 연산시간이 중요한 고려사항이라면 KNN기술이(E=6.2%) 실제적인 산업적 적용을 위해 추천될 수 있다. 가솔린과 모터오일 데이터와의 비교는 바이오디젤 분류를 위한 이 방법론의 상대적인 간결성을 나타낸다.

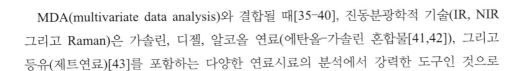

01 서론

MDA(multivariate data analysis)와 결합될 때[35-40], 진동분광학적 기술(IR, NIR 그리고 Raman)은 가솔린, 디젤, 알코올 연료(에탄올-가솔린 혼합물[41,42]), 그리고 등유(제트연료)[43]를 포함하는 다양한 연료시료의 분석에서 강력한 도구인 것으로 입증되었다. 진동 분광학적 기술은 석유정제와 석유화학 제품의 분석에서 보편적인 물성측정 기술인 ASTM이나 EN기술보다도 더 빠르다[22,23,44,45]; 게다가 좋은 정확성과 정밀성, 비파괴적인 이들 방법은 원격 QC에서 사용될 수 있다[3,12].

NIR 스펙트라의 분석은 다중시료의 결합을 수반하며 이들 각 시료는 많은 수의 상호 관련된 특질을 갖는다[2,3,12,33]. 그러한 것처럼 다양한 데이터 마이닝 알고리즘은 그러한 많은 양의 데이터를 동반하는 복잡성을 감소시키기 위해 그리고 NIR 스펙트라에서 의미 있는 패턴을 확인하는 것을 목표로 도입되었다[45-47] 회귀분석과 분류분석은 IR/NIR 스펙트라 데이터를 사용하여 성공적으로 이루어졌다[48-50].

NIR 분광학은 바이오디젤 연료의 품질특성(물성) 분석에 이미 적용되어졌다. Correia 등[57]은 PLS와 PCR 이전에 적용되었던 일반적으로 사용된 전처리 기술의 효과에 관한 이들의 분석에 관해서 발표하였다. 이들은 바이오디젤 시료의 NIR 스펙트라의 chemometric 처리는 Galfier 등[59]에 의해서 버진 올리브유 시료에서의 지방산과 트리아실글리세롤의 정량을 위해 평가되었다. 프랑스 버진 올리브유의 다섯 가지 RDOs로의 이들의 분류는 PLS classifiers를 사용하여 성공적으로 실행되어졌다. NIR 스펙트라의 chemometric 처리는 GC와 HPLC와 같은 시간을 소비하는 분석기술에 의해서 얻어진 결과와 비슷한 결과를 얻도록 해주었다. 이들 방법은 프랑스 버진 올리브유의 인증을 위한 빠르고 강력한 수단이다.

2005년에 Yang 등[60]에 의해서 실시된 연구목표는 10가지의 다른 식용유 사이를 구별하기 위해 FT-IR, FT-NIR 그리고 FT-Raman 분광학을 사용하고 이들 분광학적 방법의 성능을 비교하는 것이었다. 식용유과 지방의 스펙트라 특징에 관해서 연구되었으며 C=C 이중결합의 특징적인 진동이 확인되었으며, DA (discriminant analysis)를 위해 사용되었다[60].

바이오디젤 시료의 NIR 스펙트라와 그것의 공급원료 사이의 상호상관관계를 찾고자 하였다. 이 상호관계는 시료를 그들의 오리진(채종유의 타입)에 따라서 10개의 그룹으로 정확하게 분류하기 위해 사용된다[61]. PCA(principal component analysis)는 NIR 스펙트라 데이터의 outlier detection과 dimensionality reduction을 위해 사용된다[28-30,45-50]. RDA, PLS-DA(partial least squares-discriminant analysis), KNN(K-nearest neighbors) technique 그리고 SVMs(support vector machines)를 포함하는 4가지의 다른 다변량 데이터 분석 기술(MDA)은 그 문제를 해결하기 위해서 사용되어졌다[61]. 그 중에서도 MDA 기술과 결합하여 NIR 분광학은 바이오디젤 오리지널 공급원료에 의해 바이오디젤 연료를 분류하기 위해 이전에 적용되지는 않았다.

02 실험

2.1 NIR 분광학

각 시료 스펙트럼에 대해서 64스캔이 평균적으로 이루어졌으며 기초 배경 스펙트럼이 45분마다 측정되었다. 분광계 정확도는 ~0.05%이었다[2,28-30]. 1110-2500nm 사이의 스펙트라 범위는 8cm^{-1}의 분리로서 스캔되었다. 1개 시료의 측정은 5분 이하가 소요되었다. 평균적인 그리고 백그라운드 컬렉션 스펙트라는 이후의 데이터 전처리를 위해 사용되었다[28-30].

2.2 NIR 스펙트라 전처리

스펙트라 데이터 전처리는 참고문헌 [51,57]에 따라서 행해졌다. 간략히 calibration model 구축에 앞서 여러 폭넓게 사용된 전처리 기술들은 데이터에 적용되었다. 8가지의 데이터 전처리 방법이 테스트되었다.

- MC : Mean Centering.
- MSC-MC : Mean Scattering Correction followed by Mean Centering.
- SNV-MC : Standard Normal Variate scaling plus Mean Centering.
- SGD1-MC : 1st order Savitzky-Golay dericative followed by Mean Centering.
- SGD2-MC : 2nd order Savitzky-Golay derivative followed by Mean Centering.
- MC-OSC : Mean Centering followed by the Orthogonal Signal Correction method.
- SGD1-MC-OSC : SGD1-MC followed by the orthogonal Signal Correction method.
- SGD2-MC-OSC : SGD2-MC followed by the orthogonal Correction method.

SGD2-MC-OSC 방법은 가장 좋은 결과를 생성시켰으며 만약 다른 방법이 규정되지 않는다면 데이터 전처리를 위해 사용되었다.

2.3 분류방법: RDA, PLS-DA, KNN 그리고 SVM

2.3.1 RDA(Regularized discriminant analysis)

RDA는 LDA(linear discriminant analysis)와 QDA(quadratic discriminant analysis) 사이의 "절충"된 방법으로 불릴 수 있다. RDA는 그들의(매트릭스) 요소가 불충분한 추정의 경우에 예측을 안정화시키고자 하는 목표로서 각 클래스의 공분산 매트릭스의 추정에서 bias의 이중타입을 도입한다. 이것은 매트릭스의 추정은 다른 데이터의 존재에 매우 민감하기 때문에 실제 데이터에 대하여 직면하게 되는 매우 잦은 문제이다. RDA의 자세한 분석에 대해서 참고문헌[62]을 참고할 수 있다.

2.3.2 PLS-DA(Partial least squares regression-discriminant analysis)

PLS-DA는 MLR과 PCA 모델의 확장이다. PLS-DA 방법은 스펙트라 데이터의 다변량 분석을 위한 폭넓은 사용이 관찰되었다. PLS-DA 방법은 스펙트라 데이터의 다변량 분석을 위한 폭넓은 사용이 관찰되었다. PLS-DA 사용의 주된 목표는 calibration model 구축이지만 이 기술은 또한 분류 목적을 위해서도 응용될 수 있다. PLS-DA 분류를 위해 각 시료의 클래스(M의 1)sms 0과 1로서 length M의(binary) 벡터로서 코드화된다.

이 장에서 M은 10과 같다. 통상적인 PLS-DA 방법에 의해 M 예측된 스코어는 각 시료의 클래스를 예측하기 위해 사용된다. 만약 j-score(정상화된)가 파라미터 δ 와 같거나 혹은 이보다도 더 크다면 시료의 예측된 클래스는 j이었다. PLS-DA 분류의 아이디어에 대한 여분의 정보는 참고문헌 [63]에서 찾을 수 있었다.

2.3.3 KNN(K-nearest neighbor)

KNN(K-nearest neighbor) 방법은 Fix와 Hodges[64]에 의해서 처음으로 소개되었다. 그것은 극히 간단하며 직관적인 이론적 배경을 갖는다. KNN 방법에서 거리는 데이터 세트에서의 모든 점 사이에서 지정된다. K closest neighbors(K being the number of neighbors)인 데이터 포인트는 거리 매트릭스를 분석함으로써(분류함으로써) 발견된다. K-closest data points는 class label이 세트("voted" KNN) 중에서 가장 보편적인 것인 점을 결정하기 위해 분석된다. 가장 보편적인 class label은 분석되어지는 data point에 지정된다. KNN의 다른 변형체인 "weight"를 갖는데 이것은 시료로부터의 그들의 거리에 따라서 시료의 class에 영향을 미칠 수 있는 능력이다. Weighting을 위한 함수의 가능한 타입에 대한 몇 가지 주목할 점은 아래에 나타내었다(표 1). KNN 분류방법에 대해서 매우 작지 않으며 좋은 식별거리인 트레이닝 세트를 갖는다는 것이 필요하다. KNN은 멀티클래스이며 동시 문제풀이에서 잘 실행된다. 파라미터 K의 값에 대한 최적 선정이 존재하며 이것은 분류방법의 가장 좋은 성능을 기술한다. 자세한 분석에 대해서는 참고문헌 [64]를 참고할 수 있다.

[Table 1] Parameters of the K-nearest neighbor(KNN) classification model

Weighting	Formula[a]	Parameters	Number of neighbors (K)
None[4]	–	–	K=1-29
Weighting1	$w(x_i)=\exp(-D(x_i,p))$	–	K=1-29
Weighting2	$w(x_i)=D(x_i,p)^{-q}$	q=1-5	K=1-25
Weighting3	$w(x_i)=\dfrac{1}{D(X_i,P)^2+E}$	$\epsilon=10^{-3}-10^2$	K=1-20
Weighting4	$w(x_i)=(D(x_i,p)+1)^{-1}$	–	K=1-29
Weighting5	$w(x_i)=\begin{cases}1, D(X_i,P)\ \leq d_0\\ 0, D(X_i,P)\ > d_0\end{cases}$	$d_0=10^{-4}-10^2$	K=1-20

[a] Two types of distances D(xi,**p**) between vectors xi and **p** were used: Euclidean distance (Pythagorean metric):

$$D(xi,p) = \sqrt{\sum_{l=1}^{l}(x_{i,1}-p_l)^2}$$

and Manhattan distance (taxicab geometry):

$$D(xi,p) = \sum_{l-1}^{L}|X_{i,l}-p_l|.$$

error of cross-validation (E) was used:

$$E = \frac{N_{wrong}}{N_0} = \frac{No-Nright}{No}$$

2.3.4 SVMs(Support vector machines)

SVMs는 Vapnik[65]에 의해서 개발되었다. SVMs는 "beautifully simple ideas" [66]에 기초한다. SVMs는 또한 실제적인 적용에서 강한 성능을 나타내고 있다[65-70]. 매우 간단한 항에서 SVM은 input 공간과 비선형적으로 관련된 매우 높은- 차원의 특징 공간에서 선형방법에 해당한다. 비록 그것을 high-dimensional feature space 에서 선형 알고리즘으로서 생각한다 할지라도 SVM은 실제로 그 high- dimensional space에서 어떤 연산을 포함하지 않는다. Kernels의 사용을 통해서(표 2) 모든 필요한 연산은 input space에서 직접적으로 실행된다. SVMs map은 maximal separating hyperplane을 구축하는 higher dimensional space에 vectors를 입력한다. 2개의 평행 한 hyperplanes는 데이터를 분리시키는 hyperplanes 사이의 거리를 최대화 시키는 hyperplane이다. 이들 평행한 hyperplanes 사이의 거리가 점점 더 클수록 분류자 (classifier)의 일반화 에러는 점점 더 좋게 된다는 가정이 이루어진다. SVM classifiers에 관한 자세한 내용은 참고문헌[65,66]에서 찾을 수 있다.

[Table 2] Parameters of the support vector machine(SVM) calssification model

Kernel	Formula	Kernel Parameters	Cost parameter(C)
Linear	$K(x_i,x_j)=x_i,x_j+1$	–	$C=10^{-3}-10^2$
Polynomial	$K(x_i,x_j)=(x_i,x_j+1)^p$	$p=2-8$	$C=10^{-3}-10^2$
Gaussian	$K(x_i,x_j)=\exp\left(-\dfrac{\|X_i-X_j\|^2}{\sigma^2}\right)$	$\sigma=10^{-2}-10^2$	$C=10^{-4}-10^2$

2.4 데이터 분석

2.4.1 Model efficiency(calibration error) 추정

창출된 분류모델의 예측능력(효율)을 특징지우기 위하여 cv의 에러(E)를 사용하였다 :

$$E=\frac{N_{worng}}{N_o}=\frac{N_o-N_{right}}{N_o} \tag{1}$$

여기서 N_{wrong}과 N_o는 틀리게 그리고 올바르게 분류된 시료의 수를 나타낸다. N_o는 validation set에서의 시료의 전체수이다. E값은 model sensitivity의 측정값이다 (SENS=100%-E). 다시 말해서 class에 속하는 대상체를 올바른 방법으로 분류시키 기 위한 능력(부정확한 네거티브의 최소화). 그러나 다른 classes의 대상체를 올바르 게 거부하기 위한(부정확한 포지티브의 최소화) 어떤 주어진 class model의 능력을 표현하는 다른 기본적인 파라미터인 Specificity(SPEC)가 있다[69,70]. 이 장에서의 (표 3-6) 만약 다변량 방법의 비교를 위한 어떤 에러정의를 사용한다면(예를 들면

SENS와 SPEC의 평균) 차이는 거의 관찰되지 않는다. 참고문헌[61]에서와 같은 error function(E)을 따른다. 만약 방법의 비교를 위해 다른 함수를 선택한다면 표 3-6에서의 데이터로부터 어떤 다른 에러 타입을 계산할 수 있다.

5-fold CV는 model의 효율을 평가하기 위해 사용되었다. Validation set는 모든 바이오디젤 classes로서 구성된다는 사실이 체크되었다. CV체크의 결과는 완전히 독립적인 시료세트에서 테스트 결과와 거의 동등한 것으로 밝혀졌다. 그래서 CV에러는 만약 다른 것이 지정되지 않는다면 모델 정확도의 default measure로서 사용될 것이다.

2.4.2 외부 테스트 세트에 의한 효율추정

CV과정의 타당성을 체크하기 위하여 외부 테스트 세트에 의한 테스트가 이루어졌다. 완전한 시료세트는 3개의 subsetsfh 임의로 나뉘어졌다:

calibration(283), CV테스트 세트/파라미터 최적화를 위한 test set(50), 그리고 외부 테스트 세트(70). 모든 classes는 각 세트에서 나타난다는 사실이 체크되었다. 테스트 세트는 OH 오일타입의 6-10 시료를 갖는다. 과정은 5회 반복되었으며 평균값을 사용한다.

2.4.3 모델 최적화

다른 다변량 분류방법을 올바르게 비교하기 위하여 가장 좋은 가능한 모델의 효율을 찾아야 한다. 그것의 파라미터에 대한 calibration model 효율의 의존 때문에 다음과 같은 파라미터는 변화되었으며 CV에러(RMSE)를 사용하여 최적화시켰다[28-30] :

- RDA : one parameter(α=0-1).
- PLS-DA : number of latent variables(LV=1-35) and threshold parameter(δ =0.40-0.95).
- KNN : different types of K-nearest neighbor(KNN) method(voted and weighted by different weighting functions) were used to get the best result(표 1), K was optimised on each case.
- SVM : different types of kernel functions(and corresponding parameters) were checked for optimization of SVM classification medel(표 2), cost parameter C was optimised in each case.

03 공급원료 타입에 의한 바이오디젤의 분류 방법

3.1 바이오디젤 시료 세트와 그것의 classes

세트에서의 모든 바이오디젤 세료는 2개의 범주로 나누어질 수 있다: 채종유로부터 생산된 바이오디젤 연료(363 시료) 그리고 사용된 프라잉 오일로부터 생산된 바이오디젤 연료(40 시료). 실제로 다양한 바이오디젤 공급원료가 세트에 나타난다. 화학적 조성과 성질에서 매우 다른 9개 타입의 채종유[51-60]. 이 시료세트는 실세계 적용에서 사용되어지기에 충분히 일반적인 최종 모델을 만든다. 물론 만약 다른 공급원료로부터의 시료가 분류되어질 필요가 있다면 추가적인 시료가 필요하다. 그러나 일반적인 경향은 아래에 나타낸 바와 같이 유지되는 것으로 여겨진다.

class당 적어도 29개의 시료: 평균적으로 $40.3\pm9.9(\pm\alpha)$-이 세트에 나타내어진다. 이 값은 수용 가능한 것으로 불릴 수 있다[38-40].

대략 같은 수의 시료($\pm25\%$)가 모든 경우에서 관찰되기 때문에 확고한 모델을 창출하는 것을 가능하게 만든다[40,65]. 또한 그것은 직접적인 방법(즉 식 (1)을 보시오)으로 분류에러를 계산할 수 있다는 것을 의미한다[38-40,65].

양자화학(QC)에서의 "basis set limit" 혹은 "complete basis set"와 비교되는 -403 시료는 "Sample set limit"로 정확한 모델을 구축하기에 충분하다[35,67]. 다변량 모델의 정확성은 시료세트의 증가된 크기에 따라서 증가하여 매우 큰 시료세트에서 제한값에서 포화상태로 된다는 사실이 잘 알려져 있다. 같은 효과는 basis set-Gaussian atom 세트- 분자 시스템에서 분자궤도를 창출하기 위해서 그리고 전자밀도 분포를 어림잡기 위해서 사용 cantered functions-에 대해서 abinitio 양자화학에서 관찰된다.

3.2 RDA(regularized discriminant analysis)에 의한 바이오디젤 분류

표 3은 바이오디젤 연료의 RDA의 결과를 나타낸다. 모델은 실제적인 사용을 위한 충분히 정확하지는 않다는 사실을 알 수 있다. 13.2%의 분류에러는 403개 중에서 350개의 올바르게 분류된 바이오디젤 시료에 기초하여 도달되었다.

[Table 3] Biodiesel calssification by regulafized discriminant abablysis(RDA): confusion matrix. The rows indicate the true sample class that the columns refer to the observed class

Biodiesel	Total number of samples	Sunflower	Coconut	Palm	Rapes eed	Soy	Cottons eed	Castor	Jatropha	Linseed	Used frying oil
Sunflower	44	33	1		1	3	2	1	1	1	1
Coconut	40	1	33	3		1	1		1		
Palm	40	1	2	34					2	1	
Rapeseed	65		3		60		1			1	
Soy	40	1		1		37	1				
Cottonseed	30	1			1		28				
Castor	40	3						37			
Jatropha	29	3							25	1	
Linseed	35	3	3		1		2		1	25	
Used frying oil	40		1							1	38

해바라기유와 아마인유로부터의 바이오디젤의 경우에서 25% 이상의 에러가 관찰되었다(표 3). 가장 좋은 결과는 사용된 프라잉 오일로부터의 시료에 대해서 관찰되었다. 40개 중에서 38개의 올바르게 분류된 바이오디젤 시료에 대해서 E=5%, Confusion matrix(혼란상태 매트릭스)(표 3)는 공급원료(사용된 프라잉 오일 vs 채종유)에서의 현저한 화학적 차이가 있으며 이것은 이들 두 가지 종 중에서의 분류를 한층 간단하게 만들며, 문제는 간단한 RDA 모델에 의해서 쉽게 풀릴 수 있다. 같은 내용은 채종유 중에서의 분류에 대해서는 언급될 수 없다. 이 경우에는 더 정교한 분류방법이 필요하다.

3.3 PLS-DA 분류모델에 의한 바이오디젤 분류

PLS-DA 분류모델(표 4)에 대한 confusion matrix는 PLS-DA 방법 결과는 RDA 방법에 대한 결과에 가깝다는 사실을 나타낸다. 10.7%의 분류에러가 얻어진다(403개 중에서 360개의 올바르게 분류된 바이오디젤 시료). 이것은 RDA 결과보다도 더 좋지만 이들 결과는 모델이 매우 정확하다는 사실을 언급하기에는 아직까지 부적당하다.

[Table 4] Biodiesel calssification by partial least squares(PLS) classification model: confusion matrix. The rows indicate the true sample class and that the columns refer to the observed class

Biodiesel	Total number of samples	Sunflower	Coconut	Palm	Rapeseed	Soy	Cottonseed	Castor	Jatropha	Linseed	Used frying oil
Sunflower	44	33	2		2	1	2	1	1	1	1
Coconut	40	1	35	3						1	
Palm	40		3	34			1		1	1	
Rapeseed	65		1		63		1				
Soy	40			2		37	1				
Cottonseed	30	1			1		28				
Castor	40	2						38			
Jatropha	29	2							27		
Linseed	35	3	3		1		1	1	1	25	
Used frying oil	40										40

흥미롭게는 분류를 위한 가장 문제가 되는 타입의 시료 중에서 2개는 RDA 방법에서와 같은 결과를 생성시킨다. 해바라기유와 아마인유. 두 경우에서 E는 25% 이상이다. 100%(40/40)의 정확도는 사용된 프라잉 오일의 분류의 경우에 도달되어진다. 그래서 채종유 vs 사용된 프라잉 오일의 구별의 문제는 PLS-DA 수준에서 완전히 해결된다.

비록 PLS-DA 분류는 표준 RDA 보다도 더 효과적인 분류방법인 것으로 나타났다 할지라도 공급원료 타입에 의한 바이오디젤 분류에 대한 매우 정확한 모델을 구축하기 위해서는 더 정교한 분류방법이 필요하다.

3.4 KNN(K-nearest neighbors) 분류모델에 의한 바이오디젤 분류

KNN(K-nearest neighbors) 분류모델은 간단하지만 매우 효과적인 분류 알고리즘이다[64]. 이 사실은 바이어디젤 시료세트를 사용한 연구에서 확인된다(표 5). 단지 6.2%의 분류에러는 KNN모델의 적용에 의해서 도달되었다. 팜유에 대해서 가장 큰 부정확성(E=18%)이 관찰된다. 코코넛, 피마자, 자트로파 그리고 사용된 프라잉 오일 경우에서 이 모델을 사용한 분류에서 100% 효과에 도달하였다.

[Table 5] Biodiesel calssification by K-nearest neighbor(KNN) classification model: confusion matrix. The rows indicate the true sample class and that the columns refer to the observed class

Biodiesel	Total number of samples	Sunflower	Coconut	Palm	Rapeseed	Soy	Cottonseed	Castor	Jatropha	Linseed	Used frying oil
Sunflower	44	38		2		2				2	
Coconut	40		40								
Palm	40		3	33	2		1		1		
Rapeseed	65				64					1	
Soy	40	1	1			35			2	1	
Cottonseed	30	2					28				
Castor	40							40			
Jatropha	29								29		
Linseed	35	1		1			1	1		31	
Used frying oil	40										40

378 시료는 그들의 올바른 classes로 성공적으로 지정되어졌기 때문에 K-nearest neighbors 분류에 기초한 이 최종 모델 실제적인 이행에 대해서 추천될 수 있다. 이 정확성의 수준은 PDA 혹은 PLS-DA 방법을 사용하여 이루어지는 정확성보다도 현저하게 더 좋다(위를 보시오).

3.5 SVMS(support vector machines)에 의한 바이오디젤 분류

표 6은 바이오디젤 분류를 위한 SVM 방법의 적용결과를 요약해 놓았다. Confusion matrix(표 6)은 위에서 기술된 모든 분류 방법에 비해서 SVM 방법의 우수함을 뚜렷하게 나타낸다. 분류에러의 정도는 훨씬 더 높은 연산비용으로 385개의 올바르게 분류된 시료에 대해서 6.2%로부터 4.5%까지로 감소한다.

[Table 6] Biodiesel calssification by Support vector machine(SVM) classification model: confusion matrix. The rows indicate the true sample class and that the columns refer to the observed class

Biodiesel	Total number of samples	Sunfl ower	Coconut	Palm	Rapeseed	Soy	Cottonseed	Castor	Jatropha	Linseed	Used frying oil
Sunflower	44	40		1		1				2	
Coconut	40		39						1		
Palm	40	1	2	35			1		1		
Rapeseed	65				64					1	
Soy	40					38			2		
Cottonseed	30						30				
Castor	40							40			
Jatropha	29								29		
Linseed	35	1	1	1			1	1		30	
Used frying oil	40										40

가장 큰 부정확성은(E=14%) 아마인유에 대해서 관찰된다. 면실유, 피마자유, 자트로파 그리고 사용된 프라잉 오일의 경우에서 이 모델을 사용한 분류에서 100% 효과에 도달하였으며 이것은 KNN 방법에 의해서 제공되는 결과와 거의 같다. 2개 이상의 시료가 SVM계 방법에 의해서 부정확하게 분류되었다.

SVM은 바이오디젤 연료에 대한 가장 효과적인 분류모델로서 생각될 수 있다. 매우 정확하고 (E<5%) 확고한 분류모델은 SVM 방법을 사용하여 구출될 수 있다.

3.6 일반적인 견해. 가솔린과 모터오일 데이터와의 비교

표 7은 일반적인 고찰을 위한 위에서 나타낸 데이터를 요약해 놓은 것이다.

표 7은 분류 정확성에 의해서 classes의 차이를 뚜렷하게 나타낸다. 3가지 타입의 채종유는 15% 이상의 평균적인 분류에러를 갖는다. 해바라기유, 팜유 그리고 아마인유. 그래서 이들 3가지 그룹으로부터의 바이오디젤 시료는 올바르게 분류되기 어렵다. 표 4-6은 이 부정확성은 대개 이들 3가지 classes 사이에서의 혼란상태에 기초한다. 분류모델의 일반적인 정확성은 해바라기, 팜 그리고 아마인 계 연료 시료를 올바

르게 구별하기 위한 그것의 능력에 크게 의존하게 된다. 단지 KNN 그리고 SVM 방법은 이 연구에서 한층 성공적이다.

[Table 7] Classification of biodiesel sample by different multivariate methods: regularized discriminant analysis(RKA), partial least squares classification(PLS), K-nearest neighbor(KNN), and support vector machines(SVMs)

	RDA		PLS		KNN		SVM	
	N_{right}/N_0	E	N_{right}/N_0	E	N_{right}/N_0	E	N_{right}/N_0	E
Sunflower	33/34	25%	33/44	25%	38/44	14%	40/44	9%
Coconut	33/40	18%	35/40	13%	40/40	0%	39/40	3%
Palm	34/40	15%	34/40	15%	33/40	18%	35/40	13%
Rapeseed	60/65	8%	63/65	3%	64/65	2%	64/65	2%
Soy	37/40	8%	37/40	8%	35/40	13%	38/40	5%
Cottonseed	28/30	7%	28/30	7%	28/30	7%	30/30	0%
Castor	37/40	8%	38/40	5%	40/40	0%	40/40	0%
Jatropha	25/29	14%	27/29	7%	29/29	0%	29/29	0%
Linseed	25/35	29%	25/35	29%	31/35	11%	30/35	14%
Used frying oil	38/40	5%	40/40	0%	40/40	0%	40/40	0%
Total	350/403	13.2%	360/403	10.7%	378/403	6.2%	385/403	4.5%

E is error of 5-fold cross-validation, see Eq.(1); N_{right} refers to the number of wrongly and rightly classified samples; N_0 is total number of samples in validation set. Methods: RDA: regularized discriminant analysis: PLS: partial least squares regression; KNN: K-nearest neighbor: and SVMs: support vector machines.

3가지 다른 타입의 바이오디젤 시료는 "용이성/구별"로서 기술된다. 이들은 유채, 피마자 그리고 사용된 프라잉 오일이다. 이들 경우에서 평균 에러는 4% 이하이다. 화학적 조성에서의 차이 [51-60] 그리고 그 결과 NIR 스펙트라 특성에서의 차이[58 -60]는 이 특정에 기인한다.

다른 연료와 오일 시료에 대한(가솔린, 모터오일 그리고 바이오디젤) RDA, PLS-DA, KNN 그리고 SVM의 효과의 비교는 그림 1에 나타내었다[29,68].

10가지의 인기 브랜드의 모터오일이 분류를 위해 사용되었다[29].

모터오일 시료(210-225 아이템)은 기유와 점도에 따라서 3-4개의 classes로 분류되었다. 가솔린 NIR 스펙트라(450, 415 그리고 345 스펙트라) 3세트가 가솔린 시료의 공급원(정제 혹은 공정) 그리고 타입[68]에 따라서 3-6 classes로의 분류를 위해 사용되었다. 이들 데이터는 가솔린 오리진으로서 또한 생각될 수 있다. 14,000-8,000cm^{-1} NIR 스펙트라 영역은 분류를 위해 선택되었다. 모든 분류는 NIR 분광학적 데이터에 기초한다.

정확성에 관해서 분류모델 순서와 관련되는 일반적인 경향은 모든 3가지 경우에서 같다: RDA > PLS-DA > KNN > SVM. 모든 경우에서 RDA와 PLS-DA 방법은 대략 같은 분류에러를 나타내며 이 에러는 상대적으로 크다.

석유 정제 제품(가솔린)과 석유화학 제품(모터오일) 그리고 신 재생 에너지 자원(아이도디젤) 사이의 주된 차이는 PLS-DA/KNN 방법과 KNN/SVM 방법 사이의 정확성 비율이다. 가솔린과 모터오일의 경우에 SVM계 방법은 RDA 방법과 PLS-DA계 방법에 비해서 현저히 우수하다는 사실을 나타낸다. 차이는 바이오디젤 분류의 경우에서는 현저한 것은 아니다(그림 1). 이에 대한 이유는 가솔린 그리고 특히 모터오일과 비교하였을 때 화학적 시스템으로서 바이오디젤의 상대적인 단순성일 수 있었다. 그 중에서도 특히 NIR 스펙트라 범위에서의 차이[29,68] 그리고 classes의 수[29,68]는 관찰되는 차이에 대한 요인이다.

KNN 방법과 SVM계 방법 사이에서의 선택은 또한 입수 가능한 연산재원에 또한 의존한다. KNN 알고리즘은 창출하기 그리고 사용하기 쉽다. SVM계 방법은 한층 더 많은 CPU time에 의한 연산요구(한층 더 긴 CPU 시간에 의한 연산요구) 그리고 모델구축과 그것의 최적화 단계에서 컴퓨터 재원이 요구된다. 온라인상에서의 사용의 경우에 일단 모델이 만들어지면 차이가 작다. 공급원료의 오프라인 QC를 위해 이들 차이는 온라인 사용에 대해서처럼 중요하지는 않다.

온라인 적용에 대해서는 앞서 계산된 모델을 사용하여 어떤 주어진 시료의 class를 평가하는 것이 단지 필요하다. 그러므로 모델을 계산하기 위해 소요되는 시간은 중요하지 않은데 그 이유는 이 작업이 이미 앞서 행해졌기 때문이다(calibration model 구축). 이 적용단계에서 시료를 적당한 class로 할당(지정)할 필요성만 있으며 이러한 가동을 실행하기 위해 필요한 시간은 모델을 계산하기 위해(모델 구축 시간) 그리고 최적모델을 선정하기 위해 요구되는 시간에 독립적이다. 그래서 그것은 단지 오랜 시간이 걸리는 SVM 모델의 구축이다.

3.7 독립적인(외부) 테스트 세트에 의한 테스트

모든 다변량 결과는 완전히 독립적인 (외부)데이터 세트를 사용하여 테스트되어져야 한다. 이들은 Calibration model 구축과정에서 사용되지 않았다. 단지 그러한 데이터는 모델의 실제 수행의 올바른 추정으로서 고려될 수 있다.

많은 파라미터의 선택(예를 들면, SVM에서의 kernel function 그리고 비용 파라미터) 최소 CV 에러에 기초하기 때문에 가장 좋은 성능을 주는 것 같은 분류방법은 그것인데 여기서 free parameters의 수는 더 높다. 파라미터의 가능한 결합의 증가된 수는 분류모델에서 증가된 기회의 가능성을 초래한다[40].

70 바이오디젤 시료의 독립세트가 사용되었다(2.2.5.절을 참조).

RDA, PLS-DA, KNN 그리고 SVM의 분류방법의 결과(E)는 각각 $14.6\pm0.6\%(\pm\delta)$, $10.6\pm1.3\%$, $6.9\pm1.2\%$ 그리고 $4.6\pm0.6\%$이다. 이들 결과는 앞서 보고된 5-fold CV 과정의 결과에 매우 가깝다. 그래서 바이오디젤의 경우에 분류 CV와 외부결과는 매우 가깝다. 테스트 시료세트 사용의 경우에 작은 에러증가는 CV 과정에 의한 에러의 경시 그리고 ~12%까지의 calibration 시료세트의 감소에 의해서 설명될 수 있다.

물론 같은 상황($E_{cv} \approx E_{test}$)은 NIR 분광학을 연료시료를 분류하기 위해 사용하고 독립적인 테스트가 항상 필요할 때 모든 다른 경우에서 기대될 수 없다.

보고된 CV값(표 3-7)은 모터오일과 가솔린 데이터와 직접적으로 비교될 수 있다[29,68](3.6절 참조). 여기서 주된 점은 CV 에러가 테스트 데이터에 가깝다는 사실을 입증하는 것이다.

04 결론

다음과 같은 결과가 도출될 수 있다.

01 공급원료 타입에 의한 바이오디젤 분류는 NIR 분광학적 데이터에 기초한 현대 기계 기능적 기술에 의해서 성공적으로 해결될 수 있다.

02 KNN과 SVM 방법은 공급원료 오일타입에 의한 바이오디젤 분류에 대해서 매

우 효과적은 것으로 밝혀졌다.

03 5% 이하의 분류에러는 SVM계 방법에 의해서 도달될 수 있다. Class 당 에러는 0-14%의 범위이다.

04 만약 연산시간이 중요한 고려사항이라면 KNN 기술은 실제적인 실행 적용을 위해 추천될 수 있다(E=6.2%).

05 가솔린과 모터오일 데이터의 비교는 이 바이오디젤 분류작업의 상대적인 간결성을 설명해 준다.

제안된 기술은 다른 바이오디젤 공급원료에 대해서 일반적으로 적용될 수 있음을 입증하기 위한 더 이상의 연구를 행해야 한다. 여기에 나타낸 결과는 다른 바이오연료, 석유제품 그리고 석유화학 제품의 빠르고 정확한 분석을 위하여 적용될 수 있다. 분석화학의 다른 분야에서의 NIR 분광학과 같은 진동 분광학의 사용은 다변량(multivariate) 데이터 분석의 현대적 방법의 적용에 의해서 향상될 수 있다[69-73]. 산업적으로 중요한 시스템에 대한 분류와 회귀분석 작업들은 컴퓨터 기술의 사용으로 해결될 수 있다.

■ References

01. J.M. Hollas, Modern Spectroscopy, 4th ed., Blackwell, Wiley, 2003.
02. J. Workman, A. Springsteen, Applied Spectroscopy: A Compact Reference for Practitioners, Academic Press, 1998.
03. B. Osborne, T. Fearn, Near Infrared Spectroscopy in Food Analysis, Wiley, New York, 1986.
04. F. J. Duarte, Tunable Laser Applications, CRC, New York, 2009.
05. F. J. Duarte, Tunable Lasers Handbook, Academic Press, 1995.
06. W. Demtröder, Laser Spectroscopy: Basic Principles, 4th ed., Springer, Berlin, 2008.
07. J. R. Lakowicz, Principles of Fluorescence Spectroscopy, Kluwer Academic/Plenum Publishers, 1999.
08. A. Sharma, S. G. Schulman, Introduction to Fluorescence Spectroscopy, Wiley, 1999.
09. J. Logan, K. Edwards, N. Saunders, Real-Time PCR: Current Technology and Applications, Caister Academic Press, 2009.
10. J. Eisinger, J. Flores, Anal. Biochem. 94 (1979) 15-21.
11. J. Keeler, Understanding NMR Spectroscopy, John Wiley & Sons, 2005.
12. J. Workman, M. Koch, B. Lavine, R. Chrisman, Anal. Chem. 81(2009)4623-

4643.

13. A. Burke, X. Ding, R. Singh, R.A. Kraft, N. Levi-Polyachenko, M.N. Rylander, C. Szot, C. Buchanan, J. Whitney, J. Fisher, H.C. Hatcher, R. D'Agostino, N. D. Kock, P.M. Ajayan, D.L Carroll, S. Akman, F.M. Torti, S.V. Torti, Proc. Natl. Acad. Sci. U. S. A. 106(2009)12897-12902.

14. E.R. Trivedi, A.S. Harney, M.B. Olive, I. Podgorski, K. Main, B.F. Sloane, A.G.M. Barrett, T.J. Meade, B.M. Hoffman, Proc. Natl. Acad. Sci. U. S. A. 107 (2010) 1284-1288.

15. X. Michalet, F.F. Pinaud, L.A. Bentolila,j.M. Tsay, S. Doose,J.J. Li, G. Sundaresan, A.M. Wu, S.S. Gambhir, S. Weiss, Science 307 (2005) 538-544.

16. L.R. Hirsch, Proc. Natl. Acad. Sci. U. S. A. 100 (2003) 13549-13554.

17. M.j. Therien, Nature 458 (2009) 716-717.

18. T.F. Krauss, R.M. De La Rue, S. Brand, Nature 383 (1996) 699-702.

19. Y. Zou, Proc. Natl. Acad. Sci. U. S. A. 106 (2009) 22135-22138.

20. R. Adato, Proc. Natl. Acad. Sci. U. S. A. 106 (2009) 19227-19232.

21. H. Keppler, L.S. Dubrovinsky, O. Narygina, I. Kantor, Science 322 (2008) 1529-1532.

22. R.M. Balabin, R.Z. Safieva, J. Near Infrared Spectrosc. 15 (2007) 343-347.

23. R.M. Balabin, R.Z. Syunyaev, J. Colloid Interface Sci. 318 (2008) 167-174.

24. R.Z. Syunyaev, R.M. Balabin, I.S. Akhatov, J.O. Safieva, Energy Fuels 23 (2009) 1230-1238.

25. O.C. Mullins, Anal. Chem. 62 (1990) 508-514.

26. M.R. Swain, G. Vasisht, G. Tinetti, Nature 452 (2008) 329-331.

27. S. Byrne, Science 325 (2009) 1674-1676.

28. R.M. Balabin, R.Z. Safieva, E.l. Lomakina, Chemometr. Intell. Lab. Syst. 88 (2007)183-188.

29. R.M. Balabin, R.Z. Safieva, Fuel 87 (2008) 1096-1101.

30. R.M. Balabin, R.Z. Safieva, E.l. Lomakina, Chemometr. lntell. Lab. Syst. 93 (2008)58-64.

31. L.R. Schimleck, R. Evans, A.C. Matheson, J. Wood Sci. 48 (2002) 132-137.

32. P.D. Jones, L.R. Schimleck, G.F. Peter, R.F. Daniels, A. Clark, Wood Sci. Technol. 40 (2006) 709-720.

33. E.W. Ciurczak, J.K. Drennen, Pharmaceutical and Medicinal Applications of Near-infrared Spectroscopy, 1st ed., CRC Press, 2002.

34. J. Moros, N. Galipienso, R. Vilches, S. Garrigues, M. de la Guardia, Anal. Chem. 80 (2008) 7257-7264.

35. P. Taddei, S. Affatato, C. Fagnano, B. Bordini, A. Tinti, A. Toni, J. Mol. Struct. 613(2002)121-129.

36. M. Andersson, K.-G. Knuuttil, Vi b. Spectrosc. 29 (2002) 133-138.

37. L.M. Harwood, C.J. Moody, Experimental Organic Chemistry: Principles and Practice, Wiley-Blackwell, 1989 .

38. T Naes, T. lsaksson, T. Feam, T. DaVies, A. User-Friendly Guide to Multivariate Calibration and Classification, NIR Publications, Chichester, UK, 2002.

39. R.M. Balabin, E.l. Lomakina,j. Chern. Phys. 131 (2009) 074104.

40. B.F.J. Manly, Multivariate Statistical Methods: A Primer, 3rd ed., Chapman and Hall/CRC, 2004.

41. R.M. Balabin, R.Z. Syunyaev, S.A. Karpov, Fuel 85 (2007) 323-327.

42. R.M. Balabin, R.Z. Syunyaev, S.A. Karpov, Energy Fuels 21 (2007) 2460-2465.

43. S.B. Kim, C. Temiyasathit, K. Bensalah, Pl. Tuncel,J. Cadeddu, W. Kabbani, AV. Mathker, H. Liu, Expert Syst. Appl. 37 (2010) 3863-3871.

44. M.R. Monteiroa, A.R.P. Ambrozin, M.S. Santos, E.F. Boffo, E.R. Pereira-Filho, L.M. Lião, A.G. Ferreira, Talanta 78 (2009) 660-664.

45. D.D. Lee, H.S. Seung, Nature 401 (1999) 788-790.

46. J.B. Tenenbaum, V. de Silva, J.C. Langford, Science 290 (2000) 2319-2321.

47. G.E. Hinton, R.R. Salakhutdinov, Science 313 (2006) 504-507.

48. D.C. Malins, N.L. Polissar, S.J. Gunselman, Proc. Natl. Acad. Sci. U. S. A. 94 (1997)3611-3615.

49. K. Sakurai, Y. Goto, Proc. Natl. Acad. Sci. U. S. A. 104 (2007) 15346-15351.

50. A. E. Cohen, W.E. Moerner, Proc. Natl. Acad. Sci. U. S. A. 104 (2007) 12622-12627.

51. P. Baptista, P. Felizardo, J.C. Menezes, M.J.N. Correia, Talanta 77 (2008) 144-151.

52. E.J. Steen, Nature 453 (2010) 559-562.

53. A.J. Ragauskas, Science 311 (2006) 484-489.

54. A.E. Farrell, R.J. Plevin, B.T. Turner, A.D. Jones, M. O'Hare, D.M. Kammen, Science 311 (2005)505-508.

55. S. Crossley,J. Faria, M. Shen, D.E. Resasco, Science 327 (2009) 68-72.

56. G. Knothe.J. Am. Oil Chem. Soc. 78 (2001) 1025-1028.

57. P. Felizardo, P. Baptista,J.C. Menezes, M.J.N. Correia, Anal. Chim.Acta 595 (2007) 107-113.

58. F.C.C. Oliveira, C.R.R. Brandao, H.F. Ramalho, L.A.F. Costa, P.A.Z. Suarez, J.C. Rubim, Anal. Chim. Acta 587 (2007) 194-199.

59. O. Galtier, N. Dupuya, Y. Le Dreau, D. Ollivier, C. Pinatel, J. Kister,J. Artaud, Anal. Chim. Acta 595 (2007) 136-144.

60. H. Yang,J. Irudayaraj, M.M. Paradkar, Food Chem. 93 (2005) 25-32.

61. R.M. Balabin, R.Z. Safieva, E.l. Lomakina, AnaL Chim. Acta 671 (2010) 27-35.

62. J.H. Friedman, J. Am. Stat. Assoc. 84 (1989) 16-1755.

63. P. Geladi, B.R. Kowalski, Anal. Chim. Acta 185 (1986) 1-17.

64. E. Fix, J.L. Hodges, Int. Stat. Rev. 57 (1989) 238.

65. V.N. Vapnik, The Nature of Statistical Learning Theory, Springer-Verlag, New York, 1995.

66. S.R. Amendolia, G. Cossu, M.L. Ganadu, B. Golosio, G.L Masala, G.M. Mura, Chemometr. Intell. Lab. Syst. 69 (2003) 13-20.

67. R.M. Balabin, J. Chem. Phys. 129 (2008) 164101.

68. R.M. Balabin, R.Z. Safieva, Fuel 87 (2008) 2745-2752.

69. L. Pigani, G. Foca, A. Ulrici, K. lonescu, V. Martina, F. Terzi, M. Vignali, C. Zanardi, R. Seeber, Anal. Chim. Acta 643 (2009) 67-73.

70. L. Pigani, G. Foca, K. lonescu, V. Martina, A. Ulrici, F. Terzi, M. Vignali, C. Zanardi, R. Seeber. Anal. Chim. Acta 614 (2008) 213-222.

71. T. Lillhonga, P. Geladi, Anal. Chim. Acta 544 (2005) 177-183.

72. R.M. Balabin, R.Z. Safieva, E.l. tomakina, Microchem. J., in press.

73. R.M. Balabin, E.l. Lormakina, R.Z. Safieva, Fuel, in press.

10장_

Process NMR
_바이오연료 산업에 대한 완전한 방안
(바이오연료 산업에서의 공정 NMR의 이용)

[개요]

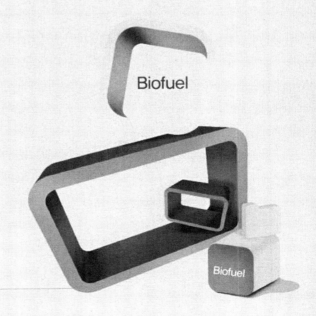

Biofuel

Biofuel

개요

바이오연료 기술의 빠른 발전에 따라서 새롭고 발전된 분석방법에 대한 필요성을 느끼게 하였다. 바이오연료 공급원료 물질의 다양성에 따라서 전통적인 분석기술에 의한 빠르고 확고한 분석에 대한 중요한 도전을 제기한다. NMR(핵자기공명)은 유전자 변형(GMO)시의 스크리닝, 새로운 미세조류종, 바이오매스 공급원료의 전처리 그리고 바이오연료의 최종 품질확인을 위한 새로운 분석에 대한 사항을 충족시키기 위한 완전한 해결방안으로서 떠오르고 있다.

발전된 데이터처리와의 결합으로 NMR 이완시간 방법의 사용은 공급원료와 바이오연료의 핵심적인 성질 그리고 중요한 중간 공정 파라미터와의 높은 상관관계를 생성시킨다. 이 장에서는 바이오연료 산업에서의 연구와 품질관리 등에 NMR 분광학적 방법을 이용하여 새롭고 확고한 공정상의 기법을 확립하고자 하였다.

01 서론

NMR 기술개발과 응용에 대한 다른 빠르게 성장하는 부분은 산업적으로 강화된 TD-NMR(Time-Domain NMR)의 이용이다. TD-NMR에 대한 첫 번째 시장에는 SFI(Solid Fat Index)와 SFC(Solid Fat Content)에 기초한 초기 연구에 의한 식품산업이 포함된다. 전자시스템의 능력, 빠른 연산과 데이터 분석 방법에 있어서의 더 이상의 발전은 고분자, 광업과 농업 그리고 연료생산에서 TD-NMR에 의한 새로운 기회를 초래하였다. 최근의 TD-NMR 국제표준에는 SFI 방법(ISO-8292 그리고 AOCS cd 16b-93), oilseeds(ISO-10565 그리고 10632) 뿐만 아니라 항공연료분석 (ASTM-7171)이 포함된다. 현저한 용량과 사용자 유연성을 갖는 현대적 TD-NMR 시스템은 수많은 연구 그리고 생산 조직이 분석 특성화를 비용 효과적으로 향상시킬 수 있도록 하였다. Borealis AG사는 pp 공정에서 XS(xylene solubles) 그리고 총 에틸렌 함유량(C2)과 같은 tacticity parameters를 조절하고 모니터링하기 위하여 1995년 이래 온라인 NMR 기술을 사용해오고 있다. NMR이 공정장해를 파악하고 확인하였던 경우는 대규모 플랜트 가동 중단을 피하는 것을 소규모 제품 품질관리를 향상시키기 위한 것처럼 여러 가지로 많다(Garner 2005). 1990년대 초 pp 시장에 TD-NMR의 도입 이래 북미와 유럽의 pp 생산업체의 90% 이상이 pp 연구와 생산 목적을 위해 이 방법을 채택하는 것으로, 이 방법의 사용은 빠르게 성장해오고 있다.

위에서 지적된 TD-NMR 기술의 성공에 기초해서 신생 바이오연료 산업에서의 혁신적 리더는 새로운 연구에 따른 그리고 새로운 바이오연료 생산공정의 최적화를 위한 분석기법에 대한 필요성을 충족시키기 위해 TD-NMR을 채택하였다.

02 핵자기 공명(Nuclear Magnetic Resonance : NMR)

NMR 기술의 기초는 핵스핀과 그것의 전자기 환경 사이의 상호작용이다. 비록 수소핵이 가장 보편적으로 사용된다 할지라도 가장 높은 민감성을 제공하는 여러 가지 다른 핵도 NMR에 의해서 검출될 수 있다.

자기장 B_0의 존재 하에서 핵스핀의 공명진동수는 Larmor 식인 $\nu=(\gamma/2\pi)B_0$를 통해서 자기장 세기와 관련되며 이 식에서 γ는 시험 중인 핵의 magnetogyric ratio이다. 예를 들면, 0.5Tesla의 장에서의 양성자는 $\nu=21MHz$의 공명진동수를 갖는다. 전형적인 가동진동수는 MHz 범위이며 그러므로 NMR은 RF기술이다. 전가지 방출은 비이온화이며 따라서 NMR과 MRI는 사람에게 안전하게 사용된다.

RF pulse의 적용 후 분석되는 화학종의 스핀 시스템에서 비평형상태가 이루어진다. 평형상태로 이완하는 자기화는 자기장의 작용 하에서 진행되게 된다. 이것은 검출기(receiver probe)에서 측정 가능한 전압을 유발한다. 유도전합은 FID(free induction decay)라 불리는 실험적 NMR 시그널이다. TD 시그널은 스펙트럼을 생성시키기 위한 FT화 된다(Fourier전환). 시그널 소실동안 진동수 이동 성분의 조사는 NMR 분광학 분야를 낳는다. 물질의 성질에 대한 시그널 수명 상관관계의 분석은 NMR relaxometry 혹은 TD-NMR FID에서의 transverse magnetization decay는 시간상수, T_2^*, $M_{XY}=M_0 exp(-t/T_2^*)$에 의해서 지배된다. 이 파라미터는 자기장 불균일성 효과를 설명하여 이것은 transverse magnetization의 dephasing과 시그널 소실을 초래한다.

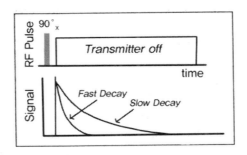

[Fig.1] Excitation and response of the magnetization after a single RF pulse. The 90°pulse rotates the magnetization to the plane perpendicular to B_0. The signal decays with a relaxation time T_2^*, the life-time of the FID.

내부 자기 상호작용은 스핀-스핀 이완, T_2에 의해서 특징지워진다. 이 과정은 이웃하는 스핀 사이의 상호작용을 포함한다. T_2, 그리고 T_2^* 시간상수는 정전 자기장에서의, $\triangle B_0$, $1/T_2^*=1/T_2+\gamma\triangle B_0/2$ 불균일성을 거쳐서 관련된다.

T_2 시간상수는 Erwin Hahn(Hahn 1950)에 의해서 발명된 spin-echoes로서 알려진 측정에 의해서 평가된다. 하나 혹은 그 이상의 180° 펄스를 수반하는 90° 들뜬 펄스는 spin-echoes를 생성시켰다. Echo 진폭의 붕괴는 exp, 시간 상수 T_2로서 주어진다.

순 자기화는 $Mz=M_0[1-exp(-t/T_1)]$에 따라서 그것의 평형값으로 들뜬 후 회복된다. 스핀격자이완(spin lattic relaxation)은 시료의 스핀과 그들의 주변과의 사이에서의 상호작용과 에너지 교환을 포함한다. T_1 시간상수는 정지된 장의 방향에서 자기화의 회복을 특징지운다.

매우 균일한 자기장에서의 액체 시료에 대해서 T_1과 T_2 시간상수는 sec이다.

단단한 고체나 제한된 물 혹은 유체의 함유량을 갖는 그리고 혹은 매우 정렬된 분자구조를 갖는 시료와 같은 액체와 같은 분자운동을 나타내지 않는 시스템에 대해서 이완시간, T_2는 msec 혹은 μsec로 감소될 수 있다.

다른 시간의 운동에 대한 민감성을 통한 이완시간 상수는 연구 중인 시스템의 역학에서 알려져 있다.

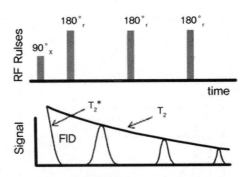

[Fig. 2] The Carr-Purcell echo pulse sequence for T_2 measurements. The initital $90°$ pulse rotates the magnetization onto the plane perpendicular to B_0, and the following sequence of $180°$ pulses refocuses the static field inhomogeneities while the signal is acquired.

원자핵의 자기적 성질을 연구함에서 분자에서 핵의 위치에서의 자기장은 결합전자의 운동으로부터 유도되는 자기장에 의해서 변형된다는 사실이 인식되었다. 이러한 자기장 이동은 가치 있는 화학적인 그리고 구조적 정보를 포함하고 있다. 그래서 NMR 시그널은 한 분자에서의 특별한 핵에 대해서 관찰되며 화학적 구조의 지문이다. 게다가 시그널 수명은 분자의 이동도 그리고 스핀 시스템이 에너지를 교환하는 경로와 관련된 여러 가지 구조적 특성에 의해서 유도된다.

액체와 부드러운 물질에서의 분자는 공간을 통한 자기적 상호작용은 분자 운동에 의해서 약화되기 때문에 NMR에 의해서 쉽게 관찰될 수 있다. 이것은 폭넓게 채택된 화학적 NMR과 의학적 MRI 방법을 가능케 하였다. 한편, 더 강한 자기적 상호작용으로부터 초래되는 빠른 시그널 붕괴는 강한 물질에서 특징적이다.

위에서 기술된 spin-echo 방법과 같은 특별한 TD-NMR 기술은 불균일한 정전 자기장의 존재 하에서 물질을 평가하기 위해서 사용된다.

시그널의 분광학적 확장은 cryo-cooling을 강한 자기장의 균일한 기기를 사용하여 관찰된다. 그러므로 분광학적 NMR과 의학적 MRI 응용을 위해 전용설비가 필요하다. 한편 영구자석과 강력한 하드웨어 구조를 사용하는 TD-NMR probes에 의한 물질분석은 최소의 유지보수와 제한된 설치공간을 요구한다.

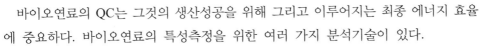

03 바이오연료의 특성결정

바이오연료의 QC는 그것의 생산성공을 위해 그리고 이루어지는 최종 에너지 효율에 중요하다. 바이오연료의 특성측정을 위한 여러 가지 분석기술이 있다.

GC, HPLC(Monteiro, 2008), IR(ASTMD7371-07) 그리고 TGA는 바이오연료의 시험과 분석을 위한 방법이다. 광학적 방법에 대한 대체방법 그리고 보충적인 방법으로서 NMR은 다량의 시료에서의 성분을 검출하고 특징지운다. NMR 측정은 비파괴적으로 이루어지므로 시료는 다른 상호관련 기준 방법에 의해서 연속적으로 분석될 수 있다. 한 예로서 디젤연료에서의 바이오디젤 함량은 바이오디젤 함량을 측정하기 위한 주요한 방법으로서 IR과 NMR을 사용하여 분석된다(Asakuma 2007, Tan 2001). 변화된 지방산 내역을 갖는 oilseeds의 품질을 측정하는 데 TD-NMR이 효과적인 것으로 설명되었다.

바이오디젤 트랜스에스터화 공정의 채종유 투입원료, 반응 중간체 그리고 최종 생성물에 대해서 NMR을 광범위하게 사용하였다(Carneiro 2006, Ramadan 2001). 새로운 NMR 방법은 채종유, 동물성 지방 그리고 바이오연료에서의 FFAs 함유량을 측정키 위해 사용되었다(Chuck 2009). PLS와 PCR 모델에 의한 NMR 데이터 분석은 석유계 디젤속의 바이오디젤 농도의 예측을 위해 적절하다(Monteiro 2009, Monteiro 2009B).

미세조류 세포 속의 지질 함유량의 빠른 정량은 미세조류계 바이오연료 생산의 비용을 최소화시키기 위한 발효공정을 최적화시키기 위해 중요하다(Gao 2008). TD-NMR은 미세조류의 발효공정 동안 지질 함량을 정량할 수 있는 방법이다.

04 바이오연료의 품질특성을 측정하기 위한 NMR 분광학의 응용

NMR 분광학의 여러 가지 응용분야와 바이오연료 산업에서의 분석적 필요성 때문에 과거 몇 년간 새롭게 발표된 NMR 분석에 관한 증가된 연구결과가 있었다. 연구, 품질보증 그리고 공정 최적화의 분야에서 NMR 분석기법이 개발되었다.

바이오연료 산업에서의 R&D를 위한 TD-NMR의 사용은 여러 연구분야를 포함하였다. Oilseeds의 빠른 비파괴 분석은 분석중인 seeds의 오일함유량의 신뢰성 있는 방법을 제공해준다. 아래의 그래프는 oilseeds에서의 오일함유량에 대한 NMR 분석결과를 넓은 범위의 기존 표준시험 방법에 의한 측정결과에 대하여 나타낸 것이다.

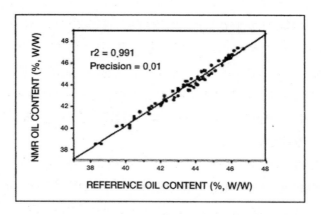

[Fig 3] **NMR results for oil content in rapeseeds**

오일 함유량의 정량에 있어서의 좋은 정확성(SEC 0.3%)에 덧붙여서 NMR은 또한 0.01%의 정밀성으로 훌륭한 재현성을 나타내었다.

연구 목적을 위한 oilseed 분석은 가공치 않은 전체 seeds 혹은 사전 갈아놓은 seeds에서 실시될 수 있다. oilseeds의 지방산 조성, CN, IV 그리고 동점도에 의한 가공치 않은 seeds의 오일 품질을 포함하는 여러 가지 성질의 예측을 위한 높은 처리량의 seeds 분석이 실시되었다. 시간당 1000개까지의 시료가 위의 성질에 대해서 r>0.9의 상관계수로서 측정되었다(Prestes 2007).

물에서의 고체 조류의 농도를 측정하기 위한 새로운 NMR 기술이 개발되고 있다. 시그널 진폭과 수명이 계산되며 비중측정방법에 의해 측정된 상대적인 고체 함유량과 비교되었다. 선형 경향성이 NMR 예측에서 관찰된다.

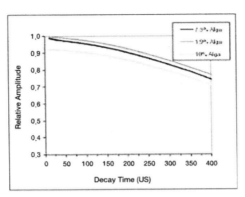

[Fig.4] NMR signal decay time for three solid content levels of algae

시그널 진폭은 상대적인 고체 함유량에 대해서 나타낸다. 선형 경향성은 물에서의 고체 미세조류 함유량에 대한 NMR 예측에서 관찰된다.

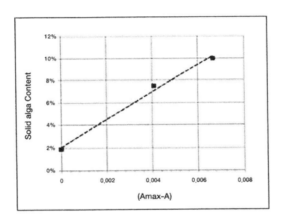

[Fig 5] Solid algae content correlation to NMR signal amplitude

고체의 함유량에 대한 NMR의 사용에 덧붙여서 다른 실험결과는 NMR이 미세조류에서의 지질분석을 위해 매우 적합한 것을 나타내었다. NMR 방법은 NIR 방법(R^2=0.9067)보다도 지질 추출 실험으로부터의 측정된 값과 더 좋은 일치를 나타내는 것으로(R^2=0.9973) 보고되었다.

셀룰로오스계 에탄올을 위한 바이오매스 물질의 사용 가능성에 관한 연구에서는 공급원료 물질을 분류하기 위해, 그리고 식물 세포벽으로의 물의 이동을 조사하기 위하여 또한 NMR을 사용하였다. 이들 물질에서 물은 식물 매트릭스 내의 위치에서 전형적으로 발견된다. 화학적으로 바운드된 물은 식물 섬유에서의 바운드된 물, 그리고 섬유와 lumens 사이에서의 자유수는 셀룰로오스 매트릭스에서 발견된다. NMR은 이

들 각 형태에 위치한 물을 측정할 수 있다. 더 이상의 데이터 분석은 물이 한 형태로
부터 또 다른 형태로까지 이동하기 때문에 물에서의 변화를 추적할 수 있는 능력을
초래한다(추적할 수 있다).

아래에 나타낸 그래프는 수분이 옥수수속의 세포벽 속으로 흡수되어질 때 기간에
따른 NMR 시그널의 변화를 추적한 것이다. 층 수소시그널에 대한 자유수의 기여는
물이 바이오매스의 세포벽 속에서 흡수될 때 감소된다.

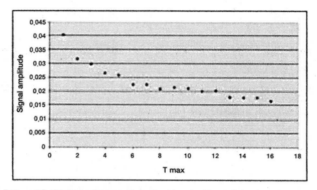

[Fig 6] **Water absorption in the cell walls of corn cob**

여러 바이오매스 공급원료에서의 물의 이동은 그것이 효소에 의한 가수분해가 일
어날 수 있는 능력에 영향을 미치기 때문에 중요한 파라미터이다. 식물 세포벽 물질
의 결정성은 또한 결정인자이다. NMR은 왁스, PS, PE, PP, 기타와 같은 고분자 재료
의 결정을 모니터하기 위해 여러 해 동안 성공적으로 사용되었다. 비슷한 NMR 기술
들은 셀룰로오스의 결정성을 측정하기 위해 식물에 적용될 수 있다. 아래의 그래프는
인공 고분자 물질과 바이오매스 물질에 대한 free induction decay curves 사이의 유
사성을 나타낸다.

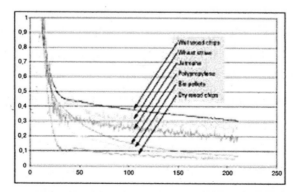

[Fig 7] **NMR signal decays for various semi-crystalline materials**

셀룰로오스의 수화는 물의 첨가에 의해 비정질 성분이 더 질서 있게 배열되는 것을 가리키는 결정성의 증가를 초래한다는 사실을 여러 가지 연구에 의해 밝혀졌다(Park 2009).

최근 NMR 기기의 경향은 실험실적 분석으로부터 공정제어와 공정 최적화 쪽으로 계속 이동하였다. 바이오연료 생산설비가 파일럿 플랜트 단계로부터 상용 플랜트 규모로 확장되었을 때 간헐적인 실험실적 분석은 상용이 완전한 규모의 플랜트의 공정 제어 및 최적화를 더 이상 충족시키지 못한다. 핵심 성질의 실시간 공정 자동제어장치의 제어계와 함께 온라인 NMR 기기만이 상업적 생산설비에 대한 필요사항을 만족시킬 수 있다. 온라인 공정 NMR이 식품산업, 광업 그리고 석유화학 산업에 상업적으로 여러 해 동안 성공적으로 사용되었다 할지라도 공정 NMR이 성장하는 바이오연료 산업에 사용되기 시작한 것은 단지 몇 년 전부터이다.

하나의 그러한 예는 셀룰로오스계 에탄올 생산에서 용해되지 않은 고체 함유량의 분석에 관한 것이다. NREL은 바이오정제공정에서의 더 높은 고체의 농도에 의한 가종은 에탄올 비용을 감소시킴에서 하나의 중요한 인자이다. 전처리 단계의 부분으로서 물을 감소시킬 수 있는 능력은 또한 공정에 대한 장치와 에너지 비용을 감소시킨다. 공정 NMR은 바이오정제공정에서의 고체의 함유량의 온라인 공정 분석을 위한 훌륭한 능력을 나타내었다. 아래의 데이터는 여러 고체/물 수준의 밀짚에 대한 NMR 시그널과 calibration 결과에 관해서 나타낸다.

옥수수 줄기와 잎, 옥수수 속 그리고 우드칩을 포함하는 다른 바이오매스 공급원료에 대한 비슷한 결과를 다른 테스트에서 나타내었다.

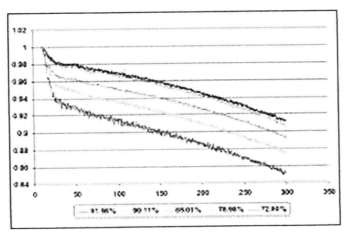

[Fig 8] NMR signal decay for wheat straw slurries of various moisture levels

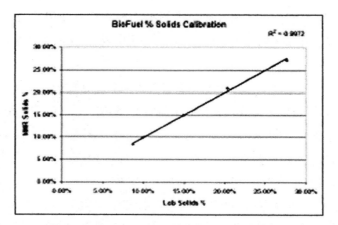

[Fig 9] Correlation of NMR signal amplitude to biofuel's solid contents

05 결론

NMR은 자동화된 높은 처리량의 다량의 성질분석을 제공하며 시료를 원래 그대로 남기게 된다(다른 처리를 하지 않는다). 측정은 시료에 직접 노출 없이 그리고 최소량의 시료제조로서 실행된다.

바이오연료에 대한 TD-NMR의 사용은 R&D, 품질보증테스팅, 온라인 연속 공정 최적화 그리고 연속적인 실시간 QC와 같은 적용분야를 포함한다.

나타낸 NMR 결과는 바이오연료 산업에서 직면하게 되는 분석방법에 대해 요구되는 사용 유연성, 정확성, 정밀성, 재현성 그리고 신뢰성을 나타낸다. 응용분야의 개발, 공정 확장 그리고 상업화 쪽으로의 계속되는 노력은 바이오연료 산업을 위한 국제표준으로서 TD-NMR의 더 폭넓은 사용을 초래한다.

■ References

01. Asakuma Y, Maeda K, Kuramochi H, and Fukui K, *Theoretical Study of the Transesterifieation of Triglycerides to Biodiesel Fuel*, Fuel, 86, 1201, 2007
02. ASTM D7371-07 *Standard Test Method for Determination of Biodiesel (Fatty Acid Methyl Esters) Content in Diesel Fuel Oil Using Mid Infrared Spectroscopy* (FTIR-ATR-PLS Method)

03. Blumich B, Guthausen A, Haken R, Schmitz U, Saito K, and Zimmer G, *The NMR-MOUSE Construction, Excitation, and Applications*, Magnetic Resonance Imaging, **16**, 479, 1998

04. Carneiro HSP, Medeiros ARB, Oliveira FCC, Aguia GHM, Rubim JC, and Suarez PAZ, *Determination of Ethanol Fuel Adulteration by Methanol Using Partial Least-Squares Models Based on Fourier Transform Techniques*, Talanta, **69**, 1278, 2006

05. Chuck CJ, Bannister CD, Hawley JG, Davidson MG, La Bruna I, and Paine A, *Predictive Model To Assess the Molecular Structure of Biodiesel Fuel*, Energy Fuels, **23**, 2273, 2009

06. Demas V, Prado PJ, *Compact Magnets for Magnetic Resonance*, Concepts in Magnetic Resonance A, **34A**, 48, 2009

07. Gao C, Xiong W, Zhang Y, Yuan W, Wu O, *Rapid Quantitation of Lipid in Microalgae by Timedomain NMR in Alga-based Biodiesel Production*, Journal of Microbiological Methods, **75**, 437, 2008

08. Garner R, Mayo P, Marino S, *On-Line Process NMR Extends to Mechanical Properties, Maack Business Service Polypropylene*, World Congress Zurich, Switzerland, 2005

09. Hahn EL, *Spin Echoes*, Physical Review, **80**, 580, 1950

10. Monteiro MR, Ambrozin ARP, Lião LM, and Ferreira AG, *Critical Review on Analytical Methods for Biodiesel Characterization*, Talanta, 77, 593, 2008

11. Monteiro MR, Ambrozin ARP, Lião LM, Boffo EF, Pereira-Filho ER, and Ferreira AG, 1H *NMR and Multivariate Calibration for the Prediction of Biodiesel Concentration in Diesel Blends*, Journal of the American Oil Chemists' Society,**86**, 581,2009

12. Monteiro MR, Ambrozin ARP, da Silva Santos M, Boffo, EF, Pereira-Filho ER, Lião LM, Ferreira AG, *Evaluation of Biodiesel-diesel Blends Quality Using 1H NMR and Chemometrics*, Talanta, **78**, 660, 2009

13. Park S, Johnson DK, Ishizawa CI, Parilla PA, and Davis MF, *Measuring the Crystallinity Index of Cellulose by Solid State 13C Nuclear Magnetic Resonance*, Cellulose, **16**, 641, 2009B

14. Prestes RA, Colnago LA, Forato LA, Vizzotto L, Novotny EH, and Carrilho E, *A Rapid and Automated Low Resolution NMR Method to Analyze Oil Quality in Intact Oilseeds*, Analytica Chimica Acta, **596**, 325, 2007

15. Ramadan MF, and Moersel JT, *Screening of the Antiradical Action of Vegetable Oils*, Journal of the American Oil Chemists' Society, 77, 489, 2001

16. Tan CP and Che Man YB, *Recent Developments in Differential Scanning Calorimetry for Assessing Oxidative Deterioration of Vegetable Oils*, Journal of the American Oil Chemists' Society, **78**,1025, 2001

11장_

바이오연료의 사용과 관련된 윤활공학적 쟁점

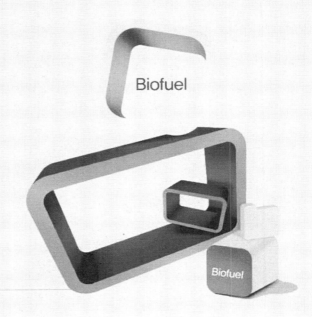

개요

　세계 석유 매장량의 점차적인 고갈 그리고 증가하는 배기가스 배출에 의한 환경오염의 영향 때문에 엔진에서 사용하기 위한 적당한 대체연료에 대한 절박한 필요성이 대두된다. 온실가스 배출과 지구 온난화에 대한 의식고조는 세계적으로 더 엄격한 환경규제규정의 도입을 이끌어 낸다. 신 재생 바이오연료는 이들 문제점들에 대한 잠재적인 가능한 해결방안으로 생각된다. 그러나 바이오연료의 상용은 윤활공학과 관련된 새로운 문제점에 대한 여러 가지 해결방안에 대한 필요성을 요구하게 된다. 이 장에서는 세 가지의 주된 바이오연료인 즉, 채종유(SVO), 바이오디젤 그리고 에탄올의 윤활성에 관련된 쟁점에 관한 비판적인 분석에 관해서 고찰키로 한다. 블렌드의 윤활성, 탄소 퇴적물의 형성, 점도, 엔진 소재의 부식 등과 같은 많은 쟁점에 관해서 자세히 고찰키로 한다. 바이오연료의 QC는 이들 연료의 지속적인 판매 증가에 대한 핵심 인자로서 확인되었으며 많은 윤활성 관련 쟁점을 초래할 수 있다. 이런 점을 고려하여 세계의 조화된 표준에 대한 절박한 필요성에 대해서도 고찰키로 한다. 엔진 문제점들과 관련된 알코올 연료에 대한 다른 해결방안에 관해서도 논의하기로 한다. 엔진성능 감소, 인젝터 코우킹, 오일링 스티킹 등과 같은 엔진에서 SVD의 사용에 기이한 문제점들과 관련된 주요한 고찰에 관해서도 논의하였다. 산학에 의해서 연구된 이들 문제점들에 대한 가능한 해결방안에 관해서도 고찰하였다.

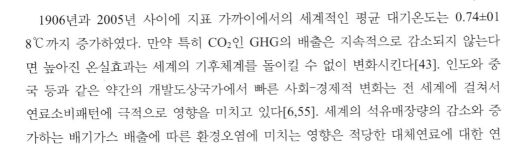

01 서론

　1906년과 2005년 사이에 지표 가까이에서의 세계적인 평균 대기온도는 0.74±018℃까지 증가하였다. 만약 특히 CO_2인 GHG의 배출은 지속적으로 감소되지 않는다면 높아진 온실효과는 세계의 기후체계를 돌이킬 수 없이 변화시킨다[43]. 인도와 중국 등과 같은 약간의 개발도상국가에서 빠른 사회-경제적 변화는 전 세계에 걸쳐서 연료소비패턴에 극적으로 영향을 미치고 있다[6,55]. 세계의 석유매장량의 감소와 증가하는 배기가스 배출에 따른 환경오염에 미치는 영향은 적당한 대체연료에 대한 연구를 가속화 시킨다. 석유계 연료의 최근의 상승하는 가격과(세계적인 경기후퇴 전에) 발전된 기술적 혁신에 기인한 감소된 바이오연료 생산비용은 바이오연료를 전통적인 석유계 연료에 비해 경쟁력 있게 만들었다. SVO와 바이오디젤 등과 같은 바이오연료가 어떻게 생산되는지에 의존하여 GHG 배출을 억제한다. 실질적으로 세계의 바이오에너지 부문은 공공과 개인부문으로부터 개시된 R&D가 활발히 진행되고 있다. 인도와 같은 개발도상국에서 바이오연료에 대한 주된 추진체는 다음과 같은 것으로서 확인된다: a. 외화절약, b. 원활한 에너지 수급, c. 환경보호 촉진, d. 기후변화협정에 대한 만족스러운 대응, e. 신 재생 에너지원의 장려, 그리고 f. 농촌지역의 고용 창출. SVOs와 같은 바이오연료는 현대적 에너지 형태에 대한 심각한 필요성이 있는 농촌지역에서 용이하게 생산된다. 농업 응용분야의 경우에 분산방식으로 농촌지역에서 생산될 수 있는 연료는 소비처 가까이에서 유리하게 될 것이다[41]. 그러나 바이오연료의 사용은 전 세계로 윤활성 관련 난제 해결을 위한 새로운 방안을 필요로 하고 있다.

이 장에서는 주로 SVO, 바이오디젤 그리고 알코올인 세 가지의 주된 바이오연료의 윤활성 관련 쟁점에 관한 주요한 분석에 관해서 다루기로 한다.

02 세계의 바이오연료 시나리오

과거 5년간 바이오연료의 세계적 생산은 2배로 증가하였으며 향후 4년간 다시 2배로 증가할 것으로 기대된다. 바이오연료의 생산은 2007년에 대략 530억 리터(2005년으로부터 43% 상승)를 상회하였다(REN21, Global Status Report 2007). 2005년에 세계 바이오연료 생산은 20Mtoe 혹은 643,000배럴/일 이었으며 이것은 세계 도로 수송용 연료소비의 1%이었다. 전 세계의 아르헨티나, 오스트레일리아, 캐나다, 중국, 콜럼비아, 인도, 인도네시아, 멕시코, 세네갈, 남아프리카, 잠비아 등과 같은 많은 국가들은 최근 바이오연료 친화정책을 도입하였으며 브라질과 미국은 함께 전체 세계 생산량의 80% 이상을 생산한다.

2.1 전 세계 미래 바이오연료 목표

전 세계 다른 국가들은 바이오연료에 대한 향후 목표를 설정한다.

새로운 U.S. 신 재생 연료 표준은 2022년까지 블렌드 되는 바이오연료의 연간 부피를 360억 갤런(1360억 리터)으로 증가시키기 위해 연료 유통업체를 필요로 한다. 새로운 표준은 도로 수송용 가솔린의 20%는 2022년까지 바이오연료가 될 것으로 암시한다.

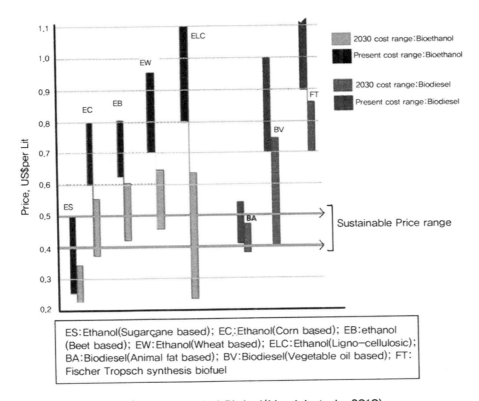

[Fig 1] **Price trend of Biofuel(Mondal et al., 2010)**

영국은 2010년까지 5%의 목표를 설정하였으며 비슷한 신 재생 연료에 관한 의무사항을 갖는다. 일본의 장기간의 에탄올 생산에 대한 새로운 전략은 2030년까지 60억 리터/년을 목표로 하고 있으며 이것은 수송용 에너지의 5%를 나타낸다. 중국은 2020년까지 130억 리터의 에탄올 그리고 연간 23억 리터의 바이오디젤 생산목표를 완성하였다. EC는 2010년까지 5.75%의 이전의 EU-전체 목표를 확장하여 2020년까지 수송용 에너지의 10%의 새로운 EU-전체 목표를 수립하였다(Renewable: Global Status report, 2007). 2008년에 인도는 바이오연료(바이오 에탄올 그리고 바이오디젤)의 블렌딩을 위해 2017년까지 20%의 목표를 발표하였다. 다른 바이오연료의 현재 및 계획된 미래 가격범위는 그림 1에 나타내었다. 바이오연료 생산에서 현재의 생산 상황에 의해 상위 15개 국가들은 표 1에 나타내었다(WEO 2006).

[Table 1] Top 15 countries in Biofuel Production

Country	Fuel ethanol	Biodiesel
	billion liters	
1. United States	18.3	0.85
2. Brazil	17.5	0.07
3. Germany	0.5	2.80
4. China	1.0	0.07
5. France	0.25	0.63
6. Italy	0.13	0.57
7. Spain	0.40	0.14
8. India	0.30	0.03
9. Canada	0.20	0.05
9. Poland	0.12	0.13
9. Czech Republic	0.02	0.15
9. Colombia	0.20	0.06
13. Sweden	0.14	–
13. Malaysia	–	0.14
15. United Kingdom	–	0.11
EU Total	1.6	4.5
World Total	39	6

03 연료로서의 알코올

알코올은 지역적으로 재배된 농작물로부터의 바이오매스와 같은 지속적으로 생산

가능한 자원과 폐지 등과 같은 폐기물로부터 제조된다. 에탄올은 신 재생 바이오계 자원이기 때문에 그리고 함산소 화합물이기 때문에 그리고 그로 인해서 CI엔진에서 PM 배출저감을 위한 가능성을 제공하므로 매력적인 대체연료이다. 에탄올은 1930년 대에 미국에서 자동차 연료로서 처음으로 제안되었으나 단지 1970년 후에 폭넓게 사용되었다. 2007년에 에탄올 생산은 전 세계 소비되는 13000억 리터의 가솔린의 약 4%를 나타내었다. 증가된 생산의 대부분은 미국에서 발생하였으며 브라질, 프랑스, 독일 그리고 스페인에서도 또한 현저한 증가가 있었다[42]. 미국은 2006년에 180억 리터 이상을 생산하여 선두 에탄올 연료 생산국이 되었으며 여러 해 오랜 기간 선두 국가인 브라질에 앞서 도약하였다(Renewable: Global Status report, 2007). 브라질의 에탄올 생산은 2006년에 약 180억 리터로 증가하였으며 전 세계 총 생산량의 거의 절반을 차지하였다. 브라질에서의 모든 연료 충전소는 순수한 에탄올 그리고 25% 에탄올/75% 가솔린 블렌드로 된 가소홀을 판매한다. 가솔린과 비교되는 에탄올 연료에 대한 수요는 과거 여러 해에 걸쳐서 브라질에서 자동차메이커에 의한 소위 "flexible-fuel" 자동차의 도입 때문에 2007년에 매우 강하였다. 그러한 자동차는 블렌드를 사용할 수 있으며 브라질에서의 모든 자동차 판매의 85%의 점유율로써 운전자에 의해 폭넓게 채택되었다. 근년에 연료로서의 에탄올에서의 의미심장한 국제무역이 선두수출국인 브라질에 의해 이루어졌다(Renewable: Global Status report, 2007).

[Table 2] Properties of ethanol, gasoline and diesel

Parameters	Ethanol	Gasoline	Diesel
Formula	CH_3CH_2OH	C_7H_{16}	$C_{14}H_{30}$
Molecular weight(g/mol)	46.07	100.2	198.4
Density(g/cm^3)	0.785	0.737	0.856
Normal boiling point(deg.C)	78	38-204	125-400
LHV(kJ/cm^3)	21.09	32.05	35.66
LHV(kJ/g)	26.87	43.47	41.66
Exergy(MJ/I)	23.1	32.84	33.32
Exergy(MJ/Kg)	29.4	47.46	46.94
Carbon Cotent(wt%)	52.2	85.5	87
Wulfur content(ppm)	0	approx.	approx.
		200	250

최근에 경제는 에탄올의 생산에 훨씬 더 유리하게 되었으며 이것은 석유계 디젤을 필적할 수 있다. 따라서 배출저감에서 PM의 배출저감에 대한 강조로서 에탄올-디젤 블렌드(디조올)에 대하여 다시 새롭게 관심을 기울이게 되었다. 알코올 연료로서 에탄올에 대한 증가된 인기 때문에 이 장에서는 단지 에탄올에 대한 고찰로서 제한하기로 한다. 에탄올, 가솔린 그리고 디젤연료에 대한 주된 성질에 관한 요약을 표 2에 나타내었다[1].

3.1 알코올 연료에 따른 윤활성 쟁점

1980년대 초에 가솔린 엔진에서의 에탄올의 사용은 수많은 소재 혼화성 연구를 이끌었으며 이들 중에서 많은 것은 디젤엔진에서의 에탄올-디젤(디조올) 블렌드의 영향, 그리고 연료 인젝션 시스템에서의 이들의 영향에 적용될 수 있다. 에탄올의 품질은 그것의 부식효과에 강한 영향을 미친다[21]. 에탄올 연료의 문제점을 처리함에서 Brink 등[8]은 에탄올에 의한 카뷰레터 부식을 3가지 타입으로 분류하였다: 일반적인 부식, 건식부식 그리고 습식부식. 일반부식은 이온성 불순물, 주로 염소이온 그리고 아세트산에 의해서 초래되었다. 건식부식은 에탄올 분자와 그것의 극성도에 기인되었다. de la Harpe[10]는 에탄올에 의한 금속의 건식부식에 관한 보고서를 고찰하였으며 마그네슘, 납 그리고 알루미늄은 무수 에탄올에 의한 화학적 공격에 영향을 받기 쉬웠다. 습식부식은 함께 끓는(azeotropic) 물(이것은 대부분의 금속을 산화시킨다)에 의해서 초래된다. 중성 pH의 무수 에탄올을 포함하는 새롭게 혼련된 블렌드는 상대적으로 적은 부식효과를 나타내는 것으로 기대되었다. 그러나 만약 블렌드를 에탄올이 대가로부터 수분을 흡수하도록 할 수 있는 충분한 시간동안 탱크에 멈춰서 있다면 그것은 연료가 연료 인젝션 시스템을 거쳐서 통과할 때 더 부식적인 경향이 있다[10]. 게다가 예를 들면 연료가 컴바인 수확기 엔진에서 수개월 동안 연료 인젝션 펌프에 멈춰서 있어서 연료가 내부적으로 펌프의 부품을 부식시킬 수 있을 만큼 충분한 시간을 허용케 한다. 부식 억제제는 에탄올-디젤연료 블렌드와 함께 사용되는 약간의 첨가제 패키지에 혼합되었다[10]. 비금속 성분은 연료 인젝션 시스템에서 특별히 seals 그리고 O-rings와 같은 엘라스토머 성분에 관해서 에탄올에 의해서 또한 영향을 받았다. 이들 씰재는 부풀어 팽창하고 경직되는 경향이 있다. 레진-결합된 혹은 레진-밀봉된 성분은 또한 부풀어 팽창하기 쉬우며 씰재는 절충된다[1].

제한된 범위의 내구성 테스트는 실험실에서 그리고 현장에서 에탄올-디젤연료 블

렌드에서 실행되었다. 초기연구에서 대략 10% 그리고 15% 무수 에탄올은 포함하는
블렌드에 의한 테스트는 인젝션 타이밍에 대해서 올바르게 조절된 엔진에서 비정상
적인 마모를 나타내지 않았다[19,24,38]. 이들 테스트에 포함된 약간의 엔진은 세탄가
의 감소 그리고 따라서 가혹한 국한된 온도와 압력으로부터 피스톤 부식을 초래하는
증가된 점화지연에 더 민감하였다. 그러나 인젝션 타이밍의 작은 지체는 압력상승 속
도를 감소시키기 위하여 추천되었다. Meiring 등[39]에 의해서 실시된 내구성 테스트
에서 엔진이나 연료 인젝션 시스템의 비정상적 질적 저하는 *30% 무수 에탄올, 소량
의 octyl nitrate 점화지연향상제 그리고 ethyl acetate 상분리 억제제 그리고 나머지인
디젤연료를 포함하는 블렌드*에서 가동되는 2대의 트럭에서 Archer Daniels
Midland(ADM), Bloomington, 1L, US에 의한 최근의 over-the-road 테스트는 조건에
서의 비정상적인 질적 저하를 나타내지 않는 각 차량에서 400,000km 이상의 축적을
초래하였다[35]. 미국의 CTA(Chicago Transit Authority)는 30대의 버스의 차대의 조
건과 전반적 성능을 모니터하였는데, 이 중에서 15대는 15% 에탄올 블렌드에서 가동
되었으며 15대는 NO. 1 디젤연료에서 주행되었다. 블렌드에서 주행하는 15대의 버
스에 의해 축적된 434,500km 후 비정상적인 유지보수상의 혹은 연료 관련 문제점은
관찰되지 않았다[35]. Hansen 등[17]은 GE Betz 첨가제를 사용한 "E. diesel"의 10%
에탄올 블렌드에서 주행하는 각 차량 타입의 하나와 다른 것은 No. 2 디젤연료에서
주행하게 되는 그대의 John Deere 9400 tractors, 2대의 Caterpillar Challenger 95E
tractors 그리고 2대의 John Deere 9650에 의한 farm demonstration project를 실시하
였다. 목적 중에서 하나는 차량의 내구성을 모니터링하는 것이었다. John Deere
tractors는 오일 분석에 기초한 엔진상태에서의 비정상적인 질적 저하 없이 2번의 봄
시즌과 1번의 가을시즌에 대해서 대략 700시간 동안 축적하여 가동하였다. 캐터필러
트랙터와 콤바인은 다시 오일분석에 따라서 비정상적인 마모패턴 없이 각각 축적된
대략 380시간과 600시간에 의해서 두 계절에 걸쳐서 테스트가 완료되었다. 실험실적
500시간의 내구성 테스트는 15% 무수 에탄올, 2.35% PEC 첨가제 그리고 82.65%
디젤연료에서 주행하는 Cummins ISB 235 엔진에서 Hansen 등[18]에 의해서 실행되
었다. 엔진은 연료 인젝션 시스템에서 연료 처리량을 최대화시키기 위하여 정격속도
와 최대부하에서 가동하였다. 연료 인젝션 시스템을 제외하고는 자세한 엔진 부품 소
재의 측정과 시험에 기초하여 엔진상태에 있어서의 비정상적인 질적 저하는 관찰되
지 않았다. 인젝션 펌프와 인젝터의 보정(calibration) 체크는 이들이 정상 허용 오차
범위 내에 있었다는 사실을 나타내었다. 그러나 연료와 인젝터와의 가능한 화학적 상
호작용 때문에 고장난 인젝션 펌프에서의 하나의 수지로써 씰링된 센서는 니들밸브

작용으로부터 심한 마모를 나타내었다. 이들 결과를 입증하기 위하여 더 이상의 테스트가 필요하다. 에탄올-디젤연료 블렌드는 디젤연료 사용을 위해 확립된 표준과 비교되는 엔진마모에 불리하게 역으로 영향을 미치지 않는다는 사실에 대한 확인을 제공하기 위해 적어도 1000시간의 장기간의 내구성 테스트가 필요하다. 결국 다른 연료 인젝션 시스템 배치 구조를 갖는 엔진의 범위에서의 장기간의 내구성 테스트는 에탄올-디젤연료는 디젤연료와 비교하였을 때 엔진마모에 악영향을 미치지 않는다는 사실을 확인키 위해 필요하다는 사실이 주장되었다. 이러한 테스트는 엔진 제작업체들과 공동으로 실시되어져야 한다. 윤활성 쟁점을 나타내는 것으로 보고된 새롭게 입수가능한 초 저유황 디젤연료와 알코올의 블렌딩은 많은 연구원들에 의해서 효과적인 윤활성 향상제인 것으로 입증되었다[2].

3.2 연료로서의 에탄올에 따른 윤활성 쟁점에 대한 가능한 해결방안

가솔린에서의 에탄올의 블렌드는 가솔린에서 가동되도록 디자인된 차량에서 보편적으로 사용된다. 그러나 알코올의 성질은 가솔린의 그것과 다르기 때문에 알코올을 연료로 사용하기 위해서는 차량변형이 요구된다. 에탄올은 캬부레터 재보정 그리고 만족스러운 주행성능을 제공하기 위한 공기-연료혼합물의 증가된 연소를 요구하는 낮은 화학 양론적 공기-연료 비율 그리고 높은 기화열을 갖는다[31]. 브라질은 알코올을 연료로 한 Otto cycle(4 stroke) 내연엔진에 대한 가장 발전된 기술을 갖는다. 알코올 엔진을 더 실제적이고 작용적이며 내구성 있는, 그리고 경제적인 것으로 만들기 위하여 엔지니어들은 정규 가솔린 엔진에 있어서의 여러 가지 변화를 실시하였다. 청정제의 사용은 에탄올 주행 엔진의 인젝터 밸브 퇴적물 문제점에 대한 가능한 해결방안인 것으로 보고된다. Claydon[9]은 24% 에탄올까지를 포함하는 가솔린에서 inlet valve 퇴적물에 미치는 에탄올의 영향을 평가하기 위한 엔진테스팅의 결과를 보고하였다. 표준 엔진테스트들에서의 테스팅은 표준 가솔린에 에탄올을 도입시킴은 inlet valve 퇴적물을 증가시키는 경향이 있다는 사실을 나타내었다. 테스팅은 물론 이것은 그림 2에 나타낸 것처럼 청정제를 포함하는 프리미엄급의 완전하게 혼련된 가솔린을 사용함으로써 처리될 수 있다는 사실을 분명히 나타내었다. 에탄올 관련된 문제점과 해결방안의 요약은 다음 표 3에 나타내었다.

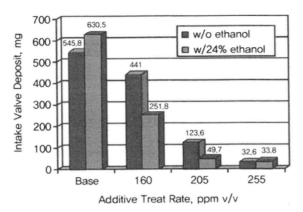

[Fig 2] Comparative intake valve deposit(Claydon, 2008)

[Table 3] Problem and potential solutions of issues related to alcohol fuel

Problem	Solution
Alcohol does not evaporate as easily as gasoline	Intake manifold had to redesigned to provide more heating for evaporation.
Ethanol has low stoichiometric air-fuel ratio.	The carburetor was regulated and recalibrated.
Corrosion of fuel tank and fuel line with alcohol	The tin and lead coating of the fuel tank was changed to pure tin. The fuel lines (zinc steel alloy) were changed to cadmium brass.
Requirement of greater fuel flow rates.	The fuel-filtering system was changed and re-dimensioned.
How to reap the advantage of higher octane rating of alcohol.	The compression ratio was increased to about 12:1.
Lack of lubrication resulting from the absence of lead in the fuel.	The value housing, made of cast-iron, were changed to an iron-cobalt synthetic alloy.
Further reduction of the alcohol engine emissions.	Catalyst of the catalytic converter was changed from palladium and rhodium to palladium and molybdenum.

04 바이오디젤

바이오디젤 생산은 2006년에 50% 상승하여 세계적으로 60억 리터 이상으로 증가하였다. 세계 바이오디젤 생산의 절반은 계속해서 독일에 의해 이루어졌으며 상당한 생산증가는 이태리와 미국(여기서의 생산은 3배 이상으로 증가하였음)에서 일어났다. 유럽에서는 새로운 정책에 의해서 뒷받침되었기 때문에 바이오디젤은 더 폭넓은 수용을 이루었으며 시장점유율은 증대시켰다. 바이오디젤 생산의 적극적인 과감한 신장은 동남아시아(말레이시아, 인도네시아, 싱가포르 그리고 중국), 라틴아메리카(아르헨티나와 브라질)에서 나타나고 있었다. 말레이시아의 목표는 그것의 팜유생산에 기초하여 2010년까지 전 세계 바이오디젤 시장의 10%를 차지하는 것이다(Renewable: Global Status report, 2007).

4.1 바이오디젤에 의한 윤활성 쟁점

수많은 연구자들은 30년 이상 동안 바이오디젤 관련 윤활성 쟁점에 관해서 조사하였다. 윤활제 속에 존재하는 금속의 정량적 평가는 엔진부품의 마모의 지적이며 정성분석은 이들 금속의 원천을 확인한다. 입수 가능한 연구논문들의 대부분은 바이오디젤의 유리한 윤활 공학적 효과에 관해서 보고된 것이다. 그러나 약간의 조사에서는 또한 약간의 불리한 반대효과를 나타내었으며 이들은 따로 따로 별도로 분리해서 고찰할 필요가 있다.

4.1.1 바이오디젤의 유리한 윤활공학적 효과

미국, 유럽 그리고 그 밖의 지역에서의 규정에 의해서 요구되는 것과 같은 저유황 석유계 디젤연료, 더 최근에는 초 저유황 디젤연료(ULSD)의 출현은 연료 인젝터 그리고 펌프와 같은 엔진부품의 고장을 초래하였는데, 그것은 그들이 연료자체에 의해서 윤활작용 되기 때문이다[29]. 순수한 100% 바이오디젤을 첨가시킴은 후자에 [50,32] 혹은 항공기용 연료에[3] 윤활성을 회복시킨다. 그러한 효과는 한층 더 낮은(

<1%) 블렌드 수준이나 더 높은(10%~20%) 수준에 대해서 보고되었다.

　　Chausalkar 등[2008]은 엔진성능과 윤활유에 미치는 바이오디젤 블렌드의 영향에 관해서 연구하였다. 1000시간의 두 가지의 장기간의 내구성 테스트는 multicylinder Euro Ⅱ compliant engine에서 석유계 디젤연료와 5% 바이오디젤 블렌드(B5)를 사용하여 실시되었다. API CH4를 충족시키는 SAE 15w 40 엔진오일은 두 가지의 테스트에 대해서 사용되었다. 두 가지의 연료에 의한 엔진오일의 점도에 있어서의 변화는 지정된 오일 거부 제한값 내에 있다. 연료로서 B5를 사용함에 의한 엔진 점도변화에 있어서 보다 작은 차이는 엔진테스트의 반복성 값 이내이다(그림 4). B5의 내구성 테스트는 규정된 윤활유 제한 값인 <150ppm보다도 더 낮은 값인 7ppm~35ppm 사이의 Fe 수준을 나타내었다. 석유계 디젤연료에 대한 Fe의 마모 값은 25~65ppm 사이의 범위이다(Chausalkar et al., 2008). Cu, Al, Si 등과 같은 다른 금속은 두 가지 연료에 대한 규정된 제한 값 범위이내이다.

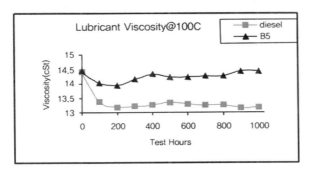

[Fig 3] Variation of lubricants viscosity with time(Chausalkar et al., 2008)

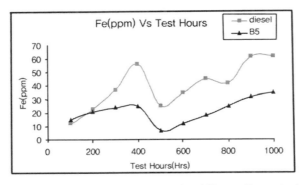

[Fig 4] Variation of Fe content with time(Chausalkar et al., 2008)

이들 결과는 주로 바이오디젤을 구성하는 알킬 에스터가 윤활성 향상에 대한 원인이라는 것을 의미한다. FFAs는 해바라기유 포뮬레이션의 경계 윤활 행동을 향상시켰다[14]. 피마자유와 같은 히드록실화된 지방산을 갖는 채종유의 에스터는 비히드록실화된 채종유의 에스터보다도 더 낮은 수준에서 윤활성을 향상시켰다[11,16]. 산화된 바이오디젤은 그것의 비산화된 카운터파트와 비교했을 때 향상된 윤활성을 나타내었다[58].

4.1.2 바이오디젤에 의한 몇 가지의 심각한 윤활성 관련 문제점

엔진의 윤활성능에 미치는 바이오디젤의 부정적인 영향에 관해서 연구 보고되었다. 이에 관해서는 더 이상의 연구를 필요로 하게 된다. Fontaras 등(2009)은 Euro 2 디젤 승용차에서 대두유로부터 유도된 바이오디젤(B 100) 그리고 석유계 디젤연료와 그것의 50vol.% 블렌드(B 50)에 관해서 조사하였다. 마모에 미치는 바이오디젤의 영향에 관해서 평가하기 위해서 윤활제 속의 금속들의 농도를 정량하였다. 윤활유 시료의 분석은 다른 왕복용 부품으로부터 비롯되는 금속원소의 더 높은 양에 의해서 증가된 마모를 초래한다는 사실을 나타내었다. 비록 바이오디젤은 디젤연료와 비교하였을 때 더 좋은 윤활성을 나타낸다 할지라도 엔진의 여러 핵심부품의 마모는 테스트 연료의 적용동안 더 높은 것 같다. 철 그리고 구리 함유량은 각각 실린더 마모 그리고 베어링 마모를 의미한다[1]. 그리고 이들은 각각 67% 그리고 272%까지 증가된 것으로 나타낸다. Batko 등[5]은 석유계 디젤연료, 유채유의 메틸 에스터(RME) 그리고 이들의 혼합물에 대해 관련된 스틸-알루미늄에서의 윤활성에 관한 양상에 관해서 조사하였다. 실험실적 연구 롤러-링 마찰커플을 포함한 마찰기를 사용하여 이루어졌다. 시료의 마모값은 분석밸런스를 사용하여 중량법에 의해서 측정되었다. 이 연구에 기초하여 디젤연료에 RME의 소량의 첨가는 시료마모의 갑작스런 증가를 초래한다. 가장 높은 마모값은 RME의 20% 첨가에 의해서 초래되었다. 총괄하여 디젤연료에 유채유의 메틸에스터의 첨가는 스틸-알루미늄 마찰커플에서 현저한 마모의 증가를 초래한다. 결과는 그림 5에 나타내었다. 더 높은 마모의 지적에 대한 가능한 설명은 높은 바이오디젤 농도는 윤활제를 부분적으로 용해시킨다. 메카니즘은 아마도 실린더 벽 윤활필름에 더 집중된다. 엔진의 작동부품의 마찰계수는 증가하며 더 높은 마모를 초래한다. 약간의 산성성분은 연소과정 동안 형성되며 이들은 윤활제에 용해될 수 있다. 이것은 윤활제의 더 높은 총 산도(TAN)에 기인해서 부식마모를 초래한다. 이것은 향후 연구에 대한 관심분야이다.

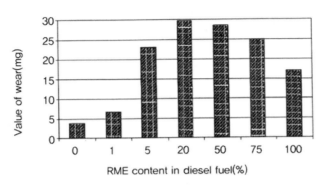

[Fig 5] **Value of sample wear by weight with respect to RME content in diesel fuel (Batko et al., 2008)**

05 엔진연료로서의 채종유(SVO)

  채종유는 그것이 여러 가지 유리한 점을 가지며, 재생가능하고 환경친화적이며 현대적 에너지 형태에 대한 격심한 필요성이 있는 농촌지역에서 용이하게 생산되기 때문에 유망한 대체연료이다[22,28,54,33,36,48,27]. 농업 응용분야의 경우에 분산방식으로 소비지점 가까이에서의 농촌지역에서 생산될 수 있는 연료가 유리하게 된다. 소량의 연료를 모든 엔진에서 소비하게 되는 농업부문에서의 적용에 대해서 순수한 채종유의 사용은 화학적 처리가 필요하지 않기 때문에 트랜스에스터화된 오일(바이오디젤) 보다도 더 매력적인 것 같다[45]. 기후와 토양조건에 의존하여 다른 국가들은 디젤연료에 대한 대체연료로서 다른 채종유를 조사하고 있다. 예를 들면, 미국에서의 대두유, 유럽에서의 유채유와 해바라기유, 동남아시아에서의 팜유(주로 말레이시아와 인도네시아), 자트로파 오일(인도) 그리고 필리핀에서의 코코넛 오일은 석유계 디젤연료에 대한 대체연료로서 고려되고 있다[1]. 2005-06년에 7가지의 주된 주요한 oil seeds의 세계적인 누적생산, 즉 대두, 목화, 유채, 땅콩, 해바라기, 팜커넬 그리고 코프라는 390.28 백만 톤(Mt)을 나타내는 반면 9가지의 주요한 유채에 대한 누적생산량은 117.97 백만 톤(Mt)을 나타내었다. Oilseed 생산과 오일생산에 의해서 가장 중요한 채종유 중에서 하나인 대두유와 원유의 비교가격 동향에 관해서는 그림 2에 나타내었다(OPEC, 2007: USDA, 2007). 1995년~2006년 사이의 10년간 채종유 가격이 일정한 변동 범위 내에 있을 때 원유가격은 가파른 상승을 나타내었다는 사실은 그림 6으로부터 분명히 알 수 있다. 대체 바이오연료의 신장은 충분히 높은 원유가격의 문제 때문이라는 사실은 불가피한 사실이다[41].

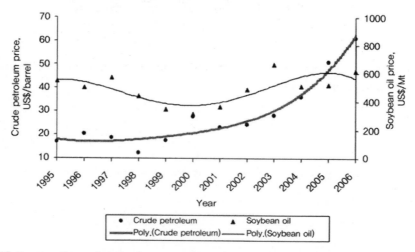

[Fig 6] Comparative trend of price of crude petroleum and soybean oil(Mondal et al., 2008)

5.1 연료로서 SVO에 따른 문제점과 몇 가지 가능한 방안

채종유의 직접 사용은 연료 미립화가 적절하게 일어나지 않거나 혹은 플러그가 형성된 오리피스, 탄소 퇴적물 그리고 오일 링 스티킹의 결과로서 한층 방해를 받는 그러한 정도로 인젝터에서의 코우킹과 트럼핏 형성과 같은 많은 문제점을 초래할 수 있다(특히 직접 점화 엔진에서)[12,57]. 윤활유의 농후화와 젤화는 채종유에 의한 오염에 기인해서 또한 일어난다[37]. 연료로서 채종유의 사용과 관련된 두 가지의 심각한 문제점은 오일 품질 저하와 불완전 연소이다[47]. 채종유와 특히 동물 지방의 높은 점도(디젤연료보다도 약 11~17배 더 높은)[51]와 더 낮은 휘발성은 불완전 연소와 올바르지 못한 기화특성에 기인하여 엔진에서 탄소 퇴적물의 형성을 초래한다[15,37,60].

[Table 4] Summary of problems of using vegetable oils as fuel in diesel engine

Problem	Probable cause	Potential Solution
Short-term		
1. Cold weather starting	High viscosity, low cetane, and low flash point of vegetable oils	Preheat fuel prior to injection. Chemically alter fuel to an ester
2. Plugging and gumming of filters, lines and injectors	Natural gums (phosphatides) in vegetable oil. Other ash.	Partially refine the oil to remove gums. Filter to 4-microns.
3. Engine knocking	Very low cetane of some oils. Improper injection Timing.	Adjust injection timing. Use higher compression engines. Preheat fuel prior to injection. Chemically alter fuel to an ester.
Long-term		
4. Coking of injectors on piston and head of engine	High viscosity of vegetable oil, incomplete combustion of fuel. Poor combustion at part load with vegetable oils.	Heat fuel prior to injection. Switch engine to diesel fuel when operations at part load. Chemically alter the vegetable oil to an ester
5. Carbon deposits on piston and head of engine	High viscosity of vegetable oil, incomplete combustion of fuel. Poor combustion at part load with vegetable oils.	Heat fuel prior to injection. Switch engine to diesel fuel when operations at part load. Chemically alter the vegetable oil to an ester.
6. Excessive engine wear	High viscosity of vegetable oil, incomplete combustion of fuel. Poor combustion at part load with vegetable oils. Possibly free fatty acids in vegetable oil. Dilution of engine lubricating oil due to blow-by of vegetable oil.	Heat fuel prior to injection. Switch engine to diesel fuel when operation at part loads. Chemically alter the vegetable oil to an ester. Increase motor oil changes. Motor oil additives to inhibit oxidation.
7. Failure of engine lubricating oil due to polymerization.	Collection of polyunsaturated vegetable oil blow-by in crankcase to the point where polymerization occurs.	Heat fuel prior to injection. Switch engine to diesel fuel when operation at part loads. Chemically alter the vegetable oil to an ester. Increase motor oil changes. Motor oil additives to inhibit oxidation.

채종유의 불포화 때문에 채종유는 고유하게 디젤연료보다도 더 반응성이 크다. 다중 불포화 지방산은 중합반응하기 매우 쉬우며 더 높은 연소온도와 압력에서 복잡한 산화 그리고 열적 중합에 의해서나 저장동안 산화에 의해서 초래되는 검(gum) 형성이

쉽게 이루어진다[47]. 검은 완전하게 연소되지 않았으며 탄소퇴적물과 윤활유 농후화를 초래한다. 따라서 이들 효과는 인젝터에서의 퇴적을 그리고 연소를 간섭할 수 있는 연료를 계속해서 트랩시키는 필름을 형성하게 된다[4,30]. 변형시키지 않은 디젤엔진에서의 채종유의 사용은 감소된 열효율과 증가된 스모크 형성수준을 초래한다[52,53]. 이들 문제점은 큰 트리글리세라이드 분자와 그것의 더 높은 분자량과 관련되며 포함되는 오일 그리고 사용조건에 따라서 엔진을 변형시킴으로써 피할 수 있다. 마이크로에멀전화, 열분해 그리고 트랜스에스터화는 높은 연료점도 때문에 직면하게 되는 문제점을 해결하기 위해 사용되는 개선방안이다[49]. 이들 문제점에 대한 예상되는 이유와 연료로서 채종유를 사용함에 따른 가능한 해결방안은 표 4에 나타내었다[23,34,41].

06 바이오연료 표준

바이오연료의 품질관리는 이들 연료의 지속 가능한 시장성장을 위한 핵심인자로서 확인되었으며 많은 윤활성에 관련된 쟁점을 초래할 수 있다. 바이오연소를 간섭할 수 있는 연료를 물과 윤활유 농후화를 초래한다. 바이오연료의 품질변화 최근에 이슈화되었으며 그리고 주로 수많은 공급 원료, 생산 공정, 공급지역의 함수이다[59]. E DIN 51605 품질의 채종유 자동차 연료는 유틸리티 차량, 트럭, 농기계, 버스에서 그리고 컴팩트 난방 및 발전 플렌트와 같은 정지된 엔진에서 문제점 없이 사용될 수 있다[40]. 독일과 EU는 유채유 메틸에스터에 대한 바이오디젤 표준을 확립하였으며 그리고 이들의 바이오디젤 표준명칭은 각각 DIN E 51606 그리고 EN 14214이다. 미국은 대두유 메틸에스터에 대한 바이오디젤 표준(ASTM D6751)을 수립하였으며 일본과 한국도 또한 바이오디젤 표준을 수립하였다. EU 표준 EN 14214는 바이오디젤 표준의 채택을 고려하고 있는 다른 국가들에 대한 기준으로서 종종 사용된다. 그리고 이 표준은 품질과 일관성을 크게 향상시켰다. ASTM D6751 품질표준을 충족시키는 미국과 캐나다에서의 바이오연료 생산업체을 커버하는 Biofuel Accreditation Program은 이 점에 관해서 리콜된다.

전 세계 비슷한 지역적 표준들의 도입은 더 보편화되고 있다. 한 예는 디젤연료 블렌드 스톡으로서 사용되는 바이오디젤에 대한 인도 표준 15607:2005[IS 15607:2005]이다. 독일, 미국, 한국 그리고 말레이시아의 바이오디젤 표준의 비교는 표 5에 나타내었다[26]. 바이오연료에 대한 세계적인 조화된 그리고 일치된 표준이 없기 때문에 이러한 갭을 가교역할을 하기 위해 국제표준이 요구된다[59].

[Table 5] Comparative biodiesel standard of different countries

Standardization of biodiesel					
Country	**Germany**	**USA**	**Korean**	**Malaysia**	
Standard / specification	DIN E 51606	ASTM D6751	B20	B100	LPPP[a]
Date	1-Sep-97	10-Jan-02	30-Sep-04	Aug-05	
Application	FAME	FAME	FAME	FAME	FAME
1 Density 15℃ (g cm^{-3})	0.875-0.9	0.8-0.9	0.86-0.9	0.8783	0.87-0.9
2 Viscousity 40℃ (mm^{2}s^{-1})	3.5-5.0	1.9-6.0	1.9-5.5	4.415	5-Apr
3 Distillation 95% (℃)	-	≤360	-	-	-
4 Flash Point (℃)	>100	>130	>120	182	150-200
5 Cloud Point (℃)	-	-	-	15.2	(-18)-0
6 CFPP (℃)	0/-10/-20	-	-	15	(-18)-3
7 Pour Point (℃)	-	-	-	15	(-21)-0
8 Sulfur (%mass)	<0.01	-	<0.001	<0.001	<0.001
9 CCR 100% (%mass)	<0.05	<0.05	-	-	-
10 10% dist.resid. (%mass)	-	-	<0.5	0.02	0.025
11 Sulfated ash (%mass)	<0.03	0.02	<0.02	<0.01	<0.01
12 (Oxid) Ash (%mass)	-	-	<0.02	-	-
13 Water and sediment (mg kg-1)	<300	<500	<500	<500	<500
14 Oxidation stability (hrs.110℃-1)	-	-	>6	-	-
15 Total contam. (mg kg^{-1})	<20	-	<24	-	-
16 Cu-corros. (3h 50℃$^{-1}$)	1	<No.3	1	1a	1a
17 Cetane no. (-)	>49	>47	-	-	-
18 Acid Value (mg KOH g^{-1})	<0.5	<0.8	-	<0.08	<0.03
19 Methanol (%mass)	<0.3	-	<0.2	<0.2	<0.2

20	Ester content (%mass)	-	-	>96.5	98.5	98-99.5
21	Monoglycerides (%mass)	<0.8	-	<0.8	<0.4	<0.4
22	Diglycerides (%mass)	<0.4	-	<0.2	<0.2	<0.2
23	Triglycerides (%mass)	<0.4	-	<0.2	<0.1	<0.1
24	Free glycerol (%mass)	<0.02	0.02	<0.02	<0.01	<0.01
25	Total glycerol (%mass)	<0.25	0.24	<0.25	<0.01	<0.01
26	Iodine no. (-)	<115	-	-	58.3	53-59
27	C18:3 and high. Unsat. Acids (%mass)	-	-	<1	<0.1	<0.1
28	Phosphorous (mg kg^{-1})	<10	<10	<10	-	-
29	Alcaline met. (Na, K) (mg kg^{-1})	<5	-	<5	-	-
30	Linolinec acid (%mass)	-	-	<12	<0.5	<0.5
31	Lubricity 60℃ (μm)	-	-	<460	-	-

07 결론

- 세계 석유매장량의 감소와 엄격한 배기가스 배출 표준과 기후변화정책, 그리고 석유계 연료의 상승하는 가격 때문에 바이오연료의 증가된 사용은 피할 수 없다.
- 바이오연료의 사용은 세계적으로 윤활성 관련 문제해결을 위한 방안에 대한 필요성을 초래하고 있다.
- 즉 에탄올, 바이오디젤 그리고 SVO와 같은 가장 보편적인 3가지 바이오연료의 윤활성 이슈와 관련된 다른 해결방안에 대한 연구는 과거 30년간에 걸쳐서 문헌에서 보고, 고찰되었다. 산학에 의해서 연구된 이들 문제점에 대한 가능한 해결방안은 이 장에서 고찰해 놓았다.
- 바이오연료의 QC는 이들 연료의 지속적인 시장신장을 위한 핵심적인 인자로서 확인되었으며 많은 윤활성 관련 쟁점을 초래할 수 있다. 바이오연료에서의 세계적인 일치된 표준에 대한 긴박한 필요성이 있다고 주장되고 있다.

■ References

01. Agarwal, A. (2007). Biofuels (alcohols and biodiesel) applications as fuels for internal combustion engines. Progress in Energy and Combustion Sci., 33, 233-271.

02. Anastopolis, G., Lois, E., Zannikos, F., Kalligeros, F., Teas, C. (2002). The tribological behavior of alkayl esters and ethers in low sulfur automotive diesel. Fuel, 81, 1017-1024.

03. Anastopoulos, G., Lois, E., Zannikos, F., Kalligeros, S., Teas, C. (2005). HFRR Lubricity Response of an Additized Aviation Kerosene for Use in CI Engines. Tribol. Int., 35, 599-604.

04. Baldwin, J.D.C., Klimkowski, H., Keeseg, M.A. (1982). Fuel additives for vegetable oil-fueled compression ignition engines. Proc lnt Conf on Plant and Vegetable Oils as Fuels. ASAE, St Joseph, Ml, p. 224-9.

05. Batko, B., Dobek, T.K., Koniuszy, A. (2008). Evaluation of vegetable and petroleum based diesel fuels in the aspect of lubricity in steel-aluminium association. J. Int. Agrophys., 22, 31-34.

06. Bhangale, U.D., Mondal, P. (2011). Design and development of Digital Fuel Economizer. British Journal of Applied Science and Technology, 1 (1), 1-9.

07. Bosch, (2001). VP44 endurance test with E diesel. Internal Report No. 00/47/3156, Robert Bosch Corporation, Farmington Hills, Ml, USA.

08. Brink, A., Jordaan, C.F.P., le Roux, J.H., Loubser, N.H.(1986). Carburetor corrosion: the effect of alcohol-petrol blends. In: Proceedings of the VII international symposium on alcohol fuels technology, vol. 26(1), Paris, France, p. 59-62.

09. Claydon, D.J. (2008). Performance Additive Technology Addressing the Challenges of Next Generation Fuels Required for Advanced Engine Technology. SAE Number 2008280108.

10. de Ia Harpe, E.R. (1988). Ignition-improved ethanol as a diesel tractor fuel. Unpublished MSc. Eng. Thesis, Department of Agricultural Engineering, University of Natal, Pietermaritzburg, South Africa.

11. Drown, D.C., Harper, K., Frame, E. (2001). Screening Vegetable Oil Alcohol Esters as Fuel Lubricity Enhancers. J. Am. Oil Chem. Soc., 78, 579-584.

12. Dunn, R.O., Bagby, M.O. (2000). Low-temperature phase behaviour of vegetable oil/co-solvent blends as alternative diesel fuel. JAOCS, 77(12), 1315-23.

13. EN14214. (2003). European Standard (Based on former DIN51606).

14. Fox, N. J., Tyrer, B., Stachowiak, G.W. (2004).-Boundary Lubrication Performance of Free Fatty Acids in Sunflower Oil. Tribal. Lett., 16, 275-281.

15. Ghassan, M.T., Mohamad, I.A., Mohammad, M.A. (2004). Experimental study

on evaluation and optimization of conversion of waste animal fat into Biodiesel. Energy Conversion Manage., 45(17), 2697-2711.

16. Goodrum, J.W., Geller, D.P. (2005). Influence of Fatty Acid Methyl Esters from Hydroxylated Vegetable Oils on Diesel Fuel Lubricity. Bioresour. Technol., 96, 851-855.

17. Hansen, A.C., Hornbaker, R.H., Zhang, Q., Lyne, P.W.L. (2001). Onfarm evaluation of diesel fuel oxygenated with ethanol. ASAE Paper No. 01-6173 ASAE, St. Joseph, MI.

18. Hansen, A.C., Mendoza, M., Zhang, Q., Reid, J.F. (2000). Evaluation of oxydiesel as a fuel for direct-injection compression-ignition engines. Final Report for Illinois Department of Commerce and Community Affairs, Contract IDCCA 96-32434.

19. Hansen, A.C., Vosloo, A.P., Lyne, P.W.L., Meiring, P. (1982). Farmscale application of an ethanol-diesel blend. Agric. Eng. S. Afr., 16(1), 50-53.

20. Hansen, A.C., Zhang, Q., Lyne, P.W.L. (2005). Ethanol-diesel fuel blends-A review. Bioresour. Technol., 96, 277-285.

21. Hardenberg, H.O., Ehnert, E.R. (1981). Ignition quality determination problems with alternative fuels for compression ignition engines. SAE paper no. 811212.

22. Harrington, K.J. (1986). Chemical and physical properties of vegetable oil esters and their effect on diesel fuel performance. Biomass, 9, 1-17.

23. Harwood, H.J. (1984). Oleochemicals as a fuel: Mechanical and economic feasibility. JAOCS, 61, 315-24.

24. Hashimoto, I., Nakashima, H., Kamiyama, K., Maeda, Y., Hamaguchi, H, Endo, M., Nishi, H., (1982). Diesel-ethanol fuel blends for heavy duty diesel engines-a study of performance and durability. SAE Technical Paper 820497.

25. IS 15607. (2005). Indian Standard. Bio-diesel (B100) Blend Stock for Diesel Fuel-specification ICS 75.160.20

26. Kalam, M.A., Masjuki, H.H. (2008). Testing palm-biodiesel and NPAA additives to control NOx and CO while improving efficiency in diesel engines. Biomass Bioen., 32, 1116-1122.

27. Karaosmanoglu, F. (1999). Vegetable oil fuels: a review. Energy Sources, 21 (3), 221-31.

28. Kloptenstem, WE. (1998). Effect of molecular weights of fatty acid esters on cetane numbers as diesel fuels. J. Am. Oil Chern. Soc., 65, 1029-31.

29. Knothe, G., Steidley, K.R. (2005). Lubricity of Components of Biodiesel and Petrodiesel. The Origin of Biodiesel Lubricity. Energy Fuels, 19, 1192-1200.

30. Korus, R.A., Mousetis, T.L., Lloyed, L. (1982). Polymerization of vegetable oils. Vegetable oil fuels. Proc. Int. Cont. on Plant and Vegetable Oils as Fuels.

ASAE, St Joseph, Ml, p. 218.

31. Kremer, F.G., Jordim, J.L.F., Maia, D.M. (1996). Effect of alcohol composition on gasoline vehicle emissions. SAE paper no. 962094.

32. Lacey, P.I., Westbrook, S.R. (1995). Lubricity Requirement of Low Sulfur Diesel Fuels. SAE Tech. Pap. Ser, 950248.

33. LePori, W.A., Engler, C.R., Johnson, L.A., Yarbrough, C.M. (1992). Animal fats as alternative diesel fuels, in liquid fuels from renewable resources. Proc of an Alternative Energy Conf ASAE, St Joseph, 89-98.

34. Ma, F., Hanna, M.A. (1999). Biodiesel production: a review. Bioresour. Technol., 70, 1-15.

35. Marek, N., Evanoff, J. (2001). The use of ethanol blended diesel fuel in unmodified, compression ignition engines: an interim case study. In: Proceedings of the Air and Waste Management Association 94th Annual Conference and Exhibition, Orlando, FL.

36. Masjuki, H, Salit. (1993). Biofuel as diesel fuel alternative: an overview. J Energy Heat Mass Transfer, 15, 293-304.

37. Meher LC, Vidya SD, Naik SN. (2006). Technical aspects of biodiesel production by transesterification-a review. Renew Sust. Energ. Rev., 10, 248-68.

38. Meiring, P., Allan, R.S., Hansen, A.C., Lyne, P.W.L. (1983a). Tractor performance and durability with ethanol-diesel fuel. Trans. ASAE 26(1), 59-62.

39. Meiring, P., Hansen, A.G., Vosloo, A.P., Lyne, P.W.L. (1983b). High concentration ethanol-diesel blends for compression-ignition engines. SAE Technical Paper No. 831360. Society of Automotive Engineers, Warrendale, PA.

40. Moller, F. (2006). Energy forum. Alternative motor fuels. Vegetable oil as diesel replacement. Energie-Fachmagazin, 58(5), 33.

41. Mondal, P., Basu, M., Balasubramanian, N. (2008). Direct use of vegetable oil and animal fat as alternative fuel in internal combustion engine. Biofuels, Bioprod. Bioref., 2, 155-174.

42. Mondal, P., Sharma, G.K. (2009). Conventional and next generation Bio-fuel: A Potential Solution for energy Security in India. In Proc. 6th Int. Biofuel Cont., Winrock International. 2009.

43. Mandai, P., Kumar, A., Agarwal, V., Sharma, N., Vijay, P., Bhangale, U.D., Tyagi, D. (2011). Critical Review of Trends in GHG Emissions from Global Automotive Sector. British Journal of Environment & Climate Change, 1(1), 1-12.

44. Mondal, P., Bhangale, U.D., Tyagi, D. (2010). Cellulosic Ethanol and First Generation Bio-fuels: A Potential Solution for Energy Security of India.

Journal of Biofuels, 1(1), 140-150.

45. Narayana Reddy, J., Ramesh, A. (2006). Parametric studies for improving the performance of a Jatropha oil-fuelled compression ignition engine. Renew. Energ., 31(12), 1994-2016.

46. OPEC. (2007). Basket price. www.opec.org/home/basket.aspx.

47. Peterson, C.L., Auld, D.L., Korus, R.A. (1983). Winter rape oil fuel for diesel engines: Recovery and utilization. J. Am. Oil Chem. Soc., 60, 1579-87.

48. Pramanik, K. (2003). Properties and use of Jatropha curcas oil and diesel fuel blends in compression ignition engine. Renew. Energ., (28), 239-48.993-1001, November 1989.

49. Ramadhas, A.S., Jayaraj, S., Muraleedharan, C. (2004). Use of vegetable oils as IC engine fuelsa review. Renew. Energ., (29), 727-42.

50. Schumacher, L. (2005). Biodiesel Lubricity. In The Biodiesel Handbook; Knothe, G., Krahl, J.,Van Gerpen, J., Eds.; AOCS Press: Champaign, IL; pp 137-144.

51. Schwab, A.W., Bagby, M.O., Freedman, B. (1987). Preparation and properties of diesel fuels from vegetable oils. Fuel, 66(10), 1372-78.

52. Senthil Kumar, M., Ramesh, A., Nagalingam, B. (2001). Investigations on the use of Jatropha oil and its methyl ester as a fuel in a compression ignition engine. Int J Inst Energy;74:24-8.

53. Senthil Kumar, M., Ramesh, A., Nagalingam, B. (2003). An experimental comparison of methods to use methanol and Jatropha oil in a compression ignition engine. Biomass Bioenerg., 25(3), 309-18.

54. Srinivasa, R.P., Gopalakrishnan, V.K. (1991). Vegetable oils and their methylesters as fuels for diesel engines. Ind. J. Technol., 129., 292-7.

55. Tewari, V.K., Mandai, P. (2011). Testing and performance analysis of Digital Fuel Economizer for Tractors. British Journal of Applied Science and Technology, 1(1), 10-15.

56. USDA. (2007). Oilseed: World markets and trade. Foreign agricultural service. Circular series; FOP 04-07.

57. Vellguth, G. (1983).Performance of vegetable oils and their monoesters as fuels for diesel engines. SAE Paper No 831358.

58. Wain, K.S., Perez, J.M. (2002). Oxidation of Biodiesel Fuel for Improved Lubricity. ICE; 38, 27-34.

59. Wilkes, M.F. (2008). A Road Map for Engine Oils in India. SAE Number 2008-28-0116.

60. Yahya, A., Marley, S. (1994). Performance and exhaust emissions of a C.I engine operating on ester fuels at increased injection pressure and advanced timing. Biomass Bioen., 1-25.

12장_

바이오연료의 품질향상을 위한
촉매전략의 선택에서 분자공학적 접근

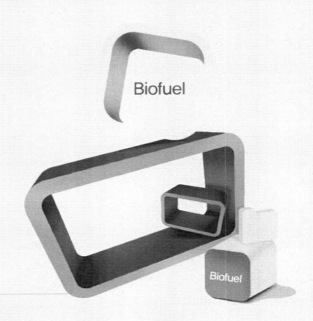

Biofuel

Biofuel

01 서론

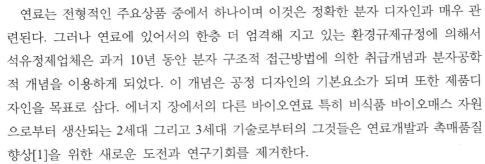

연료는 전형적인 주요상품 중에서 하나이며 이것은 정확한 분자 디자인과 매우 관련된다. 그러나 연료에 있어서의 한층 더 엄격해 지고 있는 환경규제규정에 의해서 석유정제업체은 과거 10년 동안 분자 구조적 접근방법에 의한 취급개념과 분자공학적 개념을 이용하게 되었다. 이 개념은 공정 디자인의 기본요소가 되며 또한 제품디자인을 목표로 삼다. 에너지 장에서의 다른 바이오연료 특히 비식품 바이오매스 자원으로부터 생산되는 2세대 그리고 3세대 기술로부터의 그것들은 연료개발과 촉매품질향상[1]을 위한 새로운 도전과 연구기회를 제거한다.

분자 구조적 접근방법에 의한 취급개념(The concept of molecular management)은 어떤 기간 동안 정제가동에서 이행되었다. 간단히 말해서 분자 구조적 취급(molecular management)은 올바른 장소, 올바른 시간 그리고 올바른 가격에서 올바른 분자를 갖는 것을 의미한다[2]. 이들 개념을 적용함으로써 정제업체들은 어떤 주어진 시간에 더 높은 수요를 갖는 제품의(가솔린, 등유 혹은 디젤) 성능을 극대화시키는 성질을 갖는 원유의 혼합을 그들이 더 정확하게 선택할 수 있도록 해주는 분리공정과 전환공정을 개발하였다. 연료에 적용될 때 분자공학의 밀접하게 관련된 개념은 더 높은 수준의 분자구조의 조작을 의미하며 정확한 구조 그리고 잘 정의된 성질을 갖는 분자의 의미심장한 디자인을 가리킨다. 이 높은 수준의 화학적 특이성을 이루기 위하여 촉매재료의 연속적 향상이 필수적이다[3].

수많은 성질을 어떤 주어진 연료의 품질을 결정한다. 여기서는 옥탄가, 세탄가, 검댕이(sooting) 형성 경향성, 물 용해도, 어는 점, 점도, 인화점, 구름점, 자동점화 온도, 가연성 제한, 황함유량, 방향족 화합물 함유량, 밀도, 끓는 온도, 증기압력, 기화열, 열량, 열 안정도 및 화학적 안정도 그리고 저장안정성에 관해서 언급할 수 있다. 많은 이들 성질은 촉매를 사용한 품질향상에 의해서 변형될 수 있다. 촉매에 의한 품질향상 전략을 디자이닝 함에 있어서 석유정제업체는 각 이들 성질이 분자의 구조에 의해서 어떻게 영향을 받는지 그리고 그 구조의 어떤 주어진 촉매에 의한 전환이 어떻게 차례로 성질에 영향을 미치는지 알아야 한다.

예를 들면, 긴 알칸을 더 짧은 그리고 가지화된 탄화수소로 전환시키는 산성 제올라이트에서의 촉매분해는 옥탄가와 증기압력을 증가시키는 반면 점도와 밀도를 감소시킨다. 물론 연료는 많은 수의 성분을 가지며 많은 연료성질에 대해서 혼합물에 대한 전체적 값은 성분의 개별적인 성질에 비선형적으로 의존한다[4]. 그러나 혼합물에서의 어떤 주어진 분장의 구조가 관심대상의 각 성질에 어떻게 영향을 미치는지 이해하는 것은 아마도 큰 가치가 있다. 이러한 사실은 무슨 반응경로가 복잡한 혼합물의 특정한 연료성질을 최적화시키기 위한 가장 좋은 방법임을 결정하기 위한 가이드로서 역할을 할 수 있다.

문헌에 많은 예들이 있는데, 그들에서 분자 공학적 접근은 화석연료의 품질향상을 위해 적용되었다. 이와 대조적으로 같은 순이론적인 접근방법은 바이오연료에서 더 이따금 사용되었다. 이러한 기여의 목적은 화학공학 연구학계에 이러한 기회를 나타내기 위한 것이다.

02 방법론

연료의 촉매에 의한 품질향상에 적용된 바와 같은 분자공학 개념은 그림 1에 서술된 개념적 삼각형으로 나타낸 그림에서 잘 설명해 놓았다. 관심대상의 연료성질을 최적화시키기 위하여 가능한 분자성분에 대한 성질의 데이터베이스를 개발하는 것이 먼저 첫째로 필요하다. 이것은 실험적으로 구해질 수 있거나 혹은 분자구조에 기초한 확실한 믿을 수 있는 방법에 의해서 예측될 수 있다(관계 1). 그 다음 다른 가능한 촉매와 공정이 어떻게 초래되는 생성물을 얻기 위하여 어떤 주어진 반응물의 구조를 변형시키는지에 관해서 근본적인 지식을 얻을 필요가 있다(관계 2).

이러한 지식은 특정 화학결합이 특정 조건 하에서 끊어지거나 혹은 형성되는 방향을 제공한다. 분자공학 접근으로서 "12" 경로를 확인할 수 있는 반면 직접경로 "3"은 실험적 접근이다. 이론적 접근은 분자구조와 바람직한 연료성질 사이의 관계를 알게 됨으로써 우리는 특정한 구조를 최적화시키기 위해 그래서 최적 성질을 초래하기 위해 촉매와 반응조건의 다른 측면을 변형시키기 위한 능력을 갖는다.

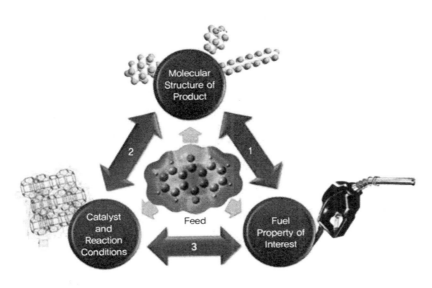

[Fig 1] Conceptual overview of the molecular engineering strategy as applied to fuel upgrading

2.1 관계 1: 분자구조-성질

관심대상의 연료성질 각각에 대한 확실한 실험데이터를 갖는 것이 유리한 반면 많은 경우에서 어떤 주어진 화합물에 대해 알려진 유일한 정보는 그것의 분자구조이다. 그러므로 연료성질과 분자구조 사이의 상관관계를 사용할 필요가 있다.

가장 보편적으로 사용되는 상관관계는 소위 QSPR(quantitative structure property relationships)이며 이것은 처음으로 토양화학에서 40년 이상 전에 사용되었지만 그들은 많은 분야에 확장되었다. QSPRs는 분자 서술자(molecular descriptors) (다시 말해서, 분자구조로부터 계산된 수치)를 대응 화합물의 특정 성질에 상관 관계시키는 모델이다. 분자 서술자는 분자의 기하학적, 입체적 그리고 전자적 측면을 포함하며 분자에서의 탄소원자 혹은 가지의 수와 같은 매우 간단한 물리적 파라미터로부터 쌍극자 모멘트 혹은 표면적과 같은 더 복잡한 파라미터에 이르기까지의 범위일 수 있다. 상용 QSPR 소프트웨어는 수백 개의 분자 서술자를 계산한다. 특정한 전산적으로 값비싼 서술자는 가끔 필요하며 그들은 density functional theory[6]와 같은 더 높은 차수의 계산을 통해서 계산될 수 있다. 이론상 연구원은 어느 서술자가 특별한 성질에 대해서 더 적절한지 선택하기 위해 화학적인 직관적 지식을 사용할 수 있었다. 그러나 많은 경우에서 분자 서술자와의 관심 성질 사이의 관계는 매우 복잡하여서 발 알고리즘(genetic algorithms)과 신경망(neural networks)에 요구되는 성질과 가장 잘 상관 관계시키는 가능한 서술자의 수를 수백 개로부터 훨씬 더 작은 수로까지 감소시키기 위해 사용한다.

서술자를 선택한 후 선형회귀, 비선형회귀, PCA(principal component analysis), 발생 알고리즘 그리고 인공신경망(artificial neural networks)의 사용을 통해서 다른 모델을 창출할 수 있다. 데이터를 over-fitting함 없이 모델이 요구되는 경향을 획득하는 것을 확실히 하기 위해 주의해야 한다. 이러한 이유 때문에 모델의 교차확인은 중요한 단계이다. 연료성질에 QSPR의 적용은 단지 분자구조에 기초하여 어떤 연료 성분의 세탄가[7,8], 옥탄가(RON 그리고 MON)[9] 그리고 검댕이 형성 경향(sooting tendencies)[10]을 추정할 수 있는 모델을 초래하였다.

2.2 관계 2: 촉매-반응성-구조

분자수준에서 이들 관계의 이해는 촉매에 의한 연료의 품질향상에서의 많은 현대적 연구의 목표이다. 세련된 예들은 촉매문헌에 풍부하다[11]. 이들 관계는 다음과 같은 다른 접근방법에 의해서 조사될 수 있다: 이들 중에서 하나에서 촉매의 타입을 변화시키지 않은 채로 유지하면서 반응물 분자구조를 변화시키는 효과를 연구한다. 또다른 접근방법에서 변소는 고정된 조사 분자를 촉매 작용하는 물질의 구조/조성이다. 이 타입의 연구의 한 가지 재미있는 예는 귀금속 촉매에서 나프텐 분자의 선택적인 고리열림이었다[12,13]. 나프텐 고리마다 단지 하나의 endocyclic C-C 결합은 높은 옥탄가의 이소알칸을 생산함과 동시에 반응물 분자량을 유지하기 위해 열려져야 한다. 전통적인 수첨분해 촉매 상에서 사이클릭 반응물 나프텐과 같은 수의 C원자를 갖는 알칸의 수율은 이차 분해(cracking) 때문에 전형적으로 매우 낮다. 5-탄소원자 고리는 6-탄소원자 고리보다도 훨씬 더 용이하게 열리기 때문에 Ir과 같은 높은 활성도 수첨분해(hydrogenolysis) 금속 촉매와 결합된 알킬사이클로헥산을 알킬사이클로펜탄으로 전환시키는 고리-수축 반응을 촉매 작용하는 산성촉매가 제안되었다[12]. 이 이중작용(bifunctional) 촉매는 전통적인 수첨분해 촉매보다도 고리열림에 대해서 여러 배 더 선택적이다. 마찬가지로 또한 FCC 촉매에서의 알칸 분해반응은 여러 해동안 집중적으로 조사되었다; 반응성 그리고 사슬길이 뿐만 아니라 치환체의 수 그리고 타입 사이의 좋은 상관관계가 다른 촉매 조성과 반응조건에 대해서 발견되어졌다

[14].

　귀금속 촉매 포뮬레이션의 조사는 다른 촉매의 간단한 유사하게 상응하는 스크리닝으로부터 실험적 테스팅과는 대조적으로 최소화시키는 이론적 계산(DFT)과 결합된 현대적인 높은 처리량의 기술에 이르기까지 전개되었다. 동시에 현대 특성화기술은 활성자리의 성질을 더 잘 이해하는 데 도움을 준다.

03 전통적인 연료의 품질향상에서의 가능한 응용

　두 가지 관계(분자구조-성질 그리고 촉매반응성-구조)을 조합하여 전개시킴으로써 요구되는 연료성질 극대화시키는 올바른 분자구조를 생성시키는 촉매와 반응조건을 디자인하는 것이 가능하다. 예를 들면, 어떤 주어진 촉매에서(이 경우에는 1% Ir/Al_2O_3)의 실험반응의 데이터베이스 그리고 QSPR 방법의 응용으로부터 표 1에 나타내어진 바와 같이 1-고리 나프텐 분자에서 다른 C-C 결합의 열림에 대한 상대적인 활성도를 얻었다. 이 비교는 이차생성물을 최소화시키기 위하여 낮은 전환에서 14 치환된 사이클로 헥산의 일차생성물 수율을 측정함으로써 이루어졌다. 결합될 때 생성물 분포를 초래하는 여러 분자위치에서 C-C 결합분열로부터의 생성물의 수율비율은 계산되었다. 예들은 가지 vs. 고리의, 치환된 vs. 치환되지 않은 위치에서의 고리의, 고리에 연결된 vs. 연결되지 않은 위치에서의 가지의, 그리고 고리의 1, 2- 치환된 사이클로 헥산 분열에 대한 분열 쪽으로의 선택성을 포함한다. 초래되는 생성물은 생성물 분포를 나타내기 위해서 이후에 계산되었다.

　MPI(micropyrolysis index)에 의해서 측정되어졌을 때 이들 상대적인 반응성으로부터 어떤 1-고리 나프텐 분자에 대한 일차 생성물의 분포를 예측할 수 있으며 차례로 생성물 혼합물에 대한 두 가지의 중요한 연료성질(즉, 다시 말해서 세탄가(CN) 그리고 sooting tendency)을 계산이 가능토록 하였다. 이 분석으로부터 커다란 실제적인 중요한 결론을 얻었다. 즉, 고리 열림은 필연적으로 세탄가에 있어서의 현저한 증가를 초래하지 않는 반면[7] 그것이 검댕이 형성(sooting) 경향을 감소시키기 때문에 연료성질에 유익한 효과가 있다[10]. 예를 들면 1, 2-디에틸사이클로헥산의 고리열림으로부터 초래되는 이소파라핀의 혼합물은 오리지널 투입원료의 세탄가(CN=39)보다도 사실상 더 낮은 세탄가(CN=36.5)를 갖는다. 그러나 검댕이 형성 경향은 이 전환에서 20.4로부터 13.8까지로 감소한다. 조사된 1-고리 나프텐 화합물 모두에 대해서 비슷한 결론이 발견된다.

04 바이오연료의 품질향상에서의 가능한 응용

우리가 바이오연료 품질향상을 위해 분자공학 전략을 적용할 때 여러 중요한 기회가 주어진다. 바이오연료의 각 타입은 고유하게 그것과 연합된 독특한 도전을 갖는다. 많은 이들 도전은 바이오연료 분자에서의 산소의 존재로부터 발생한다. 산소는 증기압을 낮추어주고 검댕이 형성 경향을 감소시키며 옥탄가를 향상시킴과 같은 연료 성질에 긍정적인 영향을 미칠 수 있다. 그러나 산소는 또한 블렌딩 증기압, 저장 안정성, 파이프라인에서의 수송, 수분 용해도 부식 NO_x 형성, 독성 그리고 열량과 같은 중대한 결정적인 성질에 부정적인 영향을 미칠 수 있다. 많은 도전은 더 대체 가능한 연료를 만들기 위하여 시스템으로부터 산소의 제거에 대한 필요성을 정당화하며 이러한 사실은 최근의 인프라와 양립할 수 있다. 바이오연료의 분자공학은 간단한 탈산소화가 아니고 오히려 산소 기능의 조절된 전환 그리고 이 전환이 연료 성질에 어떻게 영향을 미치는가에 관한 것이다. 이 지식을 통해서 연료 적용에서 가장 큰 문제를 제기하는 독특한 특유의 산소원자를 단지 제거하기 위해 촉매와 공정을 디자인하며 이들은 동시에 수율결손과 가치 있는 수소소비를 최소화시킨다. 동시에 산소의 존재는 그것의 기능을 이용하기 위해 그리고 낮은 연료로서의 가치를 나타내는 작은 산소화된 분자를(예를 들면, propanal, 초산, furfural 등) aldol condensation, ketonization, etherification 등과 같은 유기반응을 통해서 디젤연료 혹은 가솔린을 위해 더 적절한 더 중질의 탄화수소분자로 축합시키기 위해 활용될 수 있다.

4.1 바이오연료 성질의 추정

전통적인 연료에 대해서 잘 알려진 성질의 추정은 바이오연료를 취급할 때 산소화된 그룹의 효과 때문에 도전적 문제를 제기한다. 이러한 이유 때문에 바이오연료와 이들의 석유 연료와의 블렌드의 세탄가, 옥탄가, 검댕이 형성 경향, 증기압과 같은 연료성질을 예측하기 위해 향상된 방법을 개발해야 한다[8,16,17]. 전형적으로 전통적인 연료에서 작은 관심을 나타내지만 바이오연료에 대해서는 중요한 성질을 수분 용해도, 열 및 화학 안정성, 부식성 그리고 독성을 포함한다. 수분 용해도의 예측은 매우 중요한데 그것은 이 성질이 환경적인, 뿐만 아니라 정제 그리고 수송 관련성을 갖기 때문이다. 물에 용해되는 화합물은 호수와 음료식수에서 환경에 부정적으로 영향을 미치는 더 큰 경향을 나타낸다. 수분 용해도는 또한 저장과 전통적인 파이프라인 수송을 방해한다. 이들 고유의 이슈 때문에 수분 용해도를 추정하는 문제는 많은 그룹에 의해서 착수되었다[18]. 수분 용해도와 녹는점, logP(즉, log of the octanol/water partition coefficient ratio) 그리고 분자량과 같은 다른 연료 성질 사이의 상관관계까지도 얻어졌다[19]. 안정도는 여러 부류로 나뉠 수 있다. 예를 들면 산화안정도는 올레핀계 트리글리세라이드와 메틸 에스터에 대한 관계가 원인이다. 이것은 rancimat test(EN 14212)나 oxidative stability index(OSI)를 통해서 추정될 수 있다[20]. 그러나 저장 안정성의 다른 형태는 이웃하는 분자의 작용기를 사이의 축합반응과 중합반응에 의존한다[21]. 이것은 연료 매트릭스에 매우 의존하기 때문에 하나의 화합물 단독에 접근하기 어려운 성질이다.

예를 들면, 열분해 오일의 경우에 그것은 많은 화합물을 포함하며 개개 화합물의 성질의 변화를 평가하고 따르기에는 실제적이지 않고 어떤 주어진 작용기를 포함하는 분자 모두의 그것이 오히려 실제적이다. 모델연구는 어떤 주어진 촉매에서 특정 작용기의 반응성 그리고 표적대상이 되는 연료성질에 미치는 관찰되는 반응의 영향에 관한 중요한 근본적인 지식을 제공한다.

일반적으로 알데히드와 카르복시산과 같은 특정 작용기는 서로 반응하는 것으로 알려져 있으며 저장 안정성을 향상시키기 위하여 표적대상이 되며 전환될 수 있다. 열분해 오일에 대한 주요한 이슈인 부식성은 연료의 금속 함유량과 pH에 의해서 영향을 받을 수 있다. 산도 측정과 pH 그리고 pKa는 QSPR, group contribution, 뿐만 아니라 분광학적 기술에 기초하여 널리 광범위하게 예측되어졌다[22]. 이들 모델의 타입은 바이오연료 분자의 많은 성질이 알려져 있지 않기 때문에 바이오 연료에 대해 필수적이며 이들을 분리시키고 측정한다는 것은 매우 어렵다. 하나의 예로서 빠른 열분해 오일은 400개 이상의 다른 화합물을 포함한다[23]. 많은 이들 산소함유 화합물이 비록 연료성질에 현저하고 중요한 영향을 미칠 수 있다 할지라도 앞서 측정되지 못하였다.

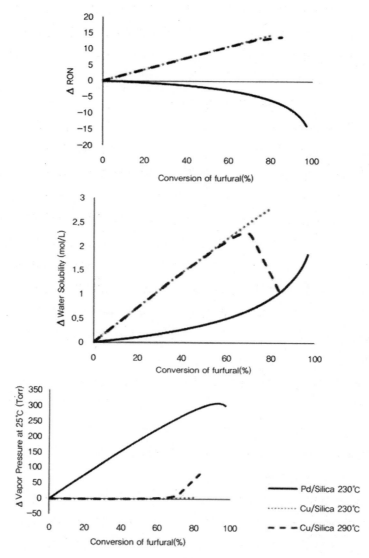

[Fig 2] Change in (a) research octane number (RON), (b) water solubility, and (c) vapor pressure of products exiting a flow reactor across Cu or Pd catalysts as a function of feed conversion

이상적으로 관계가 창출되며 이러한 것을 통해서 어떤 주어진 전환의 효과를 측정하기 위해 어떤 주어진 반응에서의 각 가능한 반응물/생성물에 대한 하나의 성질뿐만 아니라 관심대상인 수많은 성질이 알려지게 된다. 나중에 나타내어질 때 몇 가지 바람직스러운 성질이 다른 성질의 희생으로 향상된다는 사실은 흔하지 않은 것은 아니기 때문에 이 분석은 중요하다. 대부분의 경우에서 모든 타깃 성질이 수용 가능한 범위에 있게 되는 중간에 위치한 해답에 도달하게 된다. 예증이 되는 예는 Cu 혹은 Pd 촉매 상에서의 furfural의 전환을 통해서 그림 2에 나타내어질 수 있다. Furfural은 전형적으로 슈거의 탈수화로부터 유도되지만 또한 바이오매스의 빠른 열분해로부터의 생성물에 존재한다[23]. Furfural의 불안정한 성질 때문에 그것은 수송연료성분으로서 사용되기 위하여 전환되어져야 한다. 그러므로 첫 번째 단계는 furfural의 그리고 그것의 전환으로부터 초래될 수 있었던 가능한 생성물의 성질을 측정하는 것이다.

예로서 각 순수한 분자의 RON(research octane number)은 MDL QSAR s/w (version 2.2.0.0.446(SPI) from MDL Information Systems, Inc.)의 이용을 통해서 67개의 함산소 화합물과 탄화수소의 데이터를 그들의 분자구조에 피팅(fitting)시킴으로써 선형회귀 QSPR 모델의 사용을 통해서 추정되어졌다. 이 피팅의 결과는 단지 분자구조에 기초하여 어떤 함산소 화학종의 RON을 예측할 수 있는 모델이다. 데이터세트의 RMS에러는 8.9 RON의 cross validation error(leave one out)와 함께 6.8이었다. 또한 각 화합물에 대한 증기압은 ACD/Labs S/W V9.04 for Solaris의 사용을 통해서 추정되어졌다[19]. 이들 성질 예측 잠재능력 가능성은 관심대상인 연료성질을 향상시키기 위하여 극대화시켜야 하는 반응에 관한 안내를 제공해준다.

예를 들면, 혼합물의 비선형성의 고려 없이 성질에서의 변화의 비교로서 그림 2에 방법을 예증을 들어 잘 설명해 놓았다. Furfural의 기체상 수소화와 탈카르보닐화 반응은 tubular flow reactor에서 여러 온도에서 Pd 그리고 Cu 촉매 상에서 실행되어졌다. 투입원료와 초래되는 생성물의 성질은 개개 성분의 성질의 선형 혼합을 가정하여 추정되어졌다. Furfural을 H_2의 존재 하에서 Pd 혹은 Cu 촉매 상에서 전환시킬 때 반응기를 빠져 나오는 화합물은 다른 조건 하에서 최적화된다. 만약 우리들이 옥탄가 단독을 최대화시키기를 원한다면 분명히 높은 전환으로 가동되는 Cu/SiO_2가 더 좋은 촉매이다. 한편 만약 우리들이 초래되는 연료의 수분 용해도를 고려한다면 그것의 생성물이 수분 용해도에 있어서의 증가를 최소화하기 때문에 Pd가 더 좋은 촉매이다. 구리는 탈카르보닐화를 피하기 때문에 높은 증기압을 갖는 경질의 화합물을 최소화시킴에 있어서 더 유망한 것으로 나타났다. 열량, 점도 그리고 수소소비와 같은 다른 성질도 또한 궁극적으로 이용되어져야 하는 촉매나 공정조건을 결정함에서 극히 중

대한 결정적인 역할을 한다. 이 예는 하나의 성질 단독의 최적화는 보편적으로 가장 좋은 옵션이 아님을 예증한다. 촉매연구와 결합된 성질예측은 공정을 최적화시키는 데 도움을 준다.

이 예에서 우리들은 단지 2개의 촉매와 2개의 온도만을 비교하였다. 높은 생산성의 촉매 디자인과 시험 그리고 분석용 기기를 편입시킴으로써 그림 1의 분자 공학적 접근방법에 대해 또 다른 차원범위를 추가할 수 있었다[24]. 분자 간 상호작용에 의해서 초래되는 성질을 변화시키는 블렌딩 효과를 고려하기 위하여 더 높은 수준의 정확도가 필요함과 동시에 개개 성분의 성질에서의 변화의 분석은 촉매전략을 분명히 함에서 가치 있는 첫 번째 접근방법이다.

4.2 트리글리세라이드의 정제

트리글리세라이드를 연료로 격상시키기 위해 오늘날 이용되는 가장 일반적인 공정은 메틸에스터 혹은 바이오디젤로의 트랜스에스터화에 기초한다. 트리글리세라이드와 메틸에스터는 안정도와 저온 유동성에서 문제점을 노출시키고 있으며 더 이상의 품질향상을 필요로 한다. 트리글리세라이드에 따른 이슈는 4가지 분자측면으로부터 발생한다. 긴 사슬길이, 올레핀 함유량, 에스터기 그리고 FFAs. 전자인 두 가지 관점은 올레핀기의 선택적 수소화가 최근 발표된 논문의 초점이었다 할지라도 정제 가동에서 잘 확립된 전통적인 공정처리를 통해서 향상되어질 수 있다[25]. 그러나 후자의 두 가지 관점은 수분용해도, 저장안정성 그리고 부식에 따른 문제점을 초래한다. 산작용기과 에스터기의 선택적인 반응은 많은 최근의 연구들의 초점이었다[26]. Pd 촉매 상에서 C=C 이중결합은 포화된 산을 형성하기 위해 첫째로 수소화되며 산소 화학종의 선택적인 탈카르보닐화와 탈카르복실화를 수반한다. 이 접근방법을 통해서 일부 어떤 탄소는 CO로서 잃어버리게 되지만 동시에 보다 적은 양의 수소가 공정에 필요하다. 이것은 포함된 큰 탄화수소 때문에 매우 실제적인 접근방법일 수 있다. CO의 손실은 디젤연료 범위에서 향상된 열량값을 갖는 선형 탄화수소 생성물을 초래하며 일단 수소화되면 초래되는 생성물은 높은 CN을 갖는 선형 파라핀이다. 이들 파라핀계 탄화수소의 주요한 주된 불리한 점은 이들의 좋지 못한 저온 유동성이다[27]. 점도, CP(cloud point) 그리고 PP(pour point)와 같은 연료의 저온 유동성을 더 이상 향상시키기 위하여 초래되는 탈산소화된 탄화수소는 가지화된 이소파라핀을 생산하기 위해 이성질화시켜진다. 이 공정과정은 상업적으로 이행되었다[28]. 이 상용공정에서 채종유는 전통적인 수첨처리 촉매 상에서 첫째로 수소화시키고 탈산소화시킨다. 초래되는 노말파라핀은 이후에 향상된 저온 유동성을 갖는 이소파라핀을 생산하기 위해 산성촉매 상에서 온화한 이성질화를 시키게 된다. 이 공정은 매우 실제적이며 대부분의 정제공장에 존재하는 장치를 이용하며 동시에 촉매과정 자체는 잠재적으로 더 이상 최적화될 수 있었다. 황화학종은 채종유 속에 고유하게 존재하지 않는 반면 전통적인 수첨처리 촉매는 황분자에서(함산소화합물에서는 아님) 반응하기 위해 매우 최적화시켜진다. 그러므로 Pt와 Pd에 기초한 촉매와 같은 함산소화합물에 대해서 특유한 더 활성적이고 선택적인 금속 촉매가 이 응용에 대해서 더 좋을 수 있었다. 또한 우리는 수첨탈산소화로부터 파라핀이나 수소, 수소화 능력을 갖는 금속의 부재에서 올레핀을 생산하는 탈카르보닐화와 탈카르복실화로 바꾸기 위해 가동조건을 정밀하게 조정한다[29]. 이성질화와 수소화가 하나의 반응기에 포함되는 곳에서 미래의 향상은 잠재적으로 이루어질 수 있었다. 이것은 선형 올레핀을 가지화된 탄화수소로 이성질화 시킬 수 있는 능력을 잠재적으로 이용할 수 있었음과 동시에 같은 반응기에서 수소화시키게 된다. 이상적으로 우리는 이소파라핀 수율을 최대화시킬 수 있었음과 동시에 수소 소비와 반응기의 수를 최소화시킬 수 있었다.

4.3 슈거의 정제

바이오매스계 슈거(sugars)는 분자공학 전략의 적용을 통해서 전통적인 연료로 격상될 수 있다. Dumesic 등[30]은 이 분야에서 선구자이었으며 바이오매스정제 전략을 정확히 계통적으로 논술하기 위해서 분자공학 개념을 적용하였다. 모델 슈거 화합물 그리고 포함된 기본적인 반응의 지식의 사용을 통해서 그들은 분자에서의 산소 기능성을 이용함으로써 슈거으로부터 가치 있는 가솔린, 디젤 그리고 등유 연료를 생산하는 방향으로 전략을 제안하였다. 예를 들면 슈거으로부터 가솔린 타입 연료를 생산할 목적으로 소르비톨 그리고 글루코오스와 같은 슈거 분자에서의 C-C 그리고 C-O 결합을 파괴시킬 수 있는 PtRe/C 촉매를 개발하였다. 촉매-반응성-구조 관계를 이용하는 한 가지의 좋은 예에서 Re는 이들 두 가지 금속을 합금시킬 때 초래되는 O 원자과의 더 강한 결합세기 때문에[31] 그리고 Re 합금에 의해서 나타내어진 더 높은 탈산소화율 때문에[32] Pt에 하나의 첨가제로서 채택되었다. 활성적인 산소그룹을 제거하는 것에 더하여 RtRe 촉매는 스팀 개질 촉매로서 작용하며 흡착된 CO와 물을 CO_2와 수소로 전환시키게 되며 더 이상의 탈산소화를 위해 필요하다. 이 좋은 정교한 공정은 또한 흡열 개질에 비교되는 탈산소화 반응의 발열성을 이용하여 이 공정은 차례로 hydrogenolysis를 통해서 O의 제거를 위한 H를 제공한다. 결과는 슈거로부터 monofunctional 산소화된 탄화수소의 생산이다. 두 번째 단계로서 이들 추가적인 기능성은 다양한 방법에 의해서 격상될 수 있다. 나머지 산소그룹의 탈수화와 HZSM 5 상에서의 산촉매에 의한 고리화를 수반하는 것을 통해서 가솔린 범위의 가지화된 그리고 방향족 탄화수소가 초래된다. 활성적인 케톤과 알데히드의 aldol 축합을 통해서 선형이며 경질의 디젤연료 범위의 분자를 생산하기 위해 대체방법이 제안되었다. 이 축합은 2개의 방법에서 이루어졌다. 그 첫 번째 방법은 titration 혹은 ketonization 을 통한 카르복시산의 제거와 수반되는 $CuMg_{10}Al_7O_x$ 상에서의 염기 금속 촉매에 의한 aldol 축합과 수소화이었다. 두 번째 방법은 추가적인 전처리 없이 $Pd/CeZrO_x$ 상에서의 aldol 축합 수소화이었다.

그들은 또한 슈거의 furfural 화합물로의 산촉매에 의한 탈수화를 제안하였는데[33] 이들은 작은 케톤과 더 이상 반응되어질 수 있으며 RtRe 촉매 상에서의 전술한 반응에 의해서 혹은 글루코오스 발효를 통해서 생산되는 아세톤과의 반응에 의해서 생산될 수 있다. 염기 촉매에 의한 aldol 축합으로서 더 큰 탄화수소가 생산되며 이들은 이후에 큰 디젤연료 범위의 파란핀을 형성하기 위해 탈수화(dehydration)와 탈산소화 (deoxygenation)를 겪을 수 있다.

비대체 가능한 분자로부터 대체 가능한 연료를 생산하기 위한 이들 세련된 전략은 개개 촉매반응에 관한 기본적인 지식 없이는 불가능하였다. 반응조건과 촉매작용기능이 완전하게 최적화되지 않다 할지라도 이들 연구는 미래의 연구를 위한 훌륭한 방향을 제공한다. 개념은 요구되는 바람직한 연료성질을 갖는 요구되는 분자구조에 관한 것 뿐만 아니라 특유한 작용기와 촉매의 성질 사이의 관계에 관한 분자 구조적 이해에 기초한다.

4.4 바이오오일의 정제

빠른 열분해에 의한 바이오오일의 생산을 연료 품질향상을 위해 매우 흥미로운 분야이다. 바이오오일은 고유하게 대체 가능한 연료를 생산하기 위하여 격상되어져야 하는 수백 가지의 다른 화학종을 포함한다. 다른 바이오연료와 비교되는 바이오오일의 상대적으로 낮은 자본비용과 가동비용은 그것을 매력적인 것으로 만들어 준다 [34]. 그러나 이 바이오연료의 좋지 못한 고유한 성질의 폭넓은 적용을 위한 그것의 잠재력을 낮추어 준다. 바이오오일 범위에 존재하는 화합물의 타입은 매우 다양한 작용기을 갖는 경질로부터 중질까지의 함산소화합물의 범위이다. 바이오오일은 많은 그것의 성분이 가열시 중합하여 고체의 형성을 초래하기 때문에 전통적인 증류를 통해서 분리될 수 없다. 경질의 끝부분에서 초산 그리고 propanoic acid와 같은 작은 산화합물은 부식 문제점을 발생시킨다. 이러한 사실 때문에 대부분의 가장 활성적인 작용기를 제거하기 위한 전처리 단계가 어떤 전통적인 품질향상에 앞서 요구된다 [35]. 전환연구는 전통적인 수소화처리 촉매나 산성제올라이트 상에서 벌크 바이오오일을 사용하여 실행된 반면 이것은 아마도 가장 좋은 접근방법은 아니다. 이상적으로는 경질의(<C5) 산, 알데히드 그리고 케톤을 더 높은 분자량의 탄화수소로 축합하는 공정이 바람직스럽다. 더 큰 방향족 함산소화합물의 반응성이 큰 그룹을 제거하여서 낮은 가치의 고체로의 올리고머화를 억제차단하며 그리고 연료의 안정성을 향상시키는 것이 매우 바람직스럽다. 이들 결과를 달성시키기 위해 요구되는 조건은 엄청나게 다르다. 산촉매에 의한 ketonization과 aldol 반응은 작은 함산소화합물의 축합을 위해 요구된다. 이와 대조적으로 금속촉매에 의한 마일드한 hydrodeoxygenation은 더 중질의 화합물에 대해서 요구된다.

물의 간단한 첨가에서 바이오오일은 탄수화물 유도화합물을 포함하는 수용액 상으로 분리하는 것으로 나타난 반면 중질 리그닌 유도화합물은 바닥으로 가라앉는다 [36]. 이것뿐만 아니라 2개의 상에서 모델 화합물 사이의 알려진 상호작용의 사용을 통해서 바이오오일로부터 대체 가능한 연료를 창출하기 위한 최적화된 접근방법이 슈거들의 격상시킴을 위해 잠재적으로 개발될 수 있었다. 기본적이고 근본적인 연구에서의 모델 화합물의 사용으로부터 유도되어진 지식은 필수적일 것이다. 사실상 바이오오일 품질향상에서 거의 직접적으로 적용되어지는 많은 모델 화합물 연구는 특수 화학제품, 정밀 화학제품 그리고 의약제품의 개발에서 실제적으로 연구되어졌다 [37]. 작은 산과 알데히드는 바이오오일에 존재하며 C-C 결합을 거쳐서 관련된 더 큰 탄화수소를 생산함으로써 더 높은 가치의 제품을 형성하기 위한 이들의 선택적인 축합이 매우 바람직스러울 수 있었다. C-C 축합된 생성물은 더 이상 수소화처리를 겪을 수 있는 반면 이들의 분자의 중추세력은 유지되기 때문에 C-C 결합은 에테르나 에스터에서의 그것들과 같은 C-O 결합에 비해서 연료에서 선호된다. 살충제, 의약품 혹은 용제의 생산을 위한 모델 화합물 연구는 고체 산성 촉매나 고체 염기성 촉매 상에서 aldol 축합을 거쳐서 C-C 결합을 형성하기 위한 산-산, 산-알데히드, 알데히드-알데히드, 혹은 알데히드-케톤 축합에 의해 케톤을 생산하는 쪽으로 실행되어졌다 [38,39].

스펙트럼의 다른 끝에서 바이오오일에 존재하는 중질의 리그닌계 화학종은 이들이 올리고머화 하기 쉬우며 쉽게 고체화하고 낮은 연료가치를 갖는 중질 화합물을 초래할 수 있기 때문에 안정도 이슈를 나타낸다. 이러한 이유 때문에 바이오오일에 존재하는 중질 오일-용해성 화합물에 대한 대체전략을 갖는 것이 바람직스럽다. 이들 화합물을 품질향상 시키기 위한 가능한 전략은 가장 불안정한 작용기의 마일드한 수소화와 탈산소화이다. 이들 모델연구의 타입은 최근 년에 적당한 관심을 끌었다. 이들 반응의 타입에 대해서 산소작용기를 선택적으로 수소화시키고 반면 방향족 고리를 포화시키는데 가치 있는 수소를 버리는 것을 피하는 것이 바람직스럽다. 바이오오일에 존재하는 guaiacols와 같은 모델 방향족 화합물은 상업용 수첨처리 촉매 상에서 산소기를 제거하는 탈카르보닐화 그리고 탈카르복실화 작용기와 반응시켜졌다[40]. 그러나 향상된 선택성을 갖는 더 새로운 금속촉매를 사용한 많은 연구는 이루어지지 못하였다.

05 결론

요약하면 바이오연료의 품질향상은 연구자들에게 새로운 도전을 제공해 주며 새로운 촉매와 공정에 대한 커다란 잠재적인 경제적 효과 역시 제공해 준다. 만약 분자공학의 순 이론적인 새로운 접근방법을 채택한다면 이들 개발로부터 최대 이익을 얻을수 있게 될 것이다. 이러한 접근방법에서 관심대상인 타깃 연료성질이 생성제품의 분자구조에 의해서 그리고 차례로 특유한 공정조건 하에서 투입원료와 촉매의 상호작용으로부터의 결과에 의해서 어떻게 영향을 받는지에 관해서 아는 것이 필요하다. 만약 실험적인 접근방법을 채택한다면 이들 관계에 관한 자세한 근본적인 지식은 바이오정제 공정의 개발을 보다 훨씬 더 효과적으로 만들어 줄 것이다.

■ References

01. Lange JP. Lignocellulose conversion: an introduction to chemistry, process and economics. *Biofuels Bioprod Biorefin.* 2007;1:39-48.

02. Aye MMS, Zhang M. A novel methodology in transforming-bulk preperties of refining streames into molecular information. *Chem Eng Sci.* 2005;60:6702—6717.

03. Katzer JR. Interface Challenges and Opportunities in Energy and Transportation. Energy and Transportation: Challenges for the Chemical Sciences in the 21st Century. The National Academy Press; 2003.

04. Pasadakis NV, Gaganis V, Foteinopoulos C. Octane number prediction for gasoline blends. *Fuel Proc Tech.* 2006;87:505-509.

05. Hansch C, Fujita T. ρ-σ-π analysis. A method for the correlation of biological activity and chemical structure. *J Am Chem Soc.* 1964;86:1616-1626.

06. Puzyn T, Suzuki N, Haranczyk M, Rak J. Calculation of Quantum-Mechanical Descriptors for QSPR at the DFT Level: Is It Necessary? *J Chem Inf Model.* 2008;48:1174-1180.

07. Santana RC, Do PT, Alvarez WE, Taylor JD, Sughrue EL, Resasco DE. Evaluation of different reaction strategies for the improvement of cetane number in diesel fuels. *Fuel.* 2006;85:643—656.

08. Taylor J, McCormick R, Clark W. Relationship between molecular structure and compression ignition fuels, both conventional and HCCI. August 2004 NREL Report on the MP-540-36726, Non-Petroleum-Based Fuels.

09. Do P, Crossley S, Santikunaporn M, Resasco DE. Catalytic strategies for improving specific fuel properties. Catalysis: Specialist Periodical Reports. The Royal Society of Chemistry, London, U.K.; 2007;20:33-61.

10. Crossley SP, Alvarez WE, Resasco DE. Novel micropyrolysis index (MPI) to estimate the sooting tendency of fuels. *Energy Fuels.* 2008;22:2455-2464.

11. Gault FG. Mechanisms of skeletal isomerization of hydrocarbons on metals. *Adv Catal.* 1981;30:1-95.

12. McVicker GB, Daage M, Touvelle MS, Hudson CW, Klein DP, Baird Jr. WC, Cook BR, Chen JG, Hantzer S, Vaughan DEW, Ellis ES, Feeley OC. Selective ring opening of naphthenic molecules. *J Catal.* 2002;210:137-148.

13. Do PT, Alvarez WE, Resasco DE. Ring opening of 1,2- and 1,3-dimethylcyclohexane on iridium catalysts. *J Catal.* 2006;238:477-488.

14. Kissin YV. Relative reactivities of alkanes in catalytic cracking reactions. *J Catal.* 1990;126:600—609.

15. Dellamorte JC, Barteau MA, Lauterbach J. Opportunities for catalyst discovery and development: integrating surface science and theory with high throughput methods. *Surf Sci.* doi 10.1016/j.susc 2008.11.056 (in press).

16. Ghosh P, Hickey KJ, Jaffe SB. Development of a detailed gasoline composition –based octane model. *Ind Eng Chem Res.* 2006;45:337-345.

17. Pepiot-Desjardins P, Pitsch H, Malhotra R, Kirby SR, Boehman AL. Structural group analysis for soot reduction tendency of oxygenated fuels. *Combust Flame.* 2008;154:191-205.

18. Kuehne R, Ebert R, Schueuermann G. Model selection based on structural similarity–method description and application to water solubility prediction. *J Chem Inf Model.* 2006;46:636—641.

19. Meylan WM, Howard PH. Estimating log P with atom/fragments and water solubility with log P. *Perspect Drug Discov.* 2000;19:67-84.

20. Knothe G, Dunn RO. Dependence of oil stability index of fatty compounds on their structure and concentration and presence of metals. *J Am Oil Chem Soc.* 2003;80:1021-1026.

21. Diebold JP. A review of the chemical and physical mechanisms of the storage stability of fast pyrolysis bio-oils. Report No. NREL/SR-570-27613; National Renewable Energy Laboratory: Golden, CO, 2000; http://www.osti.gov/bridge.

22. Jover J, Bosque R, Sales J. QSPR Prediction of pKa for benzoic acids in different solvents. *QSAR Comb Sci.* 2008;27:563-581.

23. Milne TA, Agblevor F, Davis M, Deutch S, Johnson D. A review of the chemical composition of fast-pyrolysis oils from biomass In: Bridgwater AV, Boocock DG. eds. Developments in Thermal Biomass Conversion. Blackie Academic and Professional: London, U.K; 1997;1:409-424.

24. Derouane EG, Lemos F, Corma A, Ramôa Ribeiro F, eds. Combinatorial Catalysis and High Throughput Catalyst Design and Testing. Proc. NATO Advanced Study Institute; 2000:560.

25. Simakova IL, Simakova OA, Romanenko AV, Murzin DY. Hydrogenation of vegetable oils over Pd on nanocomposite carbon catalysts. *Ind Eng Chem Res.* 2008;47:7219-7225.

26. Snare M, Kubickova I, Maeki-Arvela P, Chichova D, Eraenen K, Murzin DY. Catalytic deoxygenation of unsaturated renewable feedstocks for production of diesel fuel hydrocarbons. *Fuel.* 2008;87:933-945.

27. Taylor RJ, Petty RH. Selective hydroiomerization of long chain normal paraffins. *Appl Catal A.* 1994; 119:121-138.

28. Aalto P, Piirainen O, Kiiski U. Manufacture of middle distillate from vegetable oils. Finnish patent FI 100,248 (1997).

29. Sooknoi T, Danuthai T, Lobban L, Mallinson RG, Resasco DE. Deoxygenation of methyl esters over CsNaX. *J Catal.* 2008;258:199-209.

30. Kunkes EL, Simonetti DA, West RM, Serrano-Ruiz JC, Gärtner CA, Dumesic JA. Catalytie conversion of biomass to monofunctional hydrocarbons and

targeted liquid-fuel classes. *Science*. 2008;322:417-421.

31. Zhang J, Vukmirovic MB, Sasaki K, Nilekar AU, Mavrikakis M, Adzic RR. Mixed-metal Pt monolayer electrocatalysts for enhanced oxygen reduction kinetics. *J Am Chem Soc*. 2005;127:12480.

32. Pallassana V, Neurock M. Reaction paths in the hydrogenolysis of acetic acid to ethanol over Pd(111), Re(0001), and PdRe alloys. *J Catal*. 2002;209:289.

33. West RM, Liu ZY, Peter M, Dumesic JA. Liquid alkanes with targeted molecular weights from biomass-derived carbohydrates. *Chem Sus Chem*. 2008;1:417-424.

34. Huber GW, Iborra S, Corma A. Synthesis of transportation fuels from biomass: chemistry, catalysts, and engineering. *Chem Rev*. 2006;106:4044-4098.

35. Elliott DC, Baker EG, Piskorz J, Scott DS, Solantausta Y. Production of liquid hydrocarbon fuels from peat. *Energy Fuels*. 1988;2:234-235.

36. Czernik S, Bridgwater AV. Overview of applications of biomass fast pyrolysis oil. *Energy Fuels*. 2004;18:590-598.

37. Vaidya PD, Mahajani VV. Kinetics of liquid-phase hydrogenation of furfuraldehyde to furfuryl alcohol over a Pt/C catalyst. *Ind Eng Chem Res*. 2003;42:3881-3885.

38. Hendren TS, Dooley KM. Kinetics of catalyzed acid/acid and acid/aldehyde condensation reactions to nonsymmetric ketones. *Catal Today*. 2003;85:333-351.

39. Climent MJ, Corma A, Fome V, Guil-Lopez R, Iborra S. Aldol condensation on solid catalysts: A cooperative effect between weak acid and base sites. *Adv Synth Catal*. 2002;344: 1090-1096.

40. Laurent E, Delmon B. Study of the hydrodeoxygenation of carbonyl, carboxylic, and guaiacyl groups over sulfided $CoMo/\gamma-Al_2O_3$ catalyst. II. Influence of water, ammonia, and hydrogen sulfide. *Appl Catal A*. 1994;109:97-115.

13장_
바이오연료의 환경평가

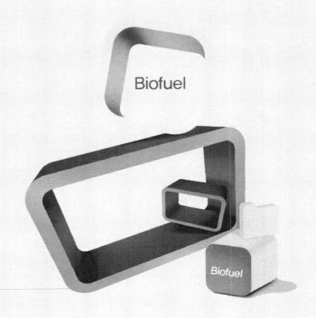

개요

오늘날 가장 중요한 환경이슈 중에서 하나는 교통과 수송에 의해서 초래되는 오염이다. 특히 승용차 그리고 트럭의 엔진에서 배출되는 환경오염은 인간의 건강에 심각한 손상을 입히기도 한다. 바이오연료에 의한 전통적인 연료(가솔린, 디젤연료)의 대체는 오염을 감소시키고 지속 가능한 농업을 지원하는 잠재적인 가능한 방법인 것으로 생각된다. 두 가지의 가장 보편적인 바이오연료는 바이오디젤과 바이오에탄올이다. 바이오연료의 사용은 환경친화적인 것으로 생각된다. 그러나 바이오연료의 생산은 오염을 초래한다. 라이프-사이클 평가(life-cycle assessment: 이하 LCA)는 바이오연료의 순(net) 환경적 효과를 조사하기 위한 과학적인 평가방법이다. 이 방법에 의해서 바이오연료의 사용과 전통적인 연료의 사용 중 어느 것이 환경에 더 많은 오염을 유발시키는지의 여부를 결정하는 것이 가능하다. 바이오연료 정책은 농촌 경제개발과 지속 가능한 농업을 지원하기 위하여 바이오연료의 생산을 이용하고 자본화한다.

01 서론

석유매장량(석유와 같은 비재생가능 자원의 알려진 그리고 제공가능 공급량)은 공급의 80%를 사용하였을 때 경제적으로 고갈된 것으로 생각한다. 나머지 20%는 너무 비용이 많이 들어서 추출할 수 없는 것으로 여겨진다. 석유의 결정적인 결함은 그것의 매장량이 얼마나 빠르게 사용하느냐에 의존해서 35~84년 내에 80%가 고갈된다는 사실이다. 최근의 소비속도에 기초해서 볼 때 전 세계의 매장량의 사용은 적어도 44년간 계속될 것으로 추정되어진다. 존재하는 것으로 생각되는 미발견 석유는 또 다른 20~40년간 지속될 것으로 생각된다. 그러나 그동안 전 세계인 석유소비는 꾸준히 증가되어 오고 있는데 이러한 사실은 전 세계 석유 매장량의 고갈을 촉진시키게 될 것이다.

오늘날 추정되는 자원은 그들이 제한적이며 동시에 매년 소비가 증가한다는 사실로부터 가까운 미래에는 고갈로 인한 어려움을 의미하는 세계적 분포를 갖는다. 안전한 자원은 대략 140billion tons의 화석계 석유로 추정되기 때문에 추가적인 50% 이면의 불확실성이 존재하여서 초래되는 갭은 바이오매스(바이오디젤, 바이오에탄올, 기타)로 채워져야 한다(그림 1).

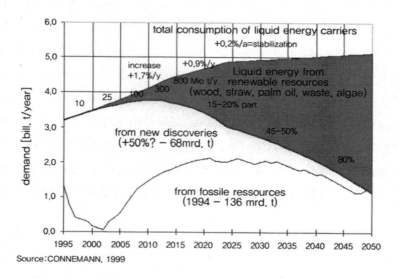

Source: CONNEMANN, 1999

[Fig 1] **Demand and supply of mineral oil in coming decades**

02 바이오연료의 적절성

풍력과 수력 이외에 특히 소위 바이오연료로 일컬어지는 바이오매스의 사용은 훌륭한 장래성을 갖는다.

이들의 유리한 점은 다음과 같다.

- 이들은 연소에서 CO_2-사이클을 나타내며, 이들이 대부분은 더 좋은 배기가수배출을 나타내고 이들은 생분해성을 나타내고 지속가능성에 기여한다.
- 이들은 상당히 환경 친화적인 가능성을 갖는다.

두 가지의 가장 보편적인 바이오연료는 바이오디젤과 바이오에탄올이다.

바이오디젤은 채종유, 동물지방, 미세조류 혹은 폐식용유를 사용하여 만든다. 그것은 디젤연료 첨가제로서 사용될 수 있거나 혹은 차량에서 그것의 순수한 형태를 연료로서 사용될 수 있다. 바이오에탄올은 탄수화물이 풍부한 어떤 바이오매스를 발효시켜서 제조한다. 그것은 대부분 연료첨가제로서 사용된다. 에너지로서의 이점 이외에 바이오연료의 개발은 바이오연료를 위해 사용되는 곡물을 생산하는 농촌경제를 발전시킨다.

2.1 바이오디젤

농업자원으로부터 생산되는 신 재생 연료인 바이오디젤은 사용이 간단하고 생분해성이며, 무독성이고 황화합물과 방향족 화합물을 포함하고 있지 않다. 바이오디젤은 석유계 디젤연료에 어떠한 비율로서 블렌딩시킬 수 있으며 엔진의 큰 변형시킴 없이 디젤엔진에 연료로서 사용될 수 있다.

유럽에서 바이오디젤 제조 원료로서 많이 사용하고 있는 유채유는 트랜스에스터화를 위해 사용되는 첫 번째 타입의 채종유이었으며 고품질의 바이오디젤의 생산을 위해 매우 적당하다. 대략 60% 불포화 지방산과 6%의 포화지방산을 함유하고 있으며 좋은 안정성과 겨울에서의 가동성능을 나타낸다. 새로운 종의 유채로부터의 유채유 (LZ 7632)는 87%까지의 불포화 지방산을 포함하고 있다. 이러한 유채(유)는 북부 독일에서 "정밀 재배"를 적용하여 2.9ton oil/ha까지 수율을 향상시키는 데 성공하였다.

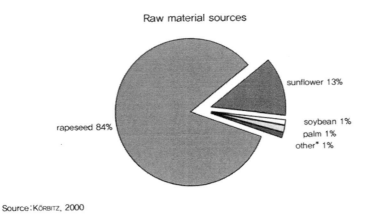

Source: KÖRBITZ, 2000

[Fig 2] **Raw material sources**

바이오디젤 제조의 공급 원료로서 남부 프랑스와 이태리 등에서는 해바라기유를, 미국에서는 대두유를, 그리고 말레이시아에서는 팜유를 많이 사용하고 있다(그림 2).

최근에는 제조 원료로서 자원 재활용과 환경오염 방지를 목적으로 폐식용유를 사용하고 있으며 식용유의 가격상승과 소비경쟁 지양을 목적으로 비 식용유계(자트로파 등)를 많이 사용하는 경향을 나타낸다.

2.1.1 제조공정 기술

그동안 입수 가능한 바이오디젤 제조를 위한 공급 원료로서 수많은 식물유, 동물지방 그리고 폐 식용유에 대해서 스크리닝 되었으며 그들로부터의 바이오디젤 생산제품에 대한 비교검토가 이루어져 있다. 안정성, 저온 유동성 그리고 잔류탄소 등과 같은 부문에서 보증되는 높은 품질의 바이오디젤 생성물을 위해서 입수 가능한 값싼 공급 원료의 정료한 블렌드는 저렴한 낮은 비용의 바이오디젤의 생산을 위해 가장 핵심적인 인자이다.

바이오디젤(알킬 에스터)의 생산은 잘 이해되는 간단한 공정이다. 대부분의 바이오디젤은 염기 촉매에 의한 트랜스에스터화 공정을 거쳐서 생산되며 때문에 반응은 적은 부반응과 반응시간으로서 저온(66℃), 저압(20psi) 그리고 높은 전환율(98%)을 나타낸다. 일반적인 제조공정은 그림 3에 나타내었다.

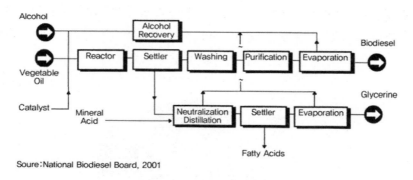

Soure:National Biodiesel Board, 2001

[Fig 3] **Biodiesel process technology**

초기에 바이오디젤 생산업체를 대략 85-95%의 트랜스에스터화 수율에 만족하였다. 바이오디젤 생산 수익성에 대한 인자에 관해서는 그림 4에 나타내었다. 수율의 10% 감소는 수익성을 대략 25%까지 감소시킨다. 그러므로 어떠한 가능한 분자를 지방산 메틸에스터로 전환시키는 것은 중요하며 오늘날 현대적인 수익성 있는 제조공정은 거의 100%에 가까운 수율을 달성할 수 있다.

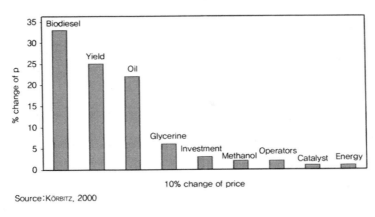

Source: KÖRBITZ, 2000

[Fig 4] Biodiesel profitability factors

2.1.2. 연료표준과 품질보증

이 절에서는 과거 바이오디젤 생산 초기의 상황에 관해서 주로 설명하겠다. 바이오디젤의 개발 초기에는 디젤엔진 제작업체의 확신과 신뢰를 얻는 것이 핵심적으로 중요하였다. Austrian Standardization Institute 내에 워킹그룹을 가동시켰으며 첫 번째 바이오디젤 연료표준은 RME(Rapeseed oil Methyl Ester)에 대한 ON C1190으로서 1991년에 제정되었다. 이것은 모든 핵심적인 트랙터 회사에 의해 설정된 많은 디젤엔진 품질보증에 대한 근본이었다.

이 첫 번째 표준은 1997년 7월에 FAME(Fatty Acid Methyl Ester)에 대한 정교한 ON C1191로 이어졌다. 이후 1997년에 독일에서 DIN E 51606이 제정됨과 동시에 이후에 줄줄이 프랑스, 이태리, 스웨덴 그리고 미국과 같은 다른 나라의 표준도 제정되었다. 이것은 고객확신을 구축하기 위해, 많은 디젤엔진 제작업체과 인젝션 펌프 생산업체의 품질보증을 위해, 수송의 신뢰성을 구축하기 위해, 그리고 시장에서의 긍정적인 이미지를 제공하기 위해 필요한 기초 근거이었다.

EU가 출범한 이후 품질표준은 14214로서 통일 제정되어졌으나 각국에서는 그 나라 나름대로의 기존 품질표준을 그대로 유지 사용하고 있다.

2.1.3 바이오디젤의 생산

이 절에서는 현재와의 비교를 돕고 개발 출시 초기의 상황을 이해하고자 초기 상황에 대하여 간략히 기술하기로 하겠다.

과거 바이오디젤 생산역사에서 1988년에 오스트리아에서 대략 500톤/년의 용량을 갖는 한층 소규모의 농부의 협동 바이오디젤 플랜트로부터 시작되었으며 곧 1991년에 역시 오스트리아에서 년산 10,000톤 규모의 첫 번째 산업적 규모의 바이오디젤 생산플랜트가 가동을 시작하였다.

그 이후에 더 큰 규모의 플랜트가 전 유럽에 걸쳐서 건설되어 가동을 개시하였는데 그 예로서 이태리의 Livorno에서(년산 80,000톤 규모), 프랑스의 Rouen에서(년산 12만 톤 규모), 그리고 독일과 스웨덴에서도 건설되었다. 체코공화국은 16개의 바이오디젤 생산플랜트를 건설하고자 하는 프로그램을 완료하여 바이오디젤 분야에서 박차를 가하였다.

과거 1998년 4월에 발표된 Austrian Biofuels Institute의 연구에 의하면 상업적 목표로서 바이오디젤 프로젝트를 갖는 국가가 전 세계 21개 국가이었던 것으로 확인되었다. 아직까지도 유럽이 바이오디젤 산업부문에서 선두적인 역할을 담당하고 있으며 또한 미국에서도 최근에 바이오디젤생산이 증가하고 있다(예로서 켄터키 주에 소재한 가장 현대적인 MFS-바이오디젤 플랜트).

바이오디젤 생산국들은 1998/1999년에 매우 어려운 과정을 겪었는데 그것은 비식용 유용의 재배가 단지 적은 양이었으며 식용 채종유의 가격이 높게 치솟았으며 동시에 원유가격이 대략 9 US$/barrel을 기록하여서 생산업체의 손실을 초래한 적이 있었다. 표 1에는 과거 2000년의 유럽의 바이오디젤 생산 국가들의 생산량을 나타내었다[1].

[Table 1] Biodeisel producers in Europe 2000

Country	Capacity(t/year)	Production since
Germany	340000	1991
France	230000	1993
Italy	140000	1993
Belgium	80000	1995
Austria	15000	1991
Sweden	6000	1992

[1] Source: UFOP, 2000

2.2 바이오에탄올

바이오에탄올은 옥수수, 밀 그리고 마일로와 같은 곡물류, 감자 폐기물 그리고 임산자원 잔류물을 포함한 다양한 재생 가능 농업 공업원료로부터 생산된다. 바이오에탄올은 농부에 대해 중요한 가치를 더한 시장을 제공해 준다. 동물사료와 수출 다음으로 옥수수의 세 번째로 가장 많은 사용으로서 에탄올 생산에서는 미국의 옥수수 작물의 대략 7%를 사용하며 연간 농촌 소득으로서 45억 US$를 추가시켜준다. 곡물로부터의 에탄올 생산은 풍부하고 가치가 낮은 성분인 녹말을 이용한다. 다양한 부산물은 가축을 위한 높은 가치의 사료로서 판매된다.

습식 밀링공정(wet milling process)으로부터의 일차적인 부산물에는 sweeteners, 콘 오일, gluten feed와 gluten meal이 포함된다. 건식 밀링공정으로부터의 부산물에는 건조된 증류곡물 그리고 corn meal이 포함된다. 부산물에 대한 시장은 에탄올 산업에 많은 경제적인 가능성을 더해준다. 전통적인 공급 원료(녹말작물)을 대신한 셀룰로오스 바이오매스 재료로부터 제조된 에탄올을 특히 "바이오에탄올"이라 부른다.

바이오에탄올의 생산 공정에서의 8단계는 다음과 같다(그림 5).

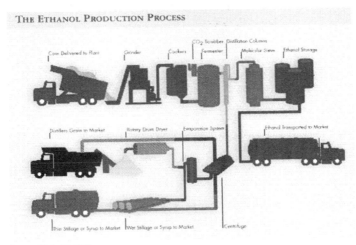

Source: ULRICH, 1999

[Fig 5] Ethanol production process

1. Milling
2. Liquefaction
3. Saccharification

4. Fermentation

5. Distillation

6. Dehydration

7. Denaturing

8. Coproducts

2.2.1 바이오연료로서의 에탄올

알코올 연료[2] 그리고 특히 가솔린과 블렌딩시킨 에탄올 연료는 소형 자동차에서 가솔린을 그리고 트럭과 버스에서 디젤연료를 대체하기에 적합하다. 오늘날 상업적으로 다른 연료 알코올은 메탄올이다. 그것이 에탄올과 비슷하다고 생각된다 할지라도 그것은 다른 공급 원료로부터 유도되며, 그것의 성질은 매우 다르고 그것은 에탄올을 대신해서 사용될 수 없다. 옥탄가를 향상시키기 위해 그리고 일산화탄소(CO)의 배출을 감소시키고자 산소를 공급하기 위해 소량의 에탄올(부피로서 10%)을 가솔린에 첨가시킨다. 미국에서 가소홀(E10)이라 불리는 이 연료블렌드는 폭넓게 수용되어진 자동차 연료이다. 확실한, 믿을 만한 낮은 배출 가동을 달성하는 연료로서 가솔린에 더 높은 농도의 에탄올을 갖는 블렌드를 사용할 수 있는 새로운 자동차 기술들이 개발되었다. 새로운 유연한 연료를 사용하는 차량은 85% 에탄올의 블렌드(E85로서 알려진)에서 운행된다. E85에서의 가솔린은 차량의 저온시동을 더 용이하게 만들어 준다.

전통적인 그리고 재혼련된 가솔린에서 낮은 수준의 블렌드 성분으로서 에탄올의 전통적인 사용에 덧붙여서 에탄올의 다른 잠재적인 가능한 수송용 연료로서의 사용은 그 잠재가능성이 변화하고 있다. E85는 상업화단계에 접어들었다. 옥시디젤(디조홀)은 아직까지 실험단계이거나 상업화 초기단계이다. ETBE의 사용은 에테르에 관한 그리고 지하수의 질에 과한 관심 때문에 불투명하다. 항공분야에서의 응용과 같은 다른 사용은 훨씬 더 분명하다.

(1) E-85

E-85는 75~85 vol%의 변성 에탄올을 포함하는 연료를 나타내기 위해 보편적으로 사용된다. 블렌드의 나머지 부분은 전통적인 혹은 재혼련된 가솔린으로서 구성된다. 이 연료에 대한 규격은 ASTM D5798이다. E-85의 탄화수소 함유량은 계절적으로

변한다. 순수한 에탄올은 가솔린처럼 용이하게 기화하지 않는다. 그러므로 제품규격
에서는 저온시동과 워밍업 성능상의 문제점을 최소화시키기 위해 연료 휘발성을 증
가시키기 위해 더 추운 동절기 동안 더 많은 양의 가솔린을 요구한다. 많은 전문가들
에 의한 견해로는 E-85는 가솔린에 대한 이상적인 대체연료라고 입을 모으고 있다.
그것은 액체연료이기 때문에 유통시스템에서 그리고 자동차 연료시스템에서 가솔린
처럼 취급되어질 수 있다. E-85는 또한 가솔린보다도 더 높은 옥탄가를 갖는다. 그러
나 갤런당 더 적은 양의 에너지를 포함하기 때문에 더 잦은 연료주입과 더 큰 연료탱
크를 필요로 한다. 오래전부터 몇몇 자동차메이커는 FFV(Flexible Fuel vehicles)를
공급하기 시작하였다. 이들 자동차는 100% 가솔린 혹은 85%까지의 변성 에탄올 혹
은 이 두 가지의 어떤 혼합물에서 가동할 수 있다. 그러한 자동차는 1992 U.S.
Energy Policy Act(EPACT 92)를 따르기 위해 대체연료 자동차의 정의를 만족시킨
다. 미국의 자동차메이커들은 생산되는 각 FFV에 대해 CAFE(Corporate Average
Fuel Economy)에 대한 크레디트를 수용한다. 이것은 차량의 연료 유연성을 이루기
위하여 상대적으로 값비싸지 않은 변형을 요구하는 그러한 차량을 생산하기 위한 그
들의 인센티브를 제공한다. 이들 크레디트는 1988년의 Alternative Motor Fuels Act
에서 (미국에서) 확립되어졌다. 알코올 FFVs에 대한 크레디트는 2004년 모델을 거쳐
서 1.2마일/갤런이며 2005~2008년 모델에 대해서는 0.9마일/갤런이다(만약 법이
2008년까지 확장되었다면).

(2) ETBE

ETBE(Ethyl Tertiary Butyl Ether)는 몇몇 에탄올의 네거티브한 취급특성(물에 대
한 민감성 그리고 증기압 증가)을 극복하기 위한 가장 가능하고 있음직한 방법인 것
으로 생각되었다. ETBE는 MTBE와 비슷하게 생산된다[3].

즉 에탄올을 이소부틸렌과 반응시켜서 생산한다(MTBE는 메탄올을 이소부틸렌과
반응시켜서 생산한다).

$$CH_3 - \underset{\underset{CH_3}{|}}{C} = CH_2 + CH_3 - CH_2 - OH \iff C_2H_5O - \underset{\underset{CH_3}{|}}{\overset{\overset{CH_3}{|}}{C}} - CH_3$$

isobutylene   ethanol   ETBE

ETBE의 옥탄가는 에탄올의 그것에 가까우며 MTBE 보다도 더 높다.

이것은 3가지의 함산소화합물 중에서 가장 낮은 증기압을 가지며 물에 대하여 민감하지 않다. 이러한 사실은 MTBE를 포함하는 연료와 비슷하게 ETBE를 포함하는 가솔린을 파이프라인을 통해서 선적·운송할 수 있도록 할 수 있다. ETBE는 MTBE보다도 더 낮은 증기압과 더 높은 끓는점을 갖기 때문에 연료의 휘발성을 낮추는데 기여할 수 있는 그것의 능력 때문에 기술적인 관점으로부터 가장 매력적인 함산소화합물이다. 1990년대 ETBE 이용에 관한 일차적인 주요 장애는 MTBE와 경쟁적인 가격으로 그것을 생산할 수 없는 것이었다. 그 기간 동안 MTBE에 대한 일차적인 주요한 공급 원료인 메탄올 가격이 매우 낮아서 MTBE 생산비용이 ETBE에 대해 가능한 그것보다도 한층 아래에 있었다. 따라서 그 결과로서 미국에서의 ETBE 블렌딩은 실험적인 그리고 데모 프로젝트로 제한되었다. 유럽에서는 프랑스는 주요한 주된 ETBE 생산용량과 시장을 나타낸다. ETBE의 MTBE와의 유사성은 긍정적인 것으로 생각되었다. 그러나 수질오염 문제점과 같은 MTBE에 대한 관심에 따라서 긍정적인 것이 부정적인 것으로 변하였으며 ETBE에서의 흥미로운 관심이 약화되었다. 수질에 영향을 미칠 수 있는 ETBE의 능력이 MTBE 만큼 큰 관심을 끄는 것이 아닌 반면 그것은 에탄올에 대해서보다도 훨씬 더 크다. MTBE의 Henry's Law Coefficient는 ~0.018인 반면 ETBE의 그것은 ~0.11이다. 그것의 더 높은 계수는 비에 의해 씻겨나갈 수 있는 ETBE의 능력을 제한하며 동시에 그것이 지표수로부터 훨씬 더 빠르게 기화하도록 해주며 더 쉽게 물로부터 스트립 하도록 해준다. MTBE 보다도 생분해에 대해서 덜 저항적이라 할지라도 ETBE는 상당히 저항적인 것으로 생각되며 MTBE와 비슷한 수질오염 리스크를 나타낸다.

(3) 옥시디젤(Diesohol)

옥시디젤은 전통적인 디젤연료와 15%까지의 변성된 연료등급 에탄올 그리고 특별한 첨가제의 블렌드이다. 이것은 어떠한 엔진의 변형 없이 디젤엔진에 사용될 수 있다. 1998년 후반에 U.S.ADM(Archer Daniels Midland)은 3대의 신형 Mack 트럭에서(2대는 옥시디젤에서 가동시키고 1대는 컨트롤 유니트를 위한 것임) 15% 에탄올이 블렌드된 옥시디젤의 차대 테스트를 시작하였다. 엔진은 엔진의 어떠한 변형 없이 테스트되었다. 옥시디젤의 성능특성은 No.2 디젤과 매우 비슷하다. 옥시디젤에서의 사전 예비 배기가스 배출 테스트 결과는 매우 호의적이었다. 테스트에서는 핵심적인 배기가스 배출 오염물질에서 현저한 감소를 나타내었다. 테스트에서는 15% 옥시디젤 블렌드는 연료소비에서 6% 증가를 초래한 반면 10% 옥시디젤 블렌드는 4% 증가를 초래하였다.

2.2.2 에탄올 연료의 생산

탄수화물이 풍부한 작물에 대한 유리한 농업조건을 갖는 국가들은 세계에서 주요한 에탄올 연료 생산 국가들이다(표 2).

[Table 2]

Country	Feedstock	Volume(liter/year)	Use
USA	Starch crops	3.8 billion	Gasohol, E-85
Brazil	Sugar cane	16 billion	Gasohol, E-85
France	Starch crops	210 million	ETBE

2.2.3 에탄올 연료표준

알코올은 가솔린보다도 더 부식적인데, 그것은 이들이 전기적으로 전도성이 크며 부식불순물을 포함하기 때문이다. 알코올은 가솔린 혹은 디젤연료와 함께 보편적으로 사용되는 소재의 질을 떨어뜨린다. 적절한 소재의 선택과 연료조성을 컨트롤함으로써 알코올 장치와 시스템의 고장과 오염의 기회를 감소시킬 수 있다. ASTM과 AAMA(American Automobile Manufacturers Association)는 E-85에 대한 표준을 확립하였다. 연료 에탄올에 대한 ASTM 표준규격은 ASTM E d75-E d85(d는 denatured를 말한다)를 가리키며 다른 계절과 지리적 지역에 대한 연료블렌드를 커버한다. 에탄올과 연료에탄올을 만드는 데 사용되는 탄화수소 denaturant는 ASTM D4806의 요구조건을 만족시켜야 한다.

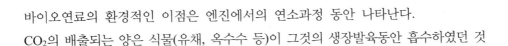

03 바이오연료의 환경적인 영향(환경적인 효과)

바이오연료의 환경적인 이점은 엔진에서의 연소과정 동안 나타난다.

CO_2의 배출되는 양은 식물(유채, 옥수수 등)이 그것의 생장발육동안 흡수하였던 것

처럼 많기 때문에 바이오연료의 사용은 폐쇄된 탄소순환을(카본 사이클) 초래한다. 바이오연료에서의 황과 같은 오염물질의 함유량은 매우 낮거나 없기 때문에 바이오연료의 오염물질(SO_2 등) 배출은 전통적인 연료의 배출보다도 훨씬 더 낮다. 그러나 바이오연료의 사용은 몇 가지의 환경적인 결점을 갖는다. 바이오연료의 원재료는 환경에 부정적인 영향을 미치는 농업에 의해서 생산되는 식물이다.

표 3에는 환경적인 효과에 관해서 요약해 놓았다.

[Table 3] Environmental Pros and Cons of biofuels

Pros	Cons
Closed carbon cycle, reduced CO_2 emissions	The production of biofuels requires fossil energy
No sulfur content, no SO_2 emission, very low NO_x, CO, soot emission	Growing energy-plants bring about mono-cultures
Better energy balance than conventional fuels	The use of fertilizers and pesticides pollute the ground and groundwater
Biofuels are biological degradable	The production of biofuels might be more expensive than other ways of reducing CO_2 emission

바이오연료의 환경적 영향을 결정하기 위한(이들이 환경 친화적이냐 혹은 아니냐의 여부) 유일한 과학적 방법은 소위 LCA(life-cycle assessment)이다.

3.1 LCA(Life-Cycle Assessment)

라이프-사이클 개념은 기술에 관해 생각하기 위한 '요람에서 무덤까지' 시스템의 접근방법이다. 개념은 모든 라이프-사이클 국면과 함께(가동 전, 가동, 가동 후) 모든 라이프-사이클 단계(원재료의 획득: 제조, 처리 그리고 포뮬레이션: 수송과 유통: 사용, 재사용 그리고 유지보수: 그리고 리사이클링과 폐기물 관리)은 경제적인, 환경적인 그리고 에너지 효과(영향)를 초래한다는 인식에 기초한다. 모든 라이프-사이클 단계와 국면의 이해는 기술채택의 결과 영향과 중요성을 더 잘 이해할 수 있도록 할수 있다. 라이프-사이클 개념의 고려 없이는 예기치 못한 뜻밖의 부정적인 결과가 관측된다.

더 명확히 LC 개념은 다음과 같은 인식에 기초한다.

- '요람에서 무덤까지'라는 개념은 어떤 평가에 중요하다.
- 어떤 기술에 대해서(생산, 제품, 서비스, 유통 활동) 소재재료, 에너지, 노동 그리고 금전적인 수요는 전 세계에 걸쳐서 원재료 획득, 제조, 처리, 포뮬레이션, 수송, 유통, 사용, 재사용, 유지보수 그리고 리사이클링과 폐기물관리 과정에 두어진다. 게다가 이들 과정들 각각은 경제적인, 환경적인 그리고 에너지 효과를 초래한다.
- 경제적인, 환경적인 그리고 에너지 효과에 대한 시간 그리고 공간 크기범위를 고려해야 한다.
- LC 개념처럼 고유하게 통합된 완전한 개념은 동시에 한 문제의 경제적인, 환경적인 그리고 에너지 크기범위의 평가를 고려하기 위한 가장 좋은 방법이다.

LCA(Life-Cycle Assessment)는 LC개념을 완성이행하기 위한 분석도국의 한 타입이다. LCA는 그것의 라이프-사이클 동안 내내 죽 제품, 서비스, 혹은 유통활동의 조항과 관련되는 에너지 사용, 원재료 요구량, 폐기물, 배기가스 등의 배출(유해물질의 배출) 그리고 가능한 잠재적인 환경적 영향을 정량화한다.

표 4는 LCA의 영향범주를 나타낸다.

[Table 4] Impact categories of LCA[4]

Depletion of abiotic resources[5]	
Impacts of land use	Acidification
Climate change (greenhouse effect)	Eutrophication
Human toxicity	Ecotoxicity
Photochemical oxidants formation	Stratospheric ozone depletion

LCA:

- 환경적인 영향과 인간의 활동의 전반적인 그리고 상호의존성에 관한 정량적인 이해에 기여한다.
- 제품, 서비스 그리고 유통활동의 조항과 관련된 가능한 잠재적인 환경적인 영향을 기술하고 그리고 환경적인 향상에 대한 기회와 하이라이트 데이터 갭을 확인

하는 정량적인 정보를 결정-메이커에게 제공한다.

- 비록 그것을 이들 이슈를 다루기 위해 다른 정량적인 도구와 함께 사용한다 할지라도 경제적인 고려 혹은 사회적인 영향에 관해서는 다루지 않는다.

LCA는 목표확인에 덧붙여서 3개의 정량적인 요소를 갖는 분석틀 속에 LC 개념을 통합시킨다.

첫 번째 요소는 'life-cycle inventory analysis'인데 이것은 사용되는 에너지와 재료와 그것의 전체 LC에 걸쳐서 생산되는 잔류물을 확인하고 정량화함으로써 제품, 서비스, 활동과 관련된 환경적인, 에너지 스트레서를 정량적으로 평가한다. 두 번째 요소는 'life-cycle improvement assesment'인데 이것은 환경적인 향상에 영향을 미치는 기회를 평가한다(그림 6).

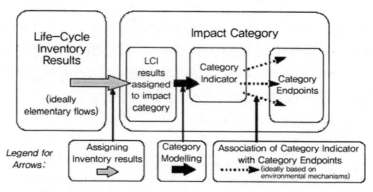

Source: SETAC, 1995

[Fig 6] **The elements of LCA**

3.2 바이오연료의 LCA

유럽에는 발표된 2개의 바이오연료 LCA연구가 있다. 첫 번째 것은 1997년에 벨기에에서 발간되었다. 이 연구는 Belgian Office for Scientific, Technical and Cultural Affairs 그리고 European Commission에 의해 지원되어 Flemish Institute for Technological Research에서(VITO에서의) 실시되었다. 벨기에 과학자는 겨울 유채로 제조된 바이오디젤과 전통적인 석유계 디젤연료의 환경적인 영향 사이의 비교를 관찰하였다. 두 번째 연구는 독일에서 Univ. of Stuttgart, Univ. of Heidelberg, 그리고 Univ. of Bochum에서 실행되었다. 독일의 과학자는 겨울 유채유로 만들어진 바이오디젤의 환경영향과 전통적인 디젤연료의 그것들과 비교하였으며 5%까지 가솔린에 첨가된 사탕무, 겨울밀 그리고 감자로 만들어진 에탄올(예를 들면 E5 에탄올 블렌드)의 환경영향과 전통적인 가솔린의 환경영향을 비교하였다.

　벨기에의 연구에서 저자들은 일반적인 LCA 영향 범주를 지역적인 조건으로 조정하였다. 무생물 자원의 영향 범주 소모를 사용하는 대신 그들은 단지 화석연료의 관련된 적절한 성분 사용만을 평가하였다. 영향 범주 내에서 그들은 방사능 폐기물 그리고 비방사능 폐기물에 초점을 맞추었다.

　EU에서는 바이오디젤의 사용은 환경 친화적이라는 믿음이 폭넓게 자리 잡고 있다. 불행히도 벨기에의 연구의 발견사항에서는 다른 견해를 지적한다. 그림 7과 표 5는 바이오디젤과 디젤연료에 대해 개발 전개된 환경 프로파일의 비교를 나타낸다. 가장 높은 영향을 갖은 연료는 100%로서 나타내어지며 다른 연료의 영향은 %로서 나타내어진다. 관찰할 수 있는 바와 같이 바이오디젤은 고려되어진 9개의 범주 중에서 단지 두 개, 즉 '화석연료' 그리고 '온실효과'에서 작은 영향을 미쳤다. '화석연료' 범주에서 바이오디젤의 유리한 점은 바이오디젤이 포지티브 에너지 밸런스를 가지며 그것을 생산하기 위해 사용되는 화석연료에 포함된 것보다도 더 많은 에너지를 제공한다는 인식이었다. 이 유리한 점은 바이오디젤이 탈 때 방출되어진 CO_2는 원래 대기로부터 추출되어졌기 때문에 바이오디젤을 생산하기 위해 요구되는 화석연료와 관련된 CO_2 배출에 의해서 단지 바이오디젤을 평가하는 '온실효과' 범주로 옮겨진다.

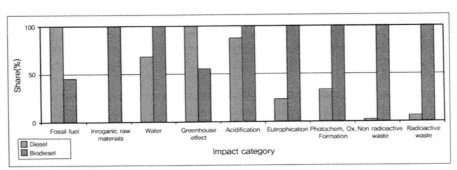

Source:CEUTERICK, SPIRINKX, 1997

[Fig 7] Comparison of the two environmental profiles

[Table 5] Summary of the results

Fossil Fuels: The study indicated that the fossil fuel consumption to produce biodiesel was only 45% that of diesel fuel. Most of this fossil fuel input for biodiesel is due to the natural gas required for methanol production and fertilizer production.

Inorganic Raw Materials: According to the Belgian study this category consists primarily of the mineral feedstocks for fertilizer production including phosphate rock, sylvinite (for potassium), kieserite (for magnesium), and limestone.

Water: The two major areas for the higher water consumption associated with biodiesel production were the esterification process with methanol and the production of chemical fertilizers. Most of the water used during esterification is for washing the product to remove soap and catalyst. Again, if fertilizer application rates were cut back, the second major source would also be reduced.

Greenhouse Effect: The greenhouse effect calculated for biodiesel was only 55% that for diesel fuel. This biodiesel advantage was primarily attributable to the fact that rapeseed assimilates CO_2 as it grows. This effect should track the fossil fuel impact fairly closely and if the fossil fuel required to produce biodiesel decreases due to lower fertilizer usage, then biodiesel's contribution to the greenhouse effect should decrease proportionately.

Acidification: Acidification is mainly caused by nitrogen and sulfur oxides and ammonia which are released during the growing of the rapeseed. Reducing fertilizer rates would reduce this contribution so that biodiesel's contribution to acidification would be less than diesel fuel's. About a third of the acidification is attributed to the NOx emissions from the tailpipe of the diesel engine which burns the fuels. The authors assumed that diesel fuel only contributed about 70% as much as biodiesel in this category.

Eutrophication: Eutrophication refers to the excessive growth of algae in surface water due to nitrate and phosphate fertilizer runoff. The decay of the algae depletes oxygen from the water and renders it unsuitable for other organisms. The impact of this problem should be reduced at least in proportion to the reduction in fertilizer application rates. With German, other EU, or U.S. fertilizer rates, it should be a non-issue.

Photochemical Oxidants Formation: This category comes primarily from volatile organic compounds that are released during the production of biodiesel. A major source of these is the hexane released by solvent-based oil extraction plants. Recent developments in extraction technology have reportedly reduced these emissions.

Nonradioactive Wastes: Nonradioactive wastes consist primarily of gypsum which is a by-product of the production of phosphate fertilizer. Lower fertilizer application rates would reduce this impact proportionately.

Radioactive Waste: This impact is primarily due to radioactive waste from nuclear power plants. When a product requires more electricity it is charged with a higher level of radioactive waste since a large fraction of the electricity in Europe is produced in nuclear plants (France is over 80%!). Much of the higher electricity input is from fertilizer production, which will be lower in other countries such as Germany and the U.S. In addition, the U.S., Germany and other countries derives a lower fraction of their power from nuclear sources than Belgium.

이 경우에 분석은 벨기에서의 겨울 유채의 농업재배에 기초한다. 이 범위 밖으로 넘어서 결과의 어떤 일반화는 조건이 같다는 것을 확인하기 위하여 매우 조심스럽게 행해져야 한다. 사실상 이것은 미국과 독일에서 실시된 비슷한 연구에서 발견되는 결과와 다른 결과를 생성시켰던 일차적인 이유인 것으로 나타난다. 표 6는 벨기에 연구와 독일의 연구에서 가정된 비료의 양을(토양에서 자양분 밸런스의 안정된 상태를 유지하기 위해서 적용되어져야 하는) 나타낸다.

[Table 6] Belgian study[6]

	Belgian study	German study
N	200kg/hectare	145kg/hectare
P_2O_5	70kg/hectare	54kg/hectare
K_2O	130kg/hectare	30kg/hectare
MgO	80kg/hectare	–
CaO	500kg/hectare	50kg/hectare

분명히 벨기에의 연구에서는 독일에서의 유채재배에 대한 보편적인 실제보다도 훨씬 더 높은 수준의 비료적용을 가정하였다. 비료 적용률에 있어서의 이러한 커다란 상위(부등)는 벨기에서의 바이오디젤의 환경영향에 대한 부정적인 결론에 대한 일차적인 주요한 인자를 제공해준다.

독일의 연구의 발견결과는 훨씬 더 유리하였다(표 7).

[Table 7] Summary of the results of the German biofuel LCA study[7]

Relevant LCA impact categories						
	Feedstock	Depletion of abiotic resource	Climate change	Stratospheric ozone depletion	Acidification	Human and ecotoxicity
Biodiesel vs. deisel	rapeseed	☺	☺	☹	☺	☺
Ethanol (E5) vs. gasoline	sugar-beet	☺	☺	☹	☺	☺
Ethanol (E5) vs. gasoline	winter wheat	☺	☺	☹	☺	☺
	potato	☺	☺	☹	☹	☺

Explanation:
☺: Lower impact of the biofuel than the conventional fuel
☺: approx. the same impact of the biofuel and the conventional fuel
☹: higher impact of the biofuel than the conventional fuel

독일의 연구에서는 바이오디젤의 사용은 결점보다도 훨씬 더 많은 환경적 이점을 유발한다는 사실을 지적하였다. 그에 대한 이유는 참으로 유리한 독일의(유채의 생장 관련) 농업조건(벨기에에서보다도 훨씬 더 좋은 조건)이다. 단지 성층권 오존 고갈 영향만이 어느 정도 다소 부정적인 것으로 생각되는데, 그것은 비료생산과 산화촉매 없이 자동차에서의 바이오디젤의 연소로부터 오는 NO_2 배출 때문이다. 그러나 비료생산의 강화와 차량에서의 산화촉매의 장착은 이러한 영향을 완전히 상쇄시킬 수 있다. 따라서 좋은 수율(수확)을 위해 더 높은 비료 투입률이 필요하여서 더 많은 오염을 유발, 초래한다.

LCA 결과는 엔진에서의 연소 동안 바이오연료의 환경적인 이점을 입증하였지만 동시에 그들은 LC의 농업적 단계에서 발생하는 바이오연료의 환경적 결점을 강조하였다. 바이오연료의 순(net) 환경영향은 농업조건에 현저하게 의존한다는 사실이 두 가지의 연구로부터 명백히 드러났다. 바이오연료의 공급 원료를 적절한 농업 및 기후 조건 하에서 생산함은 바이오연료의 순 환경영향은 지속 가능한 농업과 개발을 유지하면서 유리하게 만들어 준다는 사실이 분명하다.

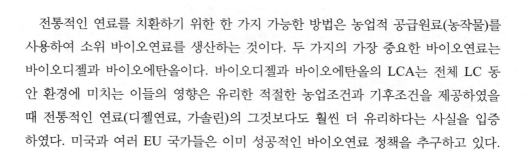

04 결론

전통적인 연료를 치환하기 위한 한 가지 가능한 방법은 농업적 공급원료(농작물)를 사용하여 소위 바이오연료를 생산하는 것이다. 두 가지의 가장 중요한 바이오연료는 바이오디젤과 바이오에탄올이다. 바이오디젤과 바이오에탄올의 LCA는 전체 LC 동안 환경에 미치는 이들의 영향은 유리한 적절한 농업조건과 기후조건을 제공하였을 때 전통적인 연료(디젤연료, 가솔린)의 그것보다도 훨씬 더 유리하다는 사실을 입증하였다. 미국과 여러 EU 국가들은 이미 성공적인 바이오연료 정책을 추구하고 있다.

■ References

01. BAI, A., A biodizel elöállitásanak és felhasználásának hatása a mezögazdasági termelökre és a kistérségek videékfejlesztésére, Study, University of Debrecen, Debrecen, 2000.

02. CEUTERICK, D. - SPIRINKX, C., Comparative LCA of Biodiesel and Fossil Diesel Fuel, Flemish Institute for Technological Research, Brussels, 1997.

03. CONNEMANN, J., Biodiesel Qualität 2000+ Der neue KraftstoffFAME, *Proc. Konferenz Innovative Kraftstoffe für das Automobil der Zukunft*, Frankfurt am Main, 1999.

04. KÖRBITZ, W., World-wide Trends in Production and Marketing of Biodiesel, *Proc. ALTENER Seminar*, University of Technology in Grat, Graz, 2000.

05. National Biodiesel Board: Biodiesel-On the Road to Fueling the Future, New York, 2001.

06. REYNOLDS, R. E., The Current Fuel Ethanol Industry Transportation, Marketing, Distribution, and Technical Considerations Phase I Task 2, Oak Ridge National Laboratory Ethanol Project Report, Downstream Alternatives Inc., Oak Ridge, 2000.

07. Society of Environmental Toxicology and Chemistry (SETAC), *Public Policy Applications of Life-Cycle Assessment*, SETAC Press, Pensacola, 1995.

08. STELZER, T., Biokraftstoffe im Vergleich zu konventionellen Kraftstoffen - Lebensweganalysen von Umweltwirkungen, Research Report, University of Stuttgart, Institut für Energiewirtschaft und Rationelle Energieanwendung, Stuttgart 1999.

09. SYASSEN, O. E. H., Chancen und Problematik nachwachsender Kraftstoffe. *MTZ Motortechnische Zeitschrift*, **53** (1992), pp. 11-12.

10. ULRICH, G., The Fate and Transport of Ethanol-blended Gasoline in the Environment, Governor's Ethanol Coalition, Lincoln, Nebraska, 1999.

11. Union zur Förderung von Oel und Proteinpflanzen (UFOP): Erfahrungen mit Biodiesel, Ufop, Bonn, 2000.

14장_

자동차 배기가스 배출에 미치는 바이오디젤과 바이오에탄올의 영향

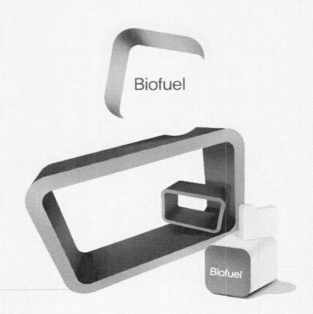

Biofuel

Biofuel

01 자동차 배기가스 배출에 미치는 바이오디젤의 영향

1.1 비규제 배출물질

인간의 건강에 미치는 다환 방향족 화합물(PACs)과 같은 여러 비규제 배출물질의 영향에 관해서는 많은 관심을 불러 일으켰다. 이들은 돌연변이 유발 및 발암성 물질인 것으로 밝혀졌다[65]. 그들은 엔진에서 형성될 수 있거나 혹은 디젤연료에서 발견될 수 있다. 바이오디젤의 사용에 관하여 PAH 그리고 nitro-PAH의 배출은 석유계 디젤연료에 의해 관찰되는 그것보다도 현저하게 더 낮은 것으로 여러 연구자에 의해서 밝혀졌다[82]. 이러한 경향은 경량 그리고 중형 엔진에서 그리고 다른 테스트 사이클에서 일치하는 것으로 나타난다. 주된 문제는 바이오디젤 블렌드의 규제 배출물질에 관해서는 여러 연구에서 적절히 잘 제공되는 반면 이와 대조적으로 비규제 배출물질은 광범위한 연구가 부족하다는 사실이다. 아세트알데하이드, 벤젠, 1,3-부타디엔, n-헥산, 톨루엔과 다른 화합물을 포함하는 유독 대기오염물질로서 분류되는 여러 물질에 미치는 바이오디젤의 영향에 관한 EPA분석에 따르면 블렌드에서 증가하는 바이오디젤 함유량에 의해서 현저한 감소가 관찰되었다. 더 특유하게 B20 블렌드와 순수한 바이오디젤(100%)에 대해 – 바이오디젤의 사용으로부터의 비규제 배출물질은 석유계 디젤로부터의 그것들과 비교할 때 현저히 더 낮았다. U.S. Dept. of Agriculture 그리고 Dept. of Energy의 공동연구에 따르면 비규제 배출물질의 감소는 황산화물-SO_2, HF 그리고 메탄(CH_4)에 관해서 1-5%이다.

순수한 디젤연료와 바이오디젤 블렌드(B2, B5 그리고 B20)를 연료로 한 6기통 중형 디젤엔진(1500 rpm 하에서 정지 상태에서 전형적인 브라질 도시형 버스의 차대)에서 실시된 실험에 따르면 현저한 감소가 나타났다[15]. MAHs의 평균감소는 4.2%(B2), 8.2%(B5) 그리고 21.1%(B20)이었다. PAHs에 대한 평균감소는 2.7%(B2), 6.3%(B5), 그리고 17.2%(B20)이었다.

대조적으로 JRC연구에서는 B30 블렌드와 순수 바이오디젤(100%)을 연료로 한 경량(light duty) 차량에서 실시된 실험에서는 urban driving cycle에 대해 163%의 PAHs 배출의 현저한 증가와 extra-urban driving cycle에 대해 16%의 증가를 나타내었다는 사실을 지적하였다. 순수 바이오디젤(100%)에 의해 실시된 실험에 관해서 대응되는 증가는 urban driving cycle에 대해서 150% 그리고 extra-urban driving cycle에 대해서는 10%이었다.

표 1은 석유계 디젤연료와 비교되는 바이오디젤 연료의 사용으로부터의 비규제 배출물질의 모든 변화를 요약해 놓은 것이다.

[Table 1] Effect of biodiesel on non-regulated emissions, compared to neat diesel

Emissions	Source	B2	B5	B20	B30	B100	Vehicle	Driving Cycle
Sulphates	(EPA 2002)			-20%		-100%	HDV	FTP
PAHs	(EPA 2002)			-13%		-80%	HDV	FTP
	(Martini et al. 2007a)				163%	150%	LDV	Urban cycle
					16%	10%	LDV	Extra-Urban
	(Correa and Arbilla 2006)	2.7%	-6.3%	17.2%			Urban Bus	FTP
nPAH	(EPA 2002)			-50%		-90%	HDV	FTP
03 pot of speciated HC	(EPA 2002)			-10%		-50%	HDV	FTP
MAHs	(Correa and Arbilla 2006)	4.2%	-8.2%	21.1%			Urban Bus	FTP

1.2 바이오디젤 생산원료로서 폐 쿠킹오일

최근에 폐 쿠킹오일은 바이오디젤 생산을 위한 공급 원료로서 고려되었다.

일반적으로 사용된 쿠킹오일과 동물 지방은 저렴한 바이오디젤 생산을 위해 중요하다[93]. 막대한 양의 폐 쿠킹오일이 전 세계에 걸쳐서 입수가능하다. 미국에서는 Energy Information Administration은 100백만 갤런/일로 추정한다[76]. 여러 국가들에서 많은 양의 폐 쿠킹오일을 불법으로 강에 버리고 매립하여 환경오염을 초래한다.

디젤엔진에서 연료로서 폐 쿠킹오일을 리사이클링 시킴은 환경적 악화를 감소시킨다 [74].

폐 쿠킹오일을 디젤연소를 위해 유용하도록 하기 위해 정제하고 트랜스에스터화 시킴은 점도를 현저하게 감소시키고 연소를 위한 그것의 물리적 성질을 향상시킨다. 디젤엔진에서 사용하기 위한 폐 쿠킹오일로부터 처리된 메틸 에스터는 청정 채종유 그리고 폐 쿠킹오일 보다도 더 낮은 스모크 수준과 더 높은 열효율을 제공해 주는 것으로 보고되고 있다[51].

비록 폐 쿠킹오일의 점도를 트랜스에스터화 공정에 의해서 감소시킬 수 있다 할지라도 더 이상의 적용을 위해 장기간에 걸친 디젤엔진 성능 그리고 배기가스 배출 테스팅이 필요하다. 확장된 기간 동안 디젤엔진에서의 폐 쿠킹오일의 사용은 심각한 엔진 퇴적물의 형성, 피스톤링 스티킹, 인젝터 코우킹 그리고 윤활유의 오염에 의한 농후화를 초래한다. 덧붙여서 높은 점도의 폐 쿠킹오일은 연료 미립화를 감소시키고, 연료 스프레이 침투를 증가시키며, 그리고 더 높은 스모크 배출을 생성시킨다[2,73]. Cetinkaya 등[10]은 도심과 장거리에서의 7500km 도로주행 테스트 동안 겨울철의 혹한 기후조건 하에서 Renault Mégane vehicle과 75KW Renault Mégane Diesel engine 에서 사용된 쿠킹오일로부터 생산된 바이오디젤 연료의 엔진성능과 도로주행성능에 관해서 조사하였다. 결과는 폐 쿠킹오일로부터 생산된 바이오디젤의 사용동안 구해진 토크(torque)와 브레이크 출력(brake power output)은 석유계 디젤연료의 그것들 보다도 35% 더 작았다는 사실을 나타내었다. 바이오디젤의 각 엔진 스피드에서 엔진 배기가스 온도는 석유계 디젤연료보다도 약간 더 낮았다. 첫 번째 기간 이후 동절기 혹한 기후조건과 불완전 연소의 결과로서 인젝터의 탄화(탄소 퇴적물의 형성)가 바이오디젤 사용에 의해 관찰되었다.

Lapuerta[52]에 따르면 4-cylinder, 4-stroke, turbocharged, intercooled, direct injection diesel engine에서 실시된 실험에서는 폐 쿠킹오일로부터 유도된 B20 블렌드의 사용은 다른 공급 원료로부터 유도된 바이오디젤과 비슷하게 PM 배출에 관하여 현저한 감소를 초래한다는 사실을 나타내었다. Yang 등[93]의 연구에서는 NO_X와 PM 배출을 그리고 희석된 배기가스에서 또한 PAHs를 측정하였다. 내구성 테스트 (80,000km)를 위해 동일한 타입의 두 개 브랜드의 새로운 현대적 디젤엔진에서 디젤 연료와 B20 블렌드 연료(폐 쿠킹오일로부터 유도된 메틸 에스터 20% 그리고 디젤연료 80%)를 개개 분리해서 사용하였다. 이 연구를 위해 엔진 다이나모미터에 엔진을 장착하여 가동하였다. NO_X, PM 그리고 PAHs의 배출양을 20,000km 간격으로 측정하였다. B20 연료를 사용한 내구성 시험의 결과에서는 NO_X와 PM에 대해서 각각

4.27 그리고 0.087gbhph^{-1}의 average emission factors overtime을 나타내었다. 0km
에서 B20에 대한 PM의 emission factors는 디젤연료에 대한 그것들보다도 더 낮았
다. 20,000km와 더 긴 주행거리에 대한 주행시험 후 B20 배출(물질) 수준은 디젤연
료보다도 더 높았다. B20의 점도(3.53cSt)는 디젤연료의 그것(3.15cSt)보다도 더 높으
며 결과는 더 높은 B20 점도는 확장된 주행거리(마일)의 엔진 가동 후 더 높은 배출
을 초래하는 인자이다. 일반적으로 대기오염물질 배출은 주행거리가 증가하였을 때
증가하였다(그러나, 통계적으로 현저하게 증가하지는 않았다).

Average total PAH emission factors는 B20 그리고 디젤연료에 대해서 각각 1097
그리고 1437μgbhph^{-1}이었다. 대부분의 ringed-PAHs 그리고 total-PAHs에 대해서
B20은 디젤연료의 그것보다도 더 낮은 PAH 배출수준을 나타낸다. B20 그리고 디젤
연료 모두에 대해서 total PAH 배출수준은 주행거리가 증가하였을 때 감소하였다. 그
러나 particulate PAH 배출은 B20에 대해서 주행거리가 증가하였을 때 증가하였다.
통계적 분석결과는 B20은 장시간의 주행에 의해 현저하게 더 높은 particulate
PAH(p=0.026)를 초래하였다는 사실을 나타낸다.

그러므로 폐 쿠킹오일은 이것을 트랜스에스터화에 의해 전환시킨 후 바이오디젤로
서 사용되며 이것은 EN 14214 표준을 따른다. 다른 생산을 위한 공급 원료로부터의
바이오디젤에 대해서 연소와 배기가스 배출에 미치는 장기간의 영향에 관해서는 더
많은 연구를 필요로 한다.

02 바이오에탄올

2.1 바이오에탄올 생산

바이오디젤처럼 바이오에탄올은 액체 바이오연료이다. 이것은 녹말식물(옥수수, 밀
그리고 카사바), 당 식물(사탕무와 사탕수수) 그리고 셀룰로오스 식물로부터 만들어
진다. 바이오에탄올의 생산은 먼저 공급원료 작물을 발효 가능한 당으로 전환시키기
위해 효소인 아밀라제를 사용한다. 이후에 당을 알코올과 이산화탄소로 발효시키기

위해 이스트를 매쉬(mash)에 첨가시킨 후 액체분율은 에탄올을 생산하기 위해 증류시킨다.

Balat 등[5]에 따르면 바이오에탄올 생산에 따른 한 가지의 주된 문제는 생산을 위한 원재료의 입수가능성이다. 바이오에탄올에 대한 공급 원료의 입수가능성은 계절에 따라서 상당히 변할 수 있으며 지리적 위치에 의존한다. 그러므로 바이오에탄올을 생산하기 위해 사용된 작물의 선택은 유력한 토양과 기후조건에 의존한다. 예를 들면, 브라질에서는 그것의 매우 높은 당 함유량과 연료수율 때문에 사탕수수가 선호되는 공급 원료다. 북미지역에서는 50개 이상의 생산플랜트가 옥수수와 같은 녹말작물로부터 에탄올 연료를 생산한다. 대부분의 유럽의 에탄올은 사탕무와 곡물을 사용하여 생산된다. 그러나 원재료의 가격은 또한 매우 유동적이며 이것은 바이오에탄올의 생산비용에 영향을 미칠 수 있다.

2.2 바이오에탄올 사용

유럽에서는 석유계 연료와의 블렌드로서 바이오에탄올의 사용이 증가하고 있다. 프랑스와 스페인은 에탄올을 직접적으로 사용하지 않고 ETBE(Ethyl Tert-Butyl Ether)로 전환하는 메탄올 연료산업을 확립하였다. ETBE는 에탄올과 이소부틸렌을 혼합하여 이들을 촉매 상에서 가열하여 생산된다. ETBE의 사용용도에 대한 기대는 그것이 가솔린의 증가된 휘발성과 가솔린 파이프라인과의 부조화(즉 사용에 따른 문제점)와 같은 에탄올의 더 많은 사용에 따른 많은 역사적 장애요인을 제거시켜준다는 것이다. 2003년에 가장 큰 소비 국가들은 스페인(200백만), 스웨덴(180백만), 그리고 프랑스(100백만)였다. 스웨덴에서는 에탄올을 E5 그리고 E85로서 사용한다. 폴란드는 이들 국가들보다 조금 늦게 80 백만 바이오에탄올을 생산하고 소비하였다.

바이오에탄올은 많은 다른 방법으로 연료로서 사용될 수 있다.

● 가솔린과의 블렌드로서(5%로부터 85%까지) 사용될 수 있다. 5% 블렌드로서 그것은 모든 석유계 연료를 사용하는 엔진에서 사용될 수 있다. 낮은 퍼센트의 알코올-석유계 연료 블렌드('E10'은 10% 에탄올이며 또한 '가소홀(gasohol)'로서 알려져 있다)로서 에탄올은 엔진의 변형 없거나 적은 변형으로서 또한 사용될 수 있다. 그러나 더 높은 E85 블렌드를 여러 엔진변형을 필요로 한다.

● 적절히 변형된 엔진을 장착한 차량에서 석유계 연료에 대한 직접적인 대체연료로서 사용될 수 있다.

- 디젤엔진에서 "E-디젤" 연료블렌드로서 또한 알려진 디젤연료와의 블렌드.
- 또한 "BE-diesel" 연료블렌드로서 알려진 디젤엔진에서 바이오디젤과의 블렌드.

자동차 연료로서 에탄올의 적합성은 고성능 모터-레이싱 연료로서의(그리고 Le Mans에서 사용되는) 그것의 사용에 의해서 설명된다.

2.3 "Flex-Fuel" 혹은 "Flexi-Fuel" 자동차

유럽에서는 Ford, Volvo 그리고 Saab는 어떤 퍼센트의 석유계 연료-에탄올 블렌드(E85까지)에서 혹은 순수 가솔린에서 주행하는 FFVs('Flex-Fuel' Vehicles)를 현재 생산하고 있다. 엔진관리시스템은 어떤 타입의 연료를 사용하고 있는지를 자동적으로 검출하며 따라서 타이밍을 조절한다. 이것은 이들 차량을 사용연료에 대하여 유연하게 만든다. Ford Focus의 15,000 이상의 'flex-fuel' versions이 이미 스웨덴에서 판매되었으며 E85 바이오에탄올 연료에 대하여 800개 이상의 충전소가 있다.

바이오에탄올(E5보다도 더 높은 블렌드에 대하여)에서 주행하기 위하여 가솔린 자동차에서 약간의 엔진변형이 요구된다. 알코올연료는 일정한 타입의 고무를 분해시키며 여러 금속의 부식을 가속화시킨다. 그러므로 에탄올과 접촉하는 약간의 엔진부품은 분해될 수 없는 소재로서 대체시킬 필요가 있다. 가솔린과 비교하였을 때 그것의 사용을 높은 압축 비율로서 가능하게 하는 더 높은 옥탄가를 나타내어서 엔진효율성을 증가시킨다. 그러나 그것은 가솔린보다도 더 낮은 에너지 밀도를 나타내며 이것은 전통적인 가솔린엔진에서 점화 타이밍의 조절을 필요로 하며 같은 유용한 거리를 달성키 위해서 더 큰 탱크를 장착하게 된다. 순수한 바이오에탄올은 낮은 온도에서 기화되기 어렵다. E95-E100의 사용은 추운 기후에서 차량의 시동시 어려움을 초래한다. 이러한 이유 때문에 점화를 향상시키기 위해 연료는 소량의 석유와 블렌딩시킨다(E85는 보편적인 높은 퍼센트의 블렌드이다). 다음 절은 에탄올 블렌드에서 가동할 수 있는 차량타입의 tailpipe 배출과 성능에 관한 내용이며 표 A.3과 A.4는 다른 에탄올-가솔린, 에탄올-디젤 그리고 에탄올-바이오디젤-디젤 블렌드에 대한 NO_x와 PM 배출과 관련된 입수 가능한 데이터를 나타낸다. 표 2는 메탄올, 에탄올, 가솔린 그리고 E85의 성질에 관해 나타낸 것이다. 또한 그림 1은 에탄올 농도가 옥탄가, 열량값 등에 어떻게 미치는지에 관해서 나타낸 것이다. 모든 성질은 에탄올 블렌딩의 선형함수은 아니라는 사실을 주지해야 한다.

[Table 2] Properties of methanol, ethanol, gasoline and E85. Source: Jankowski and Sandel(2003)

Property	Methanol	Ethanol	Gasoline	E85
Formula	CH$_3$OH	C$_2$H$_5$OH	C$_4$ to C$_{12}$	
Main constituents	38C 12H 50O	52C 3H 35O	85-88C 12-15H	57C 13H 30O
Octane(RON+MON)/2	100	98-100	86-94	96
Lower heating Btu/2	8570	11500	18000-19000	12500
Gallon (US) equiv.	X1.8	X1.5	1	X1.4
Mpg vs. gasoline	55%	70%	100%	72%
Reid Vapor Pressure	4.6	2.3	8-15	6-12
Ignition Point % fuel in air Temperature °F	7-36 800	3-19 850	1-8 495	
Specific Gravity	0.796	0.794	0.72-0.78	0.78
Cold weather start	poor	poor	good	good
Vehicle power	+4%	+5%	0	+3-5%
Stoichometric ratio	6.45	9	14.7	10
Other properties				
Molecular Weight	32.1	46.1		
Boiling Point ℃	64	78		
Freezing Point ℃	97.7	-114		
Vapour Pressure at 20℃	96mmHg	46mmHg		
Flash Point ℃	11.1	12.7		

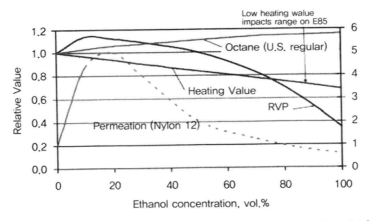

[Fig 7] Typical ethanol impacts on fuel properties. Source: Herwick(2006)

에탄올의 풍부한 사용에 대한 주창자의 주요한 논증 중에서 한 가지는 석유계 연료에 비해 상대적인 대기오염물질 배출에 있어서의 주목할 만한 감소이다. 에탄올은 '함산소화합물(oxygenate)'이며 더 큰 산소/연료 혼합물을 도입시켜주기 때문에 연소효율의 향상이 기대된다. 그러나 올바른 상황은 이러한 논증이 제시하는 것보다도 훨씬 더 복잡하다. 다음 절에서는 자세히 고찰된 기술문헌에서의 자동차 tailpipe 배기가스 배출에 관한 상당수의 연구로부터의 주요한 주된 결과에 관해서 고찰키로 한다.

2.3.1 NOₓ 배출

E10 블렌드의 사용에서 수집된 모든 연구로부터의 주된 결론은 NO_x 배출에 관하여 일치하는 변화는 나타날 수 없다는 사실이다. 일반적으로 약간의 연구에서는 E10 블렌드는 순수한 석유계 연료와 비교하여 더 높은 질소 산화물의 배출을 일반적으로 초래한다는 사실을 나타내고 있으며[7,50,67,78,40], 어떤 일부 연구에서는 혼합된 결과를 나타내고[38,46] 몇몇 연구에서는 변화를 나타내지 않거나 혹은 약간 더 낮은 배출을 나타낸다[24,77]. 승용차에서 실시된 여러 실험으로부터 나타내어진 바와 같이 NO_x 배출은 -10%로부터 7%까지의 범위를 나타내었으며 NO_x 배출의 평균적인 증가는 1%이다[42,77,89]. GAVE 프로젝트[18]를 통해서 발표된 또 다른 최근의 보고서에서는 3대의 Euro 4 flexi fuel 승용차로부터의 4가지의 다른 에탄올 블렌드 (E5,E10,E70,E85)의 배출을 비교하였다. 테스트는 NEDC 그리고 Artemis urban을 포함한 다른 드라이빙 사이클 그리고 도로 및 자동차도로 사이클의 범위에서 실시되었다. E5 그리고 E10 블렌드로부터의 NOx 배출에서는 일치되는 변화가 발견되지 않았다. 같은 프로젝트에 따르면 7℃에서 시행된 NEDC 테스트는 22℃에서의 그것들과 비교하였을 때 더 높은 배출을 나타내지 않았는데, 이러한 사실은 온도가 NO_x 배출에 영향을 미치지 않는다는 사실을 나타낸다.

NO_x 배출의 평균적인 증가는 승용차에서 E20 블렌드의 사용에 의해서 -17%로부터 +79%까지의 범위로서 25%이다[24,42,95].

Orbital[59]에 의해서 실시된 실험에서는 데이터를 테스트된 차량의 마일리지의 함수로서 나타낸다. 결과는 마일리지가 증가할 때 NO_x 배출은 또한 순수 가솔린과 비교하였을 때 증가한다는 사실을 나타낸다. 예를 들면, 6,400km에서 NO_x 배출은 -17%로부터 52%가지의 범위를 나타내었으며 평균적인 증가는 ~19%였다. 40,000km에서 평균증가는 약 30%(2%로부터 78%까지의 범위), 그리고 80,000km에서 평균적인 증가는 38%(5%로부터 79%까지의 범위)였다.

E70 그리고 E85 블렌드에 의해 실시된 실험에서는[18] Artemis cycles(Artemis-Urban 그리고 Artemis-Road)에서의 NO$_x$ 배출은 E5 배출에 비해서 E70 그리고 E85 블렌드 각각에 의해서 60% 그리고 67% 더 낮았다. 그러나 이들은 단일연구로 부터의 단일테스트이었으므로 이것이 일관된 영향인지의 여부를 주장하는 것은 어렵다.

모든 연구에서는 바이오에탄올 블렌드의 사용에 따라 현저한 향상(67%까지)으로 부터 같은 정도로 현저한 악화(+79%)까지의 범위에 이르기까지 NO$_x$ 배출에 있어서 매우 높은 변화를 보고하고 있다. 발표된 결과에서의 변화는 에탄올 함유량 혹은 자 동차 종류와 직접적으로 관련되지는 않는다. 그러나 디젤엔진과는 대조적으로 가솔 린 엔진 배출성능은 삼원촉매의 가동에 의해 제어된다는 사실을 생각할 필요가 있다. 연소 화학양론의 작은 변화는 촉매 효율성에 중요한 영향을 미친다. 특히 NO$_x$에 대 해서 만약 연료에서의 에탄올 산소함유량이 엔진에 의해서 적절히 처리되지 못한다 면 이것은 묽은 배기가스(lean exhaust)를 초래할 것이며 촉매의 감소효율성을 완전 하게 억제시키며 더 높은 NO$_x$ 배출을 초래할 것이다. 대조적으로 과잉처리(over compensation)는 반대결과를 초래할 것이다. 덧붙여서 블렌드의 일정한 성질을 변화 시키기 위해 첨가제 패키지의 사용은 자동차의 배기가스 배출성능에 영향을 미친다. Gautam 그리고 Martin[32]에 따르면 더 긴 사슬의 알코올 첨가제는 NO$_x$ 배출의 증가를 초래한다.

2.3.2 PM 배출

가솔린 승용차로부터의 배기가스 PM 배출은 디젤 승용차에 의한 PM 배출의 단지 일부분이다(25-50mg/km와 비교되는 1-3mg/km). 어떤 경우에는 PM 배출에 미치는 에탄올-석유계 연료 블렌드의 영향을 평가하기 위하여 실시된 측정에서는 E10은 50%의 감소를 (-33%로부터 -59%까지의 범위) 초래한다는 사실을 나타내었다. Reading 등[77]은 순수 가솔린과 비교하였다. DeServes[18]에 의해 실시된 3대의 차량 에서의 테스트에서는 바이오에탄올의 모순된 상반되는 영향을 나타내었다. 3대의 차 량 중에서 2대에서 PM 배출은 100%까지 증가되었으며 3번째 차량에서는 배출이 E5 연료에 비해서 80%까지 감소되었다. 모든 경우에서 배출은 2mg/km 이하이었으며 그 러므로 약간의 차이를 실질적인 연료효과에 혹은 이 민감한 측정의 실험적 불확실성 에 기인되었는지의 여부를 판단하는 것은 어렵다.

2.3.3 비규제 배출물질

대부분의 연구는 벤젠, 톨루엔, 에틸벤젠의 배출은 에탄올 블렌드를 사용할 때 약간 감소된다는 사실을 지적한다. 그러나 알데하이드는 현저한 증가를 나타낸다.

NEDC[17]에 걸쳐서 승용차에서의 E5 블렌드의 사용은 벤젠 그리고 톨루엔 배출의 감소를 각각 13%와 32%까지 초래하였다. 감소는 urban part에 관해서는 각각 16%와 27%이었으며 그리고 extra urban part에 걸쳐서는 각각 30%와 100%이었다. 에틸벤젠 배출은 urban phase에서는 45%의 증가, extra urban phase에서는 100%의 감소와 토탈(total)에서는 39%의 증가를 나타내었다. 모든 이들 성분의 측정된 값은 매우 작았으며(특히 벤젠에 대해서) 그리고 차이는 실험적 불확실성이 되기 쉽다는 사실이 지적되어졌다. 덧붙여서 absolute scale(절대값)에 있어서의 차이는 덜 중요하다. 포름알데하이드, 아세트알데하이드 그리고 메타크롤레인의 배출은 에탄올을 석유계 연료에 첨가시켰을 때 감소하였다. Urban phase에서 그리고 the total of the driving cycle에서 포름알데하이드 배출은 68%까지 감소하였으며, 아세트알데하이드 배출은 36%까지 감소하였고 메타크롤레인 배출은 100%까지 감소하였다[17].

E10 블렌드를 사용할 때 1999-vehicle fleet에서 시행된 실험에서는[3] 승용차에서 E10 블렌드의 사용은 1,3-부타티엔의 19% 감소, 벤젠의 27% 감소, 톨루엔의 30% 감소 그리고 자일렌의 27% 감소를 초래한다는 사실을 나타내었다. 한편 포름알데하이드 그리고 아세트알데하이드는 각각 25% 그리고 189%까지 증가하는 것으로 나타났다. 몇몇 연구에 따르면[3,78,95] E10은 약 100%, 200%까지 그리고 어떤 경우에서는 700%[46]까지의 증가수준으로서 아세트알데히드(ethanal)의 배출에 있어서의 현저한 증가를 초래한다,

덧붙여서 스웨덴에서 실행되었던 광범위한 조사에 따라서 12대의 승용차는 E23 블렌드를 연료로 사용하여 테스트하였는데, 이때 순수 가솔린의 사용과 가솔린에서의 23% 에탄올 블렌드의 사용을 비교하였을 때 아세트알데하이드의 배출은 증가하였으며 이와 반면 PAHs의 배출-특히 벤조피렌-은 감소하였다.

에탄올에서 70% 이상의 블렌드에 대해서 Reading 등[77]에 따라서 ±300%의 에러로서 아세트알데하이드 배출은 500%처럼 많은 양으로까지 증가할 수 있다. Deserves[18]에 따르면 아세트알데하이드의 배출은 E70 그리고 E85와 같은 높은 에탄올 연료에 대해 주로 충분히 증가된 배출을 나타낸다. 저온시동 NEDC 배출과 비교하였을 때 Artemis cycles에서의 알데하이드 배출은 상당히 더 낮은 대략 90%(-80%로부터 -100%까지의 범위)이다. NEDC 그리고 Artemis cycles 사이에서의 아세트알데하이

드 배출에 있어서의 차이는 NEDC에서의 저온시동에 기인한다.

2.3.4 기화배출

(1) 환경정책안

2005년에 가솔린 그리고 디젤연료 최대 황함유량에 관한 법률조항에 덧붙여서 EU Directive 2003/17/EC는 가능한 수정을 위해 European Commission이 수많은 다른 연료규격을 조사 검토하도록 요구한다. 하나의 특정한 요구사항은 가솔린에 직접적으로 블렌드되는 에탄올에 관하여 최근의 가솔린 하절기 증기압 제한 값을 사정하는 것이다. 연료 Directive 98/70/EC는 가솔린 휘발성 등급과 그들의 증기압력 제한 값을 정의한다. 각 유럽의 국가는 그것의 기후에 그리고 계절에 의존하여 한 가지 혹은 더 많은 휘발성 등급을 적용하며 가솔린/에탄올 블렌드를 포함한 모든 가솔린은 관련된 적절한 DVPE(Dry Vapour Pressure Equivalent) limits를 따라야 한다. 에탄올 사용 확대와 확산을 촉진시키기 위하여 그리고 따라서 그것의 시장침투 증가시키기 위하여 가솔린/에탄올 블렌드에 대한 기존 증기압 제한 값의 수정이 제안되었다. 에탄올은 정상적으로 가솔린과는 별도로 유통되며 단지 최종 유통을 위해 터미널에서 로드 탱커에서 블렌드 된다. 그러나 가솔린 자동차로부터의 기화배출에 미치는 에탄올/가솔린 블렌드의 증가된 증기압력의 가능한 영향에 관해서 많은 관심을 기울여야 한다.

(2) 기화배출에 미치는 에탄올의 영향

가솔린에 E30까지 에탄올의 블렌딩은 그림 1에 나타낸 바와 같이 증기압에서의 증가를 초래하여서 기화배출을 증가시킨다. DVPE의 증가는 2% 그리고 10% 사이의 에탄올 함유량에 대해서 ~7kPa로 대략 일정하며 이 영역에서 DVPE의 높은 수준이 관찰된다. 현대적인 유럽의 승용차로부터의 기화배출에 미치는 가솔린의 증기압력과 에탄올 함유량의 영향을 조사하기 위해서 특별히 디자인된 주된 주요한 테스트 프로그램으로부터의 결과는 증기압력은 기화배출에 대한 핵심적인 연료변수라는 사실을 확인하였다[58]. 일반적으로 시스템 개발을 위해 사용되는 60kPa DVPE 기준연료의 그것 이상으로 증가하는 연료증기압력은 기화배출을 증가시켰다. 그러나 증기압력의 영향은 canister effect를 통해서 vapour breakthrough가 발생하는 과정에 대해서 기대되는 바와 같이 강하게 비선형적이다. 약 75kPa의 최종 DVPE를 나타내는 에탄올 블렌드는 대부분의 차량에서 다른 더 낮은 휘발성 연료보다도 상당히 더 높은 기화배출을 나타내었다. 60-70kPa 범위에서의 DVPE를 나타내는 연료 사이에서의 차이가 작았다.

그러나 DVPE 변화의 결합, 에탄올 함유량 그리고 현저한 canister weight changes 때문에 개개 파라미터의 영향은 확실히 추정될 수 없었다. Canister의 엑스트라 퍼징이 실시되었던 몇몇 테스트에서 얻어졌던 결과는 만약 더 광범위한 canister 컨디셔닝 과정을 채택한다면 이 휘발성 범위에서 연료에서의 기화배출에서의 차이는 감소될 수 있었다는 사실을 제안한다. 시스템에서 이루어진 엔지니어링 여유는 감소된 연료 영향을 또한 설명해 준다. 기화배출제어시스템은 인증테스트에서 사용된 기준연료(60kPa)의 DVPE에 대해 디자인되지만 다른 배출제어장치에 대해서처럼 제조업체는 생산 가변성을 고려하기 위하여 일정한 여유를 도입한다.

에탄올은 에탄올/가솔린 블렌드의 증가된 증기압보다도 다른 메커니즘을 통해서 또한 기화배출에 영향을 미친다(CARB 1999). 에탄올은 차량의 연료 그리고 연료증기 시스템을 만드는 엘라스토머 소재(고무와 플라스틱 부품)를 통해서 연료투과속도를 증가시키는 것으로 알려진다. 연료투과에 관한 대규모 연구로부터의 결과는 비에탄올 탄화수소 투과배출은 에탄올을 포함하는 연료를 테스트하였을 때 일반적으로 증가하였다는 사실을 나타내었다[16].

(3) Canister efficiency에 미치는 에탄올의 영향

에탄올/가솔린 블렌드의 사용과 관련된 잠재적인 이슈 중에서 하나는 canister efficiency에 미치는 에탄올의 영향이다[36]. Canister의 작동용량(working capacity)은 전형적으로 그것의 총평형흡착용량의 대략 50%이며 그것은 canister 디자인 그리고 퍼지상태와 같은 여러 파라미터에 심하게 의존한다. 정상적인 가동 동안 쉽게 탈착될 수 없는 물질의 나머지는 canister의 작동용량을 감소시키는 탄소층(carbon bed) 내에서 형성된다. 남은 물질의 양은 또한 탄소성질에 의존한다. 더 큰 탄화수소분자는 더 작은 것보다도 덜 용이하게 탈착되어서 나머지 물질의 평균분자량은 증가한다. 에탄올은 극성분자이며 그것은 활성탄으로부터 덜 용이하게 탈착되는 것으로 알려지고 있다. 그러므로 에탄올을 포함하는 연료의 사용은 나머지 잔류 물질(heel)을 현저하게 증가시킬 수 있었으며 canister 작동용량을 감소시킬 수 있었다. 이것은 기화배출의 증가를 초래하였다.

(4) VOC 형성데이터

기화배출 테스트로부터의 형성된 탄화수솔 배출물질은 일반적으로 상대적으로 높은 수준의 경질 탄화수소(C3-C5) 그리고 낮은 수준의 에탄올을 나타낸다. 경질 탄화수소는 그들의 낮은 끓는점 그리고 탄소층에서의 그들의 더 높은 확산속도 때문에 기화배출에 있어서의 주된 기여 인자이다.

에탄올은 포함하는 연료를 사용할 때 에탄올은 기화배출에서 낮은 농도로 존재한다. 또한 일단 에탄올을 사용하면 비록 순수한 탄화수소 연료를 사용한다 할지라도 그것은 연료증기 속에 나타난다. 이 경우에 에탄올의 가장 그럴 듯한 출처는 canister heel이다. 이를테면 즉 연료교환 전에 퍼징가동 동안 에탄올을 완전히 탈착시킬 수 없다. 총 기화배출에 대한 에탄올 호흡손실의 기여는 매우 낮다.

방향족 성분과 같은 더 중질의 탄화수소는 현저한 농도로 발견된다. 탱크에서 액체 표면 위에서의 가솔린 증기에서의 중질 탄화수소의 농도가 높은 끓는점 때문에 낮은 것으로 기대되기 때문에 이들 탄화수소는 canister vent를 거쳐서 덜 배출되는 것 같다. 이 경우에 배출물질의 주된 출처는 연료침투(fuel permeation)인 것 같다.

2.4 "E-Diesel"

에탄올은 가솔린 블렌드에서 오랜 사용역사를 갖는 폭넓게 입수 가능한 함산소화합물(oxygenate)이기 때문에 그것은 또한 디젤연료 블렌딩을 위한 가능한 잠재적인 함산소화합물로서 생각되었다. 이러한 노력에서 CI엔진에서 디젤과 에탄올의 블렌드를 사용하는 것이 가능한지의 여부를 평가하기 위하여 수많은 기술을 시험하였다. 이들 기술 중에서 약간은 알코올 연소(fumigation), 이중 인젝션, 알코올-디젤연료 에멀젼 그리고 알코올-디젤연료 블렌드를 포함한다. 이들 기술 중에서 블렌드를 안정하며 상대적으로 엔진의 변형 없이 엔진에서 사용될 수 있기 때문에 가장 유망하고 기대되는 기술이다. 디젤연료와 에탄올의 블렌드는 종종 "E-Diesel"로서 알려지고 있다.

디젤연료에 에탄올의 첨가는 세탄가, 열량, 방향족 화합물 분율 그리고 동점도를 동시에 감소시키며 증류온도를 변화시킨다[37]. 가장 중요하게는 E-Diesel 블렌드를 디젤연료보다도 훨씬 더 낮은 인화점을 가지며 제한된 공간에서 더 높은 증기형성 가능성을 갖는다[72].

디젤연료에서의 에탄올의 용해도는 온도, 디젤연료의 탄화수소 조성 그리고 블렌드에서의 수분함유량에 의해서 주로 영향을 받는다[23]. 예를 들면 20% 에탄올 그리고 50% 에탄올에 의한 블렌드를 약 0℃ 그리고 23℃에서 각각 분리된다[66]. 블렌드를 균일하고 안정하게 유지하기 위해서 점화 향상제와 같은 첨가제를 사용하는데 이 첨가제는 블렌드의 세탄가를 향상시킬 수 있으며 점화 그리고 연소와 관련된 물리화학적 성질에 유리한 영향을 미칠 수 있다[37]. 덧붙여서 첨가제는 매우 낮은 온도에서 혹은 만약 수분에 의한 오염이 발생한다면 에탄올과 디젤연료의 분리를 방지할 수 있다. 두 가지의 보편적인 타입의 첨가제는 계면활성제 그리고 공통 용매(co-solvents)이다. 계면활성제는 극성말단 그리고 비극성말단을 갖는 분자이다. 극성말단은 에탄올 분자에 끌리는 반면 디젤연료 속의 탄화수소 분자에는 비극성 말단이 끌린다. 공통용매는 에탄올과 디젤연료 사이의 중간 극성도를 가지며 균일한 블렌드를 생성키 위해 가교제(bridging agent)로서 작용한다. 계면활성제와 공통용매는 에탄올과 디젤연료를 잘 블렌딩 되도록 한다.

E-Diesel 그리고 디젤연료로부터의 배출의 비교는 복잡하며 결과는 연료를 사용하는 조건(스피드, 부하, 테스트 사이클, 엔진사이즈, 엔진 디자인 등)에 따라서 폭넓게 변한다. 에탄올과 디젤연료의 블렌딩은 세탄가의 감소 그리고 물리화학적 성질의 변화를 초래하기 때문에 연료특성 저하를 상쇄시키기 위해 보편적으로 첨가제 패키지를 사용한다. 각 개별 블렌드의 세탄가와 물리화학적 성질의 변화는 또한 배출에 영향을 미칠 수 있다.

2.4.1 E-Diesel 연료의 사용에 따른 NO_X 배출

E10 블렌드에 의한 여러 가동 조건 하에서 다른 승용차에서 두 개의 연구그룹에 의해서[14,78] 시행된 실험에 따르면 NO_X 배출은 순수한 디젤연료와 비교되는 12%의 평균증가(2% 감소로부터 25% 증가로부터의 범위)를 나타내었다. 또한 이 연구에서 수집된 모든 입수 가능한 데이터에 기초할 때 최종연료의 세탄가에 상관없이 평균적인 영향은 E-Diesel에 의한 NO_X 배출에서 더 같은 세탄가 수준에서 E-Diesel 배출과 순수 디젤연료 배출을 비교함으로써 승용차에서 실시된 Corkwell 등[14]에 의한 측정에서는 순수 디젤연료의 세탄가에 필적하도록 세탄가 향상제를 사용할 때 NO_X에서의 2%의 저감이 기대되는 것으로 지적하였다. Schuetzle 등[80]은 2.3 I., 터보차지 엔진을 장착한 한 쌍의 차량에서 실험을 실시하였으며 배출측정은 두 개의 다른 E10 디젤드에 의해서 샤시 다이나모미터에서 그리고 뒤이어 European EU DC cycles에서 실시하였다. 세탄가 향상제를 첨가하지 않은 E 블렌드는 NO_X 배출을 6%까지 감소시켰다. 세탄가 향상제를 첨가시킨 E 블렌드는 NO_X 배출을 7%까지 감소

시켰다. 그러므로 정확한 영향을 연료와 첨가제 패키지에 의존한다.

엔진 스피드와 부하조건은 또한 승용차로부터의 NO_X 배출에 영향을 미칠 수 있다. Cole 등[12]은 엔진 스피드와 엔진부하의 26개의 독립적 조화(결합)를 포함하였던 조건의 매트릭스 하에서 10% 에탄올과 첨가제에 의한 에탄올-디젤연료 블렌드에 의한 측정을 실시하였다. 샤시 다이나모미터에 장착된 1.9 I., 터보차지 DI엔진에서 실험을 실시하였다. 가장 높은 스피드와 가장 가벼운 부하조건 하에서 E-Diesel 블렌드는 49%의 NO_X 저감을 초래하였다. 같은 동일한 저감은 1500rpm과 모든 부하에서 또한 이루어졌다. 낮은 부하와 낮은 스피드 그리고 높은 부하와 높은 스피드의 조건 하에서 NO_X 배출은 51%까지 증가하였다. 평균적으로 스피드와 부하의 모든 다른 결합에 대해서 NO_X 배출은 1%까지 증가하였다. 결국 DI 디젤엔진에서 He 등[37]에 의해서 실시된 실험에서는 높은 부하에서 에탄올-디젤연료 블렌드는 NO_X 배출의 2% 감소를 초래한다는 사실을 지적하였다.

대형(Heavy duty) 차량에 대해서 E10 에탄올-디젤연료 블렌드의 사용은 NO_X 배출을 순수한 디젤연료와 비교할 때 1.8%(-6% ~ +5%의 범위) 감소시키는 것으로 나타났다[28,43,62,80]. DDC 12.7 I., heavy-duty 디젤엔진에서 실시된 실험으부터의 결과에서는[84] 0으로부터 -5%까지 NO_X 배출에 있어서의 저감을 나타내었다. 이들 관찰은 11 It heavy-duty 엔진에서의 실험에서 E-Diesel 블렌드(E10) 그리고 세탄가 향상제를 사용함으로써 NO_X배의 5% 저감을 달성할 수 있다는 사실을 지적하였던 Lofvenberg[55]의 주장과 일치한다. 에탄올-디젤 연료의 3가지의 다른 블렌드 레벨에서 그리고 3가지의 다른 첨가제 패키지를 사용하여 3개의 다른 Tier II non-road 엔진에서 실시된 실험 [62]에서는 에탄올 함유량을 증가시킴으로써 NO_X 배출은 2개의 엔진에서 에탄올 사용에 의해서 -5%로부터 -9%에 이르기까지의 범위에서의 저감으로 감소되었다는 사실을 지적하였다. 세 번째 엔진에서 그들은 ±2%까지 증가되었다.

승용차와 비슷하게 또한 heavy duty 엔진에서 다른 부하/스피드 조건에 대해서 다른 영향이 관찰된다. Kass 등[43]은 5.9 I Cummins B series 엔진에서 10vol.%의 에탄올을 포함하는 디젤연료 블렌드에 관해서 조사하였다. NO_X 배출의 경우에 디젤연료와 E-Diesel 연료는 테스트된 조건의 범위 하에서 비슷하게 실행되었다. 극단적인 조건에서 E-Diesel 연료는 순수한 디젤연료와 비교하였을 때 -6% ~ 9%의 범위 내에서 NO_X 배출의 변화를 초래하였다.

2.4.2 PM 배출

디젤연료에 에탄올의 첨가는 PM 배출의 현저한 감소를 초래한다. 승용차에서 E10의 사용에서 수집된 모든 측정으로부터의 평균적인 감소는 -5%(-67%로부터 +65%까지의 범위)이다. Corkwell 등[14]은 FTP cycle 상에서 테스트된 1.9 I. 터보차지 승용차에서 E10을 사용하였을 때 PM의 평균적인 감소는 -13%(-16%로부터 -25%까지의 범위)임을 밝혔다. 순수한 디젤연료의 세탄가에 E10의 세탄가를 고정시키기 위해 세탄가 향상제를 사용하였을 때 Corkwell 등[14]은 PM은 평균적으로 -25%까지 감소한다는 사실을 발견하였다. 디젤엔진에서 Spreen[84]에 의해서 실시된 실험에 따라서 그 결과는 E10 그리고 E15 블렌드 각각에 대해서 -23% 그리고 -35%의 일관된 PM 감소를 나타내었다. Cole 등[12]은 1.9 I 엔진으로부터 부하와 스피드에 따른 PM 변화에 관해서 연구하였으며 순수한 디젤연료와 비교하였을 때 -72% ~ +65%의 범위를 관찰하였다. 가장 큰 감소는 모든 스피드 하에서 가장 높은 엔진부하에서 이루어졌으며 또한 가장 높은 스피드에서 가장 낮은 엔진부하 하에서 이루어졌다.

대형(heavy duty) 엔진으로부터의 PM 배출은 E10을 사용할 때 수집된 모든 테스트에 대해서 -44%로부터 +6%에 이르기까지의 범위를 나타내었으며 평균적으로 -23%까지의 감소를 나타내었다[28,43,55]. 앞서의 절에서 언급된 2대의 엔진에서의 Schuetzle 등[80]의 연구에서는 세탄가 향상제 없이 -18% 그리고 세탄가 향상제를 첨가시 -34%의 감소를 초래하였다. 3개의 Tier II non-road 디젤엔진에서의 Merrit [62]의 연구에서는 -13%로부터 -30%까지의 감소를 나타내었다. E10을 사용한 5.9 I Cummins B series 엔진에서의 Kass 등[43]의 연구로부터 PM 결과는 일반적으로 E-Diesel 블렌드는 디젤연료에 상대적인 PM 배출에서의 감소를 초래한다는 사실을 나타내었다. 단지 가장 낮은 스피드 조건하에서 E-Diesel은 6% PM 배출에 있어서의 증가를 나타낸다. PM 저감은 -13%로부터 -44%까지의 범위를 나타내었으며 중간 스피드 조건 하에서 가장 강한 경향을 나타내었다.

2.5 BE-Diesel(Biodiesel-Ethanol-Diesel)

E-Diesel 연료 블렌드의 주된 불리한 점은 넓은 범위의 온도에 걸쳐서 에탄올이 디젤연료에 섞이지(혼합되지) 않는다는 것이다[33]. 연구에서는 바이오디젤이 디젤연료에서 에탄올을 안정화시키기 위한 양친매성 화합물(amphiphile)로서 성공적으로 사용될 수 있으며 바이오디젤-에탄올-디젤(BE-Diesel) 블렌드 연료는 0도 이하의 온도에

서 안정될 수 있다는 사실을 나타내었다[29]. 그러므로 바이오디젤과 에탄올의 블렌드는 디젤연료에 대한 최적화된 함산소화합물(산소를 포함하는 혼합화합물)일 수 있다는 사실이 제안되었다[60]. Cardone 등[9]에 따르면 석유계 디젤연료와 비교되는 BE-Diesel의 불리한 점은 화석계 디젤연료의 그것들보다도 더 낮은 엔진파워, 더 낮은 배기가스 배출온도, 더 낮은 토크 그리고 더 높은 SFC의 원인이 되는 BE-Diesel의 더 낮은 열량값이다. 이들은 모두 전통적인 바이오디젤과 비슷한 성질이다.

수많은 연구에서는 에탄올-블렌드 그리고 바이오디젤-블렌드는 실질적으로 PM 배출을 충분히 감소시키지만 화석계 디젤연료와 비교하였을 때 더 높은 수준의 NO_x 농도를 생성시킨다는 사실을 밝혔다[185].

Pang 등[71]은 Cummin-4B 디젤엔진에서 5% 에탄올, 20% 바이오디젤 그리고 75% 디젤연료 블렌드를 사용하였으며 순수한 Shi 등[83]과 Ali 등[1]은 규제 배출물질의 배출 그리고 엔진성능을 조사하기 위해서 디젤엔진에서 바이오디젤, 에탄올 그리고 디젤연료의 4개 그리고 12가지의 다른 블렌드를 각각 테스트하였다.

그들은 또한 PM은 순수한 디젤연료와 비교해서 BE-Diesel에 대해서 실질적으로 상당히 감소되었다는 사실을 관찰하였다. 전통적인 바이오디젤과 비슷하게 Cardone 등[9]은 NO_x 배출은 화석연료와 비교해서 증가하는 경향이 있다는 사실을 밝혔는데 이 사실은 Pang 등[71]의 견해와 일치하였으며 그의 실험에서는 NO_x 배출의 약간 증가를 나타내었다. 이것은 엔진에서 바이오디젤을 연료로 사용할 때 진행 중 발생하는 열의 방출에 기인하며 이것은 연소과정 동안 실린더 내부에 더 높은 온도를 발생시킨다. 이미 앞서 언급한 바와 같이 연소챔버에서의 더 높은 온도는 NO_x 형성에 유리하다.

2.6 에탄올 사용에 관한 결론

2.6.1 PM 배출

일반적으로 대부분의 연구에서는 에탄올-가솔린, 에탄올-디젤연료 그리고 에탄올-바이오디젤 블렌드에 대한 PM 배출에 관한 저감을 나타낸다. SI 엔진에서의 영향은 매우 가변적이지만 PM에 미치는 이들의 기여는 또한 디젤보다도 훨씬 더 작다. 함산소화합물의 도입에 의한 PM 배출의 저감은 분자구조, 연료의 산소함유량[45,63] 그리고 연료에서의 국부적인 산소농도에 의존한다[20].

에탄올-가솔린 블렌드에 관해서 몇몇 연구는 적절한 자동차엔진의 변형이 미래의 배기가스 배출의 표준을(Euro 5) 달성키 위하여 높은 에탄올 블렌드의 가능성을 시험하였다. 이들 연구는 일반적으로 성공적이었으며 이것은 높은 에탄올 블렌드에 대해서 미래의 배출표준의 달성이 기대되며 SIDI 엔진에서 에탄올을 사용할 때 엔진변형을 이루게 되며 PM 형성의 현저한 감소가 기대된다는 사실을 제안한다.

Euro 3 승용차에서 E10 splash blended 에탄올-가솔린 혼합물로부터의 그리고 가솔린으로부터의 배출을 서로 비교하였던 AEA Technology study[77]에 따르면 비록 PM 배출에서의 일관된 감소가 나타난다 할지라도 바이오에탄올로부터의 배출과 관련된 많은 가변성이 존재한다. 10% 에탄올과 함께 에탄올-가솔린 블렌드에 관한 승용차에서의 PM 배출의 감소는 -46%이다(-33%로부터 -59%까지의 범위).

E10 에탄올-디젤 블렌드에 관하여 엔진범주, 주행조건, 세탄가 등에 관계없이 승용차에 관하여 PM 배출의 평균적인 감소는 -5%이다(-67%로부터 +65%까지의 범위). 그러나 대형(heavy-duty) 차량에서의 E10 에탄올-디젤 블렌드의 사용은 -23%의 평균값으로서(-44%로부터 +6%까지의 범위) 더 현저한 감소를 초래하는 것으로 기대된다.

이와 더불어 세탄가가 가변적인 경우에서 디젤연료의 세탄가에 필적하기 위해서 세탄가를 증가시킴으로써, E10 블렌드를 연료로 한 승용차에서 실시된 실험으로부터 나타난 바와 같이 PM 배출은 -25%(-20%로부터 -29%에 이르기까지의 범위)의 평균값으로서 감소된다[14]. HDVs에 대해 입수 가능한 비슷한 테스트는 없다.

2.6.2 NO_x 배출

디젤 혹은 가솔린에서의 에탄올 블렌드의 사용에 따른 NO_x 배출에 미치는 영향에 관해서는 연구실험결과에 있어서 일관성이 떨어진다[64,78,79].

E10까지의 에탄올-가솔린 블렌드를 사용함으로부터의 주된 결론은 모든 데이터에 기초해서 NO_x 배출에 관하여 현저한 변화를 관찰할 수 없다는 것이다. 몇몇 연구에서는 E10 블렌드는 일반적으로 순수한 가솔린과 비교해서 더 높은 NO_x의 배출을 초래한다는 사실을 지적하고 있으며[7,50,67,78,40] 약간의 연구들은 혼합된 결과를 지적하고 있다[38,46]. E20 에탄올-가솔린 블렌드에 관하여 25%의 NO_x 배출의 평균적인 증가(-17%로부터 +79%까지의 범위)가 있다[4,42,69]. 결국 De Serves[18]는 E85까지의 블렌드에 의해 다른 드라이빙 사이클에 걸쳐서 3대의 Euro 4 flexi fuel 자동차를 테스트하였으며 그리고 E85 블렌드를 사용할 때 모든 차량으로부터 현저한 감소를(-70%까지) 발견하였다. 이러한 사실은 신기술 차량 그리고 스웨덴에서 폭넓게 사용되는 블렌드와 관계가 있기 때문에 그러한 발견은 이것이 보편적인 일반적

인 특성을 갖는지의 여부를 조사하기 위하여 추가적인 테스트를 반복적으로 시행할 필요성을 느끼게 한다.

에탄올-디젤 블렌드는 대부분의 연구에서 증가된 NO_x 배출을 초래하는 것으로 보고된다[12,14,28]. 그러나 E10에 의한 결과는 −49%의 현저한 감소로부터 51%의 현저한 증가(+3%의 평균값)에 이르기까지 변한다. 이론적으로 바이오에탄올 차량은 더 적은 NO_x를 배출하여야 한다(알코올 연료는 가솔린보다도 더 낮은 온도에서 연소하기 때문에). 실제적으로 압축비용은 엔진효율을 향상시키기 위해서 종종 증가되며 이 것은 연소온도를 상승시키며 어떤 NO_x 배출 이점을 상쇄시킨다. EECA(Energy Efficiency and Conservation Authority)에 따르면 현대적 차량으로부터의 배기가스 배출은 에탄올 블렌드를 사용할 때 현저하게 다르지 않다. 더 오래된 자동차에서 촉매 그리고 완전히 기능적인 배출제어시스템 없이는 에탄올 NO_x 배출에 있어서의 약간의 증가를 초래한다.

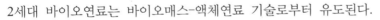

03 2세대 바이오연료

2세대 바이오연료는 바이오매스-액체연료 기술로부터 유도된다.

전형적인 예는 Bio-DME, 바이오메탄올, 혼합된 알코올 그리고 Fischer-Tropsch 디젤이다.

- Bio-DME(Bio-Dimethyl-Ether): Bio-DME는 촉매 탈수를 사용하여 바이오메탄올로부터 생산될 수 있거나 혹은 이것은 DME 합성을 사용하여 합성가스로부터 생산될 수 있다. DME는 CI 엔진에서 사용될 수 있다.
- 바이오메탄올: 바이오메탄올은 메탄올과 같지만 그것은 바이오매스로부터 생산된다. 바이오메탄올은 10-20%까지 가솔린과 블렌딩시킬 수 있다.
- 혼합된 알코올: (주로 에탄올, 프로판올 그리고 부탄올의 혼합물로서 약간의 펜탄올, 헥산올, 헵탄올 그리고 옥탄올을 포함한다). 혼합된 알코올은 메탄올에 대해서 사용되는 촉매와 비슷한 촉매에 의해 합성가스로부터 생산된다. 혼합된 알코

올은 더 높은 에너지 함량을 갖기 때문에 순수한 메탄올 혹은 에탄올에 비해서 우수하다. 또한 블렌딩시킬 때 더 고가의 알코올은 가솔린과 에탄올의 혼화성을 증가시키며 이것은 수분 허용량을 증가시키며 그리고 기화배출을 감소시킨다. 게다가 더 고가의 알코올은 또한 에탄올보다도 더 낮은 기화열을 가지며 이러한 사실은 저온시동에 대해서 중요하다.

- Fischer-Tropsch 디젤 혹은 BTL(Biomass to liquids): BTL 디젤은 Fischer-Tropsch gas-to-liquid 기술을 사용하여 생산된다. BTL 디젤은 기초기반 변화에 대한 필요성 없이 약간의 퍼센트로서 화석계 디젤연료와 혼합시킬 수 있다. BTL 디젤(이것은 예를 들면, 유채 혹은 대두로부터 생산되는 메틸-에스터 바이오디젤 보다도 화학적으로 다르다)은 특히 유럽에서 향후 여러 해에 걸쳐서 가장 많은 주목을 끌게 될 것이다. BTL 연료는 청정하며 사실상 황성분과 방향족 물질이 없는 연료이다. 그것의 점화품질(매우 높은 세탄가로서 측정되는 것처럼)은 훌륭하며, 그것에 의해 소음을 감소시키고 전통적인 석유계 디젤연료와 비교해서 더 깨끗한 연소를 초래한다.

모든 이들 연료는 바이오매스의 가스화에 의해서 생산되는 합성가스(syngas)로부터 유도될 수 있다. 그러나 그것은 석탄 혹은 천연가스로부터 훨씬 더 용이하게 생산될 수 있으며 이것은 발전소에서 그리고 gas-to-liquid 공정에서 매우 대규모로 행해진다. 따라서 비슷한 연료는 바이오 그리고 비바이오 공급 원료로부터 생산될 수 있다.

2세대 바이오연료의 사용에 의한 배기가스 배출에 관해서 언급될 수 있는 사항은 많지 않다. Fischer-Tropsch 바이오디젤은 매우 낮은 방향족 성분의 함유량 그리고 흔적양의 황성분으로서 매우 높은 품질인 것으로 기대된다. 그래서 그것은 스웨덴에서의 Environmental Class I 디젤과 같은 방법으로 감소된 배출을(특히 PM의 배출) 초래한다. 더불어 2세대 바이오연료는 1세대 바이오연료와 비교해서 더 적은 양의 산소를 포함하며 그러므로 2세대 바이오연료로부터의 tailpipe 배출은 순순 디젤연료로부터의 배출에 더 가깝다. 또한 바이오에탄올로부터 유도된 2세대 바이오연료는 1세대 바이오에탄올과 비교하였을 때 그들이 화학적 조성이 다르지 않다는 사실 때문에 tailpipe 배출에 관해서 차이를 나타내는 것으로 기대되지는 않는다. 물론, 정확한 영향은 미래에 규제되어져야 하는 이들 연료의 규격에 의존하게 될 것이다.

04 결론 - 추천사항

01 순수한 바이오디젤의 사용은 순수한 화석계 디젤연료(순수한 디젤)와 비교하였을 때 승용차 그리고 대형(heavy duty) 차량으로부터의 NO_x 배출을 증가시킨다. 증가는 연소를 촉진시키는 높은 세탄가 그리고 바이오디젤 성분의 불포화된 특성 때문이며 이 두 가지 요인에 의해서 불꽃온도를 증가시킨다. NO_x 증가는 자동차 기술과 가동조건에 의존하여 정확한 값으로서 몇몇 퍼센트 단위(즉, 30-40%까지)이다. 현저한 증가 때문에 만약 바이오디젤 사용에 의해 낮은 NO_x 배출 성능을 유지하기 위하여 엔진을 적절히 튜닝하지 않는다면(예를 들면, 고정차대의 경우에) 순수바이오디젤의 사용은 공기질에 대한 문제점은 안고 있는 지역에서 차량의 가동에 있어서 피해야 한다.

02 NO_x 배출에 미치는 바이오디젤 블렌드의 영향은 엔진기술에 매우 의존한다. 입수 가능한 측정에서 B5-B10 블렌드는 얼마 안 되는 차이, 즉 다시 말해서 1%를 나타내는데 이 값은 실험적 불확실성(즉 실험오차범위 내)내에 있다. B20-B30 블렌드는 적은 퍼센트 단위(5-6%)의 포지티브 혹은 네거티브 영향을 미친다. 최근의 연구결과로부터 B30까지의 블렌드에서의 바이오디젤의 사용은 실질적으로 구별되는 공기질 조건을 초래하는 것으로 기대되지는 않는다. 물론 그러한 결론은 입수 가능한 기술수준과 공동으로 각 시기별로 고려될 필요가 있다. 다가오는 이윽고 공개될 차량의 배출과 후처리 기술은 바이오디젤 블렌드에 의해서 더 혹은 한층 덜 영향을 받는다. 영향을 이해하기 위해서 새로운 실험적 연구가 요구된다. 또한 내구성은 고려를 필요로 하는 이슈이다.

03 순수한 바이오디젤 그리고 바이오디젤 블렌드는 모두 대다수의 테스트에서 PM 매스를 시종일관 감소시키는 것으로 나타났다.

감소는 단조로우며 B10 블렌드에 대한 -10%로부터 순수한 바이오디젤에 대한 거의 -50%(한 연구에서는 -77%의 저감을 보고한다)까지의 범위이다. 감소는 더 높은 NO_x(즉 다시 말해서 순수한 디젤연료보다도 더 높은 온도에서 연소 그리고 연료분자에서의 산소의 존재)를 초래하는 같은 이유로부터 발생한다. PM 저감은 주로 PM의 고체(soot) 부분의 현저한 감소로부터 발생한다. 반 휘발성 (semi-volatile) 부분은 감소되지 않는 동시에 약간의 경우에서는 약간의 무거운 바이오디젤 성분의 불완전 연소 때문에 그것은 또한 증가한다. 이들 경우는 더 많은 경우에서 확인될 필요가 있다. 완전한 최근의 차대에 대해서 전체적으로 바이오디젤의 사용은 PM의 저감을 초래하는 것으로 기대된다.

04 고체입자수의 제어에서의 다가오는 공개될 Euro 5 규제규정에 관해서 바이오 연료의 영향은 연료 분자에서의 산소는 검댕이(soot) 형성을 억제하기 때문에 최소 혹은 약간 포지티브인 것으로 기대된다. 입자수와 비슷하게 입자의 평균 직경은 순수한 바이오디젤에 의해서보다도 또한 더 낮다. 그러나 더 낮은 입자 수와 직경의 결합은 활성적인 표면의 더 현저한 감소를 초래한다. PM을 유도 하였던 바이오디젤의 더 높은 반-휘발성(semi-volatile) 물질의 함유량과 함께 준-50nm 범위에서 휘발성 나노입자의 형성을 초래한다. 이들 나노입자는 고체 나노입자보다도 같은 정도로 동등하게 균일하며 앞으로 공개될 Euro 5 규정에 의해서 조절되지 않는다. 결과적으로 이것은 여러 가지 새로운 기술에 의한 차 량/엔진으로부터 배출되는 총 입자수에 관한 더 집중적인 정교한 측정을 실시 함으로써 더 이상의 시험연구를 필요로 하게 되는 PM 배출의 조절에 있어서의 허점이다.

05 배출에 미치는 바이오디젤의 영향에 관련된 대부분의 결론은 순수한 디젤연료 에 대해서 바이오디젤의 비교테스트로부터 발생한다. 약간의 테스트에서는 그 것의 화학적 특성 때문에 순수한 디젤연료보다도 엔진부품에 미치는 더 빠른 에이징 영향을 미친다는 사실을 나타내었다. 여러 제조업체는 5%이상의 바이 오디젤의 블렌드의 사용에 반대입장을 표명하는데 그것은 이것이 그들 그리고 그들의 고객에 대한 유지보수 그리고 품질보증 비용을 증가시킬 것이라고 그들 이 기대하기 때문이다. 그러므로 배출에 미치는 바이오디젤 사용의 장기간의 영향에 관해서는 더 철저하게 사정 평가할 필요가 있다. 폐 쿠킹오일로부터 생 산되는 바이오디젤을 사용하는 한 쌍(두 가지) 연구에서는 바이오디젤을 사용 할 때 PM 배출은 보편적으로 감소하였다고 할지라도 실제로 80,000km의 바이 오디젤 사용 후 순수한 디젤연료에 의한 배출수준에 비해서 증가하였는데 그것 은 아마도 인젝터의 코우킹 때문이다. 그러므로 바이오연료의 실제 사용 성능 에 관해서는 더 많은 연구가 필요하다.

06 비규제 오염물질 그리고 특히 PAHs에 미치는 바이오디젤의 영향에 관련한 상 반되는 연구결과에 대한 언급이 있다. 더 초기의 연구에서는 일반적으로 바이 오디젤은 이들 화학종을 감소시킴에서 긍정적인 영향을 미친다는 사실을 나타 내었다. JRC에 의해서 실시된 최근 기술에 의한 승용차에서의 더 최근의 연구

들에서는 저온 시동 urban cycle 동안 PAHs에 있어서의 150% 이상의 증가로서 반대되는 경향을 나타내었다. 분명히 이것은 더 이상의 연구를 필요로 하는 분야이다. 아마도 바이오 디젤 공급원료뿐만 아니라 후처리 장치의 에이징은 비규제 오염물질에 미치는 바이오디젤의 영향에서 중요한 공통인자이다.

07 최근의 SI 차량에 미치는 바이오에탄올의 영향에 관해서는 정량화하기 어렵다. 단지 유일한 뚜렷한 영향은 대개 저온 시동 조건에서 아세트알데히드와 포름알데히드 배출의 여러 배의 증가이다.

촉매 후처리 후 알데히드 배출수준은 순수 가솔린보다도 한층 더 높지만 단지 적은 퍼센트 유니트(예를 들면, 20-30%) 만이 NOx 배출은 사용되는 연료보다도 오히려 화학양론과 촉매조건에 의해서 조절된다. 문헌에서의 테스트는 순수한 가솔린을 E85 블렌드와 비교하였을 때 현저한 증가와 감소를 포함하는 일련의 값을 보고하였다. 최근의 flexi-fuel 차량은 사용되는 연료에 의존하여 점화와 인젝션을 조절하기 위해서 센서를 사용한다. 그러나 최적 세팅으로부터의 약간의 편차는 혼합물을 약간 진한(rich) 혹은 묽은(lean) 조건으로 이동시키며 이것은 촉매의 성능에 크게 영향을 미친다. 이것은 에탄올 블렌드를 연료로 하는 차량에 대해서 일관된 영향을 관찰할 수 없는 이유이다. 이것은 다른 첨가제 패키지로서 생산된 연료를 사용할 때 이들 차량이 실제 주행에서 어떻게 성능을 발휘하는지에, 그리고 에이징의 영향이 얼마만큼 그들의 성능에 영향을 미치는지에 관해서 의문을 초래한다. 한편 몇몇 연구원들은 에탄올은 Euro 5 level에서의 향후 공개될 고체 입자 수 규정을 위하여 Gasoline Direct Injection 차량으로부터 감소된 PM 배출을 초래한다는 사실을 제안하였다.

08 비록 순수한 에탄올이 가솔린보다도 덜 휘발성이라 할지라도 E30까지의 에탄올과 가솔린의 스플래쉬 블렌딩은 증가된 증기압력의 연료를 초래한다. 이것은 ~ 60kPa인 하절기 가솔린과 비교되는 75kPa에 도달할 수 있다. 증가된 증기압력은 재연료보급 그리고 차량가동 동안 증가된 기화손실을 또한 초래한다. 에탄올의 기화 손실이 왜 더 높은지에 관해서 두 가지의 이유가 있다. 첫째로, 에탄올은 엘라스토머 소재를 거쳐서 연료침투를 증가시킨다. 둘째로, 에탄올은 극성분자이며 그리고 탱크 캐니스터로부터 탈착하기 어렵다. 이것은 증가된 증기 전개확산을 초래하는 캐니스터의 유효용량을 감소시킨다. 기화하는 화학종에 관해서 이들은 에탄올보다는 오히려 경질 탄화수소이다. 에탄올은 활성탄에 의해서 성공적으로 흡착된다. 침투(투과) 그리고 캐니스터 증기 확산전개는 단지 자동차의 에이징에 의해서 더 나쁘게 될 수 있으며 차량의 수명을 통해서

기화손실을 현저하게 증가시킨다. 이것은 광화학적 스모그가 이슈인 지역에서 고려될 필요가 있는 사항이다.

09 디젤연료에 에탄올의 첨가는 에탄올은 매우 낮은 세탄가를 갖기 때문에 두 가지 액체의 혼화성을 향상시키기 위하여 그리고 세탄가를 향상시키기 위하여 첨가제를 사용함으로써 E10 블렌드에서 시험되었다. 사용되는 첨가제의 성질은 또한 대부분은 크게 디젤 배출에 미치는 에탄올의 영향에 관해서 결정한다. 더 낮은 세탄가 때문에 에탄올은 NO_x 배출의 저감을 초래하여야 한다. 확실히 여러 연구에서는 디젤연료에서의 E10을 사용할 때 완전한 가동사이클에 대해서 -9%까지 NO_x에 대한 저감을 관찰하였다. 그러나 세탄가를 증가시키기 위하여 첨가제를 사용할 때 연료속의 산소 때문에 NO_x 배출은 ~10% 까지 증가한, 바이오디젤과 비슷한 E10은 특히 만약 세탄가 향상제를 사용한다면 순수한 디젤연료와 비교하였을 때 -30% 혹은 -40% PM에 있어서의 일관된 감소를 초래한다. 흥미로운 옵션은 바이오디젤 그리고 화석계 디젤연료를 에탄올과 혼합시킨다(BE-Diesel).

최근의 연구들은 바이오디젤은 화석계 디젤연료에서의 에탄올에 대한 혼화성 향상제로서 작용한다는 사실을 나타내었다. 배출에 미치는 이 혼합연료(BE-Diesel)의 영향은 바이오디젤 블렌드와 비슷하다. 그러므로 디젤에서 에탄올의 사용은 PM 저감제로서 사용된다.

10 2세대 바이오연료가 고려되고 있으며 이것은 Fischer-Tropsch 공정(gas-to-liquid)으로부터 생산된다. 배출에 미치는 이들 연료의 영향에 관해서 입수 가능한 많은 데이터는 없다. 그러나 이들 바이오연료의 낮은 방향족 성분의 함유량 그리고 순수한 성질 때문에 배출은 약간의 환경친화적인 디젤(스웨덴에서의 MK-1 디젤과 같은)과 비슷하게 최근의 순수한 디젤 수준과 비교되는 향상되어져야 한다는 사실이 기대된다.

■ References

01. Ali Y., Hanna M. and Borg J. 1995. Optimization of diesel, methyl tailowate and ethanol blend for reducing emissions from diesel engine Bioresource Technology 52, 237-243.

02. Altin R., Cetinkaya S. and Yücesu H. 2001. The potential of using vegetable oil fuels as fuel for diesel engines. Energy Conversion Management 42, 529-538.

03. Apace 1998, *Intensive Field Trial of Ethanol/Petrol Blend in Vehicles*, ERDC Project No. 2511, Apace Reasearch LTD, Energy Research and Development Corporation, Canberra, Australia, http://journeytoforever.org/biofuel_library/EthanolApace.PDF.

04. Augin K. and Graham L. 2004, *The evaluation of ethanol-gasoline blends on vehicle exhausts emissions and evaporative emissions.* Environmental Technology Centre, Emissions Research and Measurement Division, Ottawa, Canada,

05. Balat M., Balat H. and Oz C. 2008. Progress in bioethanol processing. Progress in Energy & Combustion Science doi: 10.1016/j.pecs.2007.11.001.

06. Bauer H., Dietsche K. and Jager T. 2004. *Diesel Engine Management.* Published by Robert Bosch GmbH Automotive Aftermarket Division.

07. CARB 1998, *Comparison of the effects of a fully-complying gasoline blend and a high RVP ethanol gasoline blend on exhaust and evaporative emissions.* California Air Resources Board, Sacramento, CA, http://www.arb.ca.gov/fuels/gasoline/ethanol/res9878.pdf.

08. CARB 1999, *Air Quality Impacts of the Use of Ethanol in California Reformulated Gasoline. Final Report to the California Environmental Policy Council.* California Air Resources Board, Sacramento, CA, USA.

09. Cardone M., Prati M., Rocco V., Seggiani M., Senatore A. and Vitolo S. 2002. Brassica carinata as an alternative oil crop for the production of biodiesel in Italy: engine performance and regulated and unregulated exhaust emissions,. Environmental Science and Technology 36, 4656-4662.

10. Cetinkaya M., Ulusoy Y., Tekin Y. and Karaosmanoglu F. 2005. Engine and winter road test performances of used cooking oil originated biodiesel. Energy Conversion and Management 46,1279-1291.

11. Choi C; Bower G. and Reitz R. 1997. Effects of biodiesel blended fuels and multiple injection on DI diesel engine emissions. SAE Technical Paper 970218.

12. Cole R., Poola R., Sekar R., Schaus J. and McPartlin P. 2001. Effects of ethanol additives on diesel particulate and NOx emissions. SAE Technical Paper 2001-01-1937.

13. Colvile R., Hutchinson E., Mindell J. and Warren R. 2001. The transport sector as a source of air pollution. Atmospheric Environment 35, 1537-1565.

14. Corkwell K., Jackson M. and Daly D. 2003. Review of .exhaust emissions of compression ignition engines operating on E-Diesel fuel blends. SAE Technical Paper 2003-01-3283.

15. Correa S. and Arbilla G. 2006. Aromatic hydrocarbons emissions in diesel and biodiesel exhaust. Atmospheric Environment 40, 6821-6826.

16. CRC 2004, *Fuel permeation from automotive systems. Prepared for: California*

Environmental Protection Agency.. CRC Project N° E-65. Coordinating Research Council, Alpharetta, GA, USA.

17. Delgado R. and Izquierdo J. 2003. *Comparison of vehicle emissions at European Union annual average temperatures from E0 and E5 petrol.* Report LM030411, IDIADA, Tarragona, Spain, p.22.

18. DeServes C. 2005. *Emissions from Flexible Fuel Vehicles with different ethanol blends.* 5509, AVL MTC, Haninge, Sweden, p.46. http://www.vv.se/fudresultat/ Publikationer 000001 000100/Publikation 000077/8050509 report%20051018 Vv.pdf.

19. Dockery D. and Pope C. 1994. Acute respiratory effects of particulate air pollution. Annual Review of Public Health 15, 107-132.

20. Donahue R. and Foster D. 2000. Effects of oxygen enhancement on the emissions from a DI diesel via manipulation of fuels and combustion chamber gas composition. SAE Technical Paper Series 2000-01-0512.

21. Durbin D., Cocker R., Sawant A.A., Johnson K., Miller J.W., Holden B.B., Helgeson N.L. and Jack J.A. 2007. Regulated emissions from biodiesel fuels from on/off-road applications. Atmospheric Environment 41, 5647-5658.

22. EC 2004. *Promoting Biofuels in Europe.* European Commission, Directorate-General for Energy and Transport, Brussels, Belgium.

23. Ecklund E., Bechtold R., Timbario T. and McCallum P. 1984. State-of the-art report on the use of alcohols in diesel engines. SAE Transactions 840118, 684-702.

24. Egeback K., Henke M. and Rehnlund B. 2005. *Blending of ethanol in gasoline for spark ignition engines.*

25. EPA 2002. *A Comprehensive Analysis of Biodiesel Impacts on Exhaust Emission, Draft Technical Report.* EPA, Ann Arbor, MI, USA.

26. EurObserv'ER 2005. *Barometre des Biocarburants.* European Commission Brussels, Belgium, p.12. http://www.energies-renouvelables.org/observ-er /stat baro/observ/baro167b.pdf.

27. EurObserv'ER 2007. Biofuels Barometer. European Commission, Brussels, Belgium, http://www.energies-renouvelables.org/observ-er/stat baro/observ/baro179 b.pdf.

28. Fanick E. and Williamson I. 2002. Comparison of emission and fuel economy characteristics of ethanol and diesel blends in a heavy-duty diesel engine, in *International Symposium on Alcohol Fuels XIV*, Phuket, Thailand.

29. Fernando S. and Hanna M. 2004. Development of a novel biofuel blend using ethnaol-biodiesel- diesel miscroemulsions: EB-diesel. Energy and Fuels 18, 1695-1703.

30. Fontaras G., Samaras Z. and Miltsios G. 2007. Experimental evaluation of

cottonseed oil-diesel blends as automotive fuels via vehicle and engine measurements, in *8th International Conference on Engines for Automobile*, Naples.

31. Fontaras G., Tzamkiozis T., Pistikopoulos P. and Samaras Z. 2008. *Study on the application of vegetable oils and their methylesters as fuels for diesel engines. Final report in the framework of PAVET research project.* LAT Report No. 08.RE.0002.V1 Thessaloniki.

32. Gautam M. and Martin D. 2000. Emission characteristics of higher-alcohol/gasoline blends. Power Energy 214, 165-182.

33. Gerdes K. and Suppes G. 2001. Miscibility of ethanol in diesel fuels. Industrial and Engineering Chemistry Research 40, 949-956.

34. Giannelos P., Shizas S., Lois E., Zannikos F. and Anastopoulos G. 2005. Physical, chemical and fuel related properties of tomato seed oil for evaluating its direct use in diesel engines. Industrial Crops and Products.

35. Graboski M. and McCormick R. 1998. Combustion of fat and vegetable oil derived fuels in diesel engines. Progress in Energy & Combustion Science 24, 125-164.

36. Grisanti A.A., Aulich T.R. and Knudson C.L. 1995. Gasoline Evaporative Emissions: Ethanol Effects on Vapor Control Canister Sorbent Performance. SAE Technical Paper 952748.

37. He B., Shuai S., Wang J. and He H. 2003a. The effect of ethanol blended diesel fuels on emissions from a diesel engine. Atmospheric Environment 37, 4965-4971.

38. He B., Wang H., Hao J., Yan X. and Xiao H. 2003b. A study on emission characteristics of an EFI engine with ethanol blended gasoline fuels. Atmospheric Environment 37, 949-957.

39. Herwick G. 2006. Ethanol blended gasoline and mitigation strategies, T.F.s.Consulting, ed.

40. Hsieh W., Chen R., Wu T. and Lin T. 2002. Engine performance and pollutant emission of an SI engine using ethanol-gasoline blended fuels. Atmospheric Environment 36, 403-410.

41. Jankowski A. and Sandel A. 2003. Exhaust emissions reduction problems of internal combustion engines fueled with biofuels. Journal of KONES Internal Combustion Engines 10, 3-4.

42. Karlsson H. 2006. *Emissions from conventional gasoline vehicles driven with ethanol blend fueis.* Swedish Road Administrator.

43. Kass M., Thomas J., Storey J., Domingo N., Wade J. and Kenreck G. 2001. Emissions from a 5.9 1 diesel engine fueled with ethanol diesel blends. SAE Technical Paper Series 2001-01-2018.

44. Kegl B. 2008. Effects of biodiesel on emissions of a bus diesel engine. Bioresource Technology 99,863-873.

45. Kitamura T., Ito T., Senda J. and Fujimoto H. 2001. Extraction of the suppression effects of oxygenated fuels on soot formation using a detailed chemical kinetic model. JSAE Review 22, 139-145.

46. Knapp K., Stump F. and Tejada S. 1998. The effect of ethanol fuel on the emissions of vehicles over a wide range of temperatures. Air Waste Management Association 7, 646-653.

47. Knothe G. 2005. Dependence of biodiesel fuel properties on the structure of fatty acid alkyl esters. Fuel Processing Technology 86, 1059-1070.

48. Knothe G. and Sharp C. 2006. Exhaust emissions of biodiesel, petrodiesel, neat methyl esters and alkanes in new technology engine. Energy and Fuels 20, 403-408.

49. Knothe G. and Steidley K. 2005. Kinematic viscosity of biodiesel fuel components and related compounds, influence of compound structure and comparison to petrodiesel fuel components. Fuel Processing Technology 84, 1059-1065.

50. Koshland C., Sawyer R., Lucas D. and Franklin P. 1998, *Evaluation of automotive MTBE combustion byproducts in California reformulated gasoline, Health and environmental assessment of MTBE, Report to the Governor and Legislature of the State of California as Sponsored by 5B 521, voi.III: Air quality and ecological effects.*

51. Kumar M., Ramesh A. and Nagalingam B. 2003. An experimental comparison of methods and Jatropha oil in a compression ignition engine. Biomass Bioenergy 25, 309-318.

52. Lapuerta M., Rodriguez-Fernandez J. and Agudelo J. 2008. Diesel particulate emissions from used cooking oil biodiesel. Bioresource Technology 99, 731-740.

53. Li N., Hao M., Phalen R., Hinds W. and Nel A. 2003. Particulate air pollutants and asthma: A paradigm for role of oxidative stress in PM-induced adverse health effects. Clinical Immunology 109, 250-265.

54. Lockhart M., Nulman M. and Rossi G. 2001. Estimating Real Time Diurnal Permeation from Constant Temperature Measurements. SAE Technical Paper 2001-01-0730.

55. Lofvenberg U. 2002. E-Diesel in Europe, a new available fuel technology, in *International Symposium on Alcohol Fuels XIV,* Phuket, Thailand.

56. Marshall W., Schumacher L. and Howell S. 1995. Engine Exhaust Emissions Evaluation of a Cummins L10E When Fueled with a Biodiesei Blend, Society of Automotive Engineers. SAE Technical Paper 952363.

57. Martini G., Astorga C. and Farfaletti A. 2007a. Effect of biodiesel fuels on pollutant emissions from Euro 3 LD diesel vehicles. J. Joint Reasearch Centre, ed.

58. Martini G., Manfredi U., Mellios G., Krasenbrink A., De Santi G., McArragher S., Thompson N., Baro J., Zemroch P., Boggio F., Celasco A., Cucchi C. and Cahill G.F. 2007b. Effects of Gasoline Vapour Pressure and Ethanol Content on Evaporative Emissions from Modern European Cars. SAE Technical Paper 2007-01-1928.

59. McCormick R., Graboski M., Alleman T. and Herring A. 2001. Impact of Biodiesel Source Material and Chemical Structure on Emissions of Criteria Pollutants from a Heavy-Duty Engine. Environ. Sci. Technol 35, 1742-1747.

60. McCormick R. and Parish R. 2001. *Technical barriers to the use of ethanol in diesel fuel.* NREL/MP-540-32674, NREL.

61. McCormick R., Williams A., Irelana J., Brimhali M. and Hayes R. 2006. *Effects of biodiesel blends on vehicle emissions. Annual Operating Plan Milestone 10.4.* NREL/MP-540-40554, National Renewable Energy Laboratory.

62. Merrit P. 2005. Regulated and Unregulated Exhaust Emissions Comparison for Three Tier II NonRoad Diesel Engines Operating on Ethanol-Diesel Blends. SAE Technical Paper 2005-01-2193.

63. Miyamoto N., Ogawa H., Nurun N., Obata K. and Arima T. 1998. Smokeless, low NOx high thermal efficiency and low noise diesel combustion with oxygenated agents as main fuel. SAE Technical Paper Series 980506.

64. Mulawa P., Cadle S., Knapp K., Zweidinger R., Snow R., Lucas R. and Goldbach J. 1997. Effect of ambient temperature and E-10 fuel on primary exhaust particulate matter emissions from lightduty vehicles. Environmental Science and Technology 31, 1302-1307.

65. Munack A., Kauffman A., O. S., Krahl J. and Bunger J. 2005. *Comparison of Shell Middle Distilate, Premium Diesel Fuel and Fossil Diesel Fuel with Rapeseed Oil Methylester* Institute of Technology and Biosystems Engineering, Braunschweig.

66. Murayama T., Miyamoto N., Yamada T., Kawashima J. and Itow K. 1982. A method to improve the solubility and combustion characteristics of alcohol-diesel fuel blends. SAE Technical Paper Series 821113.

67. NRC 1999. *Ozone-forming potential of reformulated gasoline.* Commission on Geosciences, Environment and Resources, National Research Council, Washington DC

68. NREL 2006. *Biodiesel handling and use guidelines.* DUE/G0-102006-2358, U.S Department of Energy.

69. Orbital 2004. *Market Barriers to the uptake of biofuels study. Testing gasoline*

containing 20% ethanol. Phase 2B-Final Report, Australian Department of Environment and Heritage p.193. http://www .environment.qov.au/atmosphere/ fuelquality/publications/biofuels-2004/pubs/biofuels-2004.pdf.

70. Owen K. and Coley T. 1995. *Automotive Fuels Hanbook, Second Edition.* Published by SAE Inc.

71. Pang X., Shi X., Mu Y., He H., Shuai S., Chen H. and Li R. 2006. Characteristics of carbonyl compounds emission from a diesel-engine-using biodiesel athanol-diesel as fuel. Atmospheric Environment 40, 7057-7065.

72. Peckham J. 2001. Ethanol-diesel raises safety, performance, health concerns:autos, in *Diesel Fuel News,* 9-11.

73. Pugazhvadivu M. and Jeyachandran K. 2005a. Investigations on the performance and exhaust emissions of a diesel engine using preheated waste frying oil as fuel Renewable Energy 30, 2189-2202.

74. Pugazhvadivu M. and Jeyachandran K. 2005b. Investigations on the performance and exhaust emissions of a diesel engine using preheated waste frying oil as fuel. Renewable Energy 30, 2189-2202.

75. Pundir B., Singal S. and Gondal A. 1994. Diesel Fuel Quality: Engine Performance and Emissions. SAE Technical Paper Series, Paper No 942020

76. Radich 2006. *Biodiesel performance, costs, and use.* US Energy Information Administration, http://www.eia.doe.gov/oiaf/analysispaper/biodiesel/index.html.

77. Reading A., Norris J., Feest E. and Payne E. 2002. Bioethanol emissions testing. AEA Technology E&E/DDSE/02/021

78. Reuter R., Benson J., Burns V., Gorse J., Hochhauser A., Koehl W., Painter L., Rippon B. and Rutherford J. 1992. Effects of oxygenated fuels and RVP on automotive emissions. SAE Technique Paper-920326.

79. Rice R., Sanyal A., Elrod A. and Bata R. 1991. Exhaust gas emissions of butanol, ethanol, and methanol gasoline blends. Journal of Engineering for Gas Tourbines and Power 113, 377-381.

80. Schuetzle D., Han W., Srithammavong P., Akarapanjavitz N., Norbeck J. and Corkwell K. 2002. The evaluation of diesel/ethanol fuel blends for diesel vehicles in Thailand: Performance and Emissions studies, in *International Symposium on Alcohol Fuels XIV,* Phuket, Thailand.

81. Schumacher L., Marshall W. and Wetherell W. 1995. Biodiesel emissions data from Series 60 DDC engines, in *American Public Transit Association Bus Operations and Technology Conference,* Reno, NV.

82. Sharp C., Howell S. and Jobe J. 2000. The effect of biodiesel fuels on transient emissions from modern diesel engines, Part Ⅰ. SAE Paper No. 2000-01-1967.

83. Shi X., Yu Y., He H., Shuai S., Wang J. and Li R. 2005. Emission

characteristics using methyl soyate-ethanol-diesel fuel blends on a diesel engine. Fuel 84, 1543-1549.

84. Spreen K. 1999. *Evaluation of oxygenated diesel fuels, Final Report for Pure Energy Corporation.* Southwest Research Institute, San Antonio, TX.

85. Starr M. 1997. Influence on transient emissions at various injection timings, using cetane improvers, biodiesel, and low aromatic fuels. SAE Technical Paper-972904.

86. Sze C. 2007. Impact of test cycle and biodiesel concentration on emissions. SAE 2007-01-4040

87. Szybist J., Song J., Alam M. and Boehman A. 2007. Biodiesel combustion, emissions and emission control. Fuel Processing Technology 88, 679-691.

88. Tat M.I. 2003. nvestigation of oxides of nitrogen emissions from biodiesel-fueled engines, in *Mechanical Engineering Department,* Iowa State University, Iowa.

89. TNO 2004, *Compatibility of pure and blended biofuels with respect to engine performance, durability and emissions, Report 2GAVE 04.01.*

90. Tsolakis A., Megaritis A., Wyszynski M. and Theinnoi K. 2007. Engine performance and emissions of a diesel engine operating on diesei-RME (rapeseed methyl ester) blends with EGR (exhaust gas recirculation). Energy and Fuels 32, 2072-2080.

91. Tzamkiozis T., Fontaras G., Ntziachristos L. and Samaras Z. 2008. Effect of biofuels on PM emissions from a Euro 3 common rail diesel passenger car, in *European Aerosol Conference,* Thessaloniki, Greece.

92. Yamane K., Ueta A. and Shimamoto Y. 2001. Influence of physical and chemical properties of biodiesel fuels on injection, combustion and exhaust emission characteristics in a direct injection compression ignition engine. International Journal of Engine Research 2, 249-261.

93. Yang H.-H., Chien S.-M., Lo M.-Y., Lan J.C.-W., Lu W.-C. and Ku Y.-Y. 2007. Effects of biodiesel on emissions of regulated air pollutants and polycyclic aromatic hydrocarbons under engine durability testing. Atmospheric Environment 41, 7232-7240.

94. Yen-Cho C. and Chung W. 2002. Emissions of submicron particles from a direct injection diesel engine by using biodiesel. Journal of Environmental Science and Health 37, 829-843.

95. Zervas E., Montagne X. and Lahaye J. 2003. Emissions of regulated pollutants from a spark ignition engine. Influence of fuel and air/fuel equivalence ratio. Environmental Science and Technology 37, 3232-3238.

■ Annex
: Literature data on the effect of biofuels on NOx and PM emissions

[Table A. 1] Effect of biodiesel blends on NOx emissions, compared to neat diesel

Study	B5	B10	B20	B25	B30	B35	B50	B70	B75	B100	Fuel	Vehicle	Technology	Driving Cycle	Remarks concerning Load, cetane number, EGR etc
[1]		1%		3%		1%	6%		10%	10%	Biodiesel	HDV	Euro 3	NEDC	
[2]	0%	2%								10%	Biodiesel	HDV			
[3]			1.20%							5.8%	Biodiesel	HDV			
[4]			3%							13%	Biodiesel	HDV			
[5], [22]			0%					1%		-2%	Biodiesel	HDV		FTP	
[5]			24%					-1%		0%	Biodiesel	HDV			
[5]							2%	2%			Biodiesel	HDV			
[6]			3.50%		6.9%		16%			28%	Biodiesel	HDV			
[6]			5%							0%	Biodiesel	HDV			
[8]		-12%									Biodiesel	PC	Euro 3	NEDC	
[8]		10%									Biodiesel	PC	Euro 3	NEDC	
[8]		0%									Biodiesel	PC	Euro 3	NEDC	
[8]		-11%									Biodiesel	PC	Euro 3	ARTEMIS	
[8]		18%									Biodiesel	PC	Euro 3	ARTEMIS	
[8]		-4%									Biodiesel	PC	Euro 3	ARTEMIS	
[8]		-10%									Biodiesel	PC	Euro 3	ARTEMIS	
[9]		16%								12%	Methylester Soyate	HDV	Euro Ⅲ	ARTEMIS	
[11], [24]		3%									Biodiesel	HD-DDC	1991	FTP	27 different blends of biodiesel
[15]		10%									Biodiesel(cooking oil)	D.E		FTP transient cycle	
[16]	8–13%										Rapeseed biodiesel	PC	Euro 1	on-road cycles	Ford Mondeo
[17]			8%							15%	Soy-based bd	HD-Engine		on-road cycles	
[18]			5%								Soy-based bd	HD-DDC	1991	on-road cycles	Series 60
[18]			14%								Soy-based bd	HD-DDC	1992	on-road cycles	Series 60
[18]			15%								Soy-based bd	HD-DDC	1993	on-road cycles	Series 60

[Table A. 1] Effect of biodiesel blends on NOx emissions, compared to neat diesel

Study	B5	B10	B20	B25	B30	B35	B50	B70	B75	B100	Fuel	Vehicle	Technology	Driving Cycle	Remarks concerning Load, cetane number, EGR etc
[19], [20]										12%	Soy-based bd	HD-Engine	1997	FTP transient cycle	Cummins N14
										12%	Soy-based bd	DDC	1997	FTP transient cycle	Series 50
										0%	Soy-based bd	HD-Engine	1995	FTP transient cycle	Cummins B5.9, 6 different blends of biodiesel
[21]			29%								Biodiesel	pickup truck			
[25], [33]				3%							Biodiesel	HD-DDC	2003	FTP transient cycle	Series 60
[26]						7%					Biodiesel	HD-DDC		WVU truck dr. cycle	Series 61
[27]			-4%								Soy-Biodiesel	Transit bus		CSHVC	
			0%								Soy-Biodiesel	HDV	2005	CILCC	
			2%								Soy-Biodiesel	HDV	2005	Freeway	
[28]			2%								Soy-Biodiesel	HD engine		ESC test	MAN D
			-1%							-25%	biodiesel-pinus waste frying oil methylester	LD engine		FTP	Land Rover
[29]			1.3%				5%			32%	Rapeseed biodiesel	1-cyl D.E		FTP	20% EGR
[30]			4.1%				25%			35%	Rapeseed biodiesel	1-cyl D.E		FTP	10% EGR
			8.6%				31%			38%	Rapeseed biodiesel	Icylinder D.E		FTP	NO EGR
[31]			4%							13%	Soybean biodiesel	DI-D.E	1997		Cummins N-14
[32]			-3.7%							11%	Biodiesel	marine D.E		C-3	50% load
			0%							24%	Biodiesel	marine D.E		C-3	100% load
[34]										4%	Biodiesel	PC	Euro 3	NEDC	Common Rail
				1%						16%	Diesel+RME	PC	Euro 3	NEDC	
				-3%						16%	Diesel+50% Soybean+50% Sunflower				
				-2%						16%	Diesel+Palm Oil				
				6%						16%	Diesel+RME				Unit Injector
				2%						19%	Diesel+50% Soybean+50% Sunflower				
				0%						0%	Diesel+Palm Oil				
[7]		0.40%									Biodiesel	PC	Euro 3	NEDC	

[Table A. 2] Effect of biodiesel blends on PM emissions, compared to neat diesel

Source	B5	B10	B20	B25	B30	B35	B50	B70	B75	B100	Fuel	Vehicle	Technology	Driving Cycle	Remarks
[1]	-7%								-37%	-47%	Biodiesel	HDV			
[2]	-5%	-10%		-15%		-26%	-28%			-48%	Biodiesel	HDV			
[4]			-10%							-47%	Biodiesel	HDV			
[5], [22]								-33%		-38%	Soy-based biodiesel	LDV	1993	FTP cycle	
[5]			-13%				-63%	-68%		-70%	Biodiesel	PC		US06 Cycle NI type (B20 for PC)	
[6]			-34%	-24%	-38%		-27%			-34%	Biodiesel	PC			
[8]		1%									Biodiesel	PC		NEDC	Common rail
		-25%									Biodiesel	PC	Euro 3	NEDC	Common rail
		0%									Biodiesel	PC	Euro 3	NEDC	Common rail
		-5%									Biodiesel	PC	Euro 3	NEDC	Common rail
		-14%									Biodiesel	PC	Euro 3	NEDC	Common rail
		-24%									Biodiesel	PC	Euro 3	NEDC	Common rail
		-23%									Biodiesel	PC	Euro 3	NEDC	Common rail
		-17%									Biodiesel	PC	Euro 3	NEDC	Common rail
		-9%									Biodiesel	PC	Euro 3	NEDC	Common rail
		-12%									Biodiesel	PC	Euro 3	ARTEMIS	Common rail
		-8%									Biodiesel	PC	Euro 3	ARTEMIS	Common rail
		-2%									Biodiesel	PC	Euro 3	ARTEMIS	Common rail
		-18%									Biodiesel	PC	Euro 3	ARTEMIS	Common rail
[9]		-5%									Biodiesel	PC	Euro 3	ARTEMIS	Common rail
		-11%									Biodiesel	PC	Euro 3	ARTEMIS	Common rail
		-22%									Methylester Soyate	HDV	Euro Ⅲ		EGR
											Methylester Oleate	HDV	Euro Ⅲ		EGR

[Table A. 2] Effect of biodiesel blends on PM emissions, compared to neat diesel

Source	B5	B10	B20	B25	B30	B35	B50	B70	B75	B100	Fuel	Vehicle	Technology	Driving Cycle	Remarks
[10]			-15%								Yellow-greased biodiesel	F350 7.3L	Euro II	FTP	FTP
[10]			-9%								Soy-based biodiesel	HDV	Euro III	FTP	
[10]			-1%								Soy-based biodiesel	F700	1993	AVL8-mode	
[11, 24]			-3%								Biodiesel	HD-DDC	1991		average from 27 biodiesel blends
[12]					-21%						waste cooking oil biodiesel	4-stroke engine		typical road conditions	
[13]		-20%						-32%			rapeseed oil biodiesel	tractor			type 306 LSA
[14]										-42%	soyate methylester	D.E			Yanmar
[15]			-10%								Methylester of waste cooking oil	Modern D.E		FTP transient cycle	
[18]			-10%								Soy-based biodiesel	HD-DDC	1991		series 60 engine
[18]										-15%	Soy-based biodiesel	HD-DDC	1991		series 60 engine
[18]			-36%								Soy-based biodiesel	HD-Engine	1997		Cummins N14
[18]			-10%								Soy-based biodiesel	HD-DDC	1991		series 60 engine
[19, 20]										-35%	Soy-based biodiesel	HD-DDC	1991	FTP transient cycle	series 60 engine
[19, 20]										-35%	Soy-based biodiesel	DDC	1995	FTP transient cycle	Series 50
[19, 20]										-35%	Soy-based biodiesel	DDC	1997	FTP transient cycle	
[25]			-25%								Biodiesel	HD-DDC	2003	FTP transient cycle	Cummins B5.9
[26]					-25%						Biodiesel	HD-DDC		WVU truck driving cycle	series 60 engine and Cummins 855
[27]			-30%								Soy-biodiesel	HD-DDC	2005	CILCC	
[27]			-30%								Soy-biodiesel	HDV	2005	Freeway-cycle	International class truck
[34]						-27%				-68%	Biodiesel	PC	2005	NEDC	
[34]						-6%				-3%	Biodiesel	PC	Euro 4	NEDC	Fiat Croma, common rail
[7]		-36%										PC	Euro 3	ARTEMIS	VW Passat, unit injector

[Table A. 3] Effect of ethanol blends in NOx emissions, comparison to neat gasoline/diesel

Fuel	Source	E5	E10	E30	E70	E85	Speed	Load	Cetane number	Vehicle	Technology	Driving Cycle	Remarks concerning engine characteristics
Ethanol–petrol blend	Reading et al.	no consistent change								PC	Euro 3	NEDC	compared to petrol
Ethanol–petrol blend	GAVE Project				–70%	–70%				Flex–Fuel PC	Euro 4	NEDC and Artemis	
5% ethanol, 20% biodiesel and 75% diesel	Pang et al.	Slightly higher								Gas eng. and D.E			EQ491i gasoline engine, Cummins 4B D.E
Ethanol blend	Reuter et al.		4.80%							PC	Pre–ECE		
Ethanol–diesel blend	Bratsky et al.	no consistent change	1.00%							Diesel PC			
Ethanol–diesel blend			–2.00%							different vehicles		combination of cycles	all data
Ethanol–diesel blend			20.00%						equal cetane number data	different vehicles		combination of cycles	all data
Ethanol–diesel blend	Corkwell et al.		25.00%						no cetane improver	PC		FTP cycles	1.9.1 VW, turbo–charged, direct injection
Ethanol–diesel blend									with cetane improver	PC		FTP cycles	1.9.1 VW, turbo–charged, direct injection
Ethanol–diesel blend			19.00%						no cetane improver	PC		US 06	1.9.1 VW, turbo–charged, direct injection
Ethanol–diesel blend			12.00%						with cetane improver	PC		US 06	1.9.1 VW, turbo–charged, direct injection
Bioethanol–diesel blend	He et al.		–2.00%	######					with additives, but no discussion about cetane improvers	Diesel engine		4–stroke direct injection	Diesel engine
			–49.00%				3000rpm	15%		Diesel engine			Diesel engine
Ethanol–diesel blend	Cole et al.		–49.00%				1500rpm	all loads					1.9.1 VW, turbo–charged, direct injection, 4 cylinder
			51.00%				low speed	low load					
			51.00%				high speed	high load					

[Table A. 3] Effect of ethanol blends in NOx emissions, comparison to neat gasoline/diesel

Fuel	Source	E5	E10	E30	E70	E85	Speed	Load	Cetane number	Vehicle	Technology	Driving Cycle	Remarks concerning engine characteristics
Ethanol–diesel blend	Fanick et al.	7.00%								HD Diesel engine		FTP transient cycle	12.7l, Detroit Diesel, DDC 60
Ethanol–diesel blend, cetane number 52	Lofvenberg et al.		−5.00%									5 mode test	11l, direct injection diesel engine
Ethanol–diesel blend, cetane number 51.7			−6.00%						no cetane improver	HD truck truck		ECE and EUDC	truck, equipped with indirect injection engin, turbo-charged, no cetane improver
Ethanol–diesel blend	Schuetzle et al.		−7.00%						with cetane improver	truck		ECE and EUDC	truck, equipped with indirect injection engine, turbo-charged, with cetane improver
Ethanol–diesel blend, cetane number 56.3	Merrit et al.		2.00%						with additive packages	Diesel engines		FTP and ISO 8178 8-mode test	8.1l. 2 different engines, 6.8l, 8.1l, and 12.5l.
Ethanol–diesel blend			5–9% reductions										
Ethanol–diesel blend	Kass et al.		2.00%				100%	18%					
			6.00%				95%	40%					
			−4.00%				95%	69%					
			−6.00%				89%	95%	no discussion about the cetane number	Diesel engine		AVL 8 mode test	5.9l, Cummins, turbo-charged, direct injection, 6 cylinder
			0.00%				32%	84%					
			2.00%				21%	63%					
			9.00%				11%	25%					

[Table A. 4] Effect of ethanol blends in PM emissions, in comparison to neat gasoline/diesel

Fuel	Source	E5	E10	E30	Speed	Load	Cetane number	Vehicle	Technology	Driving Cycle	Remarks concerning engine characteristics
Ethanol–petrol blend	Reading et al.		−46,00%					PC	Euro 3	NEDC	compared to petrol
5% ethanol, 20% biodiesel and 75% diesel	Pang et al.	22–40% reductions						Diesel engine		Cummins 4B D, E	Cummins 4B, D, E
Bioethanol–diesel blend			−13,00%							all data	all data
Bioethanol–diesel blend			−25,00%				equal cetane number data				all data
Ethanol–diesel blend			−16,00%				with cetane improver	PC	2001	FTP cycle	1.9 l, VW, turbo–charged, direct injection
Ethanol–diesel blend	Corkwell		−29,00%				no cetane improver	PC	2001	FTP cycle	1.9 l, VW, turbo–charged, direct injection
Ethanol–diesel blend			−17,00%				no cetane improver	PC	2001	US 06	1.9 l, VW, turbo–charged, direct injection
Ethanol–diesel blend			−20,00%				with cetane improver	PC	2001	US 06	1.9 l, VW, turbo–charged, direct injection
Ethanol–diesel blend, cetane number 52	Lofvenberg et al.		−31,00%					HD truck		5 mode test	1 l, direct injection diesel engine
Ethanol–diesel blend	Schuctzle et al.		34,00%				no cetane improver, cetane number 51,7	truck		ECE and EUDC	2.5 l, Ford, indirect injection engine, turbo–charged
Ethanol–diesel blend			18,00%				with cetane improver, cetane number 56,3	truck		ECE and EUDC	2.5 l, Ford, indirect injection engine, turbo–charged

[Table A. 4] Effect of ethanol blends in PM emissions, in comparison to neat gasoline/diesel

Fuel	Source	E5	E10	E30	Speed	Load	Cetane number	Vehicle	Technology	Driving Cycle	Remarks concerning engine characteristics
Ethanol diesel blend	Merrit et al.	13-30% reductions					with cetane improver, cetane number 56.3	Diesel ngines		FTP and ISO 8178 8-mode test	3 different engines, 6.8l, 8.1l, and 12.5l
Ethanol diesel blend	Fanick et al.		-28.00%				with additive packages	HD Diesel engine			12.7l., Detroit Diesel, DDC 60
Ethanol diesel blend			-67.00%		1320rpm	max					
			-37.00%		2000rpm	max					
	Cole et al.		-16.00%		2000rpm	165.9Nm		Diesel engines			1.9l., VW, turbo-charged, direct injection, 4 cylinder
			-1.00%		1500rpm	105.5Nm	no discussion about cetane improvers				
			50.00%		2500rpm	60.4Nm	with additives, but				
			65.00%		3000rpm	60.4Nm					
Ethanol diesel blend			-19.00%		100%	18%					
			-14.00%		95%	40%					5.9l., Cummins, turbo-charged, direct injection, 6 cylinder
	Kass et al.		-13.00%		95%	69%	no discussion about the cetane number engines	Diesel			
			-33.00%		89%	95%					
			-33.00%		32%	84%					
			-44.00%		21%	63%					
		6.00%			11%	25%					

15장_
신 재생 대체 디젤연료로서의 DEE

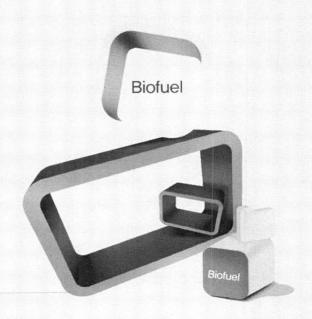

개요

수송부문에 대한 신 재생 연료의 생산과 사용은 미래의 지속가능 에너지에 대한 한 가지 방법이다. 신 재생 연료는 지구 기후변화에 대한 영향을 본질적으로 충분히 감소시킨다. 수송부문에서 바이오매스로부터 생산된 에탄올은 그것의 높은 옥탄품질 때문에 SI 엔진에 대한 미래의 연료로서 유망하다. 그러나 에탄올은 고품질의 CI 엔진연료는 아니다. 에탄올은 DEE(diethyl ether)를 생산하기 위해 탈수공정을 거쳐서 쉽게 전환될 수 있으며 이 DEE는 에탄올보다도 더 높은 에너지밀도를 갖는 훌륭한 CI 연료이다. DEE는 엔진에 대한 저온시동성 향상제로서 오랫동안 알려져 왔으나 블렌드에서 중요한 성분으로서 혹은 디젤연료에 대한 완전한 대체연료로서 DEE를 사용하는 데 관해서는 잘 알려져 있지 않다. DEE와 유사한 메탄올로부터의 DME(Dimethyl ether)는 최근에 낮은 배기가스 배출의, 고품질 디젤연료 대체물질인 것으로 보고되었지만 DEE에 관한 유사한 엔진 테스팅과 공정정보에 관해서는 제한적이었다. 수송용 연료로서 DEE의 가능성을 확인하기 위하여 엔진에서의 그것의 사용에 관한 포괄적인 문헌고찰을 실시하였으며 또한 제한된 실험실적 실험을 실시하였다. 이 장에서는 바이오매스 에탄올로부터 DEE를 생산하기 위한 추정되는 비용과 함께 DEE의 기본적인 엔진성능과 배기가스 배출에 관한 조사연구결과에 관하여 고찰하였다.

01 서론

수송용 연료로서 사용을 위한 DEE의 가능성을 결정키 위하여 그것의 엔진과 배출 성능특성뿐만 아니라 생산관련 비용을 이해할 필요가 있다. 비록 DEE가 엔진에 대한 저온시동성 향상제로서 오랜 기간 알려져 왔다 할지라도 블렌드의 중요한 성분으로서 혹은 디젤연료에 대한 완전한 대체물질로서와 같은 다른 적용분야에 대한 DEE의 사용에 관한 정보는 제한적이다. 수송용 연료로서 DEE의 잠재력을 평가하기 위하여 문헌고찰과 제한된 실험실적 테스트의 결과를 간략히 고찰하였다.

02 DEE의 연료성질

DEE와 여러 가지 다른 가능한 디젤연료의 일반적인 연료성질을 표 1에 나타내었다. CI 연료로서 DEE는 높은 세탄가와 적당한 에너지 밀도를 포함한 여러 가지 유리한 성질을 갖는다. 알려진 기준연료와 비교되는 연소실(combustion bomb)에서의 점화지연의 측정에 기초하여 SwRI는 DEE의 세탄가는 125 이상[1]이라고 보고하였다. 아래에서 고찰한 바와 같이 블렌딩에 기초한 더 낮은 CN_{eq}에 대한 보고도 있었다.

[Table 1] Comparison of Properties of Potential Diesel Fuel Components*

Property	DF-2 Diesel	Fischer-Tropsch	Bio-diesel	Gasoline	CNG	Propane HD-5[h]	Methanol	Ethanol	Methylal	Dimethlether	Diethylether
Formula	Hydrocarbons ~C10~C21	Principally C_nH_{2n+2}	Various oils and esters	Hydrocarbons C4-C9	Principally CH_4	Principally C_3H_8	CH_3OH	C_2H_5OH	$CH_3O CH_2O H_3$	$CH_3OC H_3$	$C_2H_3O C_2H_5$
Boiling Point, °F	370-650	350-670	360-640	80-437	n.a.	n.a.	149	172	107	-13	94
Reid Vapor Pressure, psi @100°F	<0.2	n.a.	n.a.	8-15	n.a.	170	4.6	2.3	12.2[c]	116	16.0
Cetane Number	40-55	>74	>48	13-17	low	low	low	<5[b]	49	>55	>12.5[a]
Autoignition Temperature, °F	~600	~600	–	495	990	870	867	793	459	662	320
Stoichiometric Air/Fuel Ratio, Wt/Wt.	15.0	15.2	13.8	14.5	16.4	15.7	6.45	9.0	7.1	8.9	11.1
Flammability Limits, Vol.%: Rich	7.6	–	–	6.0	13.9	9.5	36.9	19.0	14.9[c]	27.0[d]	9.5 36.0[d]
Flammability Limits, Vol.%: Lean	1.4	–	–	1.0	5.0	2.4	7.3	4.3	3.3[c]	3.4[d]	1.9[d]
Lower Heating Value, Btu/lb	18,500	18,600	16,500	18,500	20,750	19,940	8,570	11,500	10,202	12,120	14,571

Lower Heating Value, Btu/gal	126,900	121,300	120,910	114,000		83,900	56,800	76,000	73,067	66,615	86,521
Lower Heating Value, Btu/SCF											
Viscosity, centipoise at (temp)°F	40(68)	2.1(100)	3.5(100)	3.4(68)	–	–	0.59 (68)	1.19 (68)	–	–	0.23 (68)
Specific Gravity @ 60°F	0.860	0.783	0.880	0.750	–	0.506	0.796	0.794	0.86	0.66	0.714
Density, 1b/gal	7.079	6.520	7.328	6.246	–	4.21	6.629	6.612	8.33	5.50	5.946
Note (See below)	e	h	b	e	f	h	e	e	c	b	b

[*] Table compiled by N.R. Sefer, Southwest Research Institute.

a. Inferred from ignition delay

b. Recent measurement at Southwest Research Institute

c. Naegeli, K.W.,and Weatherford, W.D. Jr. "Practical Ignition LImits for Low Molecular Weight Alcohols," Fuel 68, 45 (1989)

d. NFPA 325M, Fire Hazard Properties of Flammable Liquids, Gases, Volatile Solids(1997), Copyright 1977 National Fire Protection Association, Inc., Batterymarch Park, Quincy, MA 02269

e. Table on gasoline and gasohol from Alcohols and Ethers, API Publication 4261, second edition, (July 1988).

f. Liss, W.E., et al., "Variability of Natural Gas Composition in the US", GRI 92/0123, (March 1992).

g. Alternative Fuels Special Report, Diesel Progress, Engines and Drives, (December 1993).

h. Composition information from ASTM D 1635 Standard Specification for LPG. Calculations after Perry's Chemical Engineers' Handbook, 6th ed., (1984).

DEE는 대기조건에서 액체이며 DEE 그리고 DEE의 블렌드의 저장 안정성은 저장 상태에서의 산화 가능성과 과산화물 형성 가능성 때문에 좋지 못하다. Windholz 등 [2]은 저장동안의 산화를 방지하기 위해서 산화방지제의 사용을 제안하였다. 비록 액체상에서의 과산화가 대기압 하에서 일어나는 것보다도 다른 메커니즘을 따른다 할지라도 DEE로부터의 대기질에 미치는 유해한 영향에 관한 관심은 그것의 휘발성과 그것의 과산화 경향성과 관련된다.

DEE는 마취제로서 폭넓게 알려지고 있으며 직접적인 건강에 대한 영향에 대한 관심을 불러일으킨다. DEE의 윤활성은 알려져 있지 않지만 이들은 DME에 대해서 기대되는 것보다도 문제점이 더 적게 노출된다.

요약하면 DEE는 CI 엔진에서 사용하기에 상대적으로 매력적인 연료성질을 갖지만 그것의 성질에 관해서도 역시 관심이 고조되고 있다.

03 연소품질 측정

Friedman 등[3]은 DEE를 포함하는 12개의 연료에 대한 relative burning velocities, ignition energies 그리고 flame-quenching distances에 관해서 보고하였다. 이들의 결과는 DEE의 burning velocity는 n-헵탄에 대해서보다도 13% 더 크며, 벤젠과 대략 같고 propyne의 그것보다도 훨씬 더 작다. 그러므로 DEE는 다른 탄화수소에 의한 전형적인 burning velocity range를 나타낸다. DEE에 대한 상대적인 spark energy는 테스트된 대부분의 탄화수소보다도 훨씬 더 적지만 propyne처럼 낮지는 않다. DEE에 대한 Quenching distance 다른 탄화수소의 그것과 비슷하다.

Ohta와 Takahashi [4]는 DEE에 대한 불꽃전파단계에 관해서 보고하였다. DEE는 초기에 차가운 불꽃발생 동안 낮은 열방출률을 갖지만 중간단계의 블루 불꽃산화에 대해 전형적인 열방출률을 갖는다. 하늘색 불꽃은 완전한 연소 동안 일정한 열방출을 갖는 전통적인 붉은 불꽃이 수반된다. 열방출률은 bench test combustor와 단일 실린더 엔진에서 확인되어 졌다. 에틸렌, 메탈, CO, 수소, 폼알데히드, 아세트알데히드 그리고 불연소 DEE를 포함하는 연소생성물은 분석에 의해서 확인되었다. 그들의 lean combustion 연구에서 관찰된 일차적인 연소생성물은 메탄, CO 그리고 수소이었다. Ohta와 Takahashi[5]는 단일 실린더 엔진에서 n-헵탄과의 비교로서 DEE 연소에 관한 이들의 연구를 계속하였으며 DEE 혹은 n-헵탄 중에서 어느 것이 테스트 연료이었는지에 무관하게 모든 시험에서 비슷한 결과를 확인하였다. 그들은 연소의 개시동안 차가운 불꽃의 고른 전개를 관찰하였지만 매우 느린 불꽃속도가 관찰되었다. 중간 하늘색 불꽃 전파는 고르지 않았지만 2.5m/sec의 전형적인 엔진 불꽃속도로서 진행되었다.

lnomata 등[6]은 n-부탄에 대한 점화 향상제로서 isopropyl nitrate, di-t-butyl peroxide, acetaldehyde 그리고 DEE의 비교에 관해서 보고하였다. 질산염과 과산화물

은 점화 향상제로서 잘 실행되었지만 알데히드와 DEE는 낮은 농도에서 첨가제 타입의 점화품질 향상제로서 작용치는 않았다. 아세트알데히드(ethanal)와 DEE는 공기와의 화학 양론적 혼합물에서 압축되었을 때, 그리고 압축된 가스온도가 상승하였을 때 단조롭게 감소하였던 점화지연 시간을 각각이 생성시켰을 때 극히 반응성이 컸다. DEE에 대한 점화지연 시간은 알데히드보다도 약간 더 작았으며 625K에서 2-3milliseconds에 접근하였다. DEE는 주요한 일차적인 연료로서 작용함으로써 디젤엔진의 시동성을 향상시켰다고 알려지고 있다.

Clothier 등[7]은 DEE 점화는 디젤연료에 의해서 억제되며 디젤연료에 DEE를 첨가시킴은 실제적으로 디젤연료의 CN을 감소시킬 것이라는 사실을 보고하였다. 실험들은 DEE는 디젤연료 속의 방향족 성분과 상호작용하며 점화개시를 지연시킨다는 사실을 제안하였다. DEE에서의 4% 톨루엔의 혼합물은 그림 1에서 설명한 바와 같이 에테르가 점화도기 전에 4-5msec의 점화지연을 초래하였다. 저온 시동성 향상제로서 사용될 때 DEE는 분명히 100% 연료(순수한 100%)로서 작용하며 디젤연료와 혼합하여 작용되지는 않는다.

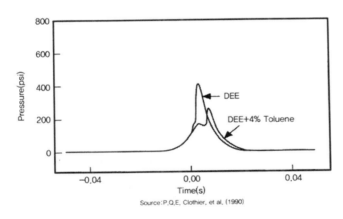

[Fig 1] Ignition Delay impact from Toluene Blended with DEE[7]

DEE와 에탄올의 같은 부피의 블렌드에 의한 단일 점화지연 실험에서 Erwin과 Moulton[1]은 19의 추정되는 CN을 측정하였다. 이 값은 125보다도 더 큰 것으로 추정되는 순수한 DEE 세탄가로부터 예측되는 것보다도 훨씬 더 작다.

04 SI 엔진에 대한 DEE의 블렌드

1919년으로부터 1923년까지 알코올 자동차연료는 British Guiana에서 사탕수수 당밀로부터 제조되었다[8]. 이 연료는 대략 63% 에탄올, 35% DEE 그리고 1% 가스오일과 피리딘으로서 구성되었다. 연료는 사탕수수 당밀을 에탄올을 먼저 발효시켜서 생산되었다. DEE는 에탄올을 황산으로서 처리하여 제조되었다. 알콜렌(alcolene)이라 불리워지는 이 연료는 여러 해 동안 판매되었으며 매우 적은 엔진조정으로서 많은 타입의 가솔린 엔진에서 성공적으로 사용되었다. 알콜렌은 가솔린에 대한 갤런당 22.5마일과 비교되는 대략 갤런당 20마일의 연비를 초래하였다. 자동차 엔진은 연료를 사용하는 동안 좋은 상태로 유지되었다. (알콜렌은 낮은 ON을 갖지만 그 시기의 엔진은 단지 60 ON의 혹은 이보다도 조금 낮은 ON의 연료를 필요로 하였다.)

1945년 U.S. Naval Technical Mission to Japan의 방침에 따라서 준비된 일련의 기술보고서는 제2차 세계대전 동안 일본의 항공기용 연료에 관한 연구사항을 포함하였다. 제2차 세계대전이 끝날 무렵 석유계 항공기용 연료의 부족 때문에 에탄올이 일본에서 대체연료로서 조사되었다. 그러나 성능 상의 문제점이 드러났으며 이들 문제점들은 낮은 연료휘발성, 실린더 중에서의 좋지 못한 연료분배(이로써 자동점화와 자동폭발을 초래하였다) 그리고 부식으로부터 초래되었다. 순수한 에탄올의 낮은 휘발성은 특히 낮은 온도에서 엔진시동성을 어렵게 하였다. 이 성질은 또한 캬부레터 엔진에서의 실린더에서의 연료분배를 한층 억제시켰다. 이 조사가 진행된 후 에탄올에 대한 DEE의 첨가는 성능을 향상시키기 위한 수용 가능한 방법으로 나타났다.

이 목적을 위한 에탄올에서의 DEE 블렌딩은 DEE/에탄올 블렌드의 감소된 옥탄가 때문에 3vol%까지로 제한되었다. 에탄올/DEE 블렌드의 옥탄가는 각각 에탄올 DEE 블렌드 0%, 5%, 10% 그리고 20%(부피로서)에 대해서 92, 90, 89 그리고 89이었다. 이들에 대한 자세한 내용은 Neely[9], Yamainoto[10], Tsunoda[11], Kondo와 Soma[12] 그리고 Yamamoto[13]에 의해서 보고되었다. 러시아의 Gulyamov 등[14]에 의한 더 최근의 연구에서는 알코올계 합성 자동차연료에 대한 저온시동성 향상 첨가제로서 DEE의 사용에 관해서 제안하였다.

05 CI 엔진에 대한 연료로서의 DEE

　　Antonini[15]는 디젤엔진 연료에 대한 새로운 옵션으로서 DEE에 관해서 보고하였다. 이 논문은 디젤엔진에 대한 옵션으로서 채종유나 디젤연료와의 혼합된 DEE의 사용에 관한 것이며 Otto cycle engines를 대신한 디젤엔진에서 알코올을 사용하는 브라질에 대한 경우를 나타내고 있다. 이 논문은 DEE를 사용함에 따른 유리한 점을 나타낸다. 예를 들면, 그것은 알코올을 어떤 다른 유도체로 전환하기 위한 가장 간단한 방법이다. 이 전환은 황산을 사용하는 표준공정 대신에 교정상의 고체촉매를 사용한 탈수에 의해서 이루어질 수 있었다, 에탄올에 비한 DEE의 유리한 점은 그것의 유리한 점은 그것의 비부식성과 그것의 더 큰 열량값이다. DEE를 취급하기 위한 생산 안전표준에 관해서는 이미 확립되어 있으며 그것은 디젤연료나 채종유에 어떤 비율로 혼합될 수 있다. 이 논문은 또한 DEE를 경제적으로 생산할 수 있음을 지적하고 있다.

　　Yamamoto와 Matsumoto[16]는 알코올과 에테르와 블렌드된 가스오일에 관하여 보고하였다. 그들은 가스오일에서의 diethyl carbitol(carbitol은 poly ether ethanol 유도체이다)과 같은 복잡한 에테르의 블렌딩은 세탄가와 엔진성능을 현저하게 향상시킨다고 주장하였다. 예를 들면, 49CN의 가스오일에 40% diethyl carbitol의 블렌드는 CN은 91.5로 증가시켰다. 그러나 이 논문은 DEE 블렌드의 직접적인 언급은 하지 않고 있다.

06 DEE 블렌드의 연소품질

　　CN은 CVCA(Constant Volume Combustion Apparatus)에서 순수한 물질의 적은 양의 블렌드를 연소시켜서 실험실적 테스트에서 추정되었다[17]. CVCA는 주입되는 계량되는 시료에 공기의 투입량을 유지하는 가열된 반응챔버이다. 압력과 온도의 상승에 대한 점화지연시간은 그림 2에 나타낸 바와 같은 CN과 관련된다. 이 도시에서의 CN은 기준연료의 블렌드에 대한 ASTM D 613 값이다. CVCA는 앞서의 연구에서 기술된다[18,19,20].

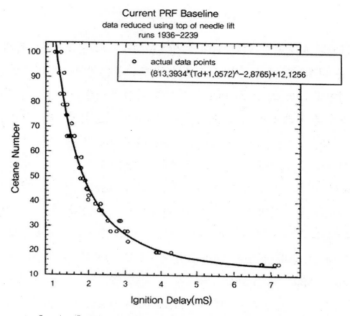

[Fig 2] CVCA ignition Delay Calibration Curve

테스트에 사용된 화학물질은 GR급 DEE와 Abs. 알코올(EtOH)이었다. D-2 성분의 성질은 표 2에 나타내었다. 블렌드의 %는 표 3에 나타내었다.

[Table 2] Diesel Fuel Blending Component Inspection Phillips Chemical Company 0.05 Sulfur Diesel Fuel Lot S-464

Tests	Results	Specifications	ASTM Method
Specific Gravity, 60/60	0.8466	Report	D-4052
API Gravity	35.6	32–37	D-1298
Corrosion, 50℃, 3h	1b	Report	D-130
Sulfur, wt%	0.033	0.03–0.05	D-2622
Flash Point, ℉, PM	152	130min	D-93
Viscosity, cs 40℃, 104℉ est 210℉	2.7 1.12	2.0–3.4	D-445
Particulate Matter(mg/L)	1.77	15 Max	D-2276
Net Heat of Combustion, Btu/lb	18,452	Report	D-3338

Cetane Index	47.7	40–48	D–976
Cetane Number	46.7	40–48	D–613
Cloud Point, °F	+6	Report	D–2500
Pour Point, °F	–10	Report	D–2500
Carbon, wt%	86.8		
Hydrogen, wt%	13.2		
Carbon Density, g/gal	2,776	Report	
Distillation, °F			D–86
IBP	369	340–400	
5%	416		
10%	431	400–460	
15%	442		
20%	451		
30%	471		
40%	489		
50%	507	470–540	
60%	523		
70%	545		
80%	568		
90%	597	560–630	
95%	622		
EP	640	610–690	
Loss	1.3		
Residue	1.0		
Hydrocarbon Type, vol%			D–1319
Aromatics	29.9		
Olefins	3.9	27min	
Saturates	66.2		

[Table 3] Test Fuel Blends

Item	Description	Example for 100ml
1	DEE	100ml DEE
2	75% DEE/Ethanol	75 ml DEE/25ml EtOH
3	50% DEE/Ethanol	50 ml DEE/50ml EtOH
4	25% DEE/Ethanol	25 ml DEE/50ml EtOH
5	0% DEE/Ethanol	100 ml EtOH
6	75% DEE/D–2	75 ml DEE/25ml D–2
7	50% DEE/D–2	50 ml DEE/50ml D–2
8	25% DEE/D–2	25 ml DEE/50ml D–2
9	0% DEE/D–2	100 ml D–2

CVCA CN 측정의 결과는 표 4에 나타내었다. 다음과 같은 결합에 대한 결과는 그림 3과 4에 나타내었다. 블렌드는 모두 혼합되었다. 상분리는 나타나지 않았다.

탄화수소 블렌드의 CN은 선형적인 부피(블렌딩)에 기초하여 예측될 수 있다. 각각 디젤연료와 그리고 에탄올과 DEE의 블렌드는 낮은 CN 성분의 방향에서 비선형을 나타낸다. 그러나 DEE의 극히 높은 추정 CN은 높은 농도의 블렌드에서 현저한 영향을 미친다. 75% DEE와 25% 에탄올의 블렌드는 60 이상의 추정 CN을 갖는 연료를 생성시킨다.

[Table 4] Cetane Number Determinations

Vol% Diethyl Ether	Vol% D-2	Cetane Estimate
100	0	158.2
75	25	102.2
50	50	68.5
25	75	51.5
0	100	42.9
Vol% Diethyl Ether	Vol% Ethanol	Cetane Estimate
75	25	61.1
50	50	19.0
25	75	12.2
0	100	12.1

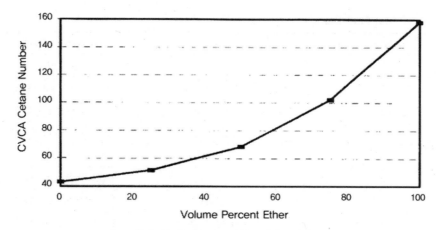

[Fig 3] Diethyl ether-Diesel Fuel Blends

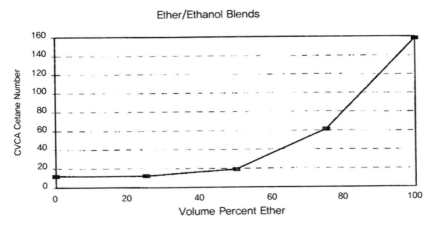

[Fig 4] Diethyl ether-Ethanol Blends

07 DEE의 대기질에 미치는 영향

Wallington 등[21]은 시뮬레이션된 대기조건에서 OH라디칼 공격에 관해서 일련의 에테르의 반응성에 대해서 보고하였다. DEE의 반응성은 MTBE의 비율의 대략 5배 인 것으로 예측된다. 주변 대기 조건 하에서 화학적으로 매우 비활성인 것으로 생각 되는 DME는 대략 5일간 동안 대기 중에서 안정한 것으로 예측된다. MTBE는 4일 이하 동안 안정한 것으로 예측된다. 그리고 DEE는 약 19시간 동안 안정한 것으로 추정된다.

08 DEE 생산비용

제2차 세계대전 후 Technical Mission to Japan에 의해서 보고된 연구사항은 DEE 는 산성백토 촉매를 사용한 에탄올의 90% 전환에 의해서 쉽게 제조되었다. 일본은 곡물과 고구마로부터 에탄올을 제조하였으며 목재의 가수분해에 관해서 한층 더 조사하였지만 셀룰로오스 전환을 위한 생산플랜트는 건설하지 않았다. Antonini[15]는 DEE는 브라질에서의 지역 에탄올 공급원으로부터 쉽게 생산될 수 있었다고 지적하였다. 그러나 비용데이터에 관해서는 이들 논문에 포함되어 있지 않았다.

NREL은 물로서 희석된 에탄올은 DEE로 전환될 수 있었다고 지적하였던 공정 시뮬레이션 시험을 실시하였다. 시뮬레이션은 또한 물-에탄올/에탄올-DEE의 초래되는 액체/액체 상은 간단한 decant separator에서 분리될 수 있었다는 사실을 나타내었다. 이상적으로 물로써 희석된 에탄올은 바이오매스 에탄올 생산 공정의 끝에서 생산되어서 그 공정에서의 최종 증류 혹은 분자체 건조단계에 앞서 에테르 전환이 일어났다. 공정 시뮬레이션은 그림 5에 나타내었다.

분석에서는 이 방법에서의 DEE 생산을 위한 순 전환비용은 최종 건조공정단계의 그것과 비슷하며 이것은 연료등급 DEE의 비용은 무수 에탄올의 그곳보다도 단지 약간 더 높았다.

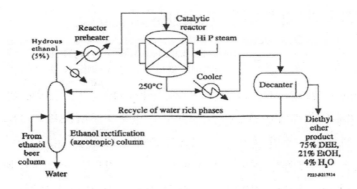

[Fig 5] **Production of Diethyl Ether from Biomass Ethanol**

09 결론

CI엔진에 대한 대체연료로서 유망한 DEE 및 DEE 블렌드의 배기가스 배출 성능, 저장과 취급요구사항, 건강상의 직접적인 유해사항 그리고 생산비용에 대한 더 많은 고찰과 분석이 이루어질 필요가 있다.

■ References

01. J. Erwin and S. Moulton. *Maintenance and Operation of the U.S. DOE Alternative Fuel Center.* Subcontract XS-2-12130-1. San Antonio, TX: Southwest Research Institute, Project No. 01-5151. November 1996.

02. G. Windholz, ed. *The Merck Index, An Encyclopedia of Chemicals, Drugs and Biologicals,* Tenth Edition, 1983.

03. R. Friedman, R.E. Albright, and H.F. Calcete. Reiative Burning Velocities, lgnition Energies, and Quenching Distance for Twelve Fuels. Coordinating Research Council Report No. CRC-271, March 1953.

04. Y. Ohta and H. Takahashi. *Temperature and Pressure Effects in Cool and Blue Flames.* Nagoya Institute of Technology, Nagoya, Japan, 1981.

05. Y. Ohta and H. Takahashi. Homogeneity and Propagation of Autoignited Cool and Blue Flames. In *Progress in Astronautics and Aeronautics.* New York : AIAA, pp. 236-247, 1983.

06. T. Inomata, J.F. Griffiths, and A.J. Pappin. The Role of additives as sensitizers for the spontaneous ignition of hydrocarbons. In *Proceedings of the Twenty-third Symposium (international) on Combustion.* Pittsburgh, PA: Combustion Institute, pp. 1759-1766, 1991.

07. P.Q.E. Clothier, A. Moise, H.O. Pritchard. Effect of free-radical release on diesel ignition delay under simulated cold-starting conditions. *Combust Flame* 81:3-4, pp. 242-250, Sept. 1990.

08. E.G. Freeland. The use of cane molasses for the manufacture of motor fuels as experienced in the early 1920s. *Alternative Energy Sources* 3(3), 357-361, 1983.

09. G.L. Neely. *Japanese Fuels and Lubricants, Article 3: Naval Research on Alcohol Fuel.* Report No. TOM-231-559-569. Department of the Navy, Washington, D.C. February 1946.

10. T. Yamamoto. *Studies on the Utilization of Alcohol for Aviation Fuel.* Report No. TOM-231-698-701. Texas A&M University, College Station, TX: December 1945.

11. K. Tsunoda. *Engine Test of Alcohol As Aviation Fuel.* Report No. TOM-231-689-697. Texas A&M University, College Station, TX: undated.

12. T. Kondo and S. Soma. *Alcohol Fuel Utility Test as Aeroengine Fuel.* Report No. TOM-231-721-726. Texas A&M University, College Station, TX: December 1945.

13. Yamamoto, T. *Summary of the Alcohol Research Program at the First Naval Fuel Depot.* Report Number TOM-231-571-573. Texas A&M University, College Station, TX: December 1945.

14. Y.M. Gulyamov, V.A. Gladkikh, Y.V. Shtefan, and V.D. Malykhin. Antiknock rating of alcohol-based synthetic motor fuels. *Chem. Technol. Fuels Oils* 27(3-4), pp. 184-187, November 1991.

15. R.G. Antonini. Ethyl ether, a new option for diesel engine fuels. Increased use of diesel engines for higher fuel availability. *Rev. Quim. Ind.* 50(593), pp. 1012, 1981.

16. T. Yamamoto and I. Matsumoto. Fuel performance of gas oil containing alcohols and ethers. *Nenryo Kyokai Shi* 62(669), pp. 32-42, January 1983.

17. J. Erwin. Investigation of the Ignition Quality of Blends of Diethylether with D-2 Diesel Fuel and Ethanol. Special Report Prepared by Southwest Research Institute for the National Renewable Energy Laboratory, Golden, CO, January 1997.

18. T.W. Ryan Ⅲ. Correlation of physical and chemical ignition delay to cetane number. SAE Paper No. 852103, 1985.

19. T.W. Ryan Ⅲ and B. Stapper. Diesel fuel ignition quality as determined in a constant volume combustion bomb. SAE Paper No. 870586, 1987.

20. T.W. Ryan Ⅲ and T.J. Callahan. Engine and constant volume bomb studies of diesel ignition and combustion. SAE Paper No. 881626, 1988.

21. T.J. Wallington, J.M. Andino, L.M. Skewes, W.O. Siegl, and S.M. Japar. Kinetics of the reaction of oh radicals with a series of ethers under simulated atmospheric conditions at 295 K. *Int J Chem Kinet* 21(11), pp. 993-1001, November 1989.

Index

바이오연료

발행일 ㅣ 2014년 7월 2일

발행인 ㅣ 모흥숙
발행처 ㅣ 내하출판사

저자 ㅣ 최주환
편집 ㅣ 박은성

등록 ㅣ 1999년 5월 21일 제6-330호
주소 ㅣ 서울 용산구 후암동 123-1
전화 ㅣ 02) 775-3241~5
팩스 ㅣ 02) 775-3246

E-mail ㅣ naeha@unitel.co.kr
Homepage ㅣ www.naeha.co.kr

ISBN ㅣ 978-89-5717-409-8
정가 ㅣ 30,000원